Jetzt helfe ich mir selbst

Einbandgestaltung: Louis Dos Santos

Bilder und Abbildungen: Christoph und Silke Pandikow; Jürgen Kindler; Ingo Fleger; Dieter Hilb; Armin Jung; Michael Wessel; Mercedes-Benz Classic Archive, Daimler AG

Datenquellen: KBM Motorfahrzeuge GmbH & Co.KG, Limburg; Orth Automobile GmbH, Beselich; Bosch-Dienst Fay und Schaaf, Elz; Buch & Bild, Werkstatthandbuch Unimog-S 404, Unimog 421-411 Band 1 u. 2; Krafthand-Verlag, Tabellen für die Werkstattpraxis und Service.

Text und redaktionelle Bearbeitung:
Christoph Pandikow

Vielen Dank für die tatkräftige Unterstützung an das Unimog Museum in Gaggenau; Orth Automobile GmbH Mercedes-Benz, Beselich; Ingo Fleger; Dieter Hilb; Michael Wessel; Hans-Willi Ax; Hans-Jürgen Lehnert; Harald Maus, Armin Jung; Ernst Thomantke; Rainer Hilb; Dirk Marquardt; Markus Meisel; Horst Martin; Kurt Rößler.

Alle Angaben und Ratschläge in diesem Ratgeber sind nach bestem Wissen und Gewissen erteilt. Eine Haftung der Autoren oder des Verlages und seiner Beauftragten für Personen-, Sach- und Vermögensschäden ist jedoch ausgeschlossen.
Dieser Band entspricht dem Kenntnisstand zum Zeitpunkt der Drucklegung. Abweichungen durch Weiterentwicklung der beschriebenen Fahrzeuge, geänderte Anweisungen des Fahrzeugherstellers bzw. neue gesetzliche Bestimmungen sind möglich..

ISBN 978-3-613-03553-9

1. Auflage 2013

Lizenznehmer des Motorbuch Verlags, Postfach 103743, 70032 Stuttgart
Ein Unternehmen der Paul Pietsch Verlage GmbH & Co

Sie finden uns im Internet unter:
www.motorbuch-verlag.de

Herstellung: Ipa, D-75417 Mühlacker-Mühlhausen
Druck und Bindung: Appel und Klinger
Druck und Medien GmbH,
96277 Schneckenlohe
Printed in Germany

Unimog

Wartung, Prüfung und Reparaturen

Prototypen, 70200, 2110, 401, 402, 404, 411, 406, 416, 421, 431, 403, 413

Inhalt

Einleitung 6

Rechte und Pflichten 8

Lernen Sie Ihr Fahrzeug kennen 11

In der Werkstatt 13

Investition in die Zukunft 15

Informationen zum Betrieb 22

Das Modell 25

Pflege und Werterhalt 48

Wartungsarbeiten 55

Elektrische Anlage 73

Ein Ratgeber stellt sich vor

Hilfe zur Selbsthilfe

Was Sie tun können, wenn der Unimog den Dienst verweigert, oder besser noch: was Sie tun können, damit es gar nicht erst so weit kommt, soll Gegenstand dieses Ratgebers sein. Und auch wenn Sie den Fehler vielleicht nicht selbst beheben können – wir zeigen Ihnen, wie Sie die Ursache präzise einkreisen können – und zwar ohne Profi-Ausrüstung. So können Sie der Werkstatt wichtige Informationen liefern und kostbare Arbeitszeit für die Fehlersuche einsparen. Manchmal werden Sie erleben, dass auch Werkstätten nicht unfehlbar sind. Sie sehen das dann auf Ihrer Reparaturrechnung, wenn Teile ausgetauscht worden sind, die noch voll funktionsfähig waren.

Tipps und Wissenswertes

Damit Ihnen niemand etwas vormachen kann, gewähren wir Einblick in die Fahrzeugtechnik und informieren Sie über Wissens wertes aus der Welt der Unimog-Technik.
Darüber hinaus erhalten Sie Tipps, die bares Geld wert sind: Der richtige Umgang mit der Werkstatt, falls sie gebraucht wird – wenn Sie gezielt Reparaturaufträge erteilen, haben Sie die Werkstattkosten fest im Griff. In diesem Band stellen wir Ihnen typische Bauteile und Baugruppen Ihres Unimogs vor, die wir selbstverständlich auch in ihrer Funktion erklären. Wir werden uns hier auf Arbeitsschritte beschränken, die Sie durchaus in der heimischen Hobbywerkstatt realisieren können. Die Arbeitsbereiche werden lediglich hinsichtlich typischer Pflege- und Wartungsarbeiten und Reparaturen am Unimog aufgeteilt. Unter Wartung verstehen wir die typischen Arbeiten, die die Betriebssicherheit Ihres Motorgerätes im Alltag erhalten. Die Reparaturschritte zeigen Ihnen Möglichkeiten auf, Ihren Unimog wieder instand zu setzen. Angefangen bei den Motoren über Kühlung, Bremse und Elektrik werden wir mit Ihnen die Unimogtechnik genauer unter die Lupe nehmen. Auch wenn Sie sich nicht immer selbst an alle Arbeiten herantrauen, können Sie sich durch die Beschreibung der Bauteile, der Prüfungen und der Funktionen einzelner Systeme selbst ein Bild über die Arbeiten machen, die Ihre Werkstatt dann ausführen soll.

Sicherheit hat Vorrang

Grundsätzlich sollten Sie sich immer dann Hilfe holen, wenn Sie eine Arbeit noch nicht kennen. Zumindest ist es hilfreich, wenn man jemanden hat, der ab und an mal »über die Schulter« gucken kann. Bedenken Sie auch, dass die Gewichtsklasse unserer Lieblinge in den meisten Fällen die eigene Hebekraft deutlich überschreitet. Arbeiten Sie deshalb immer sehr bewusst und überlegt. Sprechen Sie die nächsten Schritte immer mit dem Helfer ab. Ein Störungsbeistand ist daher fester Bestandteil eines jeden Kapitels. Kleine entdeckte Auffälligkeiten am Unimog können dazu beitragen, einem größeren Schaden vorzubeugen – und zwar bevor etwas schief geht. Auch bei einem anstehenden Termin zur Hauptuntersuchung kann diese Schnelldiagnose jede Menge Ärger und Geld sparen. Abgesehen davon haben wir regelmäßig wiederkehrende Überprüfungsarbeiten für Sie zusammengefasst. Diese dürfen Sie gerne kopieren und für sich abheften.

Reparaturen in der heimischen Garage

Sollten Sie bereits im Umgang mit Werkzeug geübt sein, werden wir Sie Schritt für Schritt durch die einzelnen Arbeitsgänge führen. Dabei beschränken wir uns in dieser Reihe auf Wartungs-, Pflege- und leichte Reparaturmaßnahmen, die Sie ohne weiteres in der heimischen Garage durchführen können. Welche Grundausstattung Sie dafür benötigen, haben wir für Sie gleich am Anfang dieses Buches zusammengefasst. Neben handelsüblichen Werkzeugen wird es oft notwendig, dass zusätzlich Hilfswerkzeuge hergestellt werden. Ein Quäntchen technisches Verständnis befähigt Sie oft, mit einem Stück Material eine solche Hilfe herzustellen. So kann man sich zum Beispiel einen alten Schlüssel zurechtbiegen, um die Konterschraube zum Ventileinstellen leichter bewegen zu können.
Ein Problem tut sich in Sachen Entsorgung auf: Während Sie aus der Werkstatt Ihren hoffentlich einwandfrei reparierten Unimog lediglich abholen müssen, fallen in der Heimwerkstatt natürlich Abfälle an, die Sie fachgerecht entsorgen müssen. In Deutschland können Sie ölgetränkte Lappen, Altöle, Farbreste o. Ä. in einem Schadstoffmobil umweltschonend entsorgen.

Damit Sie sich besser zurechtfinden

Wenn Sie etwas Bestimmtes in diesem Buch suchen, haben Sie verschiedene Möglichkeiten. Natürlich können Sie auf das vertraute Inhaltsverzeichnis zurückgreifen. Aber auch beim schnellen Durchblättern werden Sie sich leicht zurechtfinden. Den Hinweis, in welchem Kapitel Sie sich bewegen, finden Sie oben links. Dazu die Information, ob es sich in diesem Abschnitt um theoretisches Wissen, konkrete Arbeitsanleitungen oder Vorschläge zur Optimierung handelt. Rechts oben auf jeder Seite haben wir den Bereich dargestellt, der im jeweiligen Abschnitt behandelt wird. Damit können Sie das Buch auf der Suche nach bestimmten Inhalten auch durch die Finger laufen lassen, ohne zuerst im Inhaltsverzeichnis suchen zu müssen.

INFORMATION

Bevor Teile ausgebaut oder etwas auseinandergenommen wird, ist es immer besser, die theoretischen Zusammenhänge zu kennen. Wenn Sie dieses Zeichen sehen, erklären wir die Funktion der Technik, ihre Bedeutung für das gesamte Auto und Ihren Alltag damit. Oder wir informieren Sie ganz einfach auch einmal über den historischen Hintergrund der Entwicklung. Dieser Abschnitt soll Sie also mit der Technik Ihres Autos vertraut machen. Mit dem nötigen theoretischen Wissen im Hinterkopf schraubt es sich viel leichter.

ARBEITSSCHRITTE

So bald am Auto gearbeitet wird, werden Sie dieses Symbol sehen. Auf diesen Seiten erhalten Sie Schritt für Schritt Anleitungen zum Ein- und Ausbau von Teilen. Bei der Auswahl haben wir uns strikt daran gehalten, was in der heimischen Garage noch machbar ist und was nicht. Und damit Sie sehen, dass wir uns gerne die Finger für Sie schmutzig machen, haben wir uns bewusst gebrauchtes Werkzeug benutzt und uns nicht ständig die Hände gewaschen. Wir hoffen, dass die Fotos Ihnen dennoch Appetit auf das Schrauben machen.

BESSER MACHEN

Nicht alle Fahrzeuge müssen serienmäßig bleiben. In der Praxis gleicht sogar kaum ein Auto dem anderen. Autos werden tiefer gelegt, Karosseriebauteile werden verändert oder die Innenausstattung individualisiert. Vielleicht benutzen Sie dieses Buch ja auch, um Ihr Auto gezielt zu verbessern.

Damit wir uns richtig verstehen: Dieses Buch ist keine Tuninganleitung, aber immerhin stellen wir Ihnen verschiedenste zusätzliche Teile vor und verraten Ihnen, worauf Sie beim Einkauf von Zubehörteilen achten sollten.

Rechte und Pflichten

Sie haben einen Wagen erworben und sind der Meinung, er ist kaputt oder funktioniert nicht so, wie er sollte? Bevor Sie sich unnötig aufregen, sollten Sie sich zuerst kundig machen, wie es um Ihre Rechte steht. Dann müssen Sie sicherstellen, dass Sie keinem Irrtum unterliegen und es sich hier tatsächlich um einen Mangel handelt

Was ist ein Mangel?

Vereinfachte Darstellung des § 434 BGB:
Eine Sache ist frei von Mängeln, wenn sie sich für die Verwendung eignet für die sie gemäß Kaufvertrag gedacht war, oder sie sich für die gewöhnliche Verwendung eignet oder die Beschaffenheit aufweist, die man üblicherweise erwarten kann. Das beinhaltet auch Eigenschaften, von denen der Käufer aufgrund von Aussagen, die in der Werbung oder von Mitarbeitern des Verkäufers gemacht wurden, ausgehen kann. Liegt also tatsächlich ein Mangel vor, wie z. B. eine deutlich geringere Höchstgeschwindigkeit als im Prospekt angegeben, sollten Sie sich auf das Gespräch mit dem Kundendiensttechniker vorbereiten und Ihr Recht einfordern. Damit Sie Ihr Anliegen präzise und fachlich richtig an den Mann bringen können, nachfolgend einige Begriffserklärungen und Zusammenhänge:

Gewährleistung, Sachmangelhaftung & Garantie

Garantie und Gewährleistung (Letzteres ist die so genannte Sachmangelhaftung) sind zwei völlig verschiedene und vor allem unabhängige Sachverhalte. Diese beiden Begriffe werden oft umgangssprachlich miteinander verwechselt. Um nicht missverstanden zu werden, sollten Sie diese Begriffe unbedingt voneinander trennen.

Die **Garantie** ist eine freiwillige und zusätzliche Leistung des Verkäufers oder Herstellers. Sie kann nach Belieben ausgestaltet oder befristet sein, und sie folgt aus einer eigenständigen Vereinbarung im Rahmen des Kaufvertrages bzw. in Verbindung mit dem Kaufvertrag. Die Garantie kann an bestimmte Voraussetzungen geknüpft sein, kann bestimmte Kosten ausschließen und auch die Leistungen einschränken. Dies könnte beispielsweise bedeuten, dass die Garantie nur greift, wenn Sie das Fahrzeug regelmäßig in der dem Händler angegliederten Werkstatt warten lassen und Sie nur die Materialkosten und nicht die Arbeitszeit bei einem Schaden erstattet bekommen. Also sollten Sie sich die Garantiebedingungen vor dem Kauf genau anschauen, um diese später nicht durch ein Falschverhalten zu verwirken. Auf Verlangen müssen Ihnen die Garantiebestimmungen, wenn sie Ihnen zugesprochen werden, auch in schriftlicher Form ausgehändigt werden.

Die **Gewährleistung** (Sachmangelhaftung) folgt aus den gesetzlichen Regelungen zum Kaufvertrag. Eine Gewährleistung ist in dem Augenblick gegeben, wenn ein rechtsgültiger Kaufvertrag geschlossen wird. Eine Ausnahme ist nur möglich, wenn die Gewährleistung wirksam ausgeschlossen ist. Ein vollständiger Ausschluss der Gewährleistung im Rahmen eines Kaufvertrags zwischen einem Unternehmer (z. B. Kfz-Händler) als Verkäufer und einer Privatperson als Käufer ist nicht möglich. Die Gewährleistung kann aber z. B. bei Abschluss eines Kaufvertrages zwischen Privatpersonen vollständig ausgeschlossen werden. Dies muss dann aber ausdrücklich und individuell im Kaufvertrag geregelt sein.

Mit dem **Gewährleistungsrechts-Änderungsgesetz** vom 01.01.2007 ergaben sich unter anderem folgende Neuerungen:

- Bei neuen Sachen beträgt die Frist grundsätzlich 2 Jahre ab Datum der Übergabe.
- Bei gebrauchten Sachen kann eine Frist von 1 Jahr vereinbart werden (nicht in Allgemeinen Geschäftsbedingungen!), wobei nur Kraftfahrzeuge, die älter als ein Jahr (ab Erstzulassung) sind, als gebrauchte Sachen gelten.
- Innerhalb der ersten sechs Monate hat bei einer Reklamation der Händler zu beweisen, dass die Sache zum Zeitpunkt der Übergabe dem Vertrag entsprach (also keinen Mangel hatte). Nach sechs Monaten hat der Kunde die Beweispflicht (bisher hatte ausschließlich der Kunde die Beweispflicht).

Diese beschriebenen Regelungen, die das Recht des Endkunden stärken, sind verständlicherweise bei den Händlern nicht so gut angekommen, und diese suchen nach Möglichkeiten, wie sie die Gewährleistung einschränken oder gar ausschließen können. In den letzten Jahren hat darum der Handel mit Bastlerfahrzeugen und Schrottfahrzeugen massiv zugenommen. In solchen Verträgen werden dann sämtliche Gewährleistungsansprüche ausgeschlossen, obwohl die Fahrzeuge teilweise mit frischer Plakette der Haupt- und Abgasuntersuchung versehen sind. Solche und ähnliche Vorgänge können die Gerichte allerdings recht gut einschätzen und entscheiden meistens zugunsten des Verbrauchers. Ebenso verhält es sich mit den Verkäufen, die »im Auftrag« stattfinden. Ein Händler, der in seinem Namen die aktuelle Hauptuntersuchen und weitere Instandsetzungsarbeiten durchgeführt hat, wird es vor Gericht schwer haben zu beweisen, dass er den Verkauf nur vermittelt hat. Er wird damit auch nicht die gesetzlichen Regelungen beschneiden können. Je klarer die Vereinbarung und je genauer die Fahrzeugbeschreibung, desto geringer ist das Haftungsrisiko. Wir raten Ihnen, einen Musterkaufvertrag für Gebrauchtfahrzeuge sowie einen Gebrauchtfahrzeuge-Zustandsprüfbericht zu verwenden. Damit lassen sich kostspielige Prozesse und unangenehme Streitigkeiten vermeiden.

Zusammenfassung:
Eine freiwillige Garantie besteht also zusätzlich zur gesetzlichen Gewährleistung (Sachmangelhaftung) und ist im Umfang der Leistungen, im Vergleich zur Gewährleistung meistens eingeschränkt. Allerdings greift sie oft auch noch für Mängel, die erst nach dem Kauf auftreten, was so nicht auf die gesetzliche Gewährleistung zutrifft.

Zum Reizthema Farbabweichung

Farbabweichung kann ein Sachmangel sein. Das Oberlandesgericht Köln hat zu diesem Thema eine wichtige Entscheidung getroffen: Danach gehört die Farbe eines Neufahrzeugs zu den Beschaffenheitsmerkmalen und stellt ein äußerliches Merkmal des Fahrzeugs dar, welches für den Käufer im Rahmen der Kaufentscheidung maßgeblich ist. Ergeben sich Abweichungen im Farbton des bestellten zu dem tatsächlich gelieferten Fahrzeug, so kann der Käufer hierauf grundsätzlich Gewährleistungsansprüche geltend machen. Durch das OLF Köln bestätigtes Urteil des LG Aachen vom 26.04.2005 (Az. 12 O 493/04).

Das Recht der Nachbesserung

Seit dem 01.01.2002 gibt die neue Rechtslage sowohl dem Käufer als auch dem Verkäufer einen Anspruch auf Beseitigung eines Mangels. Anstatt von Nachbesserung spricht jetzt das Gesetz von Nacherfüllung. Grundsätzlich hat der Händler das Recht bis zu drei Mal nachzuerfüllen. Hierbei hat der Verkäufer die zum Zwecke der Nacherfüllung erforderlichen Aufwendungen zu tragen, das sind Transport-, Wege-, Arbeits- und Materialkosten. Zu beachten ist in diesem Zusammenhang, dass der Verkäufer sein Recht einen Mangel nachzubessern behält, auch wenn Reparaturen bereits in einer fremden Werkstatt erfolglos waren. Der Verkäufer muss sich diese Nachbesserungsversuche nicht zurechnen lassen, er kann auf eine Nacherfüllung im eigenen Firmensitz bestehen. OLG Köln vom 14.02.2006 (Az. 20U 188/05).

Wandlung und Preisnachlass

Hat sich ein erheblicher Mangel nach drei Nacherfüllungsversuchen immer noch nicht beseitigen lassen oder fehlen zugesicherte Eigenschaften, haben Sie das Recht auf Wandlung oder Preisnachlass. Dies ist dann auch der Zeitpunkt, an dem Sie einen Rechtsanwalt zu Rate ziehen sollten. Sie werden sich auf jeden Fall eine Nutzungspauschale, die abhängig ist von der genutzten Laufleistung des Fahrzeugs, anrechnen lassen müssen. Eine Wandlung ist grundsätzlich nur dann möglich, wenn sich das Fahrzeug noch im Originalzustand befindet.

Der Kulanzantrag

Nach Ablauf der Gewährleistungszeit und gegebenenfalls der Garantiezeit bleibt Ihnen immer noch die Möglichkeit der Kulanzregelung beim Händler. Die Kulanz bezeichnet im Allgemeinen ein Entgegenkommen zwischen den Vertragspartnern nach Vertragsabschluss. Sie regelt den Ablauf der freiwilligen Reparatur- und Serviceleistungen nach Ablauf der gesetzlichen oder individualvertraglichen Gewährleistungspflicht.

Hinweis: Dieses Kapitel soll nur erste Hinweise geben und erlaubt daher keinen Anspruch auf Vollständigkeit. Obwohl es mit der größtmöglichen Sorgfalt erstellt wurde, kann eine Haftung für die inhaltliche Richtigkeit nicht übernommen werden.

Lernen Sie Ihr Auto kennen

Egal, ob Sie Ihren Unimog schon lange besitzen oder ihn eben erst erworben haben – nehmen Sie sich die Zeit und erkunden Sie Ihr Fahrzeug gründlich. Denn selbst wenn Sie die Bedienungsanleitung gelesen haben, wovon wir selbstverständlich ausgehen, kennen Sie bestimmt noch nicht alle Details Ihres Autos.

Die Fahrgestellnummer

Die Fahrgestellnummer enthält bereits etliche – in Zahlencodes verschlüsselte – Informationen zu Ihrem Unimog. Deren Bedeutung können Sie als Do-it-Yourselfer nun kennen lernen und auch entziffern. Die Fahrgestellnummer finden Sie im Radkasten vorne rechts am Rahmen eingeschlagen, in den Unterlagen für den Service und links an der Spritzwand des Führerhauses auf dem Typenschild.

Betrachten wir die Bedeutung der Fahrgestellnummer an zwei Beispielen:

Fahrgestellnummer bis 1960: 404 123 8501048

Stelle	Bedeutung	Beispiel	Auswertung
1 2 3	Bautyp des Unimogs	404	hier wird die Bautypennummer benannt. (404, 411, ...)
4 5 6	Baumuster des Rahmens	123	Rahmenbauweise, Rahmenbautyp
7 8	Baujahr (Jahreszahl)	85	Die Zahl stellt die Jahreszahl in umgekehrter Reihenfolge da. (hier 19 58)
9 10 11 12	Produktions-nummer	01048	Laufende Nummer der Fahrzeuge im Produktions-jahr.

Fahrgestellnummer ab 1960: 404 123 018456

Stelle	Bedeutung	Beispiel	Auswertung
1 2 3	Bautyp des Unimogs	404	hier wird die Bautypennummer benannt. (404, 411, ...)
4 5 6	Baumuster des Rahmens	123	Rahmenbau-weise, Rahmenbautyp
7 8 9 10 11 12 13	Produktions-nummer	018456	Laufende Nummer der Fahrzeuge. In diesem Fall: 18.456

Das Typenschild

Das Typenschild ist im Motorraum vorne rechts oben verbaut. Hier können Sie neben dem Hersteller den Fahrzeugtyp, die Fahrgestellnummer und das Baujahr ablesen. Diese Plaketten sind nicht amtlich und dienen der Kurzinformation. Sie können auch nachgefertigt werden. Aus diesem Grund muss die Fahrgestellnummer immer am Rahmen überprüft werden. Zusätzlich sind hier noch das »Zulässige Gesamtgewicht« sowie die Achslasten für die Vorderachse und die Hinterachse angegeben.

Typenschild im Motorraum: Bei den meisten Bautypen befindet sich das Typenschild an dieser Stelle.

Typenschild an den alten Karosserievarianten: Auch hier ist das Typenschild im Motorraum oben in Fahrtrichtung rechts zu finden.

Motornummer: Sie ist in der Regel im Bereich des Motorblocks hinten zum Getriebe (1) eingeschlagen.

Die Motorkennnummer

Die Motornummer ist an der Verbindungsstelle Motor-Getriebe im Motorblock eingeschlagen. Auch das Getriebe trägt eine Identifikationsnummer. Alle diese Nummern sind beim Bestellen von Ersatzteilen oder Austauschteilen unbedingt anzugeben. Denn viele Teile eignen sich einfach nur für diesen Unimog, obwohl sie durchaus Ähnlichkeiten mit Teilen anderer Fahrzeuge in der Baureihe haben.

Der Fahrzeugschein

Eine sehr ergiebige Informationsquelle ist der Fahrzeugschein. Neben der Fahrgestellnummer finden Sie weitere, für die Ersatzteilbeschaffung oder den Reparaturauftrag wichtige Angaben und Schlüsselnummern (Angaben in Klammern gelten für neue Zulassungsbescheinigungen:

- zu 2: Herstellercode (2.1)
- zu 3: Typ und Ausführung (2.2)
- zu 32: Datum der Erstzulassung (B)
- zu 4: Fahrgestellnummer (E)

Die zwar europäisch einheitliche, aber für uns doch neue optische Ordnung löst bei der Suche nach den Informationen meist Hilflosigkeit aus. Deshalb haben wir die wichtigsten Informationen zum »schnell mal finden« kenntlich gemacht. HSN und TSN sind die Kürzel für den Herstellercode und den Typcode.

Plakettierung am Motor: 1 Herstellerschild und Motornummer, 2 Motordaten, 3 Getriebe

Zulassungsbescheinigung Teil I
(Fahrzeugschein)

Nr. LM-K-0-129/08-00000

Europäische Gemeinschaft (D) Bundesrepublik Deutschland

LM- 2222 H

65549 Limburg

65549 Limburg

05.2010 08.05.08

07.04.1972 0009 92700000	02 02 0038/03000 072
89 1000	4040 1825
42112410000000	2250 2600
-	- -
UNIMOG 421 A;421	- 003450 003450
-	02600 02600 -
-	02600 02600 -
-	81E - 83E
U 600	- - 002 -
DAIMLER-BENZ	10.5-18 MPT 6PR
LOF.ZUGM.ACKERSCHLEPPER	10.5-20 MPT 6PR
-	-
-	-
OLDTIMER	-
DIESEL	- . . E UZ790949
0002 0098 02376	

FELD 15:A.GEN.:10.5-18 MPT 6PR*ANHÄNGERKUPPLUNG ABG.NR .:F3025 LT.GUTACHTEN DES TÜV CENTER LIMBURG NR. G20081 0359 VOM 03.05.2008*GUTACHTEN NACH § 23 STVZO LAG VOR NR.G200810373***

B Erstzulassung
D.1 Hersteller
D.2 Typ
D.3 Handelsbezeichnung
E Fahrgestellnummer
F.1 Zulässiges Gesamtgewicht
F.2 Zulässiges Gesamtgewicht in Deutschland
G Leergewicht
H Gültigkeitsdauer
I Ausstellungsdatum dieses Scheines
J Fahrzeugklasse (Pkw, Lkw)
K EG Typennummer
L Anzahl der Achsen
O.1 Anhängelast gebremst
O.2 Anhängelast ungebremst
P.1 Hubraum des Motors (in cm3)
P.2 / P.4 Motorleistung (in kW)
P.3 Kraftstoffart
Q Leistungsgewicht (nur bei Motorrädern)
R Farbe des Fahrzeuges
S.1 Sitzplätze mit Fahrersitzplatz
S.2 Stehplätze
T Höchstgeschwindigkeit (in km/h)
U.1 Standgeräusch (in dB/A)
U.2 Drehzahl zum Standgeräusch
U.3 Fahrgeräusch (in dB/A)
V.7 CO2 Ausstoß (in g/km) kombinierter Wert
V.9 Schadstoffklasse
2 Kurzbezeichnung Hersteller
2.1 HSN Herstellerschlüsselnummer
2.2 Prüfziffer und TSN-Typschlüsselnummer
3 Prüfziffer für die Fahrgestellnummer
4 Art des Aufbaus (EG-Bezeichnung)
5 Bezeichnung der Fahrzeugklasse und des Aufbaus
6 Erstellungsdatum der EG-Typennummer
7.1 Zulässige Achslast Achse 1
7.2 Zulässige Achslast Achse 2
7.3 Zulässige Achslast Achse 3
8.1 Zulässige Achslast in Deutschland Achse 1
8.2 Zulässige Achslast in Deutschland Achse 2
8.3 Zulässige Achslast in Deutschland Achse 3
9 Anzahl der Achsen
10 Codenummer zur Kraftstoffart
11 Codenummer zur Fahrzeugfarbe
12 Rauminhalt des Tanks bei Tankfahrzeugen (in m3)
13 Stützlast (in kg)
14 Bezeichnung der nationalen Emissionsklasse
14.1 Codenummer zu der Schadstoffklasse
15.1 Bereifung auf der Achse 1
15.2 Bereifung auf der Achse 2
15.3 Bereifung auf der Achse 3
16 Nummer der Zulassungsbescheinigung Teil 2 (Fahrzeugbrief)
17 Merkmal zur Betriebserlaubnis
18 Länge in mm
19 Breite in mm
20 Höhe in mm
21 Sonstige Vermerke
22 Bemerkungen und Ausnahmen

In der Werkstatt

Was braucht die Werkstatt?

Aufgrund der vielen Ausstattungsvarianten und verfügbaren Extras moderner Autos, ist eine genaue Bestimmung des Fahrzeugtyps nicht immer nur anhand der Fahrgestellnummer möglich. Wenn Sie also eine Werkstatt aufsuchen, die Ihren Wagen noch nicht kennt, sollten Sie alle Unterlagen mitnehmen (Serviceheft, Radiocode, ABEs und Zubehörunterlagen). Berücksichtigen Sie auch vorhandenes Zubehör wie Sonderfelgen vielleicht auch mit Schloss. Bei Arbeiten an der Wegfahrsperre oder den Schließsystemen werden in der Regel alle Fahrzeugschlüssel benötigt. Ansonsten räumen Sie Ihr Auto aus und entfernen alle privaten Sachen und auch die Musik-CDs. So gibt es hinterher keine Diskussionen, ob Dinge fehlen oder nicht.

Diese Angaben braucht die Werkstatt:

- Schlüsselnummer (Hersteller)
- Schlüsselnummer (Typ)
- Zulassungsdatum
- Motorisierung
- Fahrgestellnummer

Das müssen Sie dabei haben:

- Fahrzeugschein
- Serviceheft
- Adapter oder Schlüssel für Felgenschlösser
- Radiocode
- alle Schlüssel (bei Arbeiten am Schließsystem)

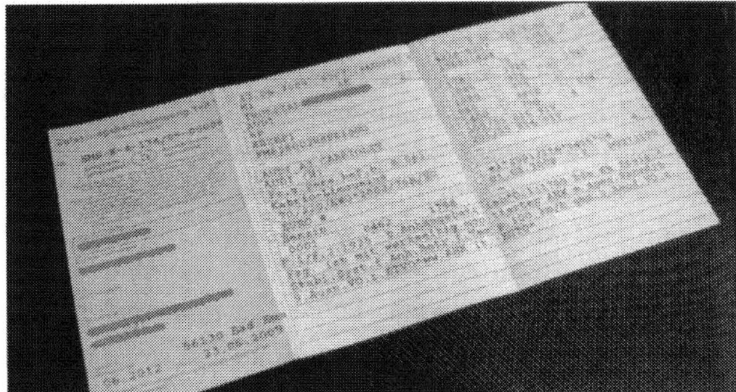

Der Fahrzeugschein: Hier findet die Werkstatt die wichtigsten Daten und auch die Fahrgestellnummer.

Das Typenschild: Oftmals sind die originalen Typenschilder nicht mehr vorhanden oder extrem schlecht lesbar.

Eine klare Auftragserteilung

Um nicht mit einer Reparaturrechnung konfrontiert zu werden, die weit über dem Erwarteten liegt, sollten Sie der Werkstatt Ihres Vertrauens ein Kostenlimit angeben und darauf bestehen Sie zu kontaktieren, falls es zu unerwarteten Mehrarbeiten kommt. Erteilen Sie Ihren Arbeitsauftrag immer schriftlich, denn mündliche Absprachen sind nur schwer einklagbar und beweisbar. Die Kopie des schriftlichen Arbeitsauftrags in ihrer Tasche gibt Ihnen die Rechtssicherheit. Dank moderner EDV-Anlagen ist es auch oft kein Problem, auf die Schnelle einen schriftlichen Kostenvoranschlag zu erhalten. Dieser ist ebenfalls verbindlich und in der Regel noch detaillierter als der Arbeitsauftrag. Beachten Sie bitte: Der tatsächliche Rechnungsbetrag darf bis zu 10% über den geschätzten Kosten liegen, ohne dass es einer erneuten Zustimmung Ihrerseits bedarf. Eine termingerechte Fertigstellung einer Standardreparatur ist heutzutage üblich.
Oberste Voraussetzung für ein gutes Arbeitsergebnis in der Werkstatt und einen geringen Geldschwund in Ihrem Geldbeutel ist eine exakte Fehlerbeschreibung mit Angabe des gewünschten Ergebnisses.

Fehlerbeschreibung

Nehmen wir einmal an, Ihr Auto klappert hin und wieder und Sie möchten dieses in einer Werkstatt beseitigen lassen. Bei unserem jetzigen Beispiel spielt es keine Rolle, ob Sie selbst bezahlen oder andere Ansprüche stellen. Denn im Vordergrund steht erst einmal ein nicht funktionierendes Auto, das repariert werden soll, und dem Schaden ist es schließlich egal, wer die Rechnung bezahlt.

Damit also der Werkstattmeister nicht viele Stunden und Kilometer in Ihrem Auto zurücklegen muss, um ein Klappern zu lokalisieren, das eventuell gar nicht das ist, das Sie meinen, sollten Sie möglichst präzise Angaben machen. Der vorhandene Fehler muss reproduzierbar sein. Das heißt, Sie sollten genau beschreiben, wann der Wagen klappert.

Eine gute Hilfestellung bieten hier die W-Fragen:

Wann tritt das Problem immer auf? »Beim Befahren von Unebenheiten, wie zum Beispiel über die Brücke XY in eine bestimmte Richtung. Bei Temperaturen unter null Grad ist das Klappern am deutlichsten zu hören, die Motortemperatur spielt dabei keine Rolle.«

Wie kann man das Geräusch verstärken oder abschwächen?
»Die Geschwindigkeit, mit der man über die Brücke fährt ist egal, aber man darf kein Gas geben um das Klappern zu hören.«

Wo kommt das Geräusch her? »Es scheint von vorn rechts zu kommen, wenn ich meine Hand auf das Armaturenbrett lege, kann ich es sogar fühlen.«

Wieso sind Sie nicht schon früher damit gekommen?
»Weil das Klappern erst seit ein paar Wochen vorhanden ist.«

Wer hat zuletzt an dem Wagen Hand angelegt? »Sie haben hier den letzten Kundendienst gemacht, ich habe nur die Winterräder montiert.«

Was haben Sie schon dagegen unternommen? »Ich habe schon alle losen Gegenstände aus dem Wageninneren entfernt, aber es hat sich nichts geändert.«

Bei einer präzisen Fehlerbeschreibung können Sie sicher sein, dass der Mechaniker den Fehler schneller eingrenzen kann, und auch das Reparaturergebnis ist für alle Beteiligten einfach und schnell überprüfbar. Diese W-Fragen sind mit leichten Abwandlungen auf nahezu alle Mängel anwendbar. Möglicherweise finden Sie das Problem auch selbst, wenn Sie sich die richtigen Fragen stellen. Denn niemand kennt Ihren Wagen besser als Sie selbst. Oftmals sind es Kleinigkeiten, die Sie nebenher erwähnen, aber dem Mechaniker die richtige Richtung weisen.

Der Ton macht die Musik

Oft treten Probleme auf, wenn es um Leistungen der Gewährleistung oder Garantie geht. Auch wenn Sie sich im Recht fühlen und vielleicht auch Recht haben, beachten Sie bitte, dass Sie meistens nur mit einem Angestellten sprechen, und dessen Motivation entscheidet in der Regel über die Art und Dauer Ihrer Auftragsabwicklung. Damit Ihr Anliegen zur vollsten Zufriedenheit bearbeitet wird, sollten Sie die üblichen zwischenmenschlichen Verhaltensregeln einhalten, auch wenn Sie schon eine halbe Stunde in der Warteschlange stehen. Nicht jeder Zeitpunkt ist gleich gut für einen Werkstattbesuch, der Freitag vor einem langem Wochenende oder Ferienbeginn ist kein so guter Tag. Wir empfehlen Ihnen, sich vorher anzumelden und dem entsprechenden Mitarbeiter eine kurze Schilderung Ihres Anliegens zu geben, oft kann dieser schon im Vorfeld wichtige Informationen bereitstellen oder auf etwas hinweisen, das Sie nicht vergessen sollten mitzubringen.

Wenn es doch zu Differenzen kommt

Versuchen Sie, den Vorgang noch einmal mit dem Verantwortlichen sachlich durchzugehen, eventuell auch unter Beteiligung des Mechanikers oder Meisters. Dieses Gespräch sollte in einen separaten Raum stattfinden und nicht vor weiteren Kunden. Für das Unternehmen kann es sehr schädlich sein, wenn laute Streitereien vor der Kundschaft ausgetragen werden, entsprechend wird die Reaktion ausfallen. Nehmen Sie ruhig sachkundige Verstärkung mit, Ihr Gegenüber wird auch nicht alleine sein. Ein Zeuge kann später sehr wichtig sein. Sollte das nicht das gewünschte Ergebnis bringen, haben Sie noch die Möglichkeit ein Schlichtungsverfahren einzuleiten. Ein solches Verfahren, welches unter der Regie der jeweils zuständigen Handwerkskammer durchgeführt wird, stellt ein Angebot sowohl an das Mitgliedsunternehmen der Handwerkskammer als auch an dessen Auftraggeber dar, sich außergerichtlich zu einigen. Ziel eines Schlichtungsverfahrens ist, die Streitigkeiten zwischen dem Handwerker und dessen Auftraggeber schnell und unbürokratisch, möglichst durch eine gütliche Einigung, beizulegen. Sollte dies alles nicht funktionieren, können Sie immer noch den teilweise langwierigen und möglicherweise auch kostspieligen juristischen Weg einschlagen. So weit sollten Sie es aber nicht kommen lassen.

Investition in die Zukunft

Ohne das richtige Werkzeug geht nichts. Wenn Sie vorhaben, sich intensiv um Ihr Auto zu kümmern, müssen Sie sich zunächst Gedanken um das nötige Handwerkszeug machen. Was Sie dazu unbedingt brauchen und wie Sie alles in der heimischen Garage unterbringen können, wollen wir Ihnen in diesem Kapitel zeigen.

Egal, ob Sie nun häufig oder eher selten, aus purer Lust am Basteln oder um Geld zu sparen am Auto schrauben: Sie müssen dafür zuerst die richtigen Voraussetzungen schaffen. Leider ist das mit Kosten verbunden. Doch wenn Sie bedenken, was eine Arbeitsstunde in der Werkstatt kostet und dass hochwertiges Werkzeug fast ein Leben lang hält, rechnet sich die Investition früher oder später.

Was muss ich als Erstes anschaffen?

Beginnen Sie mit einem Ordnungssystem, bestehend aus einer stabilen Werkbank mit Unterschränken und einem abschließbaren Schrankaufsatz. Ohne ein Ordnungssystem und eine stabile Werkbank sollten Sie nicht beginnen, denn Ordnung und Sauberkeit sind beim Schrauben oberstes Gebot. Das Schöne daran: Das Ganze passt problemlos in eine normale Einzelgarage und bietet Ihnen auf Jahre die nötige Sicherheit. Bei einer Markenfirma wie Gedore kostet eine solche Kombination rund 4200 Euro ohne Inhalt. Der lässt sich mit der Zeit ergänzen. Lassen Sie sich doch von nun an zum Geburtstag oder zu Weihnachten hochwertiges Werkzeug schenken: Die Schränke werden sich schneller füllen, als Sie denken.

Woran erkenne ich gutes Werkzeug?

Gutes Werkzeug kann in der Regel nicht billig sein. Ein Ring-/Maulschlüssel kostet je nach Größe zwischen fünf und 15 Euro, sodass ein Satz mit den zehn gebräuchlichsten Größen schon auf rund 80 Euro kommt. Noch größer sind die Qualitäts- und Preisunterschiede bei den Steckschlüsselsätzen – oft auch Umschaltknarren mit Nüssen genannt.

Ein solider Kasten mit 19 Teilen und Verlängerungen kostet an die 200 Euro, hält dafür aber auch höchste Belastungen aus. Auch das Gewicht ist ein gutes Indiz: Je schwerer das Werkzeug ist, umso stabiler ist der Stahl. Nehmen Sie zum Vergleich ein paar Schlüssel in die Hand und achten Sie auf Maßhaltigkeit und die Oberfläche.

Was tun, wenn ich keine Garage habe?

Der ideale Ort zum Schrauben ist natürlich eine in sich abgeschlossene Garage – je größer umso besser. Aber auch wenn Sie lediglich über einen Stellplatz verfügen oder gar im Freien arbeiten müssen, gibt es eine Lösung: Ein Werkstattwagen (links im Bild) lässt sich nach getaner Arbeit leicht wegräumen. Zum Beispiel in den Keller. Nur allzu schwer beladen sollte er dann nicht sein. Achten Sie beim Kauf auf die Lagerung der Schubladen. Ein Werkstattwagen in Profi-Qualität kann ohne Inhalt um die 1000 Euro kosten.

Was kostet mich das alles?

Zunächst einmal viel Geld und bitte sparen Sie dabei nicht zu sehr. Ansonsten kostet es nämlich auch noch Ihre Gesundheit. Natürlich müssen Sie nicht auf Anhieb 8000 Euro ausgeben, so viel kostet nämlich die Ausrüstung in unserer voll ausgestatteten Garage im Bild links. Allerdings handelt es sich hier auch um einen kompletten Werkzeugsatz eines Markenherstellers in Profi-Qualität. Damit werden normalerweise Werkstätten ausgerüstet. Wir haben die Ausstattung zudem um einige pfiffige und günstige Hilfsmittel, zum Beispiel aus dem Programm von Conrad Elektronik ergänzt, auf die wir später noch genauer eingehen.

Lohnt sich das denn?

Wir meinen: Ja! Wie viel Geld Sie letztendlich ausgeben wollen, bleibt Ihnen überlassen. Beachten Sie dabei aber immer den Grundsatz: Weniger (dafür aber von hoher Qualität) ist mehr als viel (und viel kaputt). Rechnen Sie einfach über die nächsten 15 Jahre... .

Die Grundausstattung

Gutes Werkzeug kann billig sein, ist es in der Regel aber nicht. Ein Satz Ring-/Maulschlüssel kostet schon rund 80 Euro. Noch größer sind die Qualitäts- und Preisunterschiede bei den Steckschlüsselsätzen – oft auch Knarrenkästen genannt. Das wichtigste Teil ist hierbei die Knarre selbst. Die Sperrklinken sollten austauschbar sein, gute Hersteller bieten dafür Ersatzteile und einen Service an. Besonders wichtig ist das bei einem Drehmomentschlüssel, der regelmäßig kalibriert werden sollte. Drehmomentschlüssel nach der Arbeit immer entspannen!

Sehr wichtig ist auch die Qualität von Schraubendrehern und Zangen. Damit werden hohe Kräfte übertragen, die das Werkzeug aushalten muss.

⚠ Schrauben ist gefährlich

GEFAHRENHINWEIS

Ob nun reines Hobby oder beruflich: Das Schrauben birgt gewisse Risiken. Vom kleinen Kratzer bis hin zum tödlichen Unfall ist schon alles vorgekommen. Beachten Sie daher stets folgende Grundregeln:

- Benutzen Sie nur hochwertiges Werkzeug!
- Schrauben Sie möglichst immer von sich weg!
- Sichern Sie angehobene Lasten lieber doppelt!
- Sorgen Sie für ausreichende Belüftung!
- Tragen Sie wann immer möglich Schutzkleidung!
- Das gilt ganz besonders für die Augen!
- Wenden Sie niemals Gewalt an, meist gibt es eine andere, elegantere Lösung für das Problem!
- Sorgen Sie dafür, dass immer jemand in der Nähe ist, der Ihnen in Notfällen helfen kann!

Dass Essen, Trinken und offenes Licht sowie Zigaretten am Arbeitsplatz nichts verloren haben, setzen wir als selbstverständlich voraus. Lagern Sie aber auch keine Flüssigkeiten in Trinkflaschen. Selbst an destilliertem Wasser kann ein Mensch sterben! Und zu guter Letzt: Legen Sie sich zur Sicherheit einen Verbandskasten und einen Feuerlöscher bereit.

Der Werkzeugwagen: Was sich in diesem Rollcontainer alles verbirgt, sehen Sie auf den Bildern rechts. Diese Luxusversion ist abschließbar und hat laufruhige Gummiräder.

Schraubendreher: Entscheidend sind der Griff und die Qualität der Spitze. Je drei Größen von Schlitz- und Kreuzschlitzschraubendrehern sollten für den Anfang genügen.

Ring-Maulschlüssel: Ein kompletter Satz dieser Kombinationsschlüssel von acht bis 22 Millimeter reicht in den meisten Fällen. Zusätzlich gibt es Spezialschlüssel.

Steckschlüssel: Auch Nüsse und Knarre genannt. Ein guter Kompromiss ist ein Satz mit dem Verbindungsmaß 3/8 Zoll. Niemals an der Umschaltknarre sparen!

Zangen: Wichtig sind eine verstellbare Wasserpumpenzange, eine Flach- oder Spitzzange sowie eine Kombizange mit integriertem Seitenschneider.

T-Griffe: Werden meist im Karosseriebereich eingesetzt. Das übertragbare Drehmoment ist nicht sehr hoch, dafür sind auch tief sitzende Schrauben gut zu ereichen.

Torx-Abteilung: Immer mehr Schraubverbindungen haben Torx- oder Vielzahnköpfe. In diesem Fach ist alles versammelt, was beim Arbeiten an Torx-Schrauben dienlich ist.

Spezialaufgaben: Selten benötigte Werkzeuge wie Bremsleitungsschlüssel, Messschieber oder auch die verschiedenen Spezialbits sollten ein extra Fach bekommen.

Gekröpfte Schlüssel: Manche Schrauben lassen sich überhaupt nur mit einem gekröpftem Schlüssel erreichen. Es gibt verschiedene Ausführungen, auch für Spezialfälle.

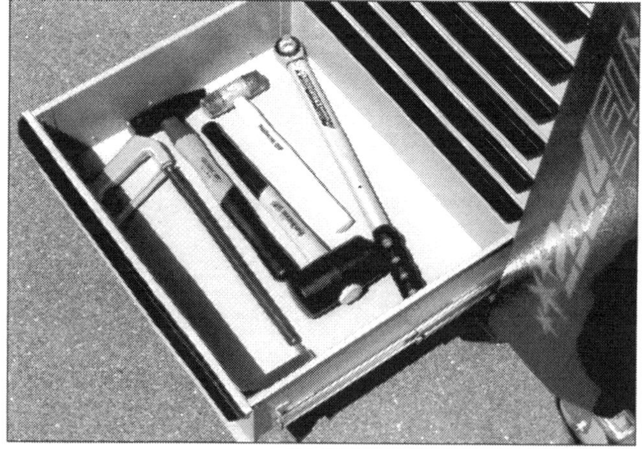

Hammer, Säge, Drehmoment: Die schweren Werzeuge sollten immer im untersten Schubfach ihren Platz finden. Meistens ist dieses Fach auch größer als die anderen.

Nützliches Zubehör

Wenn Sie genügend Platz haben, können Sie das gesamte Werkzeug auch in einer Werkbank-/Werkzeugschrank-Kombination unterbringen. Lassen Sie aber noch etwas Platz übrig, denn neben gutem Werkzeug beherbergt die Schraubergarage auch immer einige nützliche Helfer.

Sicherer Stand: Stabile Auffahrrampen sind für die meisten Arbeiten unter dem Auto völlig ausreichend. Zwar können Sie die Räder nicht abnehmen, dafür steht das Auto sicher.

Beste Bedingungen: Auf einem solchen Reifenbaum sind nicht benötigte Räder perfekt untergebracht. Zwischen den Rädern bleibt etwas Luft, das Gewicht trägt die Felge.

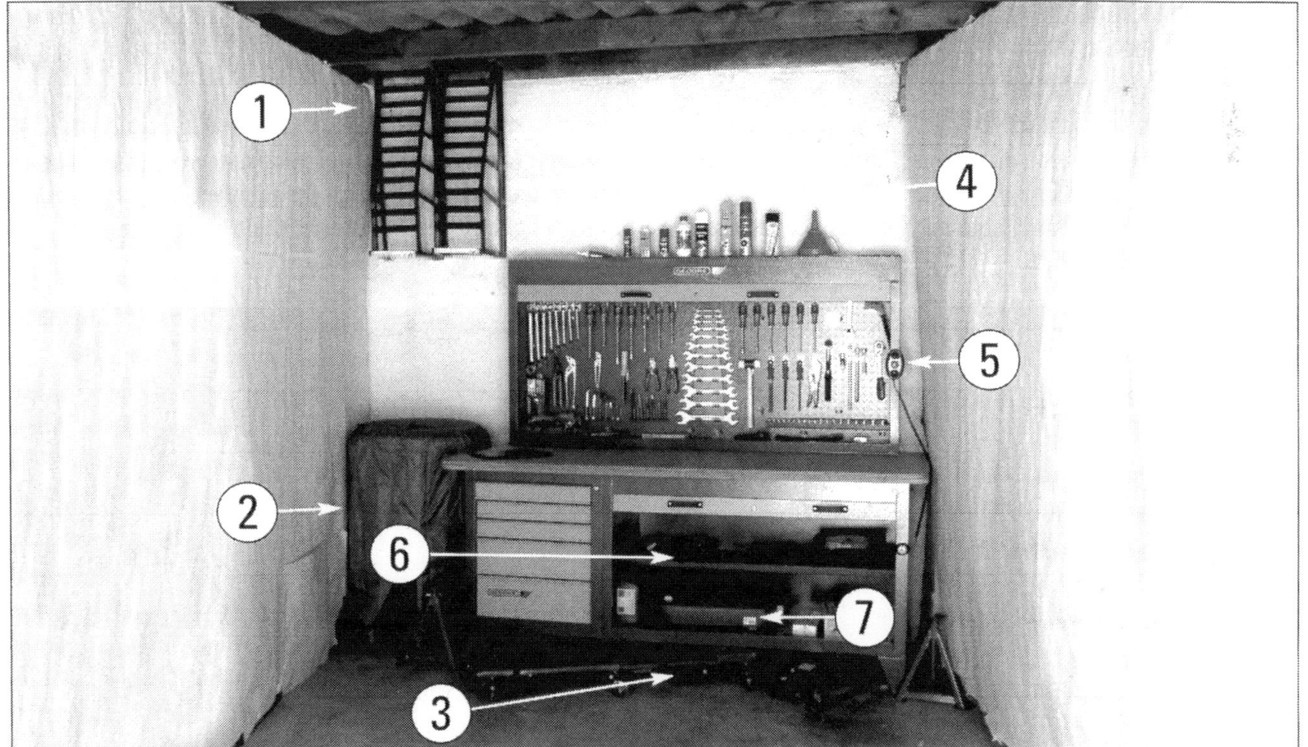

Des Schraubers Traum: Mit einem cleveren Werkstatt-System können Sie sich auch auf begrenztem Raum ein wahres Schrauberparadies schaffen. Tatsächlich steht diese Einzelgarage, was die Ausrüstung angeht, einer Profi-Werkstatt kaum nach. Alles was jetzt noch fehlt ist eine Hebebühne, doch diese braucht leider vier Meter Raumhöhe.

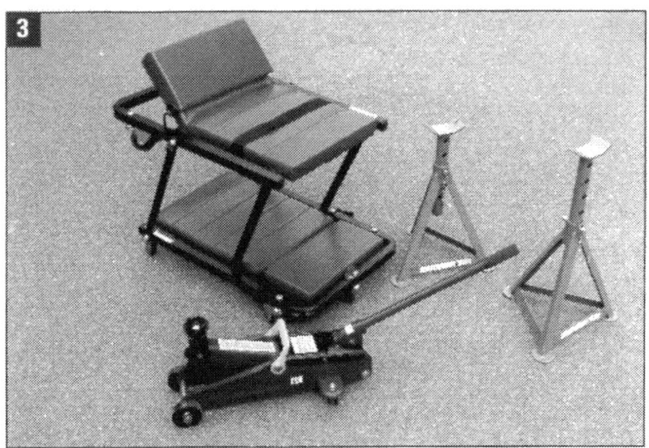

Helfer für unten: Unterstellböcke und ein hydraulischer Wagenheber sind ein Muss. Ein Rollbrett, das sich zum Hocker falten lässt, ist dagegen schon fast Luxus.

Werkstattapotheke: Auch ein kleines Sortiment von chemischen Produkten gehört zur Werkstatt. Unverzichtbar sind Teilereiniger und Sprühfett, aber auch die Kupferpaste werden wir noch brauchen.

Ampellösung: Damit wir die kostbare Werkbank nicht mit dem wertvollen Blech rammen, haben wir einen Abstandswarner montiert. Gefunden bei Conrad-Elektronik.

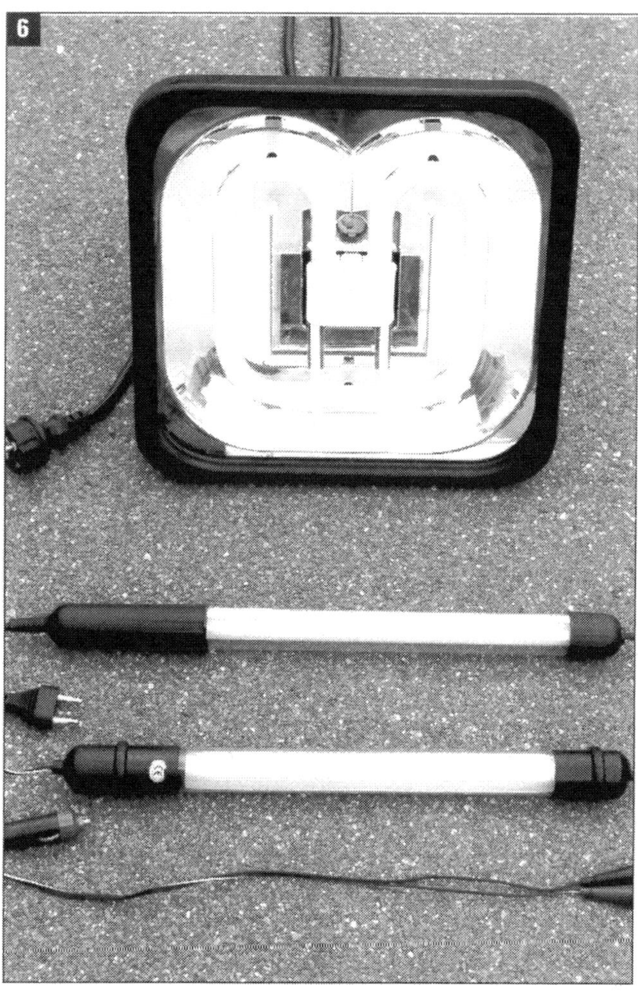

Es werde Licht: Wenn Sie nicht sehen, woran Sie schrauben, ist das Scheitern vorprogrammiert. Es gibt wirklich genug Möglichkeiten, für ordentliches Licht zu sorgen.

Ölige Helfer: Für den Ölwechsel empfehlen wir eine solche Wanne und ein Trichterset. Wer absaugen will, braucht eine Pumpe, die für Öl geeignet ist.

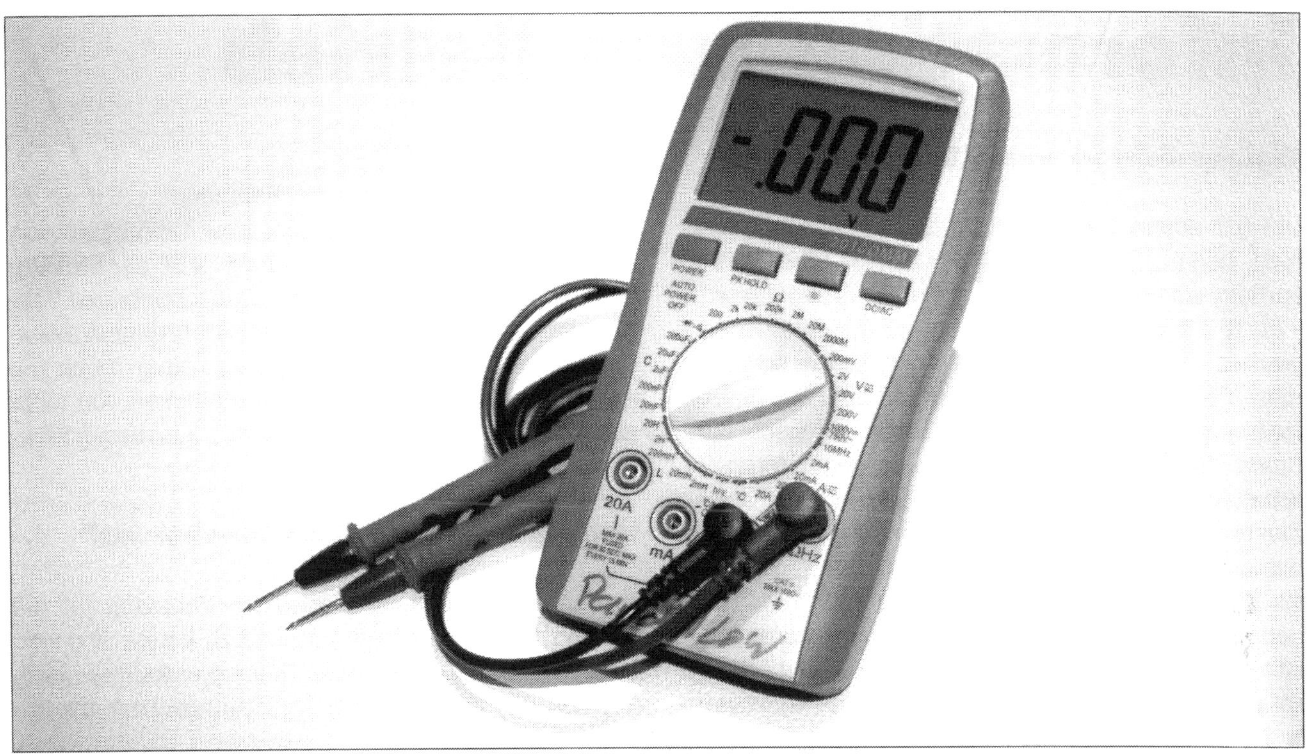

Multifunktionsmessgerät: Ohne Multimeter geht es heute leider nicht mehr. Ein einfaches Multimeter mit möglichst großem Display und brauchbaren Messspitzen kostet ab 40 Euro aufwärts. Es sollte möglichst keine automatische Bereichswahl (Auto-Range) haben. Für die Vergesslichen unter den Schraubern sorgt eine »Auto-Power-Off«-Schaltung für eine batterieschonende, automatische Abschaltung des Gerätes bei Nichtgebrauch.

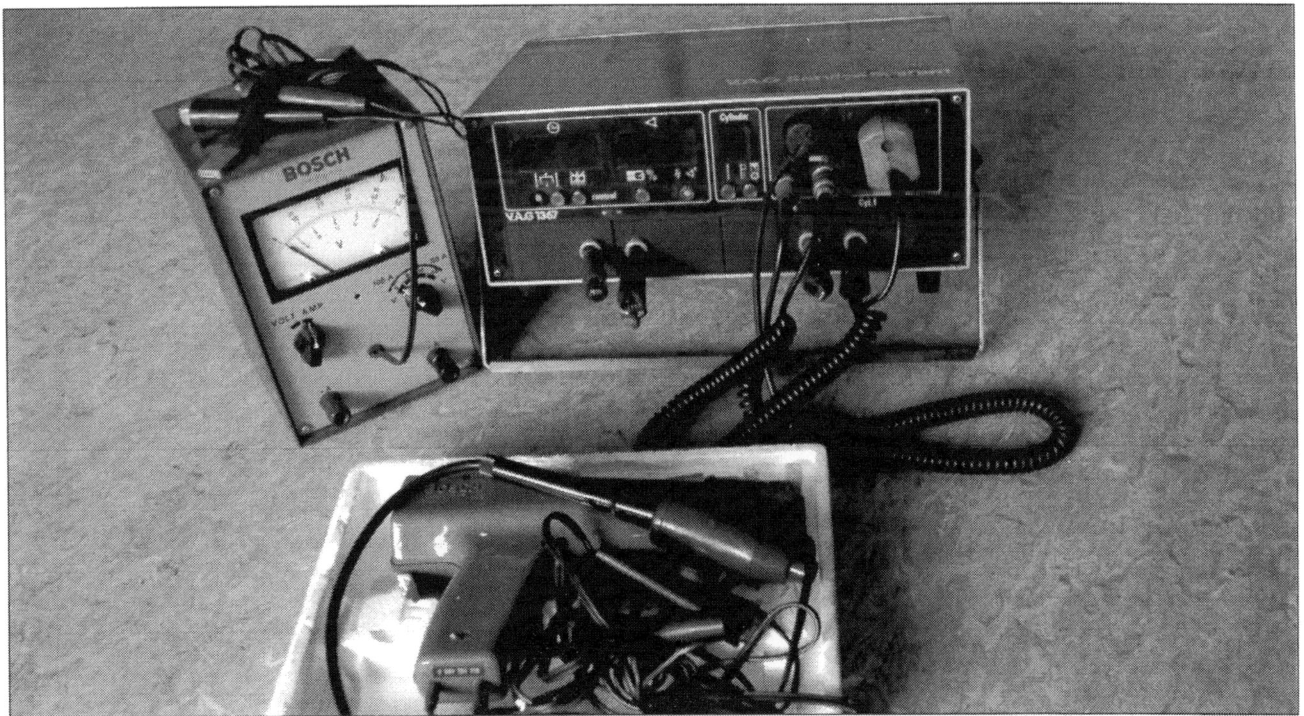

Prüf und Testgeräte: Für die Fehlersuche eignen sich durchaus auch Prüfgeräte und Messgeräte, die heute nicht mehr oft in Werkstätten zu finden sind. Immerhin lassen sie sich leicht und günstig in Auktionsplattformen erstehen.

Information zum Betrieb

Welche Fahrerlaubnis ist notwendig?

Um mit einem Traktor am Straßenverkehr teilzunehmen, bedarf es nach dem Gesetzestext einer Fahrerlaubnis, also eines EU-Führerscheines der Klasse » L« – ab 16 Jahren kann dieser in einer Fahrschule erlangt werden. Führerscheine der höheren Klasse schließen diesen ein. Das Kraftfahrtbundesamt definiert die Anforderung wie folgt: Zugmaschinen, die nach ihrer Bauart für die Verwendung für land- oder forstwirtschaftliche Zwecke bestimmt sind und für solche Zwecke eingesetzt werden, mit einer durch die Bauart bestimmten Höchstgeschwindigkeit von nicht mehr als 32 km/h und Kombinationen aus diesen Fahrzeugen und Anhängern, wenn sie mit einer Geschwindigkeit von nicht mehr als 25 km/h geführt werden und, sofern die durch die Bauart bestimmte Höchstgeschwindigkeit des ziehenden Fahrzeugs mehr als 25 km/h beträgt, sie für eine Höchstgeschwindigkeit von nicht mehr als 25 km/h in der durch § 58 der Straßenverkehrs-Zulassungs-Ordnung vorgeschriebenen Weise gekennzeichnet sind sowie selbstfahrende Arbeitsmaschinen und Flurförderzeuge mit einer durch die Bauart bestimmten Höchstgeschwindigkeit von nicht mehr als 25 km/h und Kombinationen aus diesen Fahrzeugen und Anhängern.

Und was, wenn er kein Trecker ist?

Der ureigene Gedanke war ja ein Fahrzeug für die Landwirtschaft zu entwickeln und zu bauen. Die vielseitige Nutzung, die aus dem Unimog erwachsen sind, ergeben fast alle denkbaren Zulassungsarten, die un-

Einsatzbereit: Dieser Unimog ist startklar und wartet auf Fahrer und Begleitung zum »Holzmachen« und Abtransportieren im Gemeindeforst.

sere Bürokraten und Eurokraten sich im Laufe der Entwicklung haben einfallen lassen. Früher war in dieser Sache tatsächlich hier einiges einfacher: kleiner Lastkraftwagen, also Führerscheinklasse 3. In der Regel werden die meisten der Oldies unter 3,5 t zulässiges Gesamtgewicht liegen und dürfen damit auch noch mit dem neuen Pkw-Führerschein gefahren werden. Sind die Nutzung und das angegebene Gesamtgewicht anders, sollten Sie im Zweifel immer Ihre Führerscheinstelle kontaktieren, die Ihnen gerne Auskunft dazu gibt.

Für aller Sicherheit: Diese Baken sind für andere Verkehrsteilnehmer deutlich sichtbar.

Was man im Verkehr beachten muss

Grundsätzliches

Wer mit seinem Unimog aus einem Feld- oder Waldweg auf die Straße einbiegen will, muss grundsätzlich die Vorfahrt gewähren. Bei Sichtbehinderungen muss ein Helfer einweisen. Fahren Sie am besten nur dort auf eine Straße ein, wo Sie auf größere Entfernung eine gute Übersicht haben. Achten Sie deshalb auch darauf, dass Ihre Scheiben immer sauber sind. Beim Überqueren einer Straße, besonders wenn Sie einen Anhänger mitführen, dürfen Sie sich nicht überschätzen. Ein 16 m langes Gespann benötigt beispielsweise etwa 15 Sekunden, um eine 12 Meter breite Straße zu überqueren. Am besten macht man das, wenn kein Verkehr fließt.

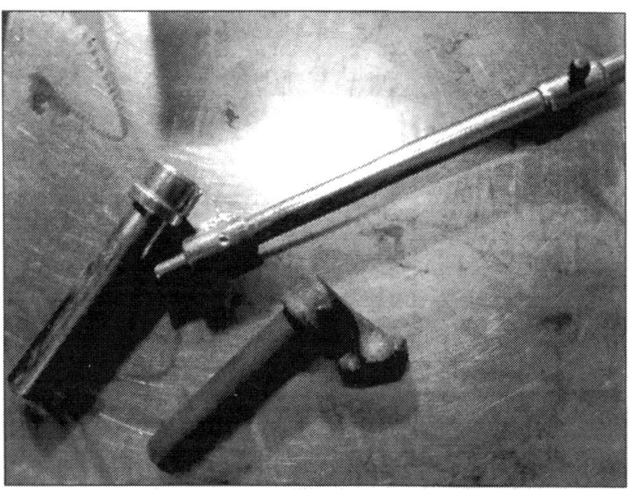

Sicherheit muss oberste Priorität haben: Der Anhängezapfen muss mit einer Sicherung (oben) ausgestattet sein.

Ladungssicherung

Auch wenn Sie in diesem Buch so manches Bild entdecken werden, wo die Ladung entspannt auf der Pritsche ruht, gehen Sie davon aus, dass die Sicherung der Ladung gerade dann relevant wird, wenn Sie eine öffentliche Straße benutzen. Unzureichende Ladungssicherung wird durch die Polizei geahndet. Eine unzureichende Ladungssicherung muss dann vor Ort verbessert werden und kostet auch meist ein Verwarngeld. Im Falle eines Unfalles kann die nicht vorhandene oder schlecht ausgeführte Ladungssicherung sogar zum Straftatbestand werden. Die Regelung im Gesetzestext ist hier sehr eindeutig. Ladungssicherungsmittel wie verwendbare Spanngurte (am besten mit Prüfschild) und auch Ladungssicherungsnetze für lose Materialien wie Äste und Laub gibt es bereits für wenig Geld im Internet oder beim Autoteilehändler zu erwerben. Kaufen Sie ausschließlich Spanngurte, die eine Europrüfnorm wie die EN12195-2 aufweisen. Hier werden Sie die Anforderungen und Lasten auf dem angebrachten Etikett ablesen können.

Nicht legal: Schraubbare Kugelkopfanhängkupplung für Pkw-Kupplungen an der Ackerschiene.

Bezeichnungen auf dem Etikett

S (HF)	Handspannkraft (Anzugkraft für den Hebel)
S (TF)	Vorspannkraft (maximale Gurtspannkraft)
LC	Haltekraft bei einfacher Umschlingung

Suchbegriffe und Paragraphen

Ladungssicherung	§22 StVo
Verantwortung für die Sicherung	§23 StVo
Ausrüstung des Fahrzeuges	§30 StVZO, §31 StVZO
Beladung und Beförderung	§412 HGB

Prüfetikette mit technischen Information: Schon diese Angaben weisen gutes Gurtzeug aus.

Abbiegen mit Anbaugeräten

Achten Sie beim Linksabbiegen unbedingt auf den Verkehr rechts neben sich. Beim Rechtsabbiegen sollten Sie vor allem auf den Gegenverkehr und auf Fahrzeuge achten, die überholen möchten. Ganz wichtig ist eine deutliche Kennzeichnung an den Außenmaßen der angehängten Maschine mit Reflektoren bzw. einer »fliegenden« Beleuchtung.

Was ist eintragungspflichtig?

Grundsätzlich muss alles in die Fahrzeugpapiere eingetragen werden, was die technische Beschreibung oder die Nutzung verändert. Das sind beispielsweise Änderungen an der Bremsanlage oder der Bereifung, ein anderes Fahrerhaus oder feste Anbaugeräte und Konsolen, die die Abmessungen verändern können. Ein typisches Anbauteil ist die Anhängekupplung. Die ursprünglich am Unimog vorgesehene Ringmaulkupplung, die an Nutzfahrzeugen üblich ist, wird meist durch eine Kugelkopfkupplung ergänzt. Der Eintrag ist bei einer TÜV-Prüfstelle meist problemlos. Am einfachsten ist es, wenn Sie beispielsweise den so genannten »Anhängebock« selbst fertigen wollen, die Konstruktion mit dem zuständigen Prüfingenieur vor Ort an der Prüfstelle abzusprechen. Der Kugelkopf muss bauteilgeprüft sein. Die Aufnahme wird meist nur als »Rahmenerweiterung« gesehen und macht kaum Probleme.

Übliche Erweiterung: Gerade bei Unimogclubs bekommt man gute Ratschläge für Beschaffung oder Eigenbau.

Geschichte und Entwicklung

Ein Allrounder wurde nach dem Krieg auf die Räder gestellt und musste von Anfang an ein großes Aufgabengebiet abdecken. Die Flexibilität eines Fahrzeugkonzeptes ist von 1947 bis heute immer wieder auf neue Herausforderungen gestoßen und konnte weltweit in unzähligen Aufgabengebieten seine Fähigkeiten unter Beweis stellen. Nur wenige Fahrzeuge sind wie der Unimog ihren Prinzipien treu geblieben.

Vom Morgenthau zum Moggele

Die Geschichte des »Mockel«, wie das Unimogmuseum in Gaggenau ihn liebevoll getauft hat, beginnt nach dem Krieg mitten in den Trümmern von Nachkriegsdeutschland. Basierend auf dem »Morgenthau-Plan« begannen einige Ingenieure um den Daimler-Benz-Ingenieur aus der Flugmotorenentwicklung Albert Friedrich, die Konstruktion und Umsetzung eines Fahrzeuges, das die Eigenschaften der »Nur-Schlepper« in vielerlei Hinsicht übertreffen sollte.

Stationen vom Prototyp zum Benz

Der Unimog ist ein typisches Fahrzeug, das sich aus Ansprüchen und Funktionen stetig entwickelte. Auch die Produktion dieser einmalig universellen Spezialfahrzeuge verlief im Grunde typisch deutsch mit Fleiß, Innovation und geschickten Manövern um gesetzte Grenzen herum.

Nach dem Krieg war eine kleine Zugmaschine erforderlich, die für die überwiegend kleinen landwirtschaftlichen Betriebe alle Arbeiten übernehmen kann, für die normalerweise viele Spezialgeräte erforderlich gewesen wären. Neben den Arbeiten auf dem Feld mussten auch Forstarbeiten bis zu Rückearbeiten übernommen werden. Um das Aufstellen des Fahrzeuges unter schwerer Zuglast zu vermeiden, musste der Schwerpunkt vorne liegen. Für den Transport mussten eine Pritsche und eine Zugvorrichtung vorhanden sein. Allein die Vorstellung der Konzeption verursachte zwar zuerst einmal die Angst der Besatzungsmächte, ein neues Kriegsgerät könne entstehen, ermöglichte dann aber die damals nicht leicht zu erreichende Genehmigung zum Bau von Prototypen.

Da die Daimler-Benz AG wahrscheinlich aufgrund ihrer schlechten Erfahrung mit dem OE-Ackerschlepper kein Interesse hatte, die Fertigung zu übernehmen, wurde die Produktion bei der Gold- und Silberwarenfabrik Erhard & Söhne in Schwäbisch Gmünd begonnen. Zu-

Die geniale universelle Einsatzmöglichkeit: Das Universal Motor Gerät feierte seinen ersten Erfolg bereits in den ersten Nachkriegsjahren.

Nicht nur als Arbeitstier: Als exklusives Freizeitmobil für höchste Ansprüche kommt 2005 der von Brabus veredelte Unimog Black Edition.

Universalmotorgerät: Die Bezeichnung passt wie die Faust aufs Auge. Der Vielseitigkeit des Unimog sind keine Grenzen gesetzt. Neben vielen nützlichen Eigenschaften besteht gerade für die Oldies ein hoher Spaßfaktor im Umgang mit der robusten Technik.

sammen mit einem ehemaligen Kollegen, Heinrich Rösler, konnte das neue Fahrzeugkonzept nun auch so weit entwickelt werden, dass 1946 der Bau der Prototypen begonnen werden konnte. 1947 kam dann der von Daimler-Benz entwickelte OM636-Dieselmotor dazu. Nach vielen Probe- und Demonstrationsfahrten wurden nicht nur Fachleute, Landwirte, Vertreter der Behörden, die amerikanische Militärregierung und – was sehr wichtig für die Weiterentwicklung wurde – der Kommerzienrat Dr. Boehringer überzeugt. Letzterer übernahm dann die Produktion des Unimogs. Die Produktion des landwirtschaftlichen Gerätes rettete die Firma Boehringer vor der Demontage durch die Alliierten und füllte gleichzeitig die frei verfügbaren Produktionskapazitäten aus. Die Währungsreform brachte Deutschland den wirtschaftlichen Aufschwung und das Team der Unimogerbauer wieder einige Schritte näher an die Serienfertigung. Ende 1948 wurde der Unimog mit seinem Grundkonzept patentiert. 1949 begann dann die eigentliche Serienproduktion bei Boehringer. Nach etwa 100 Vorserienfahrzeugen begann man etwa 500 Fahrzeuge in der Hauptserie zu produzieren. Die Produktion ließ sich auf etwa 50 Fahrzeuge im Monat steigern, erreichte aber nicht die mittlerweile gestiegene Nachfrage nach den Universellen mit dem Ochsenkopflogo. Im Herbst 1950 erstand Daimler-Benz die Produktionsrechte und integrierte dieses neue Fahrzeugkonzept in das Lkw-Werk in Gaggenau. Nachdem die letzten 600 Fahrzeuge bei Boehringer vertragsgemäß gefertigt worden waren, ging 1951 die Produktion in Gaggenau weiter. Deutlich verbesserte Produktionsbedingungen schlugen sich auch in der Anzahl der hergestellten Fahrzeuge nieder. Waren es bei Boehringer in dreieinhalb Jahren etwa 600 Fahrzeuge, wurden bereits in sechs Wochen 100 Fahrzeuge auf die Räder gestellt. Bis zum Jahresende wurden dann bereits 1005 Fahrzeuge fertiggestellt.

Mercedes-Benz Unimog U 65 im Winterdienst (Baureihe 406, 1963-1966).

Bewältigt schwerste Passagen: Der Mercedes-Benz Unimog, hier eine Militärausführung, ist gebaut für extremes Gelände.

Es gibt immer einen Weg: Der Unimog wird individuell, hier mit Zwillingsreifen hinten und einer Anhängekupplung vorn, seinem Einsatzzweck angepasst.

Baureihen, Typen und Bezeichnungen

Ständig weiterentwickelt, eroberte der Unimog schnell auch durchaus unterschiedliche Einsatzgebiete. Entsprechend wandelte sich auch die jeweilige Ausgestaltung der Modelle. Grundkonzepte wie beispielsweise die Portalachse sind aber bis zum heutigen Zeitpunkt erhalten geblieben.

In den Typenbezeichnungen finden sich der Karosseriebautyp und die Motorisierung wieder. Die Bezeichnung »U 25« bezeichnet beispielsweise mit dem »U« einen Unimog und mit der »25« die Motorleistung mit 25 PS (18 kW). Die verlängerten Bauweisen wurden auch als »Unimog S« bezeichnet. Später wurde diese Bezeichnung dann auch mit einem »L« hinter der Bautypenbezeichnung ausgewiesen. So unterscheiden sich die beiden »U 800« durch die Länge der Bauweise, also den Radstand. Die technische Ausrüstung kann auch bei unterschiedlichen Fahrzeugtypbezeichnungen gleich ausfallen. Im Laufe der Jahre kommen noch diverse Umbauten, die aus Reparaturgründen durchgeführt wurden, hinzu. Schließlich handelt es sich bei dem Unimog nicht um einen Oldie zum Kuscheln (bis auf den kleine »Moggele« aus dem Unimogkinderbuch), sondern um nach wie vor voll einsatzfähige Arbeitsgeräte mit unbeschreiblich großer Anwendungspalette.

Grundausstattung nach Nutzschwerpunkt

In den frühen Tagen lag der Schwerpunkt für die Nutzung der Unimog in der Landwirtschaft. Entsprechend

Stammtischtreffen: Gemütliche Runde mit Wurst, Bier und Gleichgesinnten, die sich den Erhalt der Fahrzeuge nicht nur auf die Fahnen geschrieben haben.

Motorsport Trucktrail: Die Aufgabenstellung an den Unimog wurde in der ersten Stunde, wie auch heute noch, bestimmendes Element für die Entwicklung. Aus dem Nutzfahrzeug kann auch ein extremes und extrem erfolgreiches Fahrzeug werden.

wurden die Fahrzeuge produziert und dann mit Sonderausrüstungen ergänzt. Auch die Fahrzeuge der Schweizer Armee, die den Anstoß zum Produktionszuwachs erbrachten, wurden erst durch die Schweizer zum Armeefahrzeug. Seil, Axt, Spaten und einiges andere wurden zusammen mit dem Tarnlicht nachgerüstet. Der so genannte leichte Gelände-Lkw wurde bereits 1949 aufgrund seiner herausragenden Offroadeigenschaften für die Truppe geordert. Diesem Beispiel folgten dann in den folgenden Jahren viele Armeen weltweit. Die Basis für die landwirtschaftliche Nutzung ist am U2010 noch sehr gut zu erkennen. Die meisten Unimog wurden im Laufe der Zeit nach unterschiedlichen Nutzungsschwerpunkten hergestellt. So wurden Fahrzeuge speziell für land- und forstwirtschaftliche Nutzung und auch Fahrzeuge für Sondernutzungen vom Kranwagen bis zum Fahrzeug zur Stadtreinigung oder auch Schneefräsen erstellt. Diese Umbauten wie auch die Sonderausrüstungen wurden seitens Mercedes in enger Zusammenarbeit mit den Anbaugeräteherstellern entwickelt. So entstanden schon sehr früh Lastenhefte, die die Anbaupunkte und die Antriebe sehr präzise beschrieben. Aus heutiger Sicht noch immer richtungsweisend: Herstellerübergreifende Zusammenarbeit mit sehr hohem Qualitätsanspruch.

Einsatz in privater Hand

Wurden Fahrzeuge beispielsweise ausgemustert und dann wie so oft in private Hand verkauft, ist nicht das Ende in Sicht, sondern in den meisten Fällen nur neue Aufgaben oder Herausforderungen. Geschraubt wird hier recht intensiv und fast ohne Grenzen. Regelmäßig finden sich Umbauten, die selbst eingefleischte Unimogspezialisten ins Staunen bringen. Nicht hinsichtlich der Machbarkeit, sondern oft hinsichtlich der Innovation, die hier an den Tag gelegt wird. Nicht nur hinsichtlich Anbauten wird hier privat weiterentwickelt, sondern gelegentlich auch in Motorumbauten vom Turbomotor zum markenfremden TDI-Motor aus dem VW-Konzern.

Motorsport

Natürlich gehört auch der Motorsport zum Einsatzbereich der Unimogs. Neben privaten Teams, die sich dem gelegentlichen Trial verschrieben haben, finden Sie auch einige schon hoch professionell organisierte Rennteams, die auch international sehr erfolgreich sind.

Clubs und Vereine

Aus Gaggenau (von wo sonst?) stammt der größte Unimogverein, der mit über 6500 Mitgliedern so einiges auf die Räder stellt. Im Internet lassen sich leicht regionale Unimog-Gleichgesinnte auftun und ein Treffen hilft Informationen, Neuigkeiten und Tipps aufzufrischen.

Oldie in Aktion: Wer glaubt, dass ein restaurierter Unimog nun meist im Trockenen auf sonniges Wetter wartet, irrt oft. Diese Klassiker können auch Klassisches leisten.

Egal wie alt: Wer rastet rostet. So meistern auch heute noch die meisten der land- und forstwirtschaftlichen Universalgeräte zuverlässig ihren Dienst wie am Tag der Erstzulassung.

Alles dabei: Winden, Ziehen, Antreiben – und das ist nur die Rückansicht eines Unimog... universal eben.

Gesellig: Treffen, Sternfahrten und so manches Würstchen animiert die Unimogger sich regelmäßig und querlandein zu treffen.

Blick in die Ausstellungshalle: Die Geschichte von Stern und Ochsenkopf kann sehr lebendig sein. Die Ausstellungsstücke werden ausführlich mit Tafeln erklärt. Lebendig wird es richtig, wenn die Führung durch ein Unimog-Urgestein erfolgt. Technik erleben und viele kleine Geschichten drumherum.

Das Unimogmuseum

Zwischen Rastatt und Freudenstatt liegt das Murgtal, in dem die Geschichte des Unimog einen wichtigen Platz eingenommen hat. Nicht nur, dass die Produktion von 1951 bis ins Jahr 2002 in Gaggenau Heimat gefunden hat, sondern auch viele der Gaggenauer, die »ihren« Unimogs nach wie vor die Treue halten. Der Unimogverein Gaggenau, der Mitbetreiber des Museums ist, kann durch viele erfahrene ehemalige Unimog-Werker die Geschichte des Unimogs lebendig darstellen. Der Umzug der Produktion ins Mercedes Lkw-Werk nach Wörth ließ einen Traum der Unimogfangemeinde am Originalstandort Wirklichkeit werden. Das Ergebnis ist nicht nur sehenswert und eine Reise wert, sondern ein wirklich besonderes Erlebnis auf dem Pfad der Geschichte des Unimogs.

Familienausflug

Ungewöhnlich für ein Museum ist die aktive Einbindung verschiedener Alterklassen. Während sich die Ehefrau im Museum über die technischen und geschichtlichen Hintergründe informieren kann, hat sie die Möglichkeit, den möglicherweise nervenden Ehemann beim Fahrertraining abzugeben und den Nachwuchs sich auf dem Spielplatz der »Kinderwelt« im Unimogmuseum austoben zu lassen. Für Kinder ab 5 Jahren und Jugendliche gibt es auch spezielle Angebote. Ein Kinder-Iglu mit Spielspaß für die ganz Kleinen und einen Wissens-Parcours für Schüler mit Ausbildungsstation. Natürlich lässt sich der Nachmittag auch noch mit gutem Essen im »Bistro UM« abrunden. Wer mit dem eigenen Unimog anreist, kann sich mit einem Erinnerungsfoto für die Bildergalerie verewigen lassen. Gelegentlich darf dann auch eine Treppe befahren werden.

Ausflugsziel mit Inhalt

Die Mischung macht die Zeit im Museum sehr kurzweilig. Neben vielen Fahrzeugen finden Sie einmalige technische Exponate, die meist durch die Lehrwerkstatt von Mercedes aufgebaut wurden und nun im Unimogmuseum ihren Platz gefunden haben. Faszinierend ist die Gegenüberstellung der Zeitgeschichte und der technischen Begebenheiten und Entwicklungen dieses Universalmotorgerätes. Neben der schon seit Anbeginn der Idee zum Fahrzeug klar überlegenen Konzeption und der technischen Innovation, fasziniert, dass ein Team ein Fahrzeug mit den Kunden und den Zulieferern zusammen entwickelt hat, dessen Grundkonzeption bis heute weder ihren Fortschritt noch ihre Faszination verloren hat.

Schwerpunkt Ausstellungen

Wer von einem Museum grundsätzlich verstaubte Kunst im sicheren Abstand erwartet, wird hier ganz sicher nicht glücklich. Das Unimogmuseum ist weder langweilig, noch wird man es jemals schaffen alles gesehen zu haben. Das liegt unter anderem schon daran, dass die Ausstellungen stetig wechseln. Themenschwerpunkte rund um den Unimog und um die Region Gaggenau sind die Themen, die Abwechslung bringen und immer Neues darstellen. Nicht nur für Unimogbesitzer und solche die es werden wollen, ist das Museum ein Pflichtbesuch. Für Unimogfans ist das Museum ein aktiver Treffpunkt. Schon mancher Fan hat sich hier die entsprechende Dosis abgeholt und ist dann dem »Virus Unimog« vollständig erlegen.

Museum von außen: Links der Parkplatz mit Spielplatz, in der Mitte die Ausstellungs- und Eventhalle, rechts der (Er)fahrparcours. Sogar die Toiletten stehen im Zeichen der Unimogs.

Gruppenführungen

Für Gruppen und Schulklassen werden Führungen, Kurse und Aktionen angeboten. Die Führungen übernehmen Mitglieder des Unimogvereins, die ihre persönliche Erfahrung in der Produktion und Betreuung des Unimogs während der Produktionszeit in Gaggenau gemacht haben. So werden die oft überraschenden Lösungen durch die Sichtweise des Unimogherstellers verständlich. Die Nähe und Bindung zum Fahrzeug bis zur heutigen Generation wird plastisch dargestellt. Viele kleine Geschichten machen die Führung kurzweilig.

Hoch geht's: Steilanfahrten und natürlich auch Abfahrten zeigen einige der Unimogfähigkeiten und die verblüffende Gelassenheit der Fahrzeuge.

Immer im Blick: Sogar im Spiegelbild geht's hier um den Unimog.

Kunst am Mog

Dass der Unimog ein prägender Bestandteil der ganze Region war und heute noch ist, erkennt man schon von der Straße aus. Der bunte Unimog S aus ehemaligen französischen Armeebeständen ist ein Kunstobjekt, das von Jugendlichen gestaltet wurde.

Aktiv mitfahren

Nicht nur gucken, auch Mitschaukeln ist hier ein Programmbestandteil. Täglich gibt es hier die Möglichkeit auf dem museumseigenen Offroadparcours selbst zu erleben, was einen Unimog im Gelände ausmacht. Die Rundfahrten werden mit Familien und auch mit Kindern durchgeführt und zeigen Ausschnitte aus den besonderen Fahreigenschaften dieses Offroaders. Als Fahrer und Informationsquelle stehen wiederum erfahrene Mitglieder des Unimogvereins zur Verfügung, die das außergewöhnliche Erlebnis gefahrlos machen und schon so manche spätere Kaufentscheidung positiv bestärken konnten.

Kunst am Mog: Die Faszination Fahrzeug prägt eine Region. Die Auseinandersetzung mit Prägung und Geschichte ergibt Kunst.

Fahrertraining

Für bereits Infizierte mit entsprechendem Führerschein kann ein Fahrtraining gebucht werden, das neben vielen technischen Details auch das Fahren im Gelände zum Programm hat. Mit Hilfe eines Trainers können unterschiedliche Fahrsituationen eingeübt und anschließend selbst am Lenker erlebt werden. Die Trainingsfahrzeuge stellt Mercedes dem Museum zur Verfügung.

Dinner mit Allrad

Eine weitere Spezialität des Museums liegt darin, dass sowohl die Ausstellungsräume als auch eine Loggia für alle Feierlichkeiten gebucht werden können. Der Grundgedanke des universell einsetzbaren Motorfahrzeugs spiegelt sich somit nicht nur in der Gestaltung und im Programm des Museums wieder, sondern auch in seiner Nutzung. Die Idee der Erfinder des Konzeptes Unimog lag in der Verbesserung der landwirtschaftlichen Arbeit. Das Fahrzeug meisterte im Laufe der Zeit immer breiter gefächerte Aufgaben. Das Museum in Gaggenau spiegelt diesen Gedanken bis ins Detail wieder.

Schaukelmog: Fahrparcours für die kleinen Fans. Die Strecke ist zwar festgelegt, die Bewegungsrichtung aber nicht immer.

Unimog zum Selberfalten: Natürlich setzt sich auch die regionale Papierfabrikation mit dem Thema Unimog auseinander... oder besser zusammen?

Plaketten und Abzeichen

Wer sich einen Unimog mal genauer ansieht, wird feststellen, dass einige Schriftzüge und Plaketten an jedem Fahrzeug befestigt wurden. Viele Plaketten werden bei großen Unimogtreffen ausgegeben und weisen die Teilnahme mit der entsprechenden Jahreszahl aus. Schriftzüge in Aluminiumguss gab es noch nicht ab der ersten Stunde. Auch der Mercedesstern war längst nicht an jedem Unimog zu finden. Betrachten wir die Beschilderungen und Schriftzüge mal genauer.

Ochsenkopf und Daimlerstern

Ein im »U« des Unimog-Schriftzuges integrierter Ochsenkopf mit Nasenring war das Markenlabel für die Boehringer Unimogs und ist bis heute ein unverkennbares Markenzeichen. Ab 1950 mit der Übernahme durch Mercedes Benz verschwand dieses Label mit der Verlagerung in das Schwerlastwagenwerk Gaggenau. Ab diesem Zeitpunkt wurde nur noch der Mercedes-typische Stern im Grill verbaut. Ochsenkopf und Stern wurden nie an einem Fahrzeug werksmäßig verbaut. Die meisten Besitzer der ersten markanten Baureihen führen beide Labels als Anerkennung und Andenken an die Historie und die Entwickler.

Baureihe 401/402: Ochsenkopf (1) und Stern (2). Diese Kombination gab es eigentlich werkseitig nie, auch wenn in dieser Baureihe der Wechsel zum Stern erfolgt ist.

Eignungsabzeichen Forstwirtschaft

Der Unimog wurde 1954 vom Forsttechnischen Prüfungsausschuss als erster Schlepper als besonders geeignet für die forstwirtschaftlichen Aufgaben zertifiziert und durfte nun die ausgestellte Plakette ab Werk Gaggenau tragen.

DLG-Plakette in Silber

Diese Plakette weist die Gaggenauer Fahrzeuge als »besonders geeignet für die Landwirtschaft« aus. Seit 1951 durften die Fahrzeuge auch diese Plakette tragen. Auch sie wurden beidseitig seitlich befestigt.

Plakette Eignungszeichen Forstwirtschaft: Dem Unimog wurde als erster Schlepper dieses Abzeichen zuerkannt.

Plakette Eignungszeichen Landwirtschaft: Dieses Label weist den Unimog ab 1951 als »geeignet für die Landwirtschaft« aus.

U1-U6: Prototypen für Testfahrten und Vorführungen. Die Motorhaube weist eine gekreuzte Sicke in der Mitte auf, die Scheinwerfer waren zum Schutz hinter den Schutzgittern montiert, Straßenreifen wurden mit Schneeketten zur besseren Traktion versehen. Ackerbereifung war noch nicht für die geforderte Größe und Geschwindigkeit des Unimogs verfügbar.

Unimog 70200: Das Markenemblem war noch kein Stern, sondern ein Ochsenkopf auf der Motorhaube (1948 bis 1951). Diese Fahrzeuge wurden noch bei der Firma Boehringer gebaut.

	Erhard & Söhne Unimog	**Boehringer Unimog Typ 70200**	**Unimog 2010 (der erste Gaggenauer)**
Baureihe	U1 bis U6	70200	2010 Mercedes Benz
Typ	Unimog Prototyp 25 PS	Unimog Prototyp 25 PS	U25 Unimog 25 PS
Bauzeit	1946 - 1948	1949 - 1950	1951 - 1953
Leergewicht	1775 kg	ca. 1775 kg	1825 kg
Höchstgeschwindigkeit	50 km/h	50 km/h, Kriechgang 3 km/h	50 km/h
Motor	4 Zylinder Vorkammerdiesel wassergekühlt, Daimler OM636, Bosch Einspritzanlage	4 Zylinder Vorkammerdiesel wassergekühlt, Daimler OM636, Bosch Einspritzanlage	4 Zylinder Vorkammerdiesel wassergekühlt, Daimler OM636, Bosch Einspritzanlage
Hubraum	1697 cm³	1697 cm³	1697 cm³
Bohrung x Hub	73,5 mm x 100 mm	73,5 mm x 100 mm	73,5 mm x 100 mm
Leistung	25 PS (18 kW) bei 2350 1/min	25 PS (18 kW) bei 2350 1/min	25 PS (18 kW) bei 2350 1/min
Getriebe	4 Vorwärts-, 2 Rückwärtsgänge von ZF mit RENK Verteilergetriebe und Untersetzung (2x4) Differenzialsperren vorne und hinten.	4 Vorwärts-, 2 Rückwärtsgänge Klauenschaltgetriebe, Differenzialsperren vorne und hinten.	6 Vorwärts-, 2 Rückwärtsgänge Klauenschaltgetriebe, Differenzialsperren vorne und hinten.
Antrieb	Vierrad (Vorderrad zuschaltbar)	Vierrad (Vorderrad zuschaltbar)	Vierrad (Vorderrad zuschaltbar)
Nebenabtrieb	Zapfwelle vorne und hinten (540 1/min), Riemenscheibe rechts Ø 315 mm	Zapfwelle vorne und hinten (540 1/min), Riemenscheibe rechts Ø 315 mm	Zapfwelle vorne und hinten (540 1/min), Riemenscheibe rechts Ø 315 mm
Bremsen	Hydraulische Trommelbremsen	Hydraulische Trommelbremsen	Hydraulische Trommelbremsen
Lenkung	mechanische Spindellenkung	mechanische Spindellenkung	mechanische Spindellenkung
Bereifung	6,20-20	6,50-20	6,50-20
Radstand	1720 mm	1720 mm	1720 mm
Spurweite	1270 mm	1270 mm	1270 mm
Abmessungen LxBxH	3520 mm x 1630 mm x 2020 mm	3520 mm x 1630 mm x 1620 mm	3520 mm x 1630 mm x 2020 mm
Ladefläche	1475 mm x 1500 mm x 360 mm	1475 mm x 1500 mm x 360 mm	1475 mm x 1500 mm x 360 mm

Unimog U2010: Erster in Gaggenau (Mercedes-Benz) gebauter Unimog (1951 - 1953). Dieser hier war beim Schweizer Militär. Ochsenkopf und Unimogschriftzug, noch kein Mercedes-Stern im Grill, Silberne DLG-Münze beidseitig verbaut.

U 401: Unter den Fittichen von Mercedes-Benz fand der Unimog mit der Typenbezeichnung 401 und 402 großen Anklang. Aufgrund der vielseitigen Einsatzbereiche gab es keine Konkurrenz auf dem Markt der landwirtschaftlichen Nutzfahrzeuge.

	Bautyp 401	**Bautyp 402**	**Bautyp 404.1 (Unimog S)**
Baureihe	401	402	404.1
Typ	U25 Unimog 25 PS	U25 Unimog 25 PS	U82 Unimog 82 PS
Bauzeit	1953 - 1956	1953 - 1956	1955 - 1977
Leergewicht	ca. 1780 kg	1780 kg-1795 kg	2900 kg
Höchstgeschwindigkeit	52 km/h (Kriechgang 3 km/h)	52 km/h	95 km/h
Motor	4 Zylinder Vorkammerdiesel wassergekühlt, Daimler OM636, Bosch Einspritzanlage	4 Zylinder Vorkammerdiesel wassergekühlt, Daimler OM636, Bosch Einspritzanlage	6 Zylinder Vergasermotor, wassergekühlt, Daimler M180
Hubraum	1767 cm³	1767 cm³	2195 cm³
Bohrung x Hub	75 mm x 100 mm	75 mm x 100 mm	80,00 mm x 72,8 mm
Leistung	25 PS (18 kW) bei 2350 1/min	25 PS (18 kW) bei 2350 1/min	82 PS (60 kW) bei 4800 1/min
Getriebe	6 Vorwärts-, 2 Rückwärtsgänge Klauenschaltgetriebe, Differenzialsperren vorne und hinten.	6 Vorwärts-, 2 Rückwärtsgänge Klauenschaltgetriebe, Differenzialsperren vorne und hinten.	6 Vorwärts-, 2 Rückwärtsgänge Klauenschaltgetriebe, Differenzialsperren vorne und hinten.
Antrieb	Vierrad (Vorderrad zuschaltbar)	Vierrad (Vorderrad zuschaltbar)	Vierrad (Vorderrad zuschaltbar)
Nebenabtrieb	Zapfwelle vorne und hinten (540 1/min), Riemenscheibe rechts Ø 315 mm	Zapfwelle vorne und hinten (540 1/min), Riemenscheibe rechts Ø 315 mm	Zapfwelle vorne und hinten (540 1/min)
Bremsen	Hydraulische Trommelbremsen	Hydraulische Trommelbremsen	Hydraulische Trommelbremsen
Lenkung	mechanische Spindellenkung	mechanische Spindellenkung	Kugelumlauflenkung
Bereifung	6,50-20 (Gelände und Straße)	6,50-20	10-20 M; 10,50-20M
Radstand	1720 mm	2120 mm	2900 mm
Spurweite	1284 mm / 1292 mm	1284 mm / 1292 mm	1630 mm
Abmessungen LxBxH	3500 mm x 1630 mm x 2050 mm	3800 mm x 1650 mm x 2050 mm	5030 mm x 2150 mm x 2290/2630 mm
Ladefläche	1475 mm x 1500 mm x 360 mm	Sattelschlepper / Spezialfahrzeug	3000 mm x 2000 mm x 500 mm

U 401 »Froschauge«: Die Blechkarosse half den gewerblichen und kommunalen Bereich besser zu erschließen.

Unimog U 411 c: Sehr vielseitiges Motorgerät.

	Bautyp 404.0 (auch S)	**Bautyp 411**	**Bautyp 411**
Baureihe	404.1	411	411
Typ	U110 Unimog 110 PS (auch mit 82 PS)	U30 Unimog 110 PS	U25 Unimog 25 PS
Bauzeit	1968 - 1980	1956-1961	1957 - 1961
Leergewicht	2900 kg (Fahrgestell 2300 kg)	1795 kg / 1895 kg	ca. 1655 kg
Höchstgeschwindigkeit	100 km/h	53 km/h (Kriechgang 0,25 km/h)	52 km/h (Kriechgang 0,25 km/h)
Motor	6 Zylinder Vergasermotor, wassergekühlt, Daimler M130 (M180 bei 82 PS)	4 Zylinder Vorkammerdiesel wassergekühlt, Daimler OM 636, Bosch Einspritzanlage	4 Zylinder Vorkammerdiesel wassergekühlt, Daimler OM 636, Bosch Einspritzanlage
Hubraum	2748 cm³	1767 cm³	1767 cm³
Bohrung x Hub	86,50 mm x 78,8 mm	75 mm x 100 mm	75 mm x 100 mm
Leistung	110 PS (81 kW) bei 4800 1/min	30 PS (22 kW) bei 2550 1/min	25 PS (18 kW) bei 2350 1/min
Getriebe	6 Vorwärts-, 2 Rückwärtsgänge Vollsynchronisiertes Getriebe, Differenzialsperren vorne und hinten.	6 Vorwärts-, 2 Rückwärtsgänge, Wechselgetriebe, Differenzialsperren vorne und hinten. (ab 59 Synchronisiertes Getriebe)	6 Vorwärts-, 2 Rückwärtsgänge Wechselgetriebe, Differenzialsperren vorne und hinten.
Antrieb	Vierrad (Vorderrad zuschaltbar)	Vierrad (Vorderrad zuschaltbar)	Vierrad (Vorderrad zuschaltbar)
Nebenabtrieb	Zapfwelle vorne und hinten (540 1/min)	Zapfwelle vorne und hinten (540 1/min), Riemenscheibe rechts	Zapfwelle vorne und hinten (540 1/min), Riemenscheibe rechts Ø 315 mm
Bremsen	Hydraulische Trommelbremsen	Hydraulische Trommelbremsen	Hydraulische Trommelbremsen
Lenkung	ZF Kugelumlauflenkung	mechanische Spindellenkung	mechanische Spindellenkung
Bereifung	10,50-20/6 PR	7,50-18, 10,5-18	6,50-20 (Gelände und Straße)
Radstand	2900 mm	1720 mm / 2120 mm	1720 mm
Spurweite	1630 mm	1295 mm / 1361 mm	1292 mm
Abmessungen LxBxH	5030 mm x 2150 mm x 2290/2630 mm	3400 mm x 1670 mm x 2035 mm 3800 mm x 1670 mm x 2140 mm	3520 mm x 1630mm x 1600 mm
Ladefläche	3000 mm x 2000 mm x 500 mm	1475 mm x 1500 mm x 360 mm 1753 mm x 1500 mm x 360 mm	1475 mm x 1500 mm x 360 mm

Unimog U 411 b: Dieser hier wurde mit Westfalia-Fahrerhaus ausgeliefert.

Unimog S (404): Geländegängiger Leicht-Lkw für die Schweizer Armee, der sich aber bald in fast allen Armeen der Welt durchsetzte.

	Bautyp 411 a/b	**Bautyp 411 c**	**Bautyp 411 c**
Baureihe	411a/b	411c	411c
Typ	U32 Unimog 32 PS	U34 Unimog 34 PS	U36 Unimog 36 PS
Bauzeit	1956 - 1964	1964 - 1974	1966 - 1970
Leergewicht	ca. 1795 kg - 1940 kg	ca. 2100 kg - 2300 kg	ca. 2100 kg - 2300 kg
Höchstgeschwindigkeit	53 km/h (Kriechgang 0,25 km/h)	65 km/h (Kriechgang 0,25 km/h)	65 km/h (Kriechgang 0,25 km/h)
Motor	4 Zylinder Vorkammerdiesel wassergekühlt, Daimler OM 636, Bosch Einspritzanlage	4 Zylinder Vorkammerdiesel wassergekühlt, Daimler OM 636, Bosch Einspritzanlage	4 Zylinder Vorkammerdiesel wassergekühlt, Daimler OM 636, Bosch Einspritzanlage
Hubraum	1767 cm³	1767 cm³	1767 cm³
Bohrung x Hub	75 mm x 100 mm	75 mm x 100 mm	75 mm x 100 mm
Leistung	32 PS (23,5 kW) bei 2550 1/min	34 PS (25 kW) bei 2750 1/min	36 PS (26,4 kW) bei 3000 1/min
Getriebe	6 Vorwärts-, 2 Rückwärtsgänge Wechselgetriebe, Differenzialsperren vorne und hinten.	6 Vorwärts-, 2 Rückwärtsgänge synchronisiertes Getriebe, Differenzialsperren vorne und hinten.	6 Vorwärts-, 2 Rückwärtsgänge synchronisiertes Getriebe, Differenzialsperren vorne und hinten.
Antrieb	Vierrad (Vorderrad zuschaltbar)	Vierrad (Vorderrad zuschaltbar)	Vierrad (Vorderrad zuschaltbar)
Nebenabtrieb	Zapfwelle vorne und hinten (540 1/min), Riemenscheibe rechts Ø 315 mm	Zapfwelle vorne und hinten (540 1/min)	Zapfwelle vorne und hinten (540 1/min)
Bremsen	Hydraulische Trommelbremsen	Hydraulische Trommelbremsen	Hydraulische Trommelbremsen
Lenkung	mechanische Spindellenkung	mechanische Spindellenkung	mechanische Spindellenkung
Bereifung	7,50-20 oder 10,5-18 (Gelände und Straße)	7,50-18 oder 10,5-18	7,50-18 oder 10,5-18
Radstand	1720 mm / 2120 mm	1720 mm / 2120 mm	2570 mm
Spurweite	1295 mm / 1361 mm	1295 mm / 1361 mm	1295 mm / 1361 mm
Abmessungen LxBxH	3400 mm x 1670 mm x 2035 mm 3800 mm x 1670 mm x 2140 mm	3400 mm x 1670 mm x 2035 mm 3860 mm x 1835 mm x 2140 mm	3800 mm x 1670 mm x 2140 mm
Ladefläche	1475 mm x 1500 mm x 360 mm 1753 mm x 1500 mm x 360 mm	1475 mm x 1500 mm x 360 mm 1753 mm x 1500 mm x 360 mm	Kommunaler Aufbau wie Kehrsauggeräte und Ähnliches

Unimog Baureihe 402: Der Mannschaftstransportwagen wurde von November 1953 bis Oktober 1956 gebaut. Der Aufbau stammt von der Firma Flückiger in der Schweiz.

Unimog Bus Baureihe 406: Die Insassen sitzen hoch und behalten die Übersicht, auch wenn die Straße mal nicht da ist.

	Bautyp 406	**Bautyp 406**	**Bautyp 406 Omnibus**
Baureihe	406	406	406
Typ	U65 Unimog 65 PS	U70 Unimog 70 PS	U80 Unimog 80 PS
Bauzeit	1964 - 1974	1966 - 1968	1969 - 1971
Leergewicht	ca. 2100 kg - 2300 kg	ca. 2100 kg - 2300 kg	ca. 2100 kg - 2300 kg
Höchstgeschwindigkeit	65 km/h (Kriechgang 0,25 km/h)	65 km/h (Kriechgang 0,25 km/h)	80 km/h (Kriechgang 0,08 km/h)
Motor	6 Zyl. Vorkammerdiesel wassergekühlt, Daimler OM312, ab 1964 OM352 Bosch Einspritzanlage	6 Zyl. Vorkammerdiesel wassergekühlt, Daimler OM352 Bosch Einspritzanlage	6 Zyl. Vorkammerdiesel wassergekühlt, Daimler OM352 Bosch Einspritzanlage
Hubraum	4580 cm³ / 5675 cm³	5675 cm³	5675 cm³
Bohrung x Hub	90 mm x 120 mm, 97 mm x128 mm	97 mm x 128 mm	97 mm x 128 mm
Leistung	65 PS (48 kW) bei 2550 1/min	70 PS (51,3 kW) bei 2550 1/min	80 PS (58,6 kW) bei 2550 1/min
Getriebe	6 Vorwärts-, 2 Rückwärtsgänge synchronisiertes Getriebe, Differenzialsperren vorne und hinten.	6 Vorwärts-, 2 Rückwärtsgänge synchronisiertes Getriebe, Differenzialsperren vorne und hinten.	6 Vorwärts-, 2 Rückwärtsgänge synchronisiertes Getriebe, Differenzialsperren vorne und hinten.
Antrieb	Vierrad (Vorderrad zuschaltbar)	Vierrad (Vorderrad zuschaltbar)	Vierrad (Vorderrad zuschaltbar)
Nebenabtrieb	Zapfwelle vorne und hinten (540 1/min)	Zapfwelle vorne und hinten (540 1/min)	Zapfwelle vorne und hinten (540 1/min)
Bremsen	Hydraulische Trommelbremsen	Hydraulische Trommelbremsen	Hydraulische Trommelbremsen
Lenkung	Kugelumlauflenkung	Servokugelumlauflenkung	Servokugelumlauflenkung
Bereifung	10,50-20 oder 12,5-20	10,50-20 8PR oder 12,5-20	10,50-20/6 oder 12,5-20
Radstand	2380 mm	2380 mm	2380 mm
Spurweite	1536 mm / 1602 mm	1536 mm	1555 mm /1630 mm
Abmessungen LxBxH	4000 mm x 2000 mm x 2250 mm	4100 mm x 2030 mm x 2300 mm	4100 mm x 2000 mm x 2360 mm
Ladefläche	1475 mm x 1890 mm x 400 mm 1950 mm x 1890 mm x 400 mm	1950 mm x 1890 mm x 400 mm	Omnibus, Personentransport

Unimog Baureihe 406: Einsatzbereit mit Dreipunktaufnahme vorne mit standardisiertem Geräteträger und Pritsche hinten.

Unimog Baureihe 406: Forstarbeit mit anschließendem Transport ist nicht nur ein sinnvolles Männerhobby, sondern hält anschließend die ganze Familie warm.

	Bautyp 406	**Bautyp 416**	**Bautyp 416**
Baureihe	406	416	416
Typ	U84 /U900 Unimog 70 PS	U80 Unimog 80 PS	U90 Unimog 90 PS
Bauzeit	1971 - 1989	1965 - 1969	1969 - 1976
Leergewicht	3600 kg	2750 kg	3200 kg - 3520 kg
Höchstgeschwindigkeit	80 km/h (Kriechgang 0,08 km/h)	80 km/h (Kriechgang 5 km/h)	80 km/h (Kriechgang 5 km/h)
Motor	6 Zyl. Vorkammerdiesel wassergekühlt, Daimler OM352 Bosch Einspritzanlage	6 Zyl. Vorkammerdiesel wassergekühlt, Daimler OM352 Bosch Einspritzanlage	6 Zyl. Vorkammerdiesel wassergekühlt, Daimler OM352 Bosch Einspritzanlage
Hubraum	5675 cm³	5675 cm³	5675 cm³
Bohrung x Hub	97 mm x 128 mm	97 mm x 128 mm	97 mm x 128 mm
Leistung	84 PS (62 kW) bei 2550 1/min 110 PS (81 kW) bei 2800 1/min	80 PS (58,5 kW) bei 2800 1/min 110 PS (81 kW) bei 2800 1/min	90 PS (66 kW) bei 2800 1/min
Getriebe	6 Vorwärts-, 2 Rückwärtsgänge synchronisiertes Getriebe, Differenzialsperren vorne und hinten.	6 Vorwärts-, 2 Rückwärtsgänge synchronisiertes Getriebe, Differenzialsperren vorne und hinten.	6 Vorwärts-, 2 Rückwärtsgänge synchronisiertes Getriebe, Differenzialsperren vorne und hinten.
Antrieb	Vierrad (Vorderrad zuschaltbar)	Vierrad (Vorderrad zuschaltbar)	Vierrad (Vorderrad zuschaltbar)
Nebenabtrieb	Zapfwelle vorne und hinten (540 1/min)	Zapfwelle vorne und hinten (540 1/min)	Zapfwelle vorne und hinten (540 1/min)
Bremsen	Hydraulische Trommelbremsen, ab 1973 Bremsscheiben	Hydraulische Trommelbremsen	Hydraulische Trommelbremsen, ab 1973 Bremsscheiben
Lenkung	Servokugelumlauflenkung	Servokugelumlauflenkung	Servokugelumlauflenkung
Bereifung	10,50-20 8PR oder 12,5-20 oder 14,50-20	10,50-20 8PR oder 12,5-20 ES	10,50-20 8PR oder 12,5-20/8PR ES
Radstand	2380 mm	2900 mm	2900 mm
Spurweite	1555 mm / 1630 mm / 1850 mm	1555 mm / 1630 mm	1555 mm / 1630 mm
Abmessungen LxBxH	4100 mm x 2160 mm x 2350 mm	5100 mm x 2000 mm x 2360 mm	4650 mm x 2000 mm x 2360 mm
Ladefläche	1950 mm x 1890 mm x 400 mm	Sonderaufbauten wie Feuerwehr THW	1950 mm x 1890 mm x 400 mm

Unimog Schneefräse Typ VF3 von Schmidt: Die besondere Bauweise des Führerhauses verhindert, dass sich der Schnee auf der negativ geneigten Fronscheibe absetzen kann

Unimog U1100L, Baureihe 416: Die Aufgabenstellung an den Unimog wurde in den ersten Stunden, wie auch heute noch, bestimmendes Element für die Entwicklung.

	Bautyp 416	**Bautyp 416 (Lang)**	**Bautyp 421**
Baureihe	416	416	421
Typ	U100 U1100 Unimog 100 / 110 PS	U100 U1100 Unimog 100 / 110 PS	U40 Unimog 40 PS
Bauzeit	1969 - 1989	1969 - 1990	1966 - 1968
Leergewicht	ab 3320 kg	ab 3200 kg - 3600 kg	2450 kg
Höchstgeschwindigkeit	80 km/h (Kriechgang 5 km/h)	80 km/h (Kriechgang 5 km/h)	53 km/h (Kriechgang 0,07 km/h)
Motor	6 Zyl. Vorkammerdiesel wassergekühlt, Daimler OM352 Bosch Einspritzanlage	6 Zyl. Vorkammerdiesel wassergekühlt, Daimler OM352 Bosch Einspritzanlage	6 Zyl. Vorkammerdiesel wassergekühlt, Daimler OM352 Bosch Einspritzanlage
Hubraum	5675 cm³	5675 cm³	1988 cm³
Bohrung x Hub	97 mm x 128 mm	97 mm x 128 mm	87 mm x 83,6 mm
Leistung	100 PS (74 kW) bei 2800 1/min 110 PS (81 kW) bei 2800 1/min	100 PS (74 kW) bei 2800 1/min 110 PS (81 kW) bei 2800 1/min	40 PS (29 kW) bei 3000 1/min
Getriebe	6 Vorwärts-, 2 Rückwärtsgänge synchronisiertes Getriebe, Differenzialsperren vorne und hinten.	6 Vorwärts-, 2 Rückwärtsgänge synchronisiertes Getriebe, Differenzialsperren vorne und hinten.	6 Vorwärts-, 2 Rückwärtsgänge synchronisiertes Getriebe, Differenzialsperren vorne und hinten.
Antrieb	Vierrad (Vorderrad zuschaltbar)	Vierrad (Vorderrad zuschaltbar)	Vierrad (Vorderrad zuschaltbar)
Nebenabtrieb	Zapfwelle vorne und hinten (540 1/min)	Zapfwelle vorne und hinten (540 1/min)	Zapfwelle vorne und hinten (540 1/min)
Bremsen	Hydraulische Trommelbremsen	Hydraulische Trommelbremsen, ab 1973 Bremsscheiben	Hydraulische Servotrommelbremsen
Lenkung	Servokugelumlauflenkung	Servokugelumlauflenkung	ZF-Gemmerlenkung
Bereifung	10,50-20 10PR oder 12,5-20/10PR	12,5-20/10PR	7,50-18/6PR 10,50-18/6PR oder 12,5-20/10PR
Radstand	2900 mm	2900 mm oder 3400 mm	2250 mm
Spurweite	1555 mm / 1630 mm	1555 mm / 1630 mm	1356 mm
Abmessungen LxBxH	4650 mm x 2000 mm x 2360 mm	5100 mm x 2140 mm x 2670 mm	4000 mm x 1865 mm x 2180 mm
Ladefläche	1950 mm x 1890 mm x 400 mm	3000 mm x 2000 mm x 500 mm 3000 mm x 2000 mm x 400 mm	1475 mm x 1500 mm x 360 mm

Unimog Baureihe 406 als »Zweiwegefahrzeug«: Mit dem Schienenfahrgestell war der Unimog auch für besondere Aufgaben auf dem Gleisnetz der Bundesbahn und im Werksverkehr vertreten.

Unimog Baureihe 421: Dieser Unimog wurde mit Sitzbänken auf der Pritsche ausgestattet und lief im Werk Gaggenau im Werksverkehr.

	Bautyp 421	**Bautyp 421**	**Bautyp 421**
Baureihe	421	421	421
Typ	U40 Unimog 40 PS	U45 Unimog 45 PS	U52 / U600 Unimog 52 PS
Bauzeit	1966 - 1968	1968 - 1971	1970 - 1989
Leergewicht	2450 kg	2450 kg	2450 kg
Höchstgeschwindigkeit	53 km/h (Kriechgang 0,07 km/h)	53 km/h (Kriechgang 0,07 km/h)	63 km/h (Kriechgang 0,09 km/h)
Motor	4 Zyl. Vorkammerdiesel wassergekühlt, Daimler OM621	4 Zyl. Vorkammerdiesel wassergekühlt, Daimler OM621	4 Zyl. Vorkammerdiesel wassergekühlt, Daimler OM616
Hubraum	1988 cm³	1988 cm³	2404 cm³
Bohrung x Hub	87 mm x 83,6 mm	87 mm x 83,6 mm	91 mm x 92,4 mm
Leistung	40 PS (29 kW) bei 3000 1/min	45 PS (33 kW) bei 3000 1/min	52 PS (38 kW) bei 3000 1/min
Getriebe	6 Vorwärts-, 2 Rückwärtsgänge synchronisiertes Getriebe, Differenzialsperren vorne und hinten.	6 Vorwärts-, 2 Rückwärtsgänge synchronisiertes Getriebe, Differenzialsperren vorne und hinten.	6 Vorwärts-, 2 Rückwärtsgänge synchronisiertes Getriebe, Differenzialsperren vorne und hinten.
Antrieb	Vierrad (Vorderrad zuschaltbar)	Vierrad (Vorderrad zuschaltbar)	Vierrad (Vorderrad zuschaltbar)
Nebenabtrieb	Zapfwelle vorne und hinten (540 1/min)	Zapfwelle vorne und hinten (540 1/min)	Zapfwelle vorne und hinten (540 1/min)
Bremsen	Hydraulische Servotrommelbremsen	Hydraulische Servotrommelbremsen	Hydraulische Servotrommelbremsen
Lenkung	ZF-Gemmerlenkung	ZF-Gemmerlenkung	ZF-Gemmerlenkung
Bereifung	7,50-18/6PR 10,50-18/6PR oder 12,5-20/10PR	10,50-18/6PR oder 12,5-20	7,50-18/6PR 10,50-18/6PR oder 10,5-20/10PR
Radstand	2250 mm	2250 mm	2250 mm
Spurweite	1356 mm	1356 mm	1490 mm
Abmessungen LxBxH	4000 mm x 1865 mm x 2180 mm	4000 mm x 1865 mm x 2180 mm	4020 mm x 1825 mm x 2275 mm
Ladefläche	1475 mm x 1500 mm x 360 mm	1475 mm x 1500 mm x 400 mm	1750 mm x 1500 mm x 400 mm

Unimog 421 als Ackerschlepper: Vielseitigkeit ist seine Stärke, Effektivität Teil seiner Konzeption.

Unimog 421 (431): Als Militärversion bekam der Unimog 421 eine andere Typennummer. Er wurde mit Stoffverdeck oder mit Ganzstahlkarosserie geliefert.

	Bautyp 421	**Bautyp 431 (421 Militär)**	**Bautyp 403**
Baureihe	421	421	403
Typ	U52 / U600 Unimog 52 PS	U60 / U600L Unimog 60 PS	U54 Unimog 54 PS
Bauzeit	1971 - 1988	1970 - 1989	1966 - 1972
Leergewicht	2450 kg	2250 kg - 2500 kg	3600 kg
Höchstgeschwindigkeit	63 km/h (Kriechgang 0,09 km/h)	80 km/h (Kriechgang 3,5 km/h)	80 km/h (Kriechgang 0,08 km/h)
Motor	4 Zyl. Vorkammerdiesel wassergekühlt, Daimler OM616	4 Zyl. Vorkammerdiesel wassergekühlt, Daimler OM616	4 Zyl. Diesel Direkteinspritzer, wassergekühlt, Daimler OM314
Hubraum	2404 cm³	2404 cm³	3780 cm³
Bohrung x Hub	91 mm x 92,4 mm	91 mm x 92,4 mm	97 mm x 128 mm
Leistung	52 PS (38 kW) bei 3000 1/min	60 PS (44 kW) bei 3500 1/min	54 PS (39,5 kW) bei 2550 1/min
Getriebe	6 Vorwärts-, 2 Rückwärtsgänge sperrsynchronisiertes Getriebe, Differenzialsperren vorne und hinten.	6 Vorwärts-, 2 Rückwärtsgänge synchronisiertes Getriebe, Differenzialsperren vorne und hinten.	6 Vorwärts-, 2 Rückwärtsgänge synchronisiertes Getriebe, Differenzialsperren vorne und hinten.
Antrieb	Vierrad (Vorderrad zuschaltbar)	Vierrad (Vorderrad zuschaltbar)	Vierrad (Vorderrad zuschaltbar)
Nebenabtrieb	Zapfwelle vorne und hinten (540 1/min)	Zapfwelle vorne und hinten (540 1/min)	Zapfwelle vorne und hinten (540 1/min)
Bremsen	Hydraulische Servotrommelbremsen	Hydraulische Trommelbremsen	Hydraulische Servotrommelbremsen
Lenkung	ZF-Gemmerlenkung oder Servo	ZF-Gemmerlenkung	Hydraulische Kugelmutterlenkung
Bereifung	7,50-18/6PR 10,50-18/6PR oder 10,5-20/10PR	10,5-20/10	10,5-20 oder 12,5-20
Radstand	2605 mm	2250 mm	2380 mm
Spurweite	1490 mm	1490 mm	1555 mm / 1630 mm / 1850 mm
Abmessungen LxBxH	4020 mm x 1825 mm x 2275 mm	4740 mm x 1825 mm x 2275 mm	4100 mm x 2160 mm x 2350 mm
Ladefläche	1750 mm x 1500 mm x 400 mm	2500 mm x 1600 mm x 380 mm	1475 mm x 1890 mm x 400 mm 1950 mm x 1890 mm x 400 mm

Unimog 403: Die Weiterentwicklung aus dem Unimog 406. Wesentlicher Unterschied ist der Vierzylinder Diesel OM 314 mit 54 PS.

Unimog 413: Ähnlich wie der 403, allerdings leistungsgesteigert mit 75 PS Vierzylinder-Motor OM 314 und längerem Radstand.

	Bautyp 403	**Bautyp 403**	**Bautyp 413**
Baureihe	403	403	413
Typ	U66 Unimog 66 PS	U72 / U800 Unimog 66 PS	U80 / U800L Unimog 80 PS
Bauzeit	1969 - 1988	1969 - 1988	1969 - 1988
Leergewicht	3300 kg - 3600 kg	3600 kg	3600 kg 4687 (mm Rahmen)
Höchstgeschwindigkeit	80 km/h (Kriechgang 0,1 km/h)	80 km/h (Kriechgang 0,1 km/h)	80 km/h (Kriechgang 0,1 km/h)
Motor	4 Zyl. Diesel Direkteinspritzer, wassergekühlt, Daimler OM314	4 Zyl. Diesel Direkteinspritzer, wassergekühlt, Daimler OM314	4 Zyl. Diesel Direkteinspritzer, wassergekühlt, Daimler OM314
Hubraum	3780 cm³	3780 cm³	3780 cm³
Bohrung x Hub	97 mm x 128 mm	97 mm x 128 mm	97 mm x 128 mm
Leistung	66 PS (48,5 kW) bei 2550 1/min	72 PS (53 kW) bei 2550 1/min	72 PS (53 kW) bei 2550 1/min
Getriebe	6 Vorwärts-, 2 Rückwärtsgänge synchronisiertes Getriebe, Differenzialsperren vorne und hinten.	6 Vorwärts-, 2 Rückwärtsgänge synchronisiertes Getriebe, Differenzialsperren vorne und hinten.	6 Vorwärts-, 2 Rückwärtsgänge synchronisiertes Getriebe, Differenzialsperren vorne und hinten.
Antrieb	Vierrad (Vorderrad zuschaltbar)	Vierrad (Vorderrad zuschaltbar)	Vierrad (Vorderrad zuschaltbar)
Nebenabtrieb	Zapfwelle vorne und hinten (540 1/min)	Zapfwelle vorne und hinten (540 1/min)	Zapfwelle vorne und hinten (540 1/min)
Bremsen	Hydraulische Servotrommelbremsen, ab 1973 Scheibenbremsen	Hydraulische Scheibenbremsen	Hydraulische Servotrommelbremsen
Lenkung	Hydraulische Servolenkung	Hydraulische Servolenkung	Kugelumlauflenkung
Bereifung	10,5-20 oder 12,5-20	10,5-20/10PR oder 12,5-20/10PR	10,5-20 oder 12,5-20
Radstand	2380 mm	2380 mm	2900 mm
Spurweite	1555 mm / 1630 mm / 1850 mm	1555 mm / 1630 mm / 1850 mm	1555 mm / 1630 mm / 1850 mm
Abmessungen LxBxH	4100 mm x 2160 mm x 2350 mm	4100 mm x 2160 mm x 2350 mm	5100 mm x 2160 mm x 2350 mm
Ladefläche	1475 mm x 1890 mm x 400 mm 1950 mm x 1890 mm x 400 mm	1475 mm x 1890 mm x 400 mm 1950 mm x 1890 mm x 400 mm	3000 mm x 2000 mm x 500 mm

Rahmen und Antriebskonzept

Begonnen hat die Arbeit mit Sicherheit sehr intensiv mit einer der Skizzen von Heinrich Rößler im Dezember 1945. Einige einfache Striche brachten Albert Friedrich und sein Team in eine zukunftsträchtige Richtung. Die Basis dieser Konstruktionsüberlegungen hat auch heute noch Gültigkeit und war auch aus heutiger Sicht verblüffend innovativ.

Schubrohr und Schraubenfedern

Eine Besonderheit ist der Aufbau des Antriebes. Bei den meisten Fahrzeugen ist der Antriebsstrang so ausgelegt, dass er einen Längenausgleich benötigt, um die unterschiedlichen Längenanforderungen beim Ein- und Ausfedern ausgleichen zu können. Der Unimog geht auch hier seinen eigenen Weg. Bei Fahrzeugen mit Starrachse wird normalerweise die Kraft in Längsachse durch die Blattfederelemente aufgenommen und die Kraft in Querrichtung durch einen Panhardstab. Beim Unimog werden die Längskräfte dort aufgenommen wo sie entstehen. Am Antrieb und zwar durch das so genannte Schubrohr. Die Querkräfte werden auch hier durch eine Querstrebe wie den Panhardstab auf den Rahmen übertragen. Gleichzeitig wird durch diesen Aufbau die Kardanwelle im Gelände geschützt.

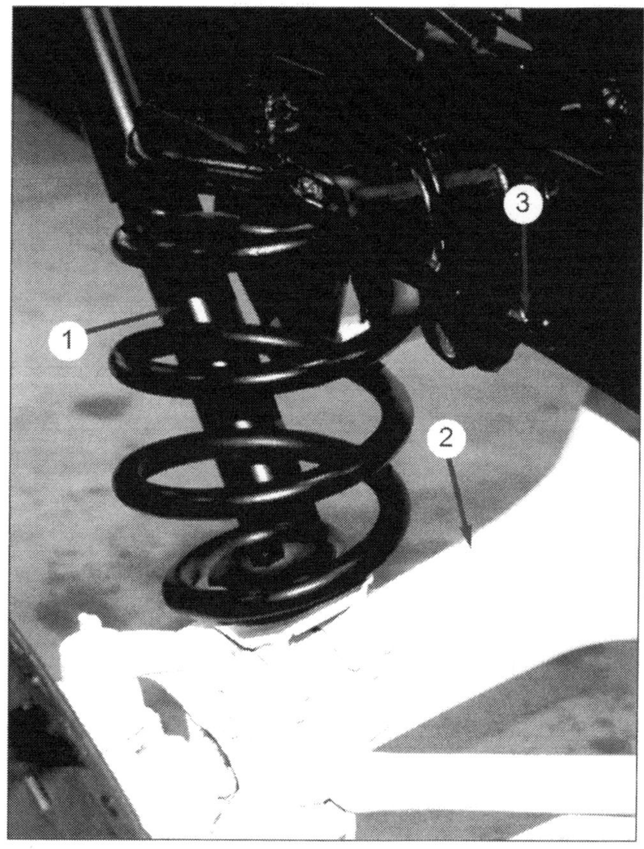

Ausgefedert im »Negativfederweg«: 1 Fahrwerksfeder, 2 Vorderachse, 3 Leiterrahmen.

Fahrgestell eines Unimog 404 S in Verschränkung: Hier sitzen nicht nur diagonal die Radfedern auf Block, sondern der Rahmen wird bereits verschränkt. Das allerdings ist sogar vorgesehen. 1 Rahmen, 2 Fahrwerksfeder, 3 Vorderachse, 4 Schubrohr

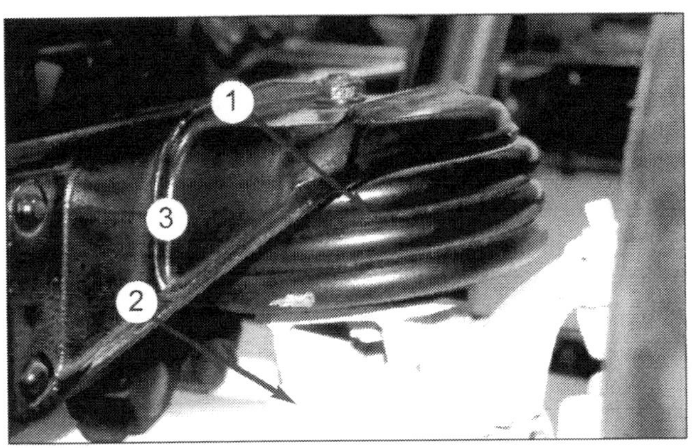

Eingefedert bis auf »Block«: 1 Fahrwerksfeder, 2 Vorderachse, 3 Leiterrahmen.

Leiterrahmen mit hoher Verformbarkeit

Die Rahmenkonstruktion ist zwar sehr stabil, soll sich aber verwinden können. Das geschieht sogar so weit, dass die Motoraufhängungen und auch die starren Aufbauten besonders auf drei Punkten aufgehängt werden müssen, um der Verformung des Rahmens nicht entgegenzuwirken und dann möglicherweise abreißen oder auch nur beschädigt werden.

Modularer Achsaufbau

Wie schon unten ersichtlich, ist der Achsaufbau sehr aufwändig. Einzelne Komponenten wie beispielsweise das Achsgehäuse wurden so hergestellt, dass sie für Vorderachse und Hinterachse verwendet werden konnten. Die Achsen wurden hier mit einem Flansch hergestellt, an dem die Radgetriebe verbaut wurden.

Zusammenhängende Konstruktion

Im Ergebnis findet sich eine voll gekapselte Antriebseinheit, an der die Antriebswellen allesamt gekapselt sind. Das hatte wiederum für die Landwirtschaft den Vorteil, dass sich Heu und Stroh nicht um die Antriebswelle wickeln konnten. Die Portalachsen mit den verbauten Radgetrieben nehmen nicht nur das Drehmoment da auf, wo es entsteht, sondern ergeben eine deutlich erhöhte Bodenfreiheit, die im Gelände gebraucht wird.

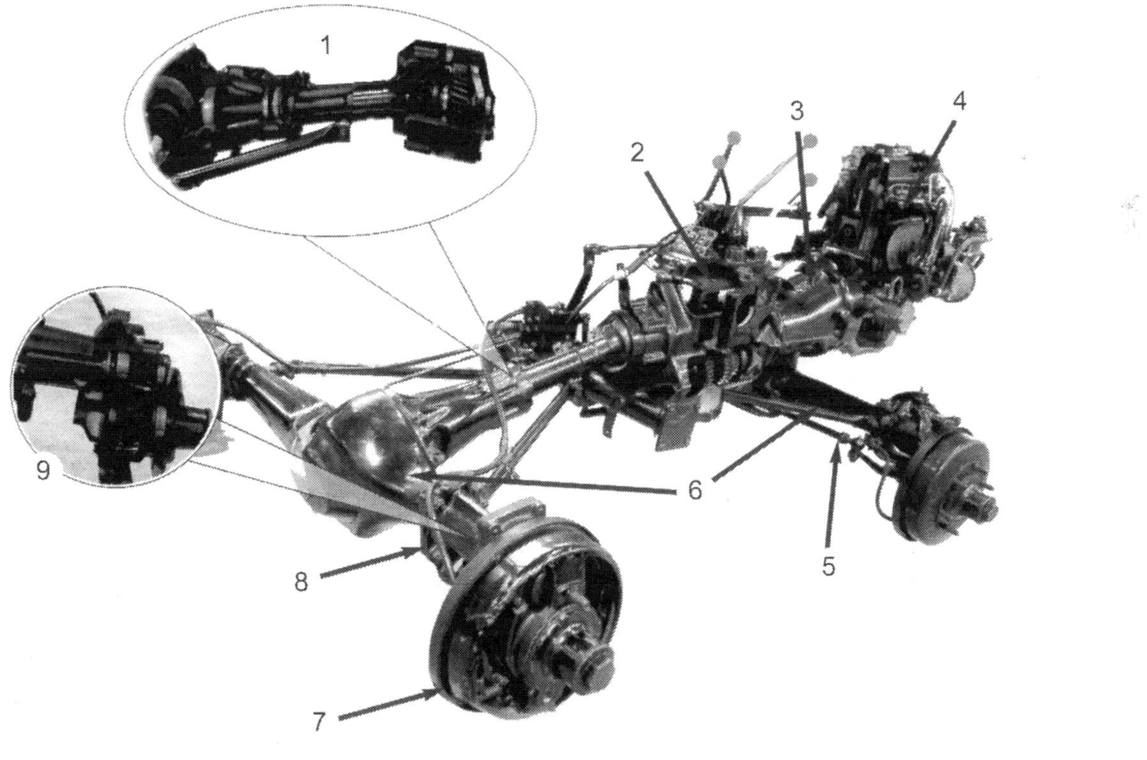

Antriebsstrang eines Unimog 2010: Dieses Modell wurde mehrfach von der Mercedes Lehrwerkstatt gefertigt und wurde für Schulungszwecke in der Weiterbildung oder bei Ausstellungen benötigt um den Antriebsstrang und den Aufbau zu erklären. 1 Schubrohr im Schnitt, 2 Getriebe, 3 Kupplungsglocke, 4 Motor, 5 Spurstange, 6 Achsgehäuse, 7 Radbremse, 8 Flansch, 9 Untersetzung (Radgetriebe).

Ausrüstung und Zubehör

Für ein vielseitiges Motorgerät muss es vielfältige Anbaugeräte geben. Die enge Zusammenarbeit zwischen Unimog und den Geräteherstellern ergab perfekt aufeinander abgestimmte Fahrzeug- und Gerätekombinationen, die sich im Rahmen dieses Buches nicht annähernd vollständig vorstellen lassen würden. Aus diesem Grund wählen wir hier einige Ausstattungsmöglichkeiten aus und stellen diese etwas genauer vor.

Maßnahmen zur Bodendruckverringerung

Je mehr Gewicht auf eine Fläche drückt, umso mehr wird der Ackerboden unter den Rädern zusammengedrückt, was wiederum Schwierigkeiten mit Wachstum und Bearbeitung mit sich bringen kann. Entsprechend muss der Bodendruck für die Arbeit in der Landwirtschaft verringert werden.

Wegabhängiger Saatgutstreuer

Das Saatgut soll möglichst gleichmäßig auf den Acker aufgebracht werden. Da aber die Fahrgeschwindigkeit durchaus variieren kann, musste der Streuvorgang geschwindigkeitsabhängig erfolgen. Der Antrieb bei dem hier vorgestellten Gerät erfolgt über die Hinterräder mit Hilfe eines Kettenantriebes. Dieser wurde natürlich bei den Transportfahrten »ausgeklinkt«. Vorteil Unimog: Der Nachschub konnte gleich auf der Pritsche mitgeführt werden.

Zwillingsreifen: Der Bodendruck wird einfach durch das Verdoppeln der Radbreite verringert. Zugleich sinkt der Unimog nun weniger ein.

Gitterräder: Wie auch bei den Zwillingsreifen wurde so das tiefe Einsinken der Räder in den Boden verringert.

Saatgutstreuer: Der montierte Saatgutstreuer ist durch die Hinterachse angetrieben. So wird fast genau eine wegabhängige Saatgutverteilung erreicht.

Zapfwellenantrieb: Für die landwirtschaftliche Nutzung wurde der Zapfwellenantrieb unter das Zumaul verlegt.

Frontmähwerk

Das Frontmähwerk war das meistverkaufte Anbaugerät für den Unimog. Nicht nur, dass der Weg zur Wiese schneller erledigt werden konnte, war für kleine Mengen nicht einmal ein Anhänger notwendig. Das frische Schnittgut konnte auf der Pritsche wieder zum Hof mitgenommen werden. Beim Traktor musste ein zusätzlicher Anhänger mitgeführt werden.

Übersetzung am Mähwerk

Da die Zapfwelle für das Mähwerk zu langsam drehte, wurde mittels Riemenscheiben die Drehzahl für die Messerantriebswelle angepasst und entsprechend erhöht.

Sonderaufbau Kranwagen

Der Ladekran wurde von der Firma »Klaus« auf das Fahrzeug aufgebaut. In Kombination mit der durch die vordere Zapfwelle angetriebenen Forst-Seilwinde (Mercedes Benz) ist der kleine Unimog optimal für die Montagearbeiten ausgerüstet. Der hier vorgestellte Unimog wurde 1958 zum Kranfahrzeug umgebaut.

Hydraulischer Antrieb hintere Zapfwelle

Der Antrieb für die Kranhydraulikpumpe erfolgte über die hintere Zapfwelle. Die Hydraulikpumpe wurde aber im Kranaufbau verbaut. Die Verbindung zwischen Hydraulikpumpe und Zapfwelle erfolgte durch eine Kette.

Mähwerkmechanik: Mittels Riemenscheibenübersetzung wurde die Zapfwellendrehzahl an den Messerbalken angepasst.

Rasender Rasenmäher: Mit 50 km/h war der Unimog der schnellste Mäher auf der Straße und dadurch auch der effektivste auf der Wiese.

Antriebsumsetzung über Kette: Der hydraulische Antrieb des Krans erfolgt über Kette von der Zapfwelle aus.

Geländekran: Für Montagearbeiten wie Leitungsbau und viele andere Anwendungen ist es erforderlich, einen leichten allradgetriebenen Kran zu verwenden.

Großer Waschtag

Das eigene Auto zu pflegen macht Spaß, den eigenen Unimog noch viel mehr. Ist er doch in den meisten Fällen das Lieblingsspielzeug des Besitzers. Sie erhalten dadurch nicht nur den Wert, Sie lernen ihn dabei bis in den letzten Winkel kennen, sofern Sie das Gefährt nicht schon von der Restauration her in- und auswendig kennen.

Ist der Unimog erst einmal hübsch restauriert, dann wollen Sie ihn doch sicher auch in diesem Zustand erhalten. Da gibt es zwei Möglichkeiten: Sie stellen Ihren Unimog trocken und sauber unter, am besten noch luftdicht verpackt oder Sie pflegen Ihren Unimog regelmäßig; das heißt im Klartext: Sie putzen, waschen, polieren und warten ihn. So haben Sie lange Freude an Ihrem Schmuckstück, und falls Sie ihn dann doch mal verkaufen möchten, können Sie sicher sein, dass Sie auch einen guten Verkaufspreis erzielen werden. Denn wie bei allem anderen auch, zählt auch beim Unimogverkauf der erste Eindruck. Was Sie bei der Pflege beachten müssen, erfahren Sie hier.

Waschen, wie und wo?

Waschanlage oder Handwäsche, das ist eine der wichtigsten Fragen bei Ihrem Auto. Für Ihren Unimog stellt sich diese Frage allerdings kaum. Auch wenn es vielleicht ganz interessant aussehen und zu vielen fragenden Gesichtern führen würde, so ist die Waschanlage denkbar ungeeignet um Ihren Unimog zu reinigen. Somit bleibt nur noch die Handwäsche. Aber da stellt sich jetzt schon wieder die nächste Frage: Wo kann ich denn meinen Unimog überhaupt waschen, bzw. wo darf ich ihn denn waschen. Das Problem an der Geschichte ist nämlich Folgendes: Laut Gesetz ist ja grundsätzlich schon mal verboten sein Fahrzeug zu Hause vor der Haustür zu waschen (siehe Kasten). Viele Fahrzeugbesitzer ignorieren dieses Verbot und handeln nach dem Sprichwort »Wo kein Kläger, da kein Richter«. Bei einem Unimog wird das schon anders. Hier kommen Sie beim Waschen ja auf jeden Fall mit Motor und Antriebseinheit in Berührung und somit auch immer mit Öl. Daher kann und darf ein Unimog nur da gewaschen werden, wo ein Ölabscheider vorhanden ist. Dies sollte auf allen öffentlichen Waschplätzen der Fall sein, aber auch beim ortsansässigen Bau- oder Fuhrunternehmer, genauso wie im Autohaus und an der Tankstelle. Daher sollte sich immer ein geeignetes Plätzchen finden, um sein Schätzchen wieder hübsch zu machen. Wenn Sie dann die Ortsfrage geklärt haben, so stellt sich die Frage, wie denn so ein Unimog am besten gereinigt wird. Solange der Unimog nur verstaubt ist, reicht sicherlich die Handwäsche mit Wasser und Schwamm. Ist der Unimog aber vielleicht schon mal im Wald oder auf dem Feld im Einsatz gewesen, so müssen Sie schon zu größeren Mitteln greifen. Hier empfiehlt sich dann die Reinigung mittels Hochdruckreiniger. Um Öl- und Rußverschmutzungen besser lösen zu können, wäre es ideal, wenn der Hochdruckreiniger auch heißes Wasser produzieren würde (Dampfstrahler).

Schadet häufiges Waschen dem Lack?

Heutige Lacke sind außerordentlich resistent gegen Umwelteinflüsse. Sie müssen selbst bei relativ frisch lackierten Teilen (zum Beispiel nach einer Restauration) keine Angst haben. Die größere Gefahr geht von Vogelkot, Insekten oder Pflanzensäften aus, die den Lack mit der Zeit angreifen. Also am besten gleich abwaschen! Beim Einsatz eines Hochdruckreinigers sollte allerdings der Strahl nicht direkt auf den Lack gehalten werden – außer mit ausreichendem Abstand. Ein Dreckfräsenaufsatz sollte im Lackbereich grundsätzlich nicht zum Einsatz kommen.

GEFAHRENHINWEIS

⚠ Putzen gefährdet die Umwelt

Ausnahmsweise gilt dieser Gefahrenhinweis nicht Ihnen, sondern der Umwelt. Den Trecker vor der eigenen Hautür zu waschen, ist längst nicht mehr erlaubt und das aus gutem Grund: Mit dem Abwasser können gefährliche Stoffe in das Grundwasser gelangen. So zum Beispiel Öl oder Chemikalien, die Sie zum Reinigen verwenden. Auch der Wasserverbrauch ist nicht zu unterschätzen. In Waschanlagen und auf öffentlichen Waschplätzen werden diese Stoffe durch Abscheider aufgefangen und das Wasser mehrmals aufbereitet und erneut verwendet. Auch verschmutzte Lappen sind Sondermüll, besonders wenn Sie damit dicke Ölkrusten beseitigt haben. Wir raten deshalb grundsätzlich einen ausgewiesenen Waschplatz aufzusuchen. Am Besten einen der überdacht ist, damit Ihnen die Sonne unter Umständen keine hässliche Wasserflecken in den Lack brennt. Und Sie sind unter Ihresgleichen: Fahrzeugliebhaber, die ihr Fahrzeug nicht nur als Fortbewegungsmittel sehen, sondern es mit Hingabe pflegen; also ein guter Ort für Benzingespräche.

Wichtige Hilfsmittel und Putzutensilien

Egal ob Sie nur waschen oder Ihren Unimog gründlich reinigen – Sie brauchen in jedem Fall noch ein paar Dinge, um Ihr Schmuckstück perfekt in Form zu bringen. Am besten entfernen Sie mit einer gründlichen

Das Grundrüstzeug: Unterschiedliche Pflegesubstanzen sowie die richtige Auswahl an Tüchern, Schwämmen und Bürsten sind zur gründlichen Reinigung unerlässlich.

Der große Schwamm: Ein weicher Schwamm ist bei der Handwäsche das wichtigste Putzutensil. Er eignet sich aber auch gut zur Vorreinigung oder zum Nachputzen.

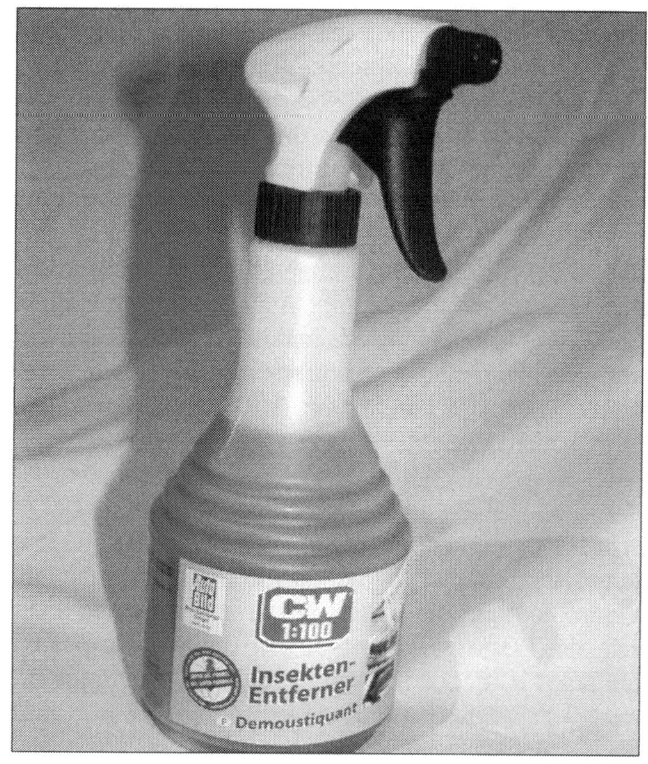

Gegen Insektenreste: Besonders hartnäckig können Insektenreste auf den Streuscheiben der Scheinwerfer anhaften. Rücken Sie dem Fliegendreck mit einem Zellstoffpapier und etwas Schaumreiniger oder Insektenlösemittel zu Leibe.

Grober Dreck an der Karosse: Die starken Verschmutzungen lösen Sie zunächst mit der Waschbürste. Vorsicht: Kontrollieren Sie den Bürstenkopf, bevor Sie loslegen. Übriger Sand und Staub könnte Ihren Lack verkratzen.

Kleiner Schwamm und Bürste: Die Feinarbeit an den Felgen erledigen Sie am besten mit einem kleinen Haushaltsschwamm und einer Bürste an einem flexiblen Drahtstil.

Dampfstrahler marsch: Den Schaum mit dem Dampfstrahler von oben nach unten abwaschen. Dabei stets auf genügend Abstand, insbesondere von den Reifenflanken, achten.

Vorbehandlung hartnäckige Verunreinigungen, bevor Sie mit dem eigentlichen Waschen anfangen. Wir haben darum für Sie hier die wichtigsten Utensilien zusammengestellt, die Sie beim Waschgang parat haben sollten.

Nachbehandlung der kritischen Stellen

Ein perfektes Finishing macht den Unterschied. Also ist nach dem Waschgang nochmals Handarbeit angesagt. Nehmen Sie sich insbesondere der schwierigen Stellen an. Hierzu zählen besonders das Instrumentenbrett mit allen Anzeigen und Schaltern, aber auch der Sitz und das Verdeck. Fahren Sie auf gar keinen Fall sofort nach der Wäsche los, denn sonst war die Arbeit bis dahin vergebens. Die noch feuchten Stellen, zum Beispiel am Motor, nehmen sofort wieder Straßenschmutz auf, der durch die Räder und den Fahrtwind aufgewirbelt wird.

⚠ Vorsicht beim Dampfstrahlen

GEFAHRENHINWEIS

Heißes Wasser, das unter extrem hohen Druck aus einer Düse schießt, löst fast jede Schmutzkruste. Besonders gut natürlich dicke Ölkrusten an Motor und Getriebe. Hiervon raten wir jedoch dringend ab. Bei zu intensiver Behandlung mit dem Dampfstrahler kann leicht Wasser in die diversen Ölkreisläufe ihres Treckers eindringen und so auf Dauer erhebliche Schäden anrichten. Der Motor und das Fahrgestell sollten zuerst mit geeigneten, so genannten Kaltreinigern und in Handarbeit mit Pinsel und Bürste gesäubert werden. Auch für Kühler ist ein Dampfstrahler Gift, denn der scharfe Strahl dringt mit großem Druck durch die feinen Lamellen und kann diese deformieren. Bleiben noch die Felgen: Es kann vorkommen, dass der harte Strahl abprallt und Sie im Hagel abplatzender Schmutzpartikel stehen – dies kann zu schweren Verletzungen führen. Und wehe Sie kommen dem Reifen zu nahe! Auch in der Seitenwand moderner Pneus kann der enorme Druck des Wasserstrahls Schaden anrichten. Also wenigstens 50 cm Abstand halten!

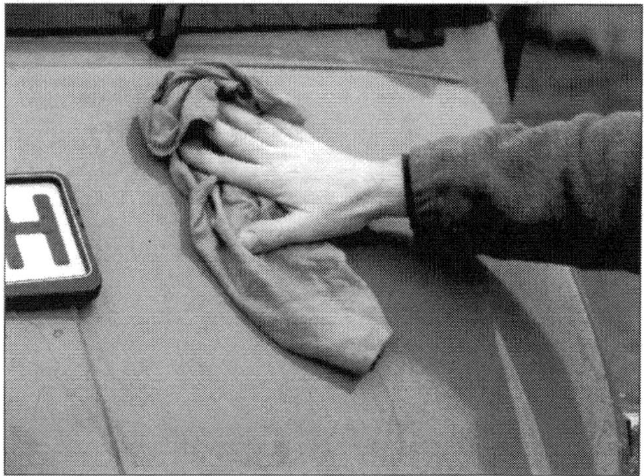

Große Flächen: Um die restlichen Wassertropfen zu entfernen, ist das gute alte Leder immer noch unschlagbar. Aber Vorsicht: Niemals über noch schmutzige Stellen wischen!

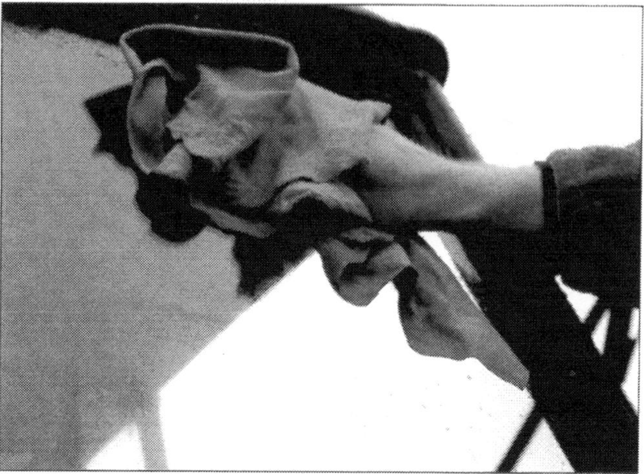

Glas: Für die Reinigung der Scheiben gibt es normale Haushaltsmittel. Wichtig ist ein nicht fusselnder Lappen. Sie können aber auch Spiritus nehmen und mit einer Tageszeitung nachreiben.

Polieren und Konservieren

Dem Lackkleid sollten Sie von Zeit zu Zeit eine Politur gönnen. Dadurch kann der Schmutz nicht so leicht anhaften und auch das Wasser perlt einfach ab. Das ist übrigens ein guter Indikator für den richtigen Zeitpunkt: Bildet das Wasser größere Pfützen auf der Karosserie, sollten Sie die Oberfläche neu versiegeln. Im Handel sind zahllose Produkte zu finden, vom leichten Mittel bis zum schleifenden Reiniger für stark verwitterte Lacke. Lesen Sie also die Beschreibung aufmerksam durch und verwenden Sie im Zweifelsfall stets das weniger aggressive Produkt. Langfristigen Schutz kann auch die Versiegelung mit Wachs vom Fachmann bieten. Sie kostet summiert auf die Wirkdauer, etwa soviel wie die Wagenwäsche und hält bis zu einem ganzen Jahr. Neuerdings bieten manche Pflegefachbetriebe auch die Versiegelung mittels Nanotechnologie (siehe Kasten rechts) an. Diese Art das Fahrzeugäußere zu versiegeln kostet zwar mehr, hält dafür aber auch mitunter bis zu drei Jahre.

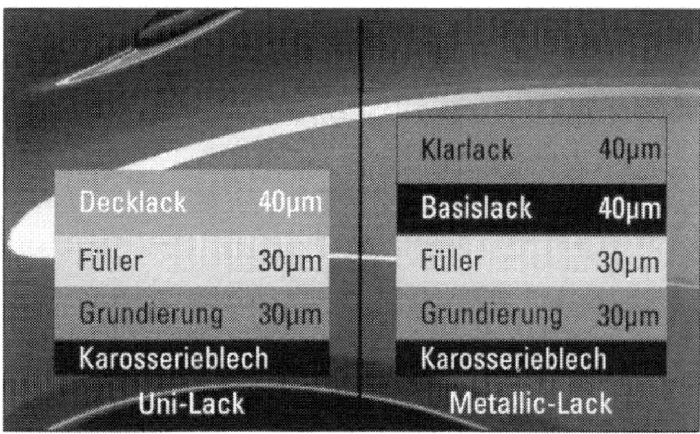

Unterschiedlich stark: Die Lackoberfläche ist durch unterschiedlich dicke Schichten aufgebaut und schützt das Blech darunter vor Korrosion.

Kleiner Schmierdienst

Überall, wo sich Teile der Karosserie relativ zueinander bewegen, entstehen Reibungskräfte, die nach und nach aber vor allen Dingen bei mangelnder Schmierung, das Material der Kontaktflächen verschleißen. Schlösser und Scharniere müssen daher mit einem Schuss oder vielmehr einem Spritzer Öl in Gang gehalten werden. Die Aufbringung der Schmiermittel bereitet wenig Aufwand. Bei den meisten Spraydosen wird zum gezielten Einbringen des Schmiermittels ein längliches, flexibles Röhrchen mitgeliefert, das in die Düse des Sprühkopfes aufgesteckt werden kann. Dadurch ersparen Sie sich zumindest aufwendige Demontagen. Der langfristige Effekt dieser Arbeit ist aber dennoch nicht zu unterschätzen. Empfehlenswert sind sogenannte Gelsprays. Sie haften aufgrund ihrer weniger flüchtigen Konsistenz besser und verteilen sich zugleich sehr weitläufig bis in den letzten Winkel. Außerdem haften diese Mittel länger als normales Öl an. Weiterhin sollten nach jedem intensiven Waschgang, insbesondere mit dem Dampfstrahler, alle Schmiernippel entsprechend abgeschmiert werden. Dadurch ist gewährleistet, dass in Gelenke eingedrungenes Wasser wieder herausgedrückt wird.

Nanotechnologie

WISSENSWERTES

Was für alle anderen Fahrzeuge gut ist, sollte ihnen für ihren Trecker gerade mal gut genug sein. Als Forschungsfeld mit Zukunftspotenzial bietet die Nanotechnologie schon heute viele Anwendungen im und rund ums Fahrzeug. Beispiele sind blendfreie Tachoverglasungen oder auch Verbundglas das Infrarotstrahlung absorbiert und so die Wärmeeinwirkung aufs Fahrzeuginnere reduziert. Der berühmteste Nanoeffekt ist aber der Lotusblüteneffekt, der selbstreinigende Oberflächen ermöglicht. Zur längerfristigen Versiegelung der Lackoberfläche bieten nun auch einige Pflegefachbetriebe diesen Lackschutz an. Was für den Oberflächenschutz durch Anstreichfarben an Häuserfassaden oder auch Dachziegeln gut funktioniert, birgt beim bewegten Fahrzeug noch gewisse Schwierigkeiten. Die Rauigkeit der mikroskopisch kleinen Strukturen, welche eine geringe Benetzbarkeit und damit auch ein hohes Maß an Selbstreinigung bewirken, könnten nämlich schnell durch Insekten verkrustet werden. Dennoch bieten immer mehr Pflegefachbetriebe Nanotechnologie als Langzeitschutz an. Im Unterschied zu einer Wachsversiegelung hält der Nanoschutz mitunter bis zu drei Jahre und das bei vergleichbaren Kosten. Wenige Fahrzeughersteller bieten mittlerweile auch den Nanoschutz ab Werk. Eine Nanoschicht im Klarlack sorgt für höhere Resistenz gegen mechanische Beanspruchung und Korrosion. Was in der Praxis eine höhere Kratzfestigkeit bedeutet. Die Forschung arbeitet derzeit an weiteren praktischen Anwendungen. Selbstreinigende Felgen oder auf Knopfdruck wechselnde Farbe sind so vielleicht schon bald mehr als nur eine Vision.

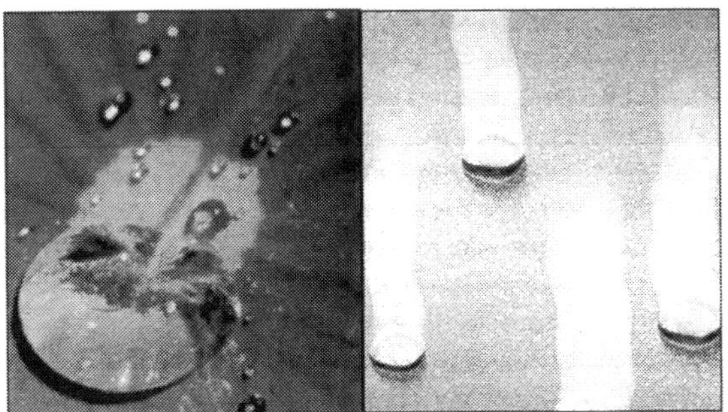

Von der Lotusblüte übernommen: mikroskopisch kleine Raustrukturen auf der Oberfläche. Schmutzpartikel finden darauf keinen Halt.

Pflege im Cockpit und des Verdecks

Knöpfe und Schalter: Etwas Cockpitspray auf einen Lappen sprühen und die Knöpfe gründlich säubern. Schon setzt sich kein Speck mehr darauf ab.

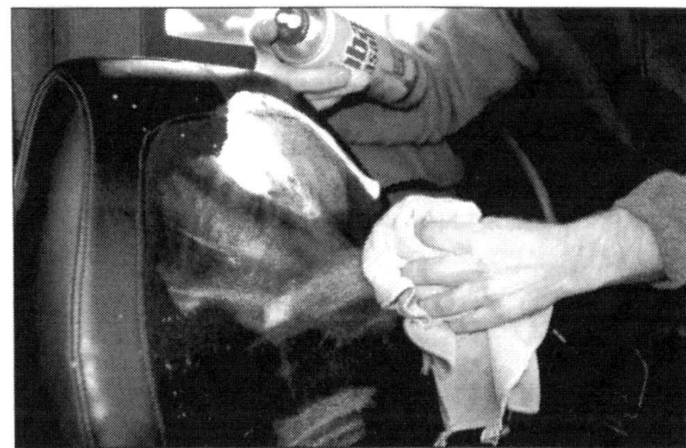

Sitz: Der Sitz, bzw. der Sitzbezug ist meistens aus Kunstleder. Dieses ist von Haus aus ja schon sehr widerstandsfähig. Mit ein wenig Pflege jedoch haben Sie deutlich länger Freude daran. Also immer gut trocken wischen, auch in den Falzen. Und danach mit Kunststoffpflege und einem weichen Lappen abreiben.

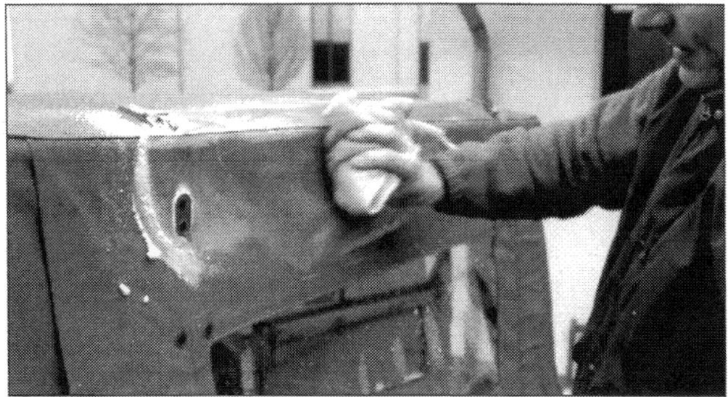

Verdeck: Das Verdeck ist im Prinzip genauso zu behandeln wie der Sitz. Bei genähten Verdecken sollten die Nähte von Zeit zu Zeit versiegelt werden. Hierzu eignet sich Verdeckimprägnierung für Cabrios sehr gut.

Auspolieren kleiner Kratzer im Lack

Kleinere Kratzer lassen sich oft mit wenig Aufwand und ohne besondere Hilfsmittel entfernen. Wichtig hierbei ist, dass die Kratzer nur in der oberen Lackschicht vorhanden sind.

- Zuerst einmal muss das Fahrzeug gründlich gewaschen werden. So wird sichergestellt, dass man beim Polieren nicht mit Schmutzpartikeln weitere Kratzer in den Lack einarbeitet.
- Für den nächsten Schritt darf das Blech der zu polierenden Stelle nicht heiß sein. Bei einem zum Beispiel durch die Sonne aufgeheizten Lack trocknet die Politur zu schnell ab und erschwert die Arbeit ungemein.
- Für das Auspolieren reicht ein kräftiger Lackreiniger aus. Er übernimmt quasi die Schleifarbeit. Der Trick liegt darin, die Lackdicke etwas abzuschleifen, um sie wieder in die gleiche Höhe zu bekommen wie den Kratzer. So fällt diese Stelle nicht mehr auf. Je nach Aggressivität des Lackreinigers kann das sehr schnell gehen.
- Grundsätzlich sollte dann, in einem zweiten Schritt, die Umgebung des Kratzers leicht mitbehandelt werden. So wird vermieden, dass sich die aufbereitete Stelle von dem umliegenden Lackbild abhebt.

Auspolieren eines Kratzers: Auch wenn es nicht so aussieht, es wird geschliffen.

- Eine weitere Möglichkeit ist das Polieren mit Nassschleifpapier. Die Körnung sollte dann aber um 1500 liegen. Die Vorarbeit wird dann mit dem Schleifpapier und viel Wasser erledigt.
- Es sollte aber trotzdem mit Lackreiniger nachgearbeitet werden.
- Im nächsten Schritt werden die Rückstände des Lackreinigers vollständig entfernt.
- Zum Abschluss wird die geschliffene Fläche mit einer Wachspolitur versiegelt und nach dem Abtrocken der Wachsschicht gründlich mit einem weichen Lappen poliert.

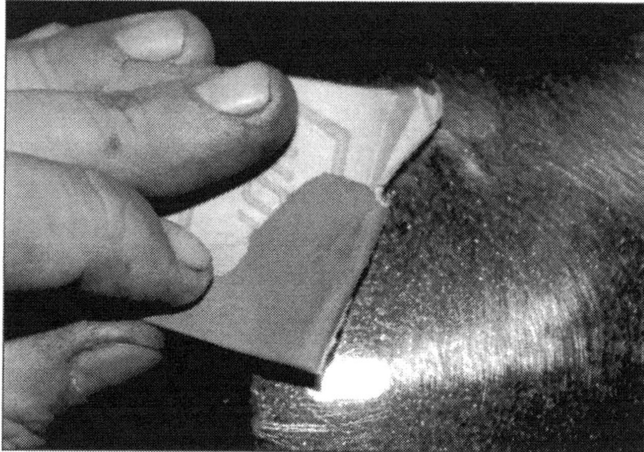

Auspolieren eines Kratzers mit Schleifpapier: Sieht eigenartig aus, ist aber sehr effektiv. Wichtig ist die Handhaltung und etwas Erfahrung.

Polieren der Fläche: Zum Abschluss muss nun Glanz entstehen.

Wartungsarbeiten

Die Wartung sorgt neben der Pflege für eine lange Nutzzeit Ihres Unimog und hilft den Zustand der Technik zu erhalten oder sogar Stück für Stück zu verbessern. Die Kosten für die Wartung können sich im Rahmen halten, wenn Sie diese Aufgabe größtenteils selbst übernehmen.

Bei neuen Fahrzeugen erscheint es selbstverständlich, sich in regelmäßigen Abständen um die technischen Details des Fahrzeuges zu kümmern. Mit zunehmendem Alter liegt hier schnell einiges im Argen. Werden die Wartungen zum richtigen Zeitpunkt durchgeführt, sind wichtige Grundvoraussetzungen für den zuverlässigen Betrieb des Traktors gegeben. Vergleicht man die Reparaturkosten, die sich durch mangelhafte Wartung ergeben mit den Kosten für die Wartung, wird einem schnell deutlich, dass hier neben der Zuverlässigkeit auch ein nicht unerhebliches Sparpotenzial versteckt ist.

Flüssigkeiten

Unterschiedlichste Flüssigkeit finden im Traktor unterschiedlichste Aufgaben. Achten Sie immer auf die genaue Spezifizierung der Flüssigkeit, der Sie sich im Rahmen der Wartung annehmen. Schon die falsche Kühlflüssigkeit oder nur der nicht zulässige Einsatz von Leitungswasser kann durch Korrosion erhebliche Schäden sogar an Motorgehäuseteilen verursachen.

Die Qual der Wahl: Unterschiedlichste Flüssigkeit finden im Traktor unterschiedlichste Aufgaben.

Wartungsarbeiten am Motor

Die Wartung der Antriebseinheit ist zwar sehr wichtig und erscheint jedem unabwendbar. Die Wartung sollte sich aber niemals nur auf diese Komponente beschränken. Alle anderen Baugruppen sind genauso wichtig.
Betrachten wir uns trotzdem die wichtigsten Arbeiten rund um das Antriebsaggregat etwas genauer.

Ölwechsel und Ölstand

Der Ölstand wird in der Regel vom Hersteller vorgegeben. In der Regel muss er zwischen der Maximum- und der Minimummarkierung auf dem Ölstab liegen. Die Ölversorgung der Viertaktmotoren erfolgt durch zwei unterschiedliche Systeme:

Die Trockensumpfschmierung benutzt den Motorblock als Abtropfgehäuse und führt das frische Drucköl aus einem externen Tank den Schmierstellen zu. Eine Überfüllung bringt gar nichts, da der Ölstand lediglich im Vorratsbehälter ansteigt und eine Schmierungsunterbrechung durch Schräglage ist nicht zu erwarten.

Die Druckumlaufschmierung sammelt das Motoröl im Motorblock und pumpt es an die Schmierstellen. In extremen Lagen kann bei zu geringem Ölstand Luft angesaugt werden. Die Schmierung würde dann kurz-

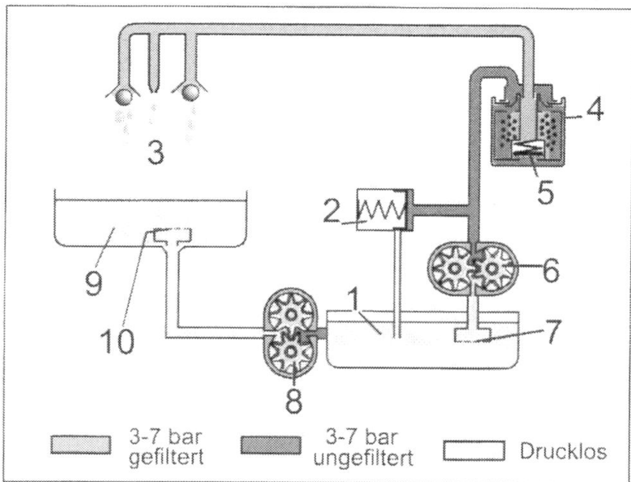

Sie arbeitet lageunabhändig und stellt in allen Betriebslagen die Ölversorgung sicher, die Trockensumpfschmierung: 1 Öltank, 2 Druckregelventil, 3 Schmierstellen, 4 Ölfilter, 5 Sicherheitsventil, 6 Druckpumpe, 7 Filtersieb, 8 Rückförderpumpe, 9 Auffangwanne, 10 Filtersieb.

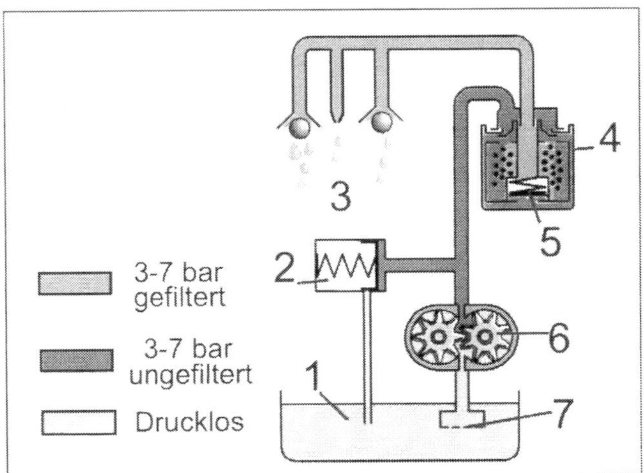

Funktionsprinzip der Druckumlaufschmierung: 1 Öltank, 2 Druckregelventil, 3 Schmierstellen, 4 Ölfilter, 5 Sicherheitsventil, 6 Druckpumpe, 7 Filtersieb

zeitig ausfallen. Aufgrund der Lagernotlaufeigenschaften bleibt das aber ohne Folgen. Man sollte grundsätzlich darauf achten, dass der Ölstand sich im Bereich Maximum befindet. Eine Überfüllung bringt auch hier in der Regel nichts. Durch die Hubbewegungen des Kolbens und den entsprechenden Druckausgleich über die Motorenlüftung könnte der zu hohe Ölstand eher viel »Sauerei« im Luftfiltergehäuse oder in der Umwelt anrichten.

Auswahl des Öls

Die Herstellungsweisen der Öle unterscheiden sich recht deutlich. Synthetische Öle werden im Labor kreiert und mit definierten Eigenschaften versehen. Gerade hochdrehende Sportmotoren sind zum Teil mit so dünnen Ölversorgungskanälen ausgestattet, dass ein kaltes Öl, das sehr zähflüssig ist, zu lange brauchen würde, um an die entferntesten Schmierstellen zu gelangen. Hier werden zum Teil vom Hersteller sehr dünnflüssige Öle verlangt. Die Unterscheidung erfolgt nach SAE Klassen (**S**ociety of **A**utomotive **E**ngineers). Die Klassifizierung erfolgt nach Temperaturbereichen. Worin liegt eigentlich der Unterschied zwischen den einzelnen Ölen? Meistens zuerst einmal im Preis. Ein Grund für die Preisunterschiede liegt sicherlich in der Additivierung. Diese chemischen Zusätze können unter 1% und bis zu 25% des Öls ausmachen. Je größer der Wert der SAE Klasse um so dickflüssiger ist das Öl. Der Nachteil der dünnflüssigen Öle mit den niedrigen SAE Klassen liegt klar im Ölverbrauch des Motors. Es kann durchaus vorkommen, dass mit einem OW50 Öl einen merklichen Ölverbrauch verursacht. Die Hersteller weisen bestimmte Viskositätsangaben auch für unterschiedliche Temperaturbereiche aus. Im Grundsatz wählt man das dickste, vom Hersteller freigegebene Öl, für einen Temperaturbereich aus. Da dieses Öl freigegeben ist, besteht keine Gefahr durch einen, sich »langsamer« aufbauenden Öldruck.

Motorölwechsel

Motorölwechsel

Einen Ölwechsel regelmäßig durchzuführen ist auf jeden Fall ratsam. Wenn schon länger kein Ölwechsel mehr gemacht wurde, kann das Öl durch den Dieselruß schon mal zu einer extrem zähflüssigen Masse werden, welche von der Konsistenz her schon eher an Fett erinnert. Daher sollte, bevor das alte Öl abgelassen wird, der Motor auf Betriebstemperatur gebracht werden. So ist gewährleistet, dass das Öl dünnflüssig genug ist, um aus dem Motor heraus zu laufen und die sich in der Ölwanne befindlichen Schmutzpartikel mitnimmt.

- Lassen Sie den Motor im Leerlauf warm laufen.
- Stellen Sie einen Auffangbehälter unter den Motor. Vergewissern Sie sich vorher, dass das Volumen des Auffangbehälters ausreicht, um die Altölmenge aufzunehmen. Die Ölmenge kann bei einigen Motoren beeindruckend groß sein.
- Öffnen Sie die Ablassschraube und lassen Sie das Motoröl ablaufen.
- Reinigen Sie oder wechseln Sie den Motorölfilter.
- Ersetzen Sie den Kupferdichtring und drehen Sie die Ablassschraube wieder ein.
- Wischen Sie die Ölrückstände von der Ölwanne ab.

Filtersysteme

Grundsätzlich unterscheidet man drei verschiedene Filtersysteme. Zum einen den Anschraubfilter (die sogenannte Filterpatrone), welcher komplett mit Gehäuse ist und an einem Flansch am Motor verschraubt wird, zum anderen den Filtereinsatz. Dieser sitzt in einem separaten Gehäuse. Hierbei ist darauf zu achten, dass das Gehäuse ordentlich gereinigt wird. Auch die Dichtungen müssen erneuert werden. Vor dem Anschrauben des Filters sind die Dichtungen leicht einzuölen. Dadurch wird verhindert, dass sie beim Festziehen beschädigt werden und der Filter beim nächsten Wechsel leichter gelöst werden kann. Weiterhin gibt es noch den Schleuderölfilter. Eigentlich ist dies nicht wirklich ein Filter, sondern eher ein Schmutzabscheider. Der Schleuderfilter funktioniert nach dem Prinzip einer Zentrifuge. Sie arbeiten mit Drehzahlen bis zu 100.000/min. Hierbei wird der im Öl enthaltene Schmutz an die Außenwände der Glocke geschleudert und setzt sich dort fest. Dieser festgesetzte Schmutz kann dann von Zeit zu Zeit herausgekratzt werden. Verschiedene Anbieter haben mittlerweile Umbausätze in ihrem Programm, um die Schleuderfilter durch herkömmliche Filterpatronen zu ersetzen, sodass das Öl dann wirklich gefiltert wird.

Schleuderölfilter.

Anschraubfilter.

Filtereinsatz.

Ölpumpe mit Siebfilter für die grobe Arbeit.

Der Luftliter mit Ölbad unterliegt auch der Wartung.

Öl im Luftfilter mit Ölbad wechseln

Eines der ältesten Systeme Luft von Staub und anderen Verunreinigungen zu säubern ist der Nass-Luftfilter. Im Prinzip ist ein Nassfilter immer so aufgebaut, dass die Luft an mit Flüssigkeit benetzen Flächen vorbeiströmt, an denen dann eventuell vorhandene Partikel hängen bleiben. Der Ölbadluftfilter ist eine Verfeinerung des Systems. Die Besonderheit dieses Luftfiltersystems ist, dass die Partikel, die grundsätzlich schwerer als die Luft selbst sind, durch den vorgegebenen Weg durch den Luftfilter im Ölbad hängen bleiben. Die Partikel lagern sich dann überwiegend im Ölbad ab. Von Zeit zu Zeit ist es aber notwendig, den gesamten Luftfilter auszuspülen. Weiter zerlegbar als auf das Filterelement unten und den Ölvorratsbehälter ist er allerdings nicht. Als Lösungsmittel für die Ablagerungen in Stahlgewebelagen des Filters eignet sich Benzin hervorragend.

- Halten Sie eine Hand unter den Vorratsbehälter des Ölfiltergehäuses und öffnen sie die Halteklammern.

- Nehmen Sie den Vorratsbehälter ab und warten Sie einen Moment, da immer noch Öl aus dem darüber angeordneten Filter heraustropft.

- Leeren Sie den Vorratsbehälter aus und lassen Sie ihn über Kopf austropfen. Nehmen Sie den Filtereinsatz und den verbauten Dichtring heraus.

- Reinigen Sie den Vorratsbehälter gründlich und füllen Sie ihn mit Motoröl bis zur »MAX«-Markierung auf.

Die Montage erfolgt sinngemäß in umgekehrter Reihenfolge.

Motorölfilter wechseln

Der Ölfilter ist ein für den Motor lebenswichtiges Bauteil. Ohne den Filter würden alle im Öl enthaltenen Schmutzpartikel, wie z. B. Ruß und Metallabrieb, ungehindert wieder an die Schmierstellen gelangen und somit einen wesentlich erhöhten Verschleiß hervorrufen. Weiterhin würde die Gefahr bestehen, dass sich die zum Teil sehr engen Kanäle zusetzen und das Öl daher nicht mehr an alle Schmierstellen gelangen kann. Natürlich sollte auch der Ölfilter auf jeden Fall gewechselt werden. Was nützt schon frisches Öl, wenn es dann durch einen alten verdreckten Filter gepumpt wird. Also, Filter immer mit wechseln!!

- Lassen Sie zuerst das Motoröl ab. Lassen Sie die Ölablassschraube offen! Es wird meist nach der Demontage des Filters etwas Öl nachlaufen.

Papierfiltereinsatz

- Lösen Sie das Filtergehäuse und ziehen Sie den Filter heraus.

- Ersetzen Sie den Filter durch einen neuen Einsatz (oft stehen die Teilenummer und der Hersteller auf dem Filtereinsatz, die Neubeschaffung fällt so leichter).

- Ziehen Sie das Filtergehäuse nach Herstellervorschrift an (steht oft auch auf dem Filtergehäuse).

Filterpatrone

- Lösen Sie die Filterpatrone und drehen Sie den Filter heraus.

- Ersetzen Sie den Filter durch einen neuen Einsatz (oft stehen die Teilenummer und der Hersteller als Schriftzug auf dem Filtereinsatz).

- Streichen Sie den Dichtring mit etwas Öl ein.

- Ziehen Sie die Filterpatrone handfest an.

Die Montage erfolgt in umgekehrter Reihenfolge.

Kraftstofffilter ersetzen und entwässern

Auch diese müssen gut gereinigt und ggf. neu abgedichtet werden. Ein Papierfilter sollte auf jeden Fall ersetzt werden und das Schauglas der Entwässerung wird mit einem neuen O-Ring abgedichtet. Das Schauglas nur »handfest« anschrauben, damit es nicht platzt. Die Leitungen vom Filter zur Pumpe werden auf mögliche Risse oder Durchrostungen kontrolliert. Dann bläst man sie noch mit Pressluft durch, um evtl. festgesetzte Schmutzpartikel in der Leitung zu entfernen.

- Schließen Sie den Benzinhahn des Unimog.
- Halten Sie einen Behälter unter die Kraftstofffiltereinheit.
- Entfernen Sie den Filterkammerbehälter (gelegentlich auch ein Schauglas).
- Entleeren Sie den Filterkammerbehälter und reinigen Sie ihn gründlich.

Drahtfiltereinsatz

- Reingen Sie den Filter gründlich. Vermeiden Sie mechanische Gewalt, um das Filtergeflecht nicht zu beschädigen.

Kraftstofffilter.

Papierfiltereinsatz

- Wechseln Sie den Filter aus.
- Montieren Sie die Filtereinheit wieder. Verwenden Sie immer neue Dichtungen und O-Ringe bei der Montage.
- Entlüften Sie die Filtereinheit mit Hilfe der angebauten Handpumpe (soweit verbaut) und der Entlüftungsschraube an der Filtereinheit.

Auswahl des Getriebe- und Achsöls

Unterschieden werden die Öle eigentlich in der Bezeichnung. Man unterscheidet hier zwischen Einbereichs- und Mehrbereichsölen. Einbereichsöle finden heute aber eher nur noch als Achs- oder Getriebeöl einen Anwendungsbereich. Der Temperaturunterschied ist nicht sehr groß und deshalb können die Eigenschaften auf diesen Temperaturbereich abgestimmt werden. Aber selbst da werden aufgrund der gestiegenen Anforderungen sehr häufig Mehrbereichsöle eingesetzt.
Hypoidgetriebeöle sind spezielle hochdruckfeste Öle, die für die Ansprüche von Achsgetrieben ausgelegt sind, die achsversetzte Antriebsräder besitzen. Die sogenannten »Hypoid-Achsgetriebe« sind meist auch leicht von außen erkennbar, da der Achsantrieb deutlich über dem Differenzialmittelpunkt liegt.

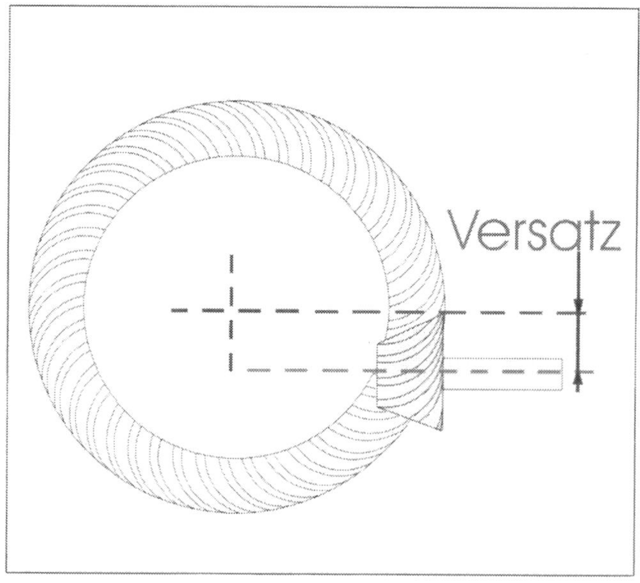

Hypoid Achsgetriebe: Versatz der Antriebswelle.

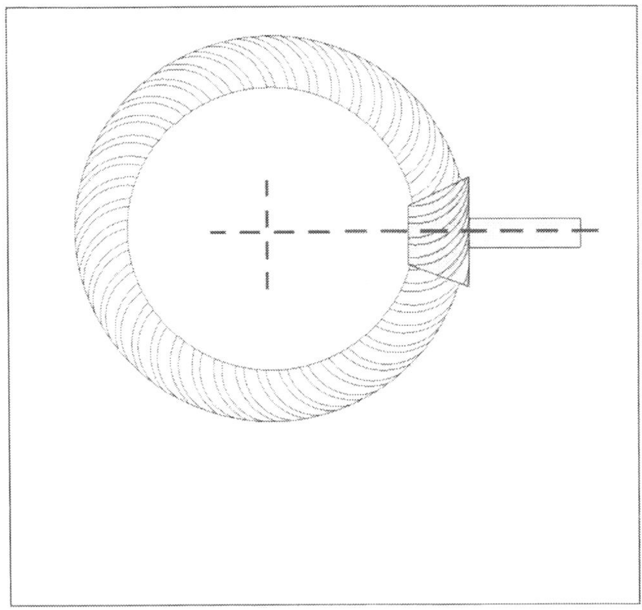

Normales Achsgetriebe.

Hypoidöle können aber durchaus auch in normalen Getrieben verwendet werden. Es ergeben sich keine Nachteile. Bei den meisten Herstellern kann die Klassifizierungskürzel auf den Etiketten weiter helfen.

Was ist ein Hypoid Getriebeöl?

Hypoidgetriebeöl ist ein spezielles Getriebeöl, welches Hochdruckfest ist. Eine Hypoidachse ist ein Achsantrieb, dessen Antriebskegelrad außen mittig gelagert ist. Diese Bauweise ermöglicht es, mehr Zähne als im konventionellen Achsgetriebe in den Eingriff zu bekommen. Es wird so zum einen eine höhere Laufruhe erreicht, zum anderen können größere Kräfte bei kleinerer Bauweise übertragen werden. Durch die Bauweise werden die Zähne nicht nur durch den Druck bei der Kraftübertragung belastet, sondern gleiten gleichzeitig aufeinander. Zur Schmierung werden spezielle Öle gebraucht, die deutlich druckfester sind.

API Klasse	MIL Spezifikation	Einsatzbedingungen
GL1	Keine	Gering belastete Schaltgetriebe.
GL2	Keine	Industrie/Schneckengetriebe.
GL3	Keine	Normal belastete Schaltgetriebe.
GL4	MIL – L 2105	Hoch belastete Schaltgetriebe. Gering belastete Hypoidgetriebe.
GL5	MIL – L 2105 B MIL – L 2105 C MIL – L 2105 D	Hoch belastete Hypoidgetriebe. Schaltgetriebe wenn vorgeschrieben oder freigegeben.
MT-1	MIL – PRF – 2105 E	Unsynchronisierte Schaltgetriebe meist amerikanischer Bauart.

Getriebe- und Achsölwechsel

Oftmals wurden Wartungen an Traktoren in der Landwirtschaft weniger ernsthaft durchgeführt. Gerade in den letzten Jahren des »alten« Unimog lag er weniger im Blickfeld und der Pflegezustand ging deutlich zurück. Diese Wartungslücken lassen sich zwar nicht mehr ausgleichen, verursachen aber durchaus etwas mehr Arbeitseinsatz um die Inbetriebnahme eines Treckers zu gewährleisten. Der Ölwechsel am Getriebe muss regelmäßig durchgeführt werden. Wenn schon länger kein Ölwechsel mehr gemacht wurde, kann das Öl durch die Luftfeuchtigkeit mit Wasser versetzt sein. Das Getriebeöl kann dadurch nicht wirklich warmlaufen, jedenfalls nicht im Leerlauf. Hier ist beim Ablassen etwas Geduld erforderlich.

- Stellen Sie einen Auffangbehälter unter die Getriebeablassschraube. Vergewissern Sie sich, dass das Volumen des Auffangbehälters ausreichend ist. Die Ölmenge ist bei einigen Getrieben groß!
- Öffnen Sie die Ablassschraube und lassen Sie das Getriebeöl ablaufen.
- Öffnen Sie die Füllschraube um das Getriebe zu belüften.
- Reinigen Sie den Magneten an der Ablassschraube.
- Wischen Sie die Ölrückstände am Getriebeblock ab.

- Füllen Sie das neue Getriebeöl (richtige Ölsorte) bis zur Maximal-Markierung ein und schließen Sie die Einfüllschraube (Achtung, nur leicht anziehen).

- Kontrollieren Sie auch, gerade bei älteren Semestern, die Simmerringe zu Rädern und Achsen und auch zu allen Nebenabtrieben. Natürlich altern die Simmerringe im Laufe der Zeit. Der einzelne Simmerring ist sicherlich nicht so teuer. Wenn aber die Bremsbeläge erneuert werden müssen, weil das Getriebeöl die Bremsbeläge verölt und somit unbrauchbar gemacht hat, werden die Kosten unangebracht höher. Ein kurzer Blick kann hier schon einige Euros und Arbeitsstunden retten.

Die gleiche Vorgehensweise gilt auch für die Neben- und Achsantriebe. Achten Sie auf die vorgeschriebenen Ölsorten. Sollten diese mal nicht mehr lieferbar sein, kann Ihnen Ihr Zubehörhändler anhand der Herstellerlisten ein vergleichbares Produkt heraussuchen.

Sichtprüfung erforderlich: Leichte Feuchtigkeit ist normal und durchaus gewollt. Dadurch kann der Schmutz nicht gut verkrusten. Ölspuren und Tropfen erfordern Nachbesserungen.

Kühlwasserkreislauf prüfen

Die Kühlflüssigkeit muss den Dreck im Kühlsystem binden und die Bauteile des Kühlsystems vor Korrosion schützen. Sie besteht eben meist nicht nur aus Wasser. Bei den Oldies der ersten Tage wurde allerdings kein Kühlmittel, sondern reines Wasser im Kühlsystem gefahren.

Lebenswichtig: Auf den Kreislauf achten

- Achten Sie bei wassergekühlten Fahrzeugen auf den bei offenem Kühlerdeckel erkennbaren »Rundlaufstrudel« im Kühler.

- Kontrollieren Sie immer auch die Spannung des Antriebsriemens für das Lüfterrad.

- Auch wenn Sie die Temperatur des Kühlwassers kaum im Leerlauf in den Grenzbereich erwärmen können, sollten Sie die gleichmäßige Erwärmung der Bauteile im Kühlsystem regelmäßig kontrollieren. Auch die Funktion der Warnleuchte muss geprüft werden.

Frostschutz-Spindeln

Die Beschaffung eines Frostschutzprüfers für das Kühlsystem ist zwingend erforderlich und geht auch nicht sehr ins Geld. In Anbetracht der erheblichen Schäden, die durch ein eingefrorenes Kühlsystem entstehen können, lohnt es sich, den Frostschutzgehalt Ihres Fahrzeugs stets im Auge zu behalten.

- Warten Sie, bis der Motor kalt ist und öffnen Sie den Deckel des Kühlwasservorratsbehälters.

- Öffnen Sie den Verschlusshahn am Frostschutzprüfer und drücken Sie den Saugball zusammen.

- Halten Sie den Saugschlauch in den Kühlwasserbehälter und saugen Sie durch Loslassen des Saugballs so viel Kühlmittel ein, dass das Gehäuse im Messbereich bis oben gefüllt ist.

- Lesen Sie am Zeiger den Frostschutzgehalt in C° ab.

Ventilspiel einstellen

Ventile hängen im Zylinderkopf und steuern beim Viertaktmotor den Gaswechsel, d. h. verschließen oder öffnen den Brennraum zum Ansaugtrakt oder zur Auspuffanlage hin. Dieser Gaswechsel wird im Motor über die Nockenwelle bestimmt. Über Zahnräder, Kette oder einen Zahnriemen angetrieben, läuft diese Welle mit halber Geschwindigkeit der Kurbelwelle. Die Nockenwelle kann im Motor verschiedene Plätze haben, gängige Abkürzungen in englischer Zunge sind: »OHV – overhead valves«, Ventile hängen im Zylinderkopf, die Nockenwelle ist im Motorblock angeordnet. »OHC – overhead camshaft«, Nockenwelle befindet sich über dem Zylinderkopf oder »DOHC – double overhead camshaft«, zwei Nockenwellen rotieren über dem Zylinderkopf, eine treibt meist die Einlassventile, die andere die Auslassventile an. Das Ventil wird über die Nockenwelle geöffnet und schließt sich »von selbst« durch die Rückstellkraft der Ventilfedern. Bei hohen Drehzahlen reicht diese Kraft nicht mehr aus, die Ventile »flattern«: Der Gaswechsel ist nicht mehr optimal. Für schnell drehende Motoren baut man deshalb zwangsgesteuerte Ventile ein, die auch per Nockenwelle wieder geschlossen werden. Die »Verbindung« zwischen Nockenwelle und Ventil kann direkt oder durch Stößelstangen und Kipphebel passieren. Die Ventile, besonders das Auslassventil, sind Temperaturen von bis zu 800 °C ausgesetzt. Diese Wärme werden sie in geschlossenem Zustand über den Ventilsitz an den Zylinderkopf wieder los. Schließen die Ventile nicht mehr richtig, verbrennen diese und auch der Ventilsitz. Das geht bei grundverkehrt eingestelltem Spiel schnell. Bei Erwärmung dehnt sich das Material im Motor aus. Die Wärmeausdehnung ist im Ventiltrieb aber unterschiedlich groß. Um das auszugleichen, sieht man ein Ventilspiel vor. Es garantiert, dass die Ventile auch bei betriebswarmem Motor anständig schließen und abkühlen können.

Ventile einstellen

Ventilspiel ist nicht nur lebenswichtig für die Ventile und die Sitzringe im Motor, auch die Füllung mit Frischgasen und das Auslassen der Altgase sind vom Öffnungswinkel der Ventile abhängig. Technisch hat das Ventilspiel zwei wichtige Aufgaben. Das Ventil ist eines der Bauteile des Motors, die recht schlecht zu kühlen sind. Zum einen sitzen sie direkt am Geschehen, eben im Brennraum des Motors, und zum anderen liegen sie nie vollflächig an einem Bauteil an, welches als Kühlung hergenommen werden könnte. Wie die meisten Stoffe dehnt sich das Metall der Ventile mit der Zunahme an Motortemperatur aus. Die Folge wäre, dass die Ventile irgendwann offen stehen würden. Möglicherweise werden sie auch durch die Heißgase im Motor erheblich beschädigt.

Demontieren Sie den Ventildeckel. Achten Sie auf die Entlüftungsschläuche oder Filter sowie auf die Ventildeckeldichtung.

Zünd OT: Beide Ventile sind geschlossen und der Kolben befindet sich im OT. In dieser Position kann das Ventilspiel eingestellt werden.

Überschneidungs OT: Beide Ventile sind gerade so geöffnet und der Kolben befindet sich im OT. In dieser Position kann das Ventilspiel des gegenüberliegenden Zylinders eingestellt werden.

- Drehen Sie den Motor auf den Zünd-OT des Zylinders, dessen Ventile Sie jetzt einstellen wollen. Das Ventilspiel wird immer in der Nockenposition eingestellt, wo das Ventil am wenigsten betätigt wird. Das ist im oberen Totpunkt des Arbeitstaktes der Fall. Da der Viertakt-Motor 720° (also zwei Kurbelwellenumdrehungen) für einen Arbeitstakt benötigt, muss man die beiden OT (obere Totpunkte) voneinander unterscheiden können. Am einfachsten ist es, die Ventilstellung zu beobachten. Wie auch bei den Vierzylindern wird der jeweilige gegenüberliegende Zylinder in Überschneidung stehen, wenn der Zylinder, den wir einstellen möchten, auf dem Zünd-OT steht. In der Regel ist der genaue OT dann er reicht, wenn das Auslass- und das Einlassventil um das gleiche Maß betätigt sind. Man kann das recht gut an der gleichen Höhe der Federteller erkennen. Zur Sicherheit und Kontrolle muss die Kurbelwellenmarkierung (meistens auf der Schwungscheibe) mit der Markierung auf dem Motorblock übereinstimmen.

- Lösen Sie die Kontermutter auf der Einstellschraube und stellen Sie das Ventilspiel ein.

- Entsprechend der Herstellerangaben wird nun das Ventilspiel für das Einlass- und für das Auslassventil herausgesucht und die entsprechenden Messplättchen aus dem Fühlerlehrenfächer herausgeklappt. Das Spiel für das Auslassventil fällt meistens etwas größer aus. Die Einstellmaße müssen unbedingt aus den Herstellerunterlagen herausgesucht werden. Ungefähre Ersatzwerte sind unzureichend.

- Lässt sich das Einstellplättchen mit dem vorgeschriebenen Maß etwas stramm hineinschieben und herausziehen (man nennt das »saugend«), ist das richtige Einstellmaß erreicht. Lässt es sich zu leicht bewegen, ist das Ventilspiel zu groß und muss nachgestellt werden. Dasselbe gilt auch für den Fall, dass sich bei zu kleinem Ventilspiel das Fühlerlehrenplättchen nicht einschieben oder viel zu schwer bewegen lässt. Die Handhabung ist reine Übungssache, selbst Ungeübte können recht schnell das Ventilspiel in den gegebenen Toleranzen einstellen. Selbst wenn der Kraftaufwand für das »saugende« Plättchen zu gering ist, hat das kaum Auswirkungen auf den Motorlauf.

- Führen Sie diese Arbeitsschritte für alle Zylinder durch. Achten Sie auf die Überschneidung der Ventile bei dem jeweils gegenüberliegenden Zylinder.

- Markieren Sie am besten die Zylinder, die Sie bereits eingestellt haben. Gerade bei den 6-Zylindermotoren kann man schnell aus den »Takt« geraten.

- Drehen Sie den Motor von Hand ein bis zwei Umdrehungen durch und kontrollieren Sie das Ventilspiel stichpunktartig nochmals nach.

- Reinigen Sie die Dichtfläche für den Ventildeckel gründlich.

- Prüfen Sie den Zustand der Ventildeckeldichtung. Ist Sie porös, erneuern Sie sie bei dieser Gelegenheit.

Die weitere Montage erfolgt sinngemäß in umgekehrter Reihenfolge. Reinigen Sie den Montagebereich gründlich, um eventuelle Undichtigkeiten besser erkennen zu können.

Ventilspiel einstellen: Bei Zünd-OT und kaltem Motor muss das angegebene Spiel zwischen Ventil und Ventilbetätigung vorhanden sein.

Kupplung einstellen / prüfen

Kupplungsspiel
Die Kupplung wird bei jedem Lastwechsel, jedem Schaltvorgang sowie beim Anfahren und Anhalten belastet. Natürlich bewirkt diese Belastung auch Verschleiß. Da die Kupplungsbeläge sich abnutzen, wird das Lüftspiel kleiner. Je kleiner das Lüftspiel wird, umso mehr kann das Ausrücklager belastet werden. Das klingt zuerst nicht logisch, liegt aber daran, dass die Andruckfedern mehr in Richtung des Ausrücklagers ausfedern. Das Lüftspiel der Kupplung sorgt dafür, dass die Betätigungseinrichtung und die Druckstangen nicht unter Druck stehen. Im Gegensatz zu den Betätigungseinrichtungen werden die Kupplungsbauteile durch den Motor gedreht. Wenn kein Lüftspiel vorhanden ist, kann es sein, dass die einzelnen Bauteile der Kupplung beschädigt werden.

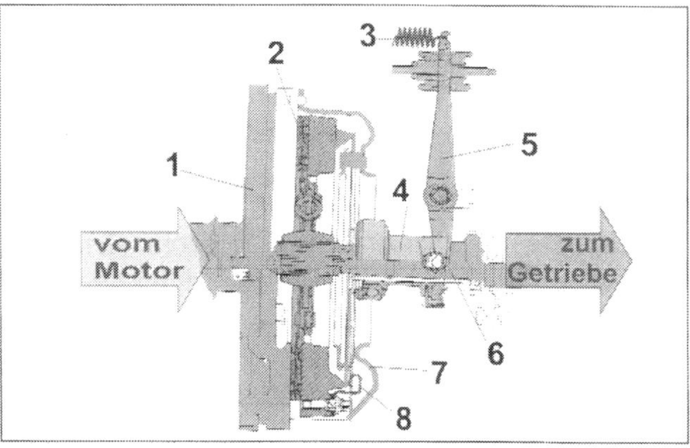

Ventilspiel einstellen: Bei Zünd-OT und kaltem Motor muss das angegebene Spiel zwischen Ventil und Ventilbetätigung vorhanden sein.

Einstellen der Kupplung am Unimog
Der Unimog hat eine hydraulische Kupplungsbetätigung. Hier wird wie bei einer Scheibenbremse das Lüftspiel nach jeder Betätigung neu und selbsttätig abgestimmt.

- Kontrollieren Sie das Hebelwerk vom Fußpedal und für die Kupplungsbetätigung auf Leichtgängigkeit.
- Achten Sie darauf, dass Kupplungsgeber und Nehmerzylinder sowie die Druckschläuche dazwischen dicht sind.

Auspuffanlage prüfen

Die Auspuffanlage unterliegt unterschiedlichen Belastungen. Sie muss Steinschlag, starken Temperaturschwankungen, Vibrationen widerstehen können. Dazu kommen noch die winterlichen Belastungen mit Salz und sehr anhänglichem Gemisch aus Schnee, Schlamm und Steinen, die die Beschichtung und der Substanz der Auspuffanlage stark zusetzen. Dementsprechend muss bei einer Wartungsdurchsicht auch die Auspuffanlage genauer unter die Lupe genommen werden. Krümmerbolzen und Dichtschellen sollten auch überprüft und gegebenenfalls nachgezogen werden.

- Kontrollieren Sie den festen Sitz der Verschraubungen
- Ziehen Sie die Befestigungsschrauben nach, wenn es erforderlich sein sollte.
- Klopfen Sie mit einem Schraubendreher die Roststellen ab um festzustellen, ob die Auspuffanlage an einer Stelle »dünn gerostet« ist.
- Sehen Sie auch unter den Krümmer und kontrollieren Sie die Krümmerdichtungen an den Zylinderköpfen.

Elektrische Anlage prüfen und einstellen

Auch die elektrische Anlage sollte in regelmäßigen Abständen gewartet werden. Natürlich fragt man sich, was denn in diesem Bereich gewartet werden kann. Schließlich handelt es sich hier um Komponenten und Bauteile, die am Fahrzeug verbaut worden sind. Gerade aber beim Unimog entsteht im Laufe der Betriebszeit in Schaltern und Steckern, aber auch in Lampenfassungen Korrosion, die früher oder später zum Ausfall oder zumindest zu Fehlfunktionen der Bauteile führen kann. Eine regelmäßige Kontrolle und (wenn nötig) etwas Spray können hier Geld einsparen.

Warnanzeigen und Kontrollleuchten

An den Warnanzeigen wird es natürlich sofort deutlich, warum im Rahmen der Wartung auch die elektrische Anlage regelmäßig überprüft werden sollte. Ein defekter Temperatursensor kann leicht dafür verantwortlich sein, wenn die Überhitzung des Motors während der Fahrt unentdeckt bleibt und daraus ein Motorschaden resultiert. Zum Ende einer Wartung sollten die Schaltfunktionen überprüft werden. Es ist wichtig, dass die normale Funktion jeder Kontrollleuchte beobachtet wird. Das Leuchten der Ölkontrollleuchte im Stand und ihr Erlöschen bei laufendem Motor stellen sicher, dass diese Warnleuchte ihre vorgesehene Funktion hat und bei zu geringem Öldruck den Fahrer warnt.

- Schalten Sie die Zündung ein.
- Schalten Sie alle Verbraucher aus.
- Kontrollieren Sie, ob die Generatorkontrollleuchte, die Öldruckleuchte und andere möglicherweise verbauten Warnleuchten erkennbar leuchten.
- Schalten Sie die Lichtanlage und die Blinker an und kontrollieren Sie auch hier die Funktion der Kontrollleuchten.
- Lassen Sie als Nächstes den Motor laufen. Die Kontrollleuchten mit Warnfunktion wie Öldruck oder Generatorladestrom sollten nun erlöschen. Liegen Fehlfunktionen in den Kontrollleuchten vor, sollten Sie dem sofort nachgehen.

Licht- und Signalanlage

Die Lichtanlage am Unimog übernimmt wie bei den meisten Fahrzeugen zwei Funktionen.
Sie soll zum einen die Fahrbahn ausleuchten und zum anderen das Fahrzeug für die anderen Verkehrsteilnehmer kenntlich machen. Die Farben und die Funktionen der Lichtanlagen werden durch die StVZO oder einen entsprechenden Paragraphen der europäischen Gesetzgebung geregelt. Natürlich sieht es originell aus, mit roten Standlichtern vorne durch die Dunkelheit zu huschen ... die Erkenntnis über das Erscheinungsbild für den entgegenkommenden Autofahrer könnte allerdings zu spät kommen.

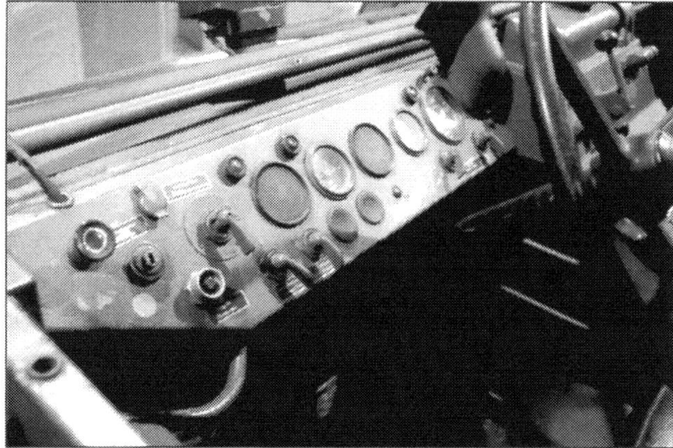

Armaturentafel mit Anzeigen und Warnleuchten: Sehr übersichtlich und klar beschriftet (mit Schrift beschriftet!).

Armaturentafel mit Anzeigen und Warnleuchten: Moderner, aber immer noch praxis- und technikorientiert im Design der Zeit.

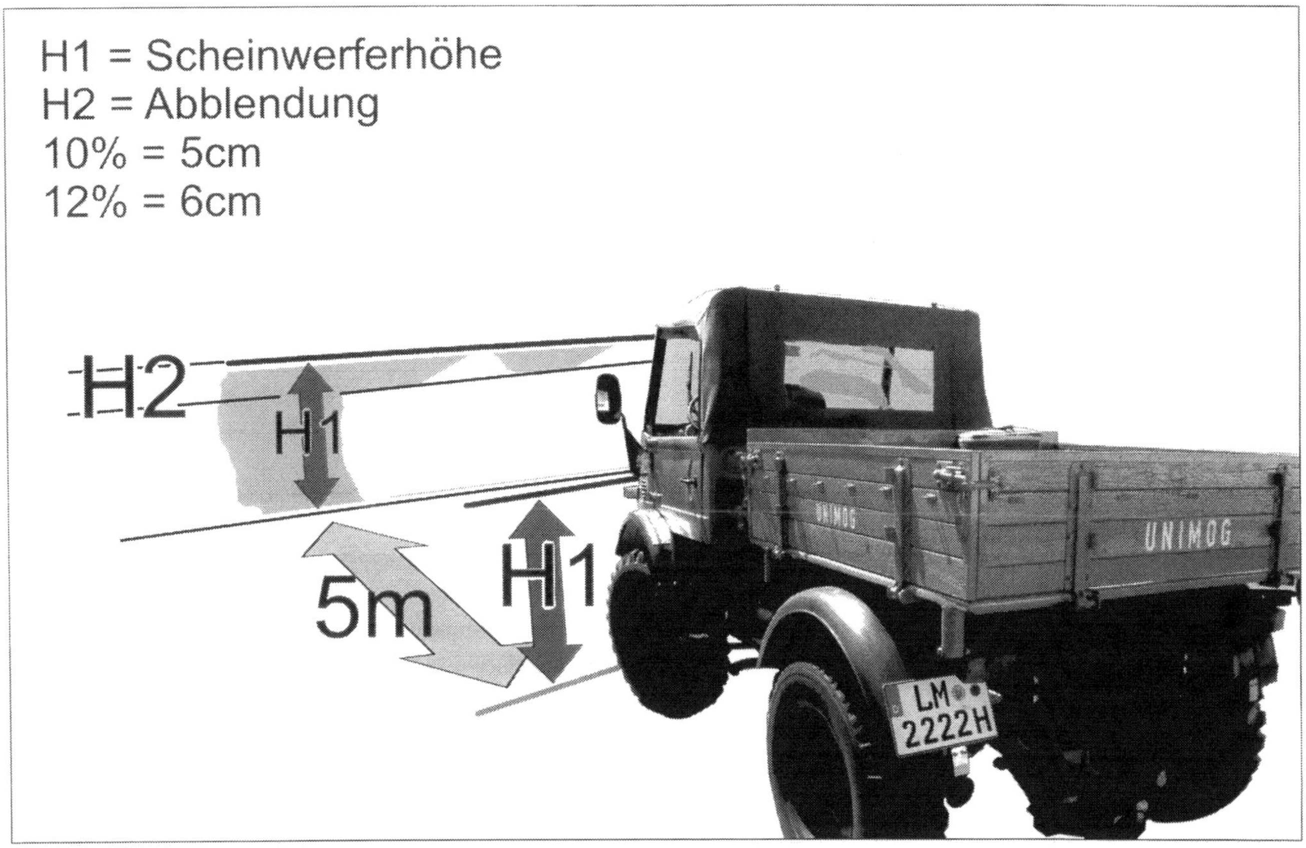

H1 = Scheinwerferhöhe
H2 = Abblendung
10% = 5cm
12% = 6cm

H2
H1
5m
H1

Scheinwerfereinstellung an einer Wand: Die Einstellung für hochgebaute Zusatzscheinwerfer erfolgt auf die gleiche Weise wie für die Hauptscheinwerfer beschrieben. Die Zusatzscheinwerfer dürfen nur dann betrieben werden, wenn die Hauptscheinwerfer durch Anbaugeräte verdeckt sind.

Auch die Auswahl der Leuchtmittel und die Nachrüstung von Lampen müssen unter sicherheitsrelevanten Aspekten gut überlegt sein. Gebrochene Lampen und defekte Birnchen gehören von jeher zum landwirtschaftlichen Nutzfahrzeug. Selbst sehr hochwertige Komponenten halten den Stress aus Steinschlag, Tauchbad und Schlammpackung nicht ewig aus. Korrosion findet sich irgendwann dann auch im schicksten Rücklicht. Je nach Einsatzgebiet sollte man also durchaus auch die Beleuchtungsanlage Geldbeutel-schonend auswählen. Die eine oder andere Ersatzlampe im Regal spart sicherlich auch Versandkosten.

Scheinwerfer einstellen

Um nachts eine optimale Straßenausleuchtung zu erreichen und am besten niemanden zu blenden, sollten die Scheinwerfer richtig eingestellt werden. Um die Einstellung richtig ausführen zu können, müssen zuerst einige Rahmenbedingungen erfüllt sein:

Scheinwerfereinstellschrauben: 1 linke Einstellschraube im Chromrahmen zur Seitenverstellung (Reflektor nach links oder rechts), 2 rechte Einstellschraube zur Höhenverstellung des Scheinwerfers. Der Aufbau ist für beide Scheinwerfer gleich.

Scheinwerfereinstellschrauben: Für die Verstellung der alten Scheinwerfervarianten wird die Kontermutter gelöst und das Scheinwerfergehäuse verstellt.

- Zuerst den Reifenluftdruck überprüfen und gegebenenfalls korrigieren.
- Den Unimog rechtwinklig 5 m von einer senkrechten Wand entfernt aufstellen. Der Boden vor der Wand sollte eben sein und nicht in irgendeine Richtung abfallen.
- Die Scheinwerferhöhe ermitteln (Mitte des Scheinwerfers bis zum Boden).
- Das Licht sollte nun mit der Hell-Dunkel-Grenze ca. 6 cm niedriger als die Scheinwerferhöhe auf der Wand auftreffen.
- Gegebenenfalls die Höheneinstellung korrigieren.
- Die Mitte des Abblendlichtes markiert die asymmetrische Ablenkung im Lichtbild. Sie darf auf keinen Fall nach links abweichen. Eine Abweichung nach rechts ist bis 20 cm zulässig.

Fahrwerk, Karosserie und Anbauteile prüfen

Auch das Fahrwerk und die Karosserie unterliegen hohen Beanspruchungen. Vibrationen und Schwingungen wirken durch den Fahrbetrieb auf alle Blech- und Kunststoffteile. Grundsätzlich sind eigentlich alle Anbauteile eines Unimogs immer in Bewegung. Neben den vorgesehenen Bewegungen in Lager und Drehpunkten ergeben sich viele Stellen, die durch Schwingungen oder Überbeanspruchung bewegt werden und irgendwann brechen. Ausgerissene oder eingerissene Verkleidungen, Halterungen und Blechteile stellen hier eher ein kleineres Problem dar. Verdeckt auftretende Brüche an Tragrahmen oder an Fahrwerksteilen können deutlich problematischer werden. Die genaue Untersuchung der Abbauteile macht eine gründliche Reinigung zwingend notwendig.

Lagerbuchsen und Lenkbolzen

Gleitlager

Am Unimog finden Sie viele Gleitlager, die lediglich durch Lagerfett geschmiert werden. Sind diese ausgeschlagen, werden recht schnell Verschleißspuren an den Lageraufhängungen oder an den Lagerträgern entstehen. Da die Lagerträger der Getriebeblock oder Achsgehäuse sind, wird die Reparatur aufwändig und meist recht teuer. Genau wie andere Bauteile des Unimogs müssen die Lager einer regelmäßigen Kontrolle unterliegen. Hier finden sich in der Regel nur axiales Spiel und Höhenspiel. Sowohl axial als auch in der Höhenrichtung sollte das Spiel fast nicht feststellbar sein. Bei einigen Fahrzeugherstellern sind diese Lagerstellen auch mit Schmiernippeln ausgerüstet, was die Arbeit an diesen Schmierstellen wesentlich erleichtert. Sind keine Schmiernippel vorhanden, sollte die Lagerung demontiert und regelmäßig untersucht und neu gefettet werden.

Lagerbuchsen der Vorderachse prüfen

Lagerbuchsen und Kugelbolzen lassen sich zumeist recht einfach überprüfen.

- Heben Sie mit einem Wagenheber den Unimog so weit an, dass Sie die Lagerstelle lastfrei prüfen können.
- Belasteten Sie die Bauteile wechselseitig mit Druck oder Zug, stellt sich oft schon ein eventuell vorhandenes Spiel in den Lagern oder Bolzen heraus.

Das Spiel eines Lagers wird meist vom Hersteller angegeben, sollte aber sehr gering ausfallen. In axialer Richtung ist ein Lagerspiel zwischen 0,5 mm und 1 mm ausreichend. In der Tragrichtung sollte annähernd kein Spiel feststellbar sein. Erhöhtes Lagerspiel kann die Radführung deutlich beeinflussen.

- Prüfen Sie, ob die Lager nachstellbar sind.
- Ersetzen Sie die Lager, wenn das Spiel ungleichmäßig oder zu groß ist.
- Schmieren Sie das Lager neu ab, wenn Sie die oft schlecht erreichbaren Schmierstellen genauer betrachten.

Kugelgelenkbolzen

Der Aufbau der Lenkungsbolzen ist recht einfach. Sie besitzen im Inneren eine Stahlkugel, die in Kunststoff gelagert ist. Sie sind zweidimensional beweglich und unterliegen natürlich auch dem Verschleiß. Um auch ein sehr kleines Lagerspiel feststellen zu können, kann man den Gelenkbolzen fest mit einer Hand umfassen. Bei einer schnellen Hin- und Herbewegung der Lenkung wird das Spiel »spürbar«. Das Höhenspiel kann durch Hochziehen und Herunterdrücken des Bolzens überprüft werden. Der einwandfreie Zustand ist genauso wichtig, wie der Zustand der anderen Lenkungslager. Defekte Bauteile sollten sofort ersetzt werden.

- Bewegen Sie die Lenkung wechselseitig nach links oder rechts, hier stellt sich oft ein eventuell vorhandenes Spiel in den Kugelgelenkbolzen heraus.
- Fühlen Sie mit der Hand, ob und wo Spiel in den Gelenkbolzen feststellbar ist.

Es darf kein Spiel in den Kugelgelenköfen bemerkbar sein. Wird Spiel, also Verschleiß festgestellt, muss der Gelenkbolzen ersetzt werden. Ausgeschlagene Gelenkbolzen kollabieren oft recht schnell.

- Das Höhenspiel kann aber durch Ziehen und Drücken in die Bewegungsrichtung der Querlenker erkannt werden.

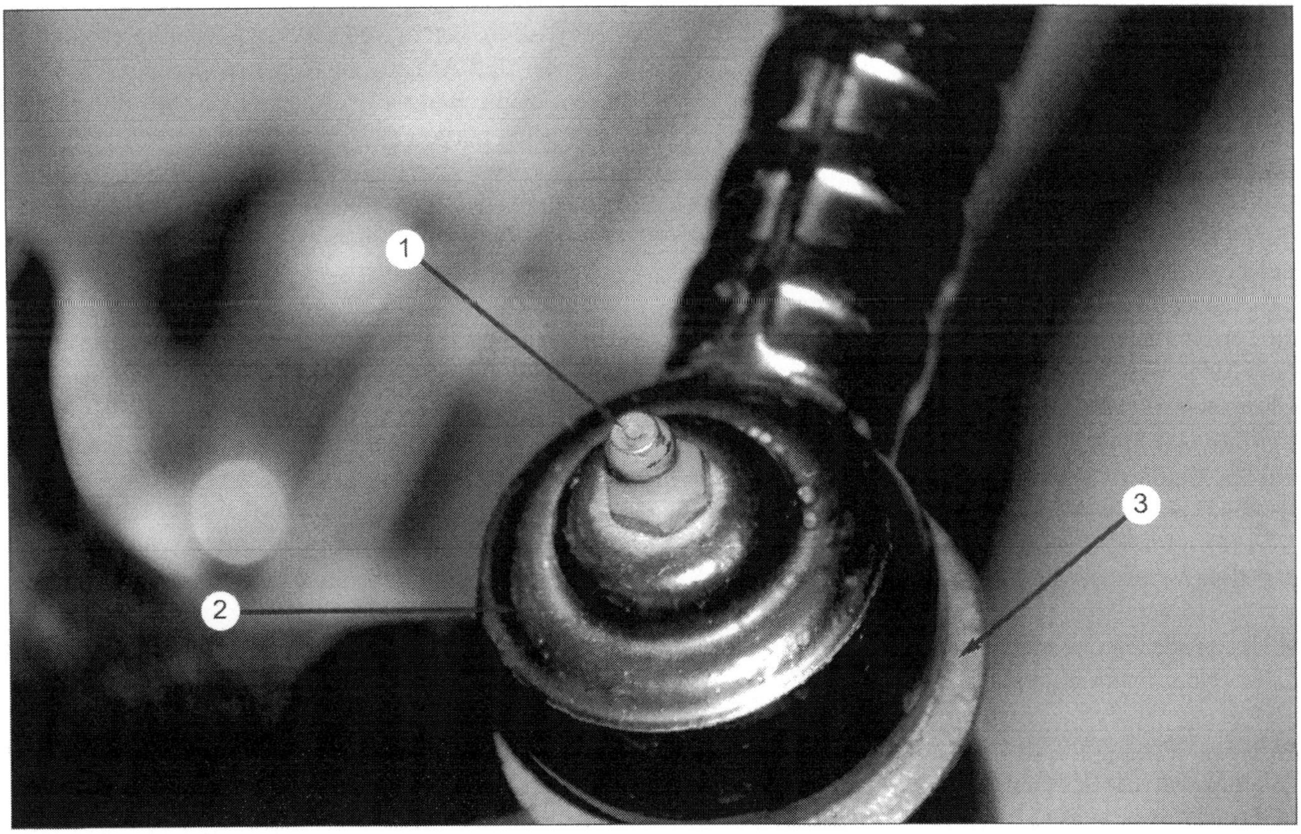

Klassischer Schmiernippel: 1 Fettschmiernippel für eine Fettpresse, 2 Kugelgelenkbolzen (hier von der Lenkspurstange), 3 Abdichtmanschette aus Gummi.

Gummihülse oder Silentlagerbuchse

Diese Lagerbuchsen sind beispielsweise am Querlenker, an Stoßdämpfern und an vielen Aufhängungen verbaut, die beweglich bleiben müssen. Es gibt zwei typische Bauformen. Die eine besteht aus mehreren Teilen (Gummi, Hülse, Gummi), die andere ist ein Bauteil, in dem meist die Innenhülse fest mit der Gummierung verbunden ist. Gelegentlich kann auch ein Bautyp verbaut sein, bei dem die Gummierung an Innenhülse und Außenhülse vergossen ist. Alle müssen aber die »Führungsaufgabe« möglichst spielfrei erledigen können.

- Sehen Sie genau hin, ob bereits Risse im Gummi festzustellen sind.
- Belasten Sie das Lager seitlich und überprüfen Sie, ob Gummi und Hülse nicht bereits abgerissen sind.
- Achten Sie darauf, dass die Hülse nicht durch die eventuelle lange Nutzzeit Ihres Unimogs dauerhaft verformt ist.
- Liegen Schäden vor, muss das Gummilager herausgepresst und erneuert werden.

Lenkung und Lenkungsteile

Lenkwelle

Die Lenkwelle beim Unimog wird in der Hauptsache durch die Lenkbewegungen und durch Vibrationen belastet. Es handelt sich hier nicht nur um Belastungen in der Drehrichtung. Genauso treten Kräfte auf, die diese Welle auf Biegung beanspruchen. Da die Lenkwelle nicht nur das Lenkgetriebe der Vorderachse zusammenhält, sondern zudem noch für einen sicheren Sitz des Lenkers zuständig ist, muss sie stets in einwandfreiem Zustand sein. Lagerungen und Umlenkpunkte müssen spielfrei und leichtgängig sein.

- Prüfen Sie, ob die Lagerung der Lenksäule spielfrei ist.
- Überprüfen Sie, ob das Kreuzgelenk der Lenkung fest verschraubt und spielfrei ist.
- Prüfen Sie das Lenkspiel am Lenkrad. Es sollte etwa 20 bis 30 mm nicht überschreiten. Wenn es sich um eine Servolenkung handelt, kann das Spiel bei stehendem Motor größer ausfallen, hier muss die Prüfung dann bei laufendem Motor erfolgen.

Typische Schäden: Gummierung ist bereits von der Innenhülse abgelöst, 2 auch an der Außenhülse ist eine Ablösung zu erkennen, 3 Rissbildung im Gummi.

Lenkrad

Gerade das Material der alten Lenkräder stellt ein Problem dar. Rissbildungen im Kunststoff ermöglichen das Eindringen von Wasser. Der entstehende Rost auf dem Tragrahmen aus Stahl des Lenkrades begünstigt neue Rissbildungen. Hier bleibt nur der Neuteilersatz. Eingerissene, verbogene oder anderweitig beschädigte Lenker und Armaturen sollten unbedingt sofort ersetzt werden. Beschädigungen an Lenker- und Bedienungsteilen bergen ein sehr großes Verletzungsrisiko.

- Untersuchen Sie die Übergänge zwischen den Lenkradspeichen und dem Außenring im Bereich der Übergänge auf Rissbildungen.
- Untersuchen Sie die Übergänge der Lenkradspeichen zur Lenksäulenaufnahme auf Rissbildungen hin.
- Prüfen Sie den festen Sitz des Lenkrades auf der Lenksäule.

Räder, Reifen und Felgen

Durch das Gewicht des Fahrzeuges wird der Reifen im Bereich seiner Aufstandsfläche auf der Fahrbahn verformt. Diese Verformung nennt man Abplattung. Am drehenden Rad läuft diese Abplattung um den Umfang herum. Diese zwangsmäßige Verformung des Reifens ergibt einen größeren Rollwiderstand. Hieraus ergeben sich wiederum ein höherer Reifenverschleiß und Kraftstoffverbrauch und, nicht zu vergessen, ein höheres Sicherheitsrisiko. Ein zu hoher Luftdruck führt zu Mittenverschleiß und schlechtem Abrollkomfort.

Grundsätzlich sollte immer der Luftdruck eingehalten werden, den der Hersteller in Tankdeckel und/oder Fahrerhandbuch angibt. Beim Unimog sollte der Reifendruck entsprechend seiner Nutzung angepasst werden. Im Gelände und auf dem Acker ist ein niedrigerer Luftdruck klar von Vorteil.

- Sehen Sie genau hin, ob bereits Risse in den Reifenflanken festzustellen sind.
- Schauen Sie sich auch das Reifenventil beziehungsweise seine Gummieinfassung im Schlauch, beziehungsweise bei schlauchlosen Reifen am Ventilträger genau an. Nichts ist ärgerlicher, als wenn während der Fahrt ein plötzlicher Luftverlust durch ein abgerissenes Ventil entsteht und möglicherweise dann noch der Reifen ersetzt werden muss.
- Prüfen Sie den Luftdruck und die Profiltiefe. Die gesetzlich vorgeschriebenen 1,6 mm reichen für den TÜV, aber nicht im Gelände.
- Kontrollieren Sie das Anzugsmoment der Radschrauben ab und an.
- Sehen Sie gerade nach Geländefahrten nach, ob Schäden an Reifen und/oder Felge entstanden sind.
- Achten Sie bei Reifenneuanschaffung auf das Herstellungsjahr. Die so genannte DOT-Nummer finden Sie in einem Oval auf einer Reifenflanke eingeprägt. Die Bedeutung legen wir Ihnen in der folgenden Tabelle offen.

DOT-Nummer	Herstellungsjahr
keine Nummer	Baujahr vor 1980
381	38. Woche 1981 (1980-1990)
381∅	38.Woche 1991 (1990-2000)
3801	38.Woche 2001 (2000-2099)

Reifen mit Straßenprofil und Schneeketten: Anfangs war für die Dimensionen des Unimog noch kein Geländeprofil lieferbar.

Kleiner Ackerreifen: Die Änderung der Laufrichtung soll erheblich bessere Laufruhe ergeben.

Ackerbreitschlappen: Die breiten Reifen ergeben eine bessere Verteilung des Fahrzeuggewichtes auf den Ackerboden.

Karosserie und Anbauteile

Im Rahmen der Wartung sollte auch immer die Karosserie in Augenschein genommen werden. Hier deuten sich möglicherweise zu einem späteren Zeitpunkt aufwändig zu reparierende Schäden an, mit kleinen Vorzeichen wie beispielsweise Rostspuren. Etwas Rostlöser, einen Lappen und Sprühfett sollten Sie hier immer zur Hand haben.

Typische Schäden: Der Bolzen des Scharniers rostet fest und verursacht dann durch seine Schwergängigkeit weitere Schäden am anliegenden Karosserieblech der Tür und des Kotflügels.

Türen Türschlösser und Fangvorrichtung

- Öffnen Sie alle Klappen am Fahrzeug und betrachten Sie Scharniere, Verschlüsse und Gelenke genau.

- Ist ein Gelenk schwergängig, sprühen Sie es mit Rostlöser ein und lassen Sie diesen etwa 15 Minuten einwirken.Versuchen Sie, das Gelenk durch vorsichtige Bewegung gängig zu machen. Wenn es leicht schwergängig bleibt, müssen Sie es zerlegen, den Rost herausschleifen und mit neuem Fett versehen.

- Versorgen Sie die gängigen Schmierstellen mit etwas Öl oder Fett. Wischen Sie das überschüssige Material mit einem Lappen ab.

- Versorgen Sie den Schließmechanismus der Schlösser mit etwas Sprühöl. Oft reicht es schon aus, von Zeit zu Zeit etwas Sprühöl über den Schließer in die Schlossmechanik einzusprühen.

- Prüfen Sie, ob die Fangvorrichtung der Tür in Ordnung ist. Wenn bei starkem Wind einmal die Tür aufgeschlagen und nicht abgefangen wird, entsteht zumindest Lackschaden.

Karosserieaufnahme am Rahmen

- Sehen Sie sich die Halterungen und Aufnahmen für Zusatzgeräte gerade in dem Bereich genau an, wo Sie nicht jeden Tag hinsehen. Abgelagerter Schmutz bietet auf den Haltern ein gutes korrosionsbildendes Klima.

- Prüfen Sie Verschraubungen und Vernietungen auf Festigkeit und Schweißnähte auf Rissbildung.

Pritsche, Kipper und Aufbau

- Sehen Sie sich die Aufhängungspunkte für die Ladefläche hinten und die Aufhängungspunkte für die Karosserie genau an. Schäden in diesem Bereich können fatale Folgen haben.

- Achten Sie darauf, dass die Gummipuffer in Ordnung, vorhanden und unbeschädigt sind.

Elektrische Anlage

Die elektrische Anlage der Unimogs, die wir in diesem Buch vorstellen, ist im Gegensatz zu heutigen Fahrzeugen noch sehr überschaubar. Nur wenige Bauteile sind nicht zerlegbar und nur wenige Funktionen nicht zu durchschauen. Kein Steuergerät ermöglicht eine Überwachung der Systeme während der Fahrt, und Fehlerspeicher waren noch nicht vorgesehen. Trotzdem besteht bei den meisten Schraubern eine gewisse Scheu, Arbeiten an der elektrischen Anlage anzugehen. Für eine Restauration stehen aber eine Fehlersuche und auch die Beseitigung von kuriosen Mechanikersünden der letzten Jahrzehnte auf dem Plan.

Messübungen mit dem Multimeter

Wir alle kennen das Problem. Geht man von der Mechanik aus, so lassen sich Fehler häufig alleine durch die Tatsache finden, dass sie »begreifbar« sind, soll heißen, Verschleiß ist sichtbar oder zu mindestens erfassbar.
Bei der Elektrik/Elektronik ist es etwas anders. Hier gestaltet sich eine Fehlersuche häufig frustrierend. Sensoren, Kabel und Aktoren (z.B. Motoren, Magnetventile usw.) zeigen sich optisch meist ohne Fehler. Das System ist nicht mit den Händen »begreifbar«.
Deshalb ist es wichtig, dass man es durch Messgeräte »begreifbar« macht, in dem man z.B. Spannungen an Bauteilen misst und damit optisch darstellt. Die ermessenen Istwerte können dann mit Sollwerten verglichen werden. Gerade die graphische Auswertung über ein Oszilloskop kommt dann der begreifbaren Überprüfbarkeit der mechanischen Bauteile sehr nahe.
Oftmals ist die Messung selbst gar kein Problem. Auch die Messpunkte werden schnell gefunden. Es hängt nur an der Auswertung des Ermessenen und ein gewisses Verständnis sowie eine gewisse Logik. Beides kann man jedoch durch Erfahrung erwerben.
Auch für die meisten ausgebildeten Mechatroniker ist der »elektrische Bereich« ihres Berufes mit »Kriegsfüßen« behaftet. In diesem Kapitel wollen wir Ihnen das Multimeter näher bringen und einige Messübungen an Ihrem Fahrzeug durchführen. Die Messübungen wurden so zusammengestellt, dass Sie die wichtigsten Funktionen der Messgeräte zeigen, gleichzeitig aber auch schon Prüfungen am Auto beinhalten, die einem in der Praxis weiterhelfen können.

Umgang mit dem Multimeter

Aufbau und Funktion des Multimeters

Nein, wir werden jetzt nicht ein theoretisches Thema aufgreifen und die Bedienungsanweisungen, so schlecht sie meist auch sind, aufgliedern und vorstellen. Dieses Buch befasst sich mit der praktischen Arbeit. Sie sollen möglichst schnell und einfach in die Lage versetzt werden, ein Standardmessgerät als Werkzeug einzusetzen, denn mehr ist es auch nicht.
Dieser Multimeter ist das Standardmultimeter, das wir im Diagnosebereich einsetzen und für ca. 30 Euro im Handel zu erstehen ist. Der Vorteil eines Multimeters dieses Bautyps liegt im großen Display, dem manuell wählbaren Messbereich, den laborkabeltauglichen

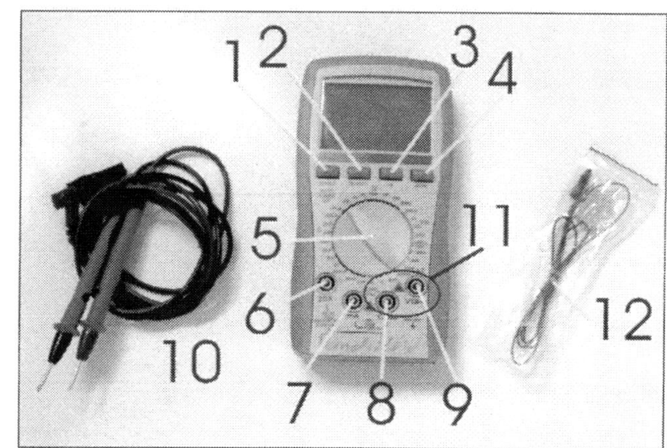

Multimeter »Peak Tech 2010DMM«: 1 Einschalter, 2 Peek Hold Taste, 3 Lichtschalter, 4 Wechselspannung (AC) Gleichspannung (DC), 5 Messbereichswählschalter, 6 Ampere Anschluss bis 20A, 7 0,1 Ampere Anschluss bis 200mA= 0,2 A, 8 COM Anschluss als Messpol, 9 V/Ohm/ Herz Messbuchse, 10 Messkabel, 11 Kabelabgriffe für Spannung und Widerstand, 12 Temperatursensor.

Anschlussbuchsen, der automatischen Abschaltung bei Nichtgebrauch und der geringen Messspannung im Widerstandsbereich von bis zu 2V.
Die folgenden Beispiele sollen die Handhabung eines Messgerätes verdeutlichen. Im Zweifelsfall sollte man immer die Bedienungsanleitung des Messgerätes lesen, insbesondere im Hinblick auf maximale Spannungen oder Ströme, die man mit dem Gerät messen kann. So sind beispielsweise die gebräuchlichen Multimeter nicht dafür geeignet, um Messungen an den Hochspannungsbauteilen einer Zündanlage durchzuführen. Hier bestünde nicht nur Gefahr für das Gerät, sondern auch für denjenigen, der es in den Händen hält, da die vom Hersteller konstruktiv vorgesehenen Isolationsfestigkeiten überschritten werden.

Aufbau und Funktion des Multimeters mit Amperezange Benning CM2

Auch dieses Gerät ist bei uns im Dauereinsatz. Die Vorteile dieses Messgerätes liegen in seiner kleinen Bauweise und den hohen messbaren Strömen bis 300 A, die auch eine Starterprüfung zulassen. Für Prüfungen von Bauteilen ist es durch die automatische Messbereichswahl nur bedingt brauchbar. Der Preis liegt bei etwa 165 Euro.
Wie auch beim Multimeter soll diese Beschreibung der Amperezange keine Exkursion ins Machbare der

Welt der Elektronik werden, sondern lediglich anhand einiger Beispiele den praxisnahen Umgang vorstellen und Ihnen eine Möglichkeit zum Einüben geben.

Ist man sich über die Größe des Messwertes nicht im Klaren, dann sollte man mit einem größeren Messbereich anfangen und Stufe für Stufe so lange runter schalten, bis man ein brauchbares Messergebnis erhält.

Messungen

Multimeter sind recht praktische »Vielfachmessgeräte«, die sich für fast alle Messungen eignen, deren Signalablauf entweder langsam oder gleichmäßig erfolgt. Typische Messungen am Fahrzeug sind:

Die Spannungsmessung
Spannung bedeutet Ladungsträgerunterschied! Der Ladungsträgerunterschied zwischen den beiden Batteriepolen ergibt eine Spannung von »12 V«. Die Spannungsmessung ist die häufigste Messung, die am Fahrzeug durchgeführt wird. Ein klarer Vorteil liegt darin, dass die Messungen im Betrieb, also bei eingeschalteten Geräten, erfolgen kann. Die Ergebnisse werden im Betriebszustand bewertet.
Zum Einsatz kommen unterschiedliche Messverfahren für die Spannungsmessung, die die Arbeit mit dem Messgerät deutlich vereinfachen sollen.

Potenzial gebundene Messung
Schwieriges Wort aber eine deutliche Vereinfachung in der Messtechnik. Der Begriff steht für eine Messung

Potenzial gebundene Messung: Klammer an Masseanschluss!

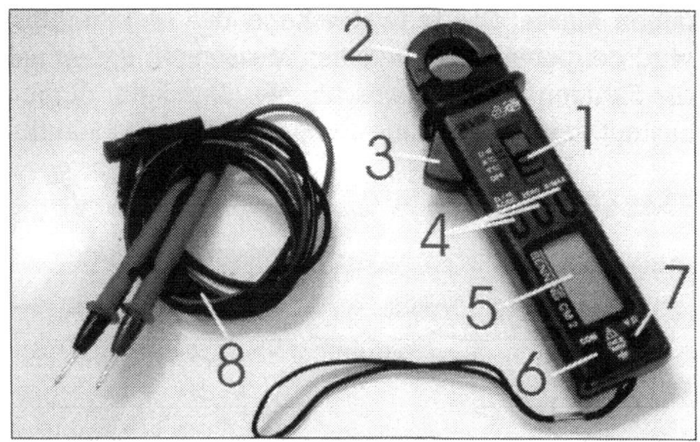

Amperezange: 1 Funktionswahlschalter, 2 Amperezange, 3 Öffnungshebel Amperezange, 4 Funktionswahltasten, 5 Display, 6 COM Anschluss als Messpol, 7 V/Ohm Anschluss, 8 Messkabel.

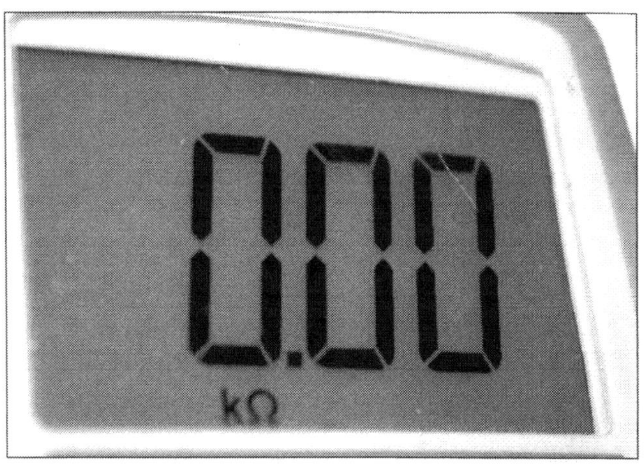

»000«: Keine Aussagen möglich: Der Messbereich ist zu groß eingestellt, er muss verkleinert werden (runter schalten!), um noch eine aussagefähige Messung machen zu können.

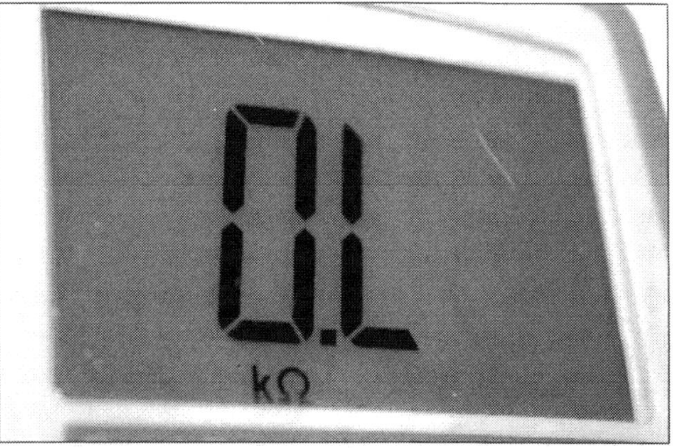

»0L«: Keine Aussage möglich: Der Messbereich ist zu klein eingestellt. Der Messwert kann nicht erfasst werden. Der Messbereich muss vergrößert werden (hoch schalten!).

gegen Masse. Das schwarze Kabel des Messgerätes wird bei potenzialgebundenen Messungen immer an die Fahrzeugmasse angeschlossen. Das kann durchaus mit der Kabelklemme geschehen. Für die eigentliche Messung muss nun nur noch das rote Messkabel geführt werden.

Wie versprochen liefern wir ein Beispiele, die Sie sofort durchführen können:

Messübung 1 – Prüfung von Sicherungen im eingebauten Zustand

Arbeitsschritt	Aufgabe	Bemerkung
1. Vorbereitung am Traktor.	Öffnen Sie die Motorhaube.	
	Legen Sie die Batterie frei.	Isolierung aufklappen.
	Öffnen Sie den Deckel des Sicherungskastens (im Motorraum oder an der Armaturentafel verbaut).	
2. Vorbereitung am Multimeter.	Schalten Sie das Multimeter ein.	Taste 1.
	Stellen Sie den Messbereichswählschalter des Multimeters auf den Messbereich bis 20 V Gleichspannung (DC).	Schalter 5.
	Schalten Sie mit der Taste DC/AC auf Gleichspannung (DC) um.	Taste 4.
	Schließen Sie das schwarze Messkabel an den Batterie -Pol und an das Multimeter an.	COM Anschluss am Messgerät (Buchse 8) und Klemme am Minuspol der Batterie.
	Schließen Sie das rote Messkabel an das Multimeter an.	V/Ohm/Herz Messbuchse (Buchse 9).
3. Kontrollmessung.	Halten Sie die Messspitze des roten Kabels an den Batteriepluspol.	Das Multimeter sollte nun eine Spannung von ungefähr 12 V bis 13,7 V anzeigen. Zeigt es immer noch 0 V an, ist entweder Ihre Batterie leer oder Ihr Masseanschluss zum Multimeter ist nicht richtig angeschlossen. Erst wenn hier eine Spannung gemessen wird, kann weitergearbeitet werden.

Messung Sicherung Eingang.

Messung Sicherung Ausgang.

Arbeitsschritt	Aufgabe	Bemerkung
4. Sicherungen prüfen im eingebauten Zustand.		Der Messaufbau zum Masseanschluss bleibt so bestehen.
Messen an der Sicherung KL30.	Betrachtet man die eingebauten Sicherungen von oben, kann man oft an beiden Enden der Sicherung die Anschlussplatten erkennen. Halten Sie nun das rote Kabel an die diese Stelle und messen Sie die Spannung am Eingang und am Ausgang der Sicherung.	Sie werden Sicherungen finden, bei denen trotz ausgeschalteter Zündung eine Spannung anliegt. Diese liegen dann auf »Dauerplus« und werden mit der Klemmenbezeichnung »30« benannt. »30« oder auch »KL30« bedeutet also, dass der Strom direkt von der Batterie kommt und nicht vom Zündschloss oder etwas anderem abgeschaltet wird.
Unterscheiden KL15, KL30.	Finden Sie nun eine Sicherung, an deren Aus- und Eingang bei abgeschalteter Zündung keine Spannung anliegt.	Merken Sie sich diese Sicherung.
Messen an der Sicherung KL15.	Schalten Sie nun die Zündung ein.	
	Halten Sie nun das rote Kabel an die diese Sicherung und messen Sie wieder die Spannung am Eingang und am Ausgang der Sicherung.	Liegt nun bei eingeschalteter Zündung eine Spannung an, so wird die Sicherung mit »15« beaufschlagt. Diese Klemmenbezeichnung beschreibt ein durch das Zündschloss geschaltetes Plus.
Diese Messung ist dann wichtig, wenn Fehler in einem Stromkreis gefunden werden sollen. Gerade bei Steuergeräten ist der Platz in den zum Teil bis zu 100-poligen Steckern sehr beschränkt. Das Hantieren mit einem einzelnen Messkabel erleichtert die Arbeit erheblich!		

Auswertungen von Messungen an der Sicherung

Arbeitsschritt	Aufgabe	Bemerkung
Defekte Sicherungen.	Führen Sie eine potenzialgebundende Messung für die entsprechende Sicherung durch.	Liegen im Eingang 12 V an, jedoch im Ausgang 0 V so ist die Sicherung defekt.
Intakte Sicherungen.	Führen Sie eine potenzialgebundende Messung für die entsprechende Spannung an.	Im Ausgang sowie im Eingang liegen 12 V Sicherung durch.

Sie können nun leicht alle Sicherung im Sicherungsträger ohne Demontage sehr schnell und leicht prüfen. Soll eine ganze Reihe von Sicherungen geprüft werden, wird der Unterschied zwischen »Schaffen« und »Messen« extrem deutlich. Zum Durchmessen wird nur ein Bruchteil der Zeit benötigt, da die Sicherungen nicht zuerst herausgezogen und optisch kontrolliert werden müssen.

Potenzialfreie Messungen

Diese Bezeichnung benennt eigentlich die typische Vorgehensweise, die beim Messen am Kraftfahrzeug durchgeführt wird. Es kommen beide Messkabel in den Einsatz und »verglichen« werden zwei Messpunkte miteinander. Zuerst einmal erscheint diese Messung unsinnig. Tatsächlich erlaubt diese Messung die Anschlüsse eines angeschlossenen Verbrauchers direkt zu prüfen. Gerade beim Anlasser kann ein oxidiertes Kabel die Startleistung des Anlassers deutlich vermindern. Anhand dieser Messung lässt es sich leicht überprüfen, ob die 200 Euro für den neuen Anlasser nun angelegt werden müssen oder die Urlaubskasse merklich gestärkt werden darf.

Messübung 2 – Prüfung des Spannungsverlust Batterieplus zum Anlasserplus

Arbeitsschritt	Aufgabe	Bemerkung
1. Vorbereitung am Traktor.	Öffnen Sie die Motorhaube.	
2. Vorbereitung am Multimeter.	Legen Sie die Batterie frei.	Isolierung aufklappen.
	Schalten Sie das Multimeter ein.	Taste 1.
	Stellen Sie den Messbereichswählschalter des Multimeters auf den Messbereich bis 20 V Gleichspannung (DC).	Schalter 5.
	Schalten Sie mit der Taste DC/AC auf Gleichspannung (DC) um.	Taste 4.
	Schließen Sie das schwarze Messkabel an den Batterie +Pol (ja das stimmt schon!) und an das Multimeter an.	COM-Anschluss am Messgerät (Buchse 8) und Klemme am Minuspol der Batterie.
	Schließen Sie das rote Messkabel an das Multimeter an.	V/Ohm/Herz Messbuchse (Buchse 9).
3. Messaufbau.	Halten Sie die Messspitze des roten Kabels an das dicke Kabel des Anlassers (notfalls beide Klemmen mit Messspitzen ausführen).	Das Multimeter sollte nun eine Spannung von ungefähr 0 V anzeigen (Spannung wird gemessen von + Batterie auf +Anlasser.
	Legen Sie das angeschlossene Multimeter so hin, dass Sie das Display vom Fahrersitz aus ablesen können.	ACHTUNG: Achten Sie darauf, dass kein Messkabel sich in drehende Teile des Motors verwickeln kann.
4.Messung.	Starten Sie den Motor.	Die Messung wird bei drehendem Anlasser einen Spannungswert bis zu 2 V ergeben. Das ist der Spannungsverlust, der durch die hohe Leistung des Anlassers im Kabel zwischen Batterie und Anlasser entsteht.

Diese Messung ist dann wichtig, wenn Fehler unter Last auftreten. Es kann leicht überprüft werden, ob der Spannungsverlust plusseitig« oder »minus-seitig« entsteht.

Beispiel: Masseproblem am Rücklicht:
Alles geht aus oder blinkt, wenn beispielsweise Bremslicht und Blinker zusammen betätigt werden.

Masseproblem Lichtmaschine
Die Ladespannung ist an der Batterie zu niedrig. An der Lichtmaschine selbst ist sie in Ordnung.

Pluskabelproblem zum Anlasser
Der Anlasser hat zu wenig Leistung.

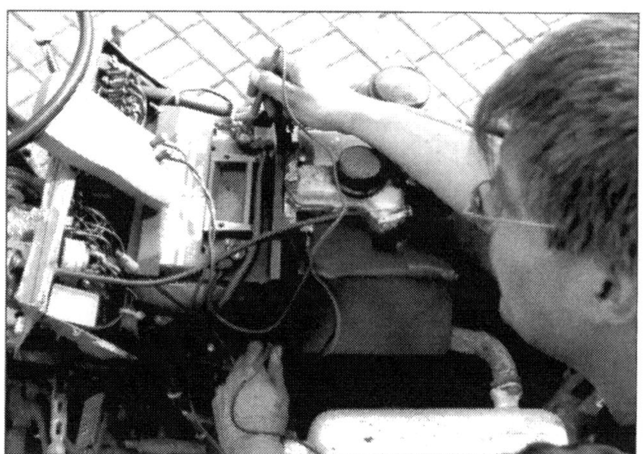

Spannungsverlustmessung am Starterkabel.

Beispielmessungen elektrische Anlage

Messungen der Spannungsversorgung

Vielen guten Mechanikern liegt die Welt der Elektronen weit entfernt von dem Aufgabenbereich, mit dem sie sich gerne beschäftigen. Ein Grundsatz gerade bei der Fehlersuche ist: »Wer gut misst, der ist zu faul zu schrauben«. Ganz sicher finden sich auch in Ihrem Erfahrungsschatz Beispiele, die diesen Spruch bestätigen. Im Folgenden werden die wichtigsten Messarten an einigen Beispielen aufgegriffen und erklärt.
Auf den theoretischen und physikalischen Hintergrund wird allerdings verzichtet. Wir machen Praxis und erklären das »Was, Wie und Warum« der Messungen.
Die Spannungsversorgung des Traktors hängt von der Batterie ab. Und natürlich von den Anschlüssen und der Verkabelung zum Verbraucher. Ein häufiger Fehler, der sich im Laufe der Jahre einschleicht, ist Korrosion. Sie bildet an den Anschlüssen einen Übergangswiderstand, der die Leistung der Bauteile stark einschränkt oder sogar verhindert.
An den folgenden Beispielen werden typische Messungen mit diesen Messaufbauten vorgestellt, die den Betriebszustand des Gerätes erfassen oder die Umgebung auswerten lassen.

Die Spannungsmessung

In den meisten Fällen in der Messtechnik am Kfz kommt die Spannungsmessung zum Einsatz. Die Spannungsmessung kann auch keine Schäden an Bauteilen oder im Kabelbaum hervorrufen. Solange der eingestellte Messbereich die tatsächliche Messung abdeckt, sind auch keine Schäden am Multimeter zu erwarten.

Die Spannungsverlustmessung

Mit der Spannungsverlustmessung kann festgestellt werden, wie groß der Spannungsabfall von einem zum anderen Messpunkt ist. Da der Spannungsabfall immer von der Größe des Widerstandes abhängt, lässt sich ein Übergangswiderstand in der Spannungsversorgung recht gut finden.

Die Strommessung

Die Strommessung ist ein wichtiger Indikator, wenn die Leitung eines Bauteiles bestimmt werden soll. Der Anschluss über ein normales Multimeter beschränkt die Messung auf 10 A beziehungsweise 20 A und macht die Öffnung des Stromkreises erforderlich. Das Messgerät wird in Reihe zum »Verbraucher« angeschlossen. Wird wider Erwarten die Stromaufnahme größer, als das vom Messgerätehersteller vorgesehen ist, darf mit etwas Glück eine Sicherung ersetzt werden. Schäden an der Elektronik des Multimeters können aber auch leicht vorkommen.
Besser ist hier die Messung mit einer Ampere-Zange. Hier wird dann lediglich die Stromstärke über der Leitung abgegriffen. Das Überschreiten des Messbereiches bleibt dann eben ein Überschreiten des Messbereiches. Schäden sind bei den kleinen Stromaufnahmen nicht zu erwarten.

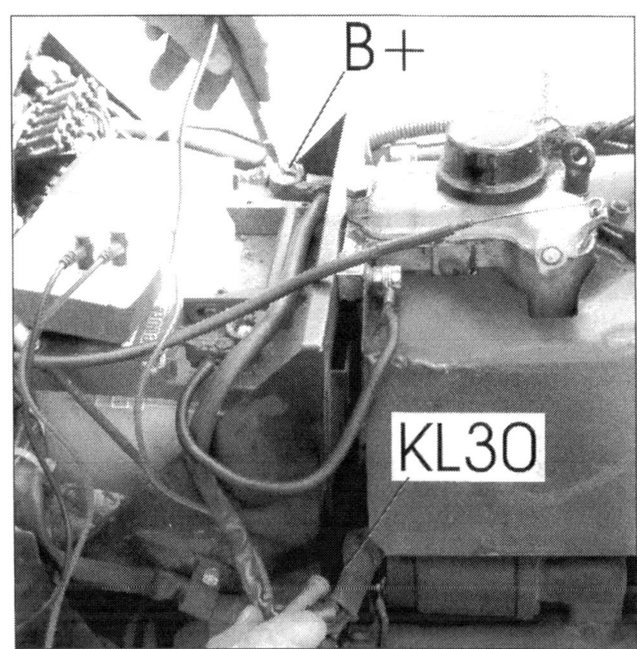

Spannungsverlustmessung am Anlasser.

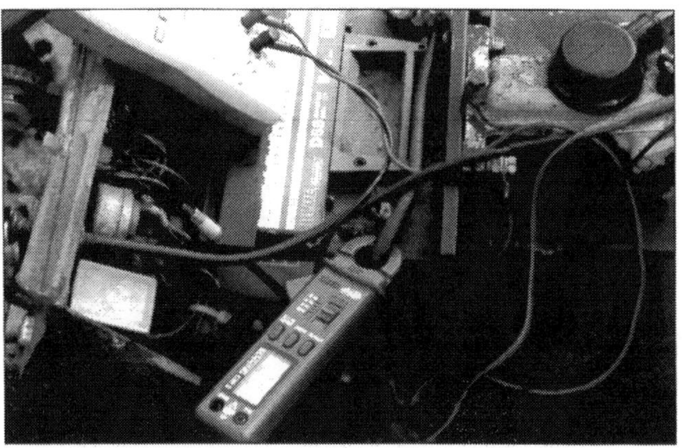

Strommessung mit der Amperezange.

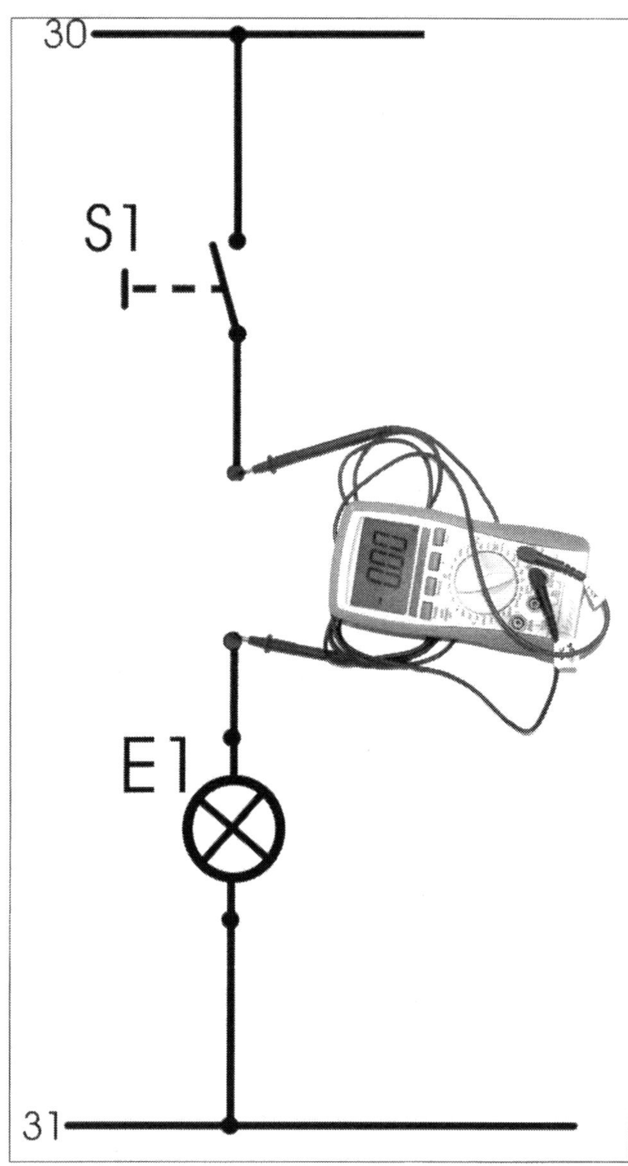

Schaltplan Strommessung an einer Glühbirne.

Die Widerstandsmessung

Egal, was auf Durchgang oder auf Widerstand hin mit dem Multimeter untersucht werden soll, es muss span-

Eine für das Messgerät lebenswichtige Grundlage muss bei diesen Messungen dringend beachtet werden: »OHM OHNE STROM!«

nungsfrei sein! Das Messgerät verwendet eine kleine Messspannung, um die Bauteile beider Messungen nicht zu beschädigen. Auch die jeweiligen Messwiderstände im Gerät sind nicht in der Lage, hohe Ströme oder Leistungen zu übertragen. Stellen Sie immer sicher, dass die Bauteile, dessen Widerstand sie messen wollen, abgeklemmt und spannungsfrei sind.
Die Widerstandsmessung eignet sich nur für Bauteile und Funktionen, deren Funktionszustand fest ist oder deren Messsituation festgelegt werden kann. Selbst die Durchgangsprüfung an Kabeln kann lediglich als Hilfsmessung angesehen werden. Das Verhalten unter Last, wenn der jeweilige Stromkreis tatsächlich arbeitet, kann durch Übergangswiderstände oder beschädigte Kabel ganz anders aussehen. Andere Bauteile wie beispielsweise Temperaturfühler oder auch Glühkerzen verändern ihren Widerstand in Abhängigkeit von Einflussgröße wie beispielsweise der Umgebungstemperatur oder der Betriebstemperatur.

Messbeispiele

Kompliziert in der Gesamtbetrachtung, aber als praktische Anwendung werden Messungen schnell nachvollziehbar. Anhand einiger typischer Messungen werden wir die Vorgehensweise genauer betrachten. »Pin 1« bezeichnet das ROTE Messkabel des Multimeters.

Messungen am Starter

Gehen wir davon aus, dass der Anlasser keine ausreichende Drehzahl erreicht. Der Verdacht liegt nahe, dass der Anlasser defekt ist, da er keine ausreichende Leistung mehr aufbringt.

Versorgungsspannung

Mit dieser Messung wird geprüft, ob eine ausreichende Spannung am Starter anliegt:

Pin1	Pin2	Einstellung	Aktion	Ergebnis	Auswertung
Klemme 50	Masse	Bis 20 V DC	Starten (Anlasser)	ca. 10 -12 V	OK
Klemme 30	Masse	Bis 20 V DC	Keine	ca. 12 V	OK
Klemme 30	Masse	Bis 20 V DC	Starten	ca. 9 -12 V	OK

Spannungsverlust im Pluskabel

Es wird überprüft, ob das Pluskabel zum Anlasser in Ordnung ist.

Messgerät		Multimeter			
Pin 1	**Pin 2**	**Einstellung**	**Aktion**	**Ergebnis**	**Auswertung**
Klemme 30 Anlasser	Klemme 30 Batterie	Bis 20 V DC	Starten (Anlasser)	ca. 0,2-1,5 V	OK

Spannungsverlust über Masse

Es wird überprüft, ob der Masseanschluss zum Motor einwandfrei ist.

Messgerät		Multimeter			
Pin1	**Pin2**	**Einstellung**	**Aktion**	**Ergebnis**	**Auswertung**
Klemme 31 Motor	Klemme 31 Batterie	Bis 20V DC	Starten (Anlasser)	ca. 0,2-1,5 V	OK

Stromaufnahme Starten

Da nun die Versorgung sichergestellt ist, wird der Starter selbst geprüft.

Messgerät	Amperezange			
Anschluss	**Einstellung**	**Aktion**	**Ergebnis**	**Auswertung**
Pluskabel zu Klemme 30 Anlasser.	Bis 500 A	Starten (Anlasser).	150 A–200 A	OK

Stromaufnahme Starten gebremst

Auch die Maximalleistung des Starters kann überprüft werden.

Messgerät	Amperezange			
Anschluss	**Einstellung**	**Aktion**	**Ergebnis**	**Auswertung**
Pluskabel zu Klemme 30 Anlasser.	Bis 500 A	Starten (Anlasser) Gang einlegen, Bremse treten (Anlasser ist dann blockiert).	200A–500 A	OK

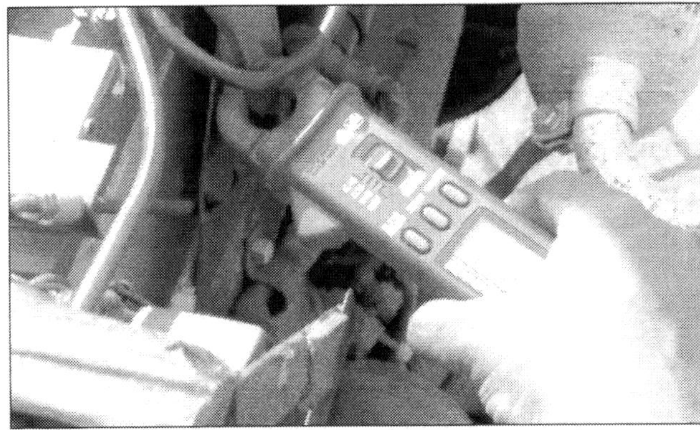

Stromaufnahme beim Starten.

Stromaufnahme beim blockierten Starter.

Sind Daten vom Anlasser bekannt, kann hier anhand der Messung die Leistung bestimmt werden:

Spannung	Stromaufnahme	Leistung Anlasser
12 V	100 A	1200 W
12 V	120 A	1440 W
12 V	140 A	1680 W
12 V	160 A	1920 W
12 V	180 A	2160 W
12 V	200 A	2400 W
12 V	220 A	2640 W
12 V	240 A	2880 W
12 V	260 A	3120 W

Spannung	Stromaufnahme	Leistung Anlasser
12 V	280 A	3360 W
12 V	300 A	3600 W
12 V	320 A	3840 W
12 V	340 A	4080 W
12 V	360 A	4320 W
12 V	380 A	4560 W
12 V	400 A	4800 W
12 V	420 A	5040 W
12 V	440 A	5280 W
12 V	460 A	5520 W
12 V	480 A	5760 W
12 V	500 A	6000 W

Messungen am Generator

Gehen wir davon aus, dass der Generator keine ausreichende Spannung zum Laden der Batterie erzeugt. Wir wollen nun herausfinden, ob der Generator selbst, der Regler oder die Verkabelung ursächlich dafür sind.

Erregerspannung messen.

Wir wollen prüfen, ob die Spannung nach der Ladekontrollleuchte hoch genug ist, um das Magnetfeld des Generators aufzubauen.

Messgerät	Multimeter				
Pin 1	**Pin 2**	**Einstellung**	**Aktion**	**Ergebnis**	**Auswertung**
D+	Klemme 31 Batterie	Bis 20 V DC	Zündung einschalten.	ca. 12 V (etwas weniger als Bordnetz).	OK

Ladespannung

Mit dieser Messung wird überprüft, ob der Generator eine ausreichend hohe Ladespannung hat.

Messgerät		Multimeter			
Pin 1	**Pin 2**	**Einstellung**	**Aktion**	**Ergebnis**	**Auswertung**
B+	Klemme 31 Batterie	Bis 20 V DC	Zündung einschalten.	12,5 V-15 V (höher als Bordnetz).	OK

Ruhestrom

Um festzustellen, ob die Batterie von einem Verbraucher »leer gesaugt« wird, reicht diese Messung aus. Will man feststellen, welcher es ist, zieht man zuerst einmal eine Sicherung nach der anderen heraus. Der Stromkreis, an dem das Amperemeter dann wieder »0« anzeigt, wird genauer unter die Lupe genommen.

Messgerät	Amperezange			
Anschluss	**Einstellung**	**Aktion**	**Ergebnis**	**Auswertung**
Alle Pluskabel von Klemme 30 Batterie.	mA	Alles abgeschaltet.	0 m A	OK

Ladestrom

Will man feststellen, ob nach dem Einschalten aller elektrischer Verbraucher noch eine Batterieladung stattfindet oder bereits die Batterie entladen wird, ist diese einfache Messung erforderlich.

Messgerät	Amperezange			
Anschluss	**Einstellung**	**Aktion**	**Ergebnis**	**Auswertung**
Pluskabel zu Klemme 30 Anlasser.	Bis 500 A	Starten (Anlasser) Gang einlegen, Bremse treten (Anlasser ist dann blockiert).	200 A – 500 A	OK

Messung an der Glühanlage

Bei Startschwierigkeiten geht man oft davon aus, dass die Glühanlage einen Fehler aufweisen könnte. Die Funktionen – zumindest die elektrischen Funktionen – können ohne große Demontagearbeiten schnell überprüft werden.

Versorgungsspannung

Um Leistung bringen zu können, muss der Glühkerze auch Spannung zur Verfügung stehen.

Messgerät		Multimeter			
Pin 1	**Pin 2**	**Einstellung**	**Aktion**	**Ergebnis**	**Auswertung**
Klemme 31 Batterie	Klemme 17 Glühkerze	Bis 20 V DC	Zündung einschalten, Glühschalter betätigen.	10 V-14 V	OK

Spannungsverlustmessung

Ist die Glühspannung zu gering, muss der »Übeltäter« ertappt werden.

Messgerät		Multimeter			
Pin 1	**Pin 2**	**Einstellung**	**Aktion**	**Ergebnis**	**Auswertung**
Klemme 17 Glühschalter	Klemme 17 Glühkerze	Bis 20 V DC	Zündung einschalten, Glühschalter betätigen.	0 V-0,5 V	OK

Glühstrommessung

Die Stromaufnahme kann verraten, wie viele Kerzen noch im Einsatz sind. Über den Daumen nimmt eine Glühkerze einen Glühstrom um 10 A auf. 40-50 A = 4 Glühkerzen.

Messgerät	Amperezange			
Anschluss	**Einstellung**	**Aktion**	**Ergebnis**	**Auswertung**
Alle Kabel zu	Bis 500 A einschalten, Glühschalter betätigen.	Zündung	10 A-50 A	OK

Messung an der Lichtanlage

Glimmt ein Lämpchen nur dunkel vor sich hin, findet sich meistens ein Übergangswiderstand an einem »schlechten« Kontakt zu Masse oder Plusseite.

Versorgungsspannung

Die Spannung sollte immer mit der angeschlossenen Lampe erfolgen. Die Leistung, die die Lampe einfordert, kann den Fehler deutlich machen.

Messgerät		Multimeter			
Pin 1	**Pin 2**	**Einstellung**	**Aktion**	**Ergebnis**	**Auswertung**
58 am Rücklicht	Klemme 31 am Rücklicht	Bis 20 V DC	Licht einschalten.	ca. 12 V	OK

Spannungsverlustmessung

Ist die Betriebspannung der Lampe zu gering, muss auch hier die Ursache festgestellt werden.

Messgerät		Multimeter			
Pin 1	**Pin 2**	**Einstellung**	**Aktion**	**Ergebnis**	**Auswertung**
Klemme 31 Rücklicht	Klemme 31 Batterie	Bis 20 V DC	Licht einschalten.	0-0,5 V	OK
58 am Rücklicht	58 am Lichtschalter	Bis 20 V DC	Licht einschalten.	0-0,5 V	OK
Klemme 30 Lichtschalter	Klemme 30 Batterie	Bis 20 V DC	Licht einschalten.	0-0,5 V	OK

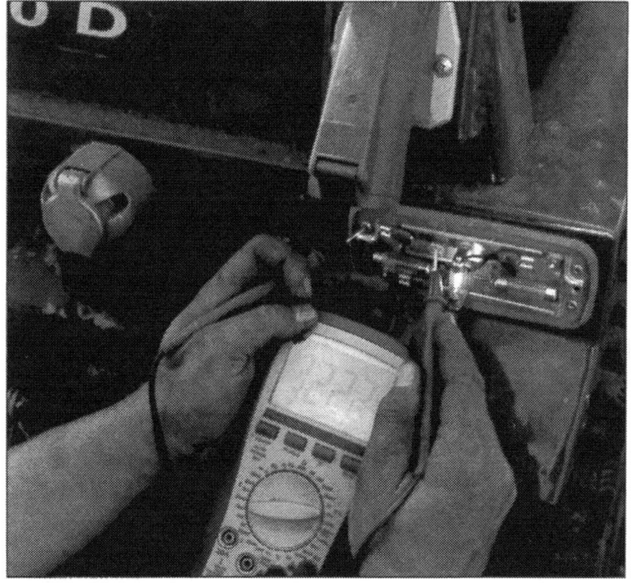

Spannungsmessung am Rücklicht.

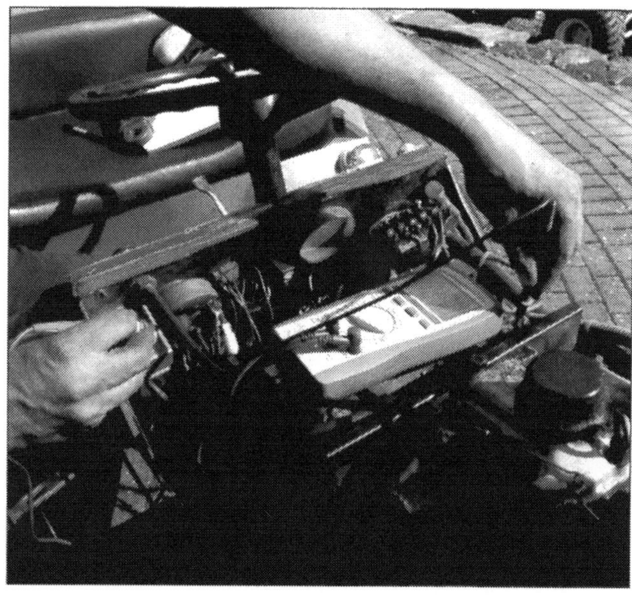

Spannungsverlustmessung in der Plusleitung zum Schalter.

Lampen und Leuchten

Scheinwerferlampen vorne

Auch hier finden Sie zwei typische Bauweisen je nach Bauweise Ihres Unimogs. Zuweilen finden Sie auch beide Bauweisen der Scheinwerfer an einem Fahrzeug. Das ist dann der Fall, wenn Sie einen oder mehrere Zusatzscheinwerfer verbaut haben, die für die Ausleuchtung der Fahrbahn zuständig sind, wenn Anbaugeräte verbaut werden.

Biluxscheinwerfer
Die eigentliche Bezeichnung »Bilux« weist auf ein Zwei-Faden-Leuchtmittel hin, das für Auf- und Abblendlicht genutzt wird. Auf mehr eigentlich nicht. Eingebürgert hat sich diese Bezeichnung aber für die »alten vorhalogenen Leuchtmittel«. Die Lampen erreichen meist 40W beziehungsweise 45W Leistungsaufnahme und geben ein gelblich-weißes Licht ab. Sie sind nicht sehr leuchtstark.

Umbau auf Halogenleuchtmittel
Der Umbau auf Halogen-Leuchtmittel ist in der Regel illegal, da keine Typabnahme für diesen Scheinwerfer vorliegt. Ein Problem stellt die höhere Temperatur des Leuchtmittels dar. Die Lampenfassung ist aus Kunststoff und kann leicht Schaden nehmen. Der Umbau ist nur dann zu empfehlen, wenn zum einen eine Betriebserlaubnis vorliegt und die Scheinwerferfassungen mit ersetzt werden.

Leuchtmittel wechseln
- Schalten Sie die Zündung und das Licht aus.

Einbauscheinwerfer
- Lassen Sie die Lampe kalt werden und lösen Sie die Befestigungsschraube unten.

- Nehmen Sie den Scheinwerfer mit Chromblende (siehe Bild oben) ab.

Anbauscheinwerfer
- Lassen Sie die Lampe kalt werden und lösen Sie die Befestigungsschraube unten.

Reflektor ausbauen: Bei beiden Scheinwerferbauarten befindet sich die Befestigungsschraube unten, in der Mitte.

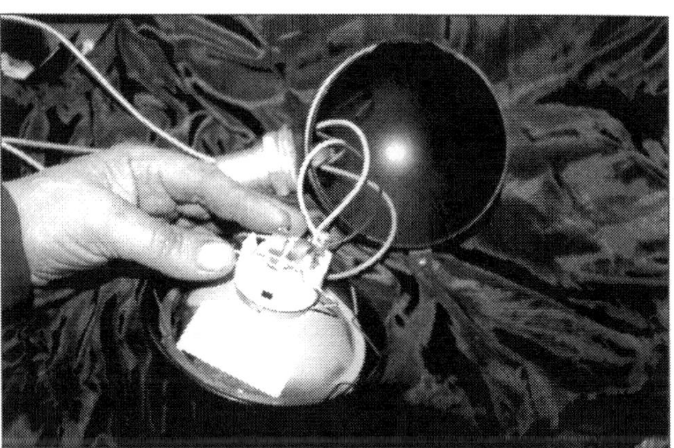

Scheinwerferfassung demontieren: Bauen Sie den Reflektor aus und klappen Sie den Drahtbügel zurück. Jetzt können Sie das Leuchtmittel im Scheinwerfer entnehmen.

weiter für alle Varianten:
- Clipsen Sie den Haltebügel auf und ziehen Sie die Fassung aus dem Scheinwerferreflektor.

- Drücken Sie die Glühlampe etwas in die Fassung und drehen Sie sie gegen den Uhrzeigersinn um etwa 5 mm.

- Ziehen Sie die Glühlampe heraus.

Die Montage erfolgt sinngemäß in umgekehrter Reihenfolge.

Rücklampen

Auch in Sachen Rückleuchten gibt es beim Unimog alle Varianten zu entdecken, die der Markt hergibt. Wir betrachten deshalb exemplarisch zwei Bautypen, die sich immer wieder finden, natürlich von verschiedenen Herstellern und Formen. Verwenden Sie ausschließlich Leuchtmittel in der zugelassen Stärke. Prüfen Sie mit Ihrem Bordbuch, welches Leuchtmittel verbaut werden muss. Reinigen Sie das Rücklichtglas bei dieser Gelegenheit auch mal von innen.

Zweikammerleuchten

Eigentlich ist diese Rückleuchte nur für die Fahrlichtfunktion in Rot und die Bremslichtfunktion oder das Blinklicht für die Fahrtrichtungsanzeige vorgesehen. Durch einen speziellen Blinkerschalter lassen sich aber Bremslicht und Blinker kombinieren. Den Schaltplan dazu finden Sie im Kapitel »Schaltpläne«. Bei heutigen Fahrzeugen kommt man wieder auf diese Funktionszusammenführung, natürlich auf elektronischem Weg.

Dreikammerleuchten

Diese Rücklampe ist für Fahrlicht, Brems- und Blinklicht ausgelegt. Alle Funktionen sind physikalisch voneinander getrennt aufgelegt.

Leuchtmittel wechseln

- Schalten Sie die Zündung und die Beleuchtung aus, an der Sie das Leuchtmittel wechseln wollen.
- Demontieren Sie das Rücklichtglas und legen Sie es beiseite.

Glühlampenvariante

Drücken Sie die Glühlampe etwas in die Fassung und drehen Sie sie gegen den Uhrzeigersinn um etwa 5 mm.

Soffitten (Stableuchtmittel)

- Drücken Sie die Soffitte etwas zur Seite und nehmen Sie sie heraus.

Die Montage erfolgt sinngemäß in umgekehrter Reihenfolge.

Tacho und Anzeigen

Instrumentenbeleuchtung wechseln

Die Montage der Instrumentenbeleuchtungen und auch der Schalter erfolgt in der Regel vom Motorraum aus. Die Tachometerbeleuchtungen sind in einer Blechfassung in das einzelne Instrument eingeschoben und können einfach herausgezogen werden.

- Drücken Sie die Glühlampe etwas in die Fassung und drehen Sie sie gegen den Uhrzeigersinn.
- Ziehen Sie die Glühlampe heraus. Dasselbe gilt auch für die eingebauten Kontrollleuchten im Tachometer.

Zusatz-Kontrollleuchten (Hella, Bosch)

- Drehen Sie die Verschlusskappe von oben ab.
- Ziehen Sie die Glühlampe heraus.

Die Montage erfolgt in umgekehrter Reihenfolge.

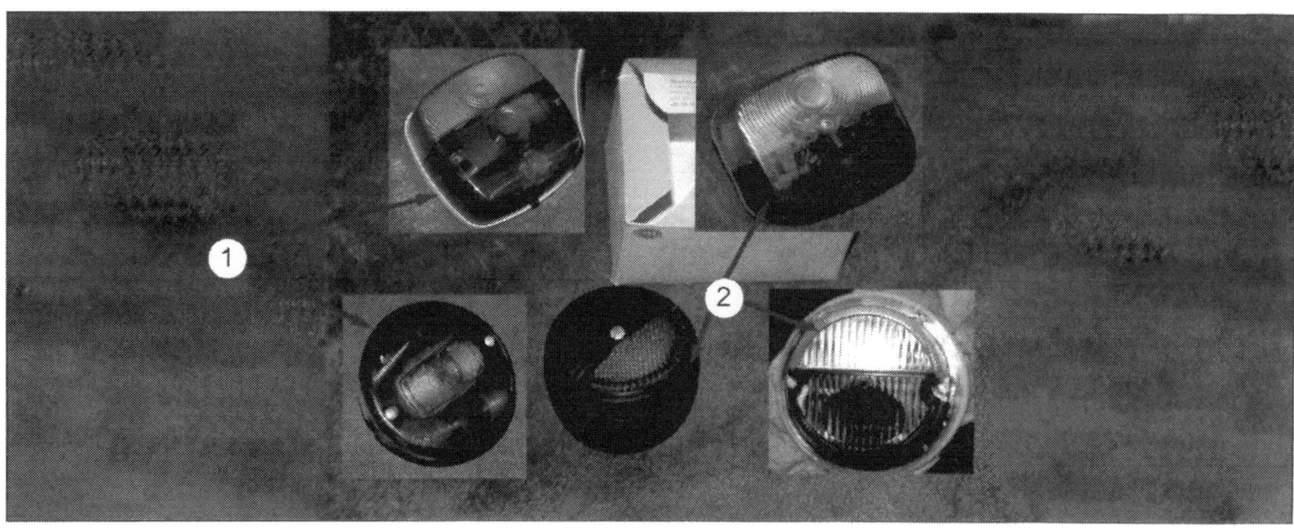

Rückleuchtenauswahl: 1 typische Dreikammerleuchten, 2 Typische »Oldie«-Zweikammerleuchten.

Starter oder Anlasser

Aufbau und Funktion

Am Unimog ist meist ein Schub-Schraubtriebstarter verbaut. Er besitzt einen Magnetschalter neben dem eigentlichen Anlassermotor. Ein externes Starterrelais entfällt. Dieser Bautyp vereinigt das System des Schubtriebstarters mit dem System des Schraubtriebstarters. Durch einen kräftigen Elektromagneten wird das Anlasserritzel in den Zahnkranz der Schwungscheibe eingerückt. Zum Ende des Einrückvorgangs wird der Schaltkontakt für den Elektromotor geschlossen. Durch die Drehbewegung des Elektromotors wird das Einrücken für den Startvorgang und das Ausspuren des Anlassers bei laufendem Motor erleichtert.

Der Schub-Schraubtriebstarter: 1 Starterritzel, 2 Ausrückhebel, 3 Ausrück- und Haltespule, 4 Anschluss »F«, 5 Anschluss »KL50«, 6 Anschluss »KL30«, 7 Kohle, 8 Kollektor, 9 Anker.

Starter ausbauen

Ob Sie nun einen Dieselmotor oder einen Ottomotor in Ihrem Unimog verbaut haben, macht für die Montagearbeit kaum einen nennenswerten Unterschied. Lediglich, dass es sich um unterschiedliche Startertypen und Leistungen handelt und diese nicht ohne weiteres kompatibel sind. Dadurch verändert sich zumindest oft schon das Gewicht dieses Bauteils. Achten Sie deshalb genau darauf, dass Sie den Starter immer »fest im Griff« haben. Außer dass der Starter beim Herabfallen beschädigt werden kann, besteht ernsthafte Verletzungsgefahr. Gerade dann, wenn Sie von unten schrauben.

- Stellen Sie den Unimog sicher ab und legen Sie Bremskeile unter die Räder, damit er nicht wegrollen kann.
- Schalten Sie die Zündung aus.
- Lassen Sie den Motor kalt werden und klemmen Sie die Batterie ab.
- Öffnen Sie die Motorhaube.
- Öffnen Sie die Motorabdeckung innen und bauen Sie notfalls auch einen Sitz aus. Je nach Anbauseite des Anlassers ist er auf der linken oder rechten hinteren Motorseite in Richtung der Getriebeglocke zu finden.
- Klemmen Sie den Plusanschluss (Nr. 2 in Bild) am Starterausrückschalter ab.

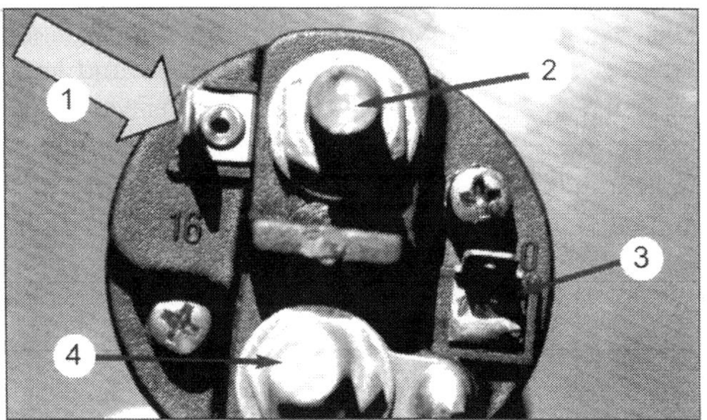

Anschlüsse am Starter: 1 (Pfeil) KL 16 zur Startanhebung für die Zündanlage, 2 KL30 Dauerplus von der Batterie, 3 KL50 Ansteuerung Starter, 4 KL »F« Anschluss an die Feldspulen.

- Klemmen Sie den KL50 (Nr. 3 im Bild) vom Ausrückschalter ab.
- Klemmen Sie den KL16 (Nr. 1 im Bild) vom Ausrückschalter ab. Dieser Anschluss wird gelegentlich zur Startanhebung der Zünd- und Glühanlage verwendet.
- Lösen Sie die Befestigungsschrauben am Getriebe und nehmen Sie den Anlasser heraus.

Die Montage erfolgt sinngemäß in umgekehrter Reihenfolge.

- Achten Sie darauf, dass die Anschlüsse korrosionsfrei und intakt sind. Übergangswiderstände an den Anschlusskontakten bedeuten zumindest langfristig einen Ausfall.

Generator / Lichtmaschine

Gleichstromgeneratoren

Zu Anfang wurden im Unimog Gleichstromgeneratoren verbaut.
Diese wurden oft auch als »Lichtmaschine« bezeichnet, da sie den Strom für das Licht produzierten. Da sie aber das gesamte Bordnetz mit elektrischer Energie versorgen, ist diese Bezeichnung eher irreführend. Der Vorteile der Gleichstromgeneratoren lag darin, dass sie durch den Polwechsel auf dem Kollektor eine Gleichspannung abgeben. Der Nachteil ist die große Bauweise und die geringe Leistung um etwa 600 W.

Drehstromgeneratoren

Die Drehstromgeneratoren finden sich in Fahrzeugen bis zur heutigen Generation. Die kleinen und kompakten Generatoren geben eine Dreiphasen-Wechselspannung ab, die durch den verbauten Diodensatz gleichgerichtet wird. Hier sind Leistungen bis 1500 W möglich, ohne dass sich die Baugröße gravierend ändert.

Generator ausbauen

Die Montagearbeit unterscheidet sich für die beiden Generatorentypen unwesentlich. Aus diesem Grund werden wir Ihnen eine allgemeingültige Montageanleitung vorstellen, die für Diesel- sowie Benzinmotoren angewendet werden kann.

Gleichstromgenerator: 1 Anschluss zur Feldwicklung, Spannungsversorgung zum Regler, 3 Masseanschluss am Generator.

Drehstromgenerator: 1 Diodenplatte zur Gleichrichtung und Selbsterregung, 2 drei Ladewicklungen, 3 Feldwicklung, 4 Schleifkontakte vom Regler zur Feldwicklung.

- Stellen Sie den Unimog sicher ab und legen Sie Bremskeile unter die Räder, damit er nicht wegrollen kann.
- Schalten Sie die Zündung aus.
- Lassen Sie den Motor kalt werden und klemmen Sie die Batterie ab.
- Öffnen Sie die Motorhaube.
- Öffnen Sie die Motorabdeckung innen und bauen Sie notfalls auch einen Sitz aus. Je nach Anbauseite des Generators, ist er auf der linken oder rechten vorderen Motorseite in Richtung Kühler zu finden.

Gleichstromgeneratoren

- Klemmen Sie den »D+«-Anschluss (Nr. 2 im Bild) am Generator ab.
- Klemmen Sie den Anschluss »DF« (Nr. 1 im Bild) ab.
- Klemmen Sie den Masseanschluss am Gehäuse (Nr. 3 im Bild) ab.

Drehstromgeneratoren

- Klemmen Sie den Plusanschluss (Nr. 1 in Bild) am Generator ab.
- Ziehen Sie den Stecker »D+« zur Ladekontrollleuchte ab.

Drehstromgenerator in Teilen: Die Demontage ist oft nicht sinnvoll, da lediglich die Lager und die Reglerkohlen als Ersatzteil lieferbar sind.

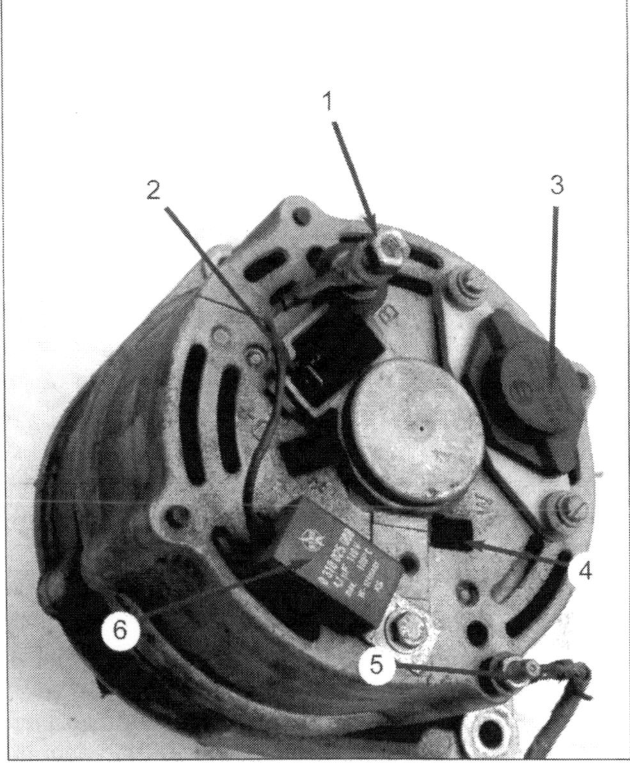

Anschlüsse am Drehstromgenerator: 1 Plus-Anschluss zur Batterie (B+), 2 Anschluss für die Ladekontrollleuchte (D+), 3 Regler mit Kohlen, 4 Anschluss für Drehzahlgeber (W), 5 Masseanschluss, 6 Entstörkondensator.

- Ziehen Sie den Stecker »W« (soweit vorhanden und verbaut) zum Drehzahlmesser ab. Der Anschluss kann zur Nachrüstung von Drehzahlmessern bei Dieselmotoren als Impulsgeber verwendet werden.
- Klemmen Sie den Masseanschluss am Gehäuse (Nr. 5 im Bild) ab.

weiter für alle Varianten

- Lösen Sie Sie Spannschiene für den Keilriemen.
- Nehmen Sie den Keilriemen ab.
- Drehen Sie die Befestigungsschrauben heraus.
- Nehmen Sie den Generator heraus.

Die Montage erfolgt sinngemäß in umgekehrter Reihenfolge.

- Achten Sie darauf, dass die Anschlüsse korrosionsfrei und intakt sind. Übergangswiderstände an den Anschlusskontakten bedeuten Ladespannungsverlust.

Multicon: Passt in 7-polige sowie in die 13-poligen Multiconstecker

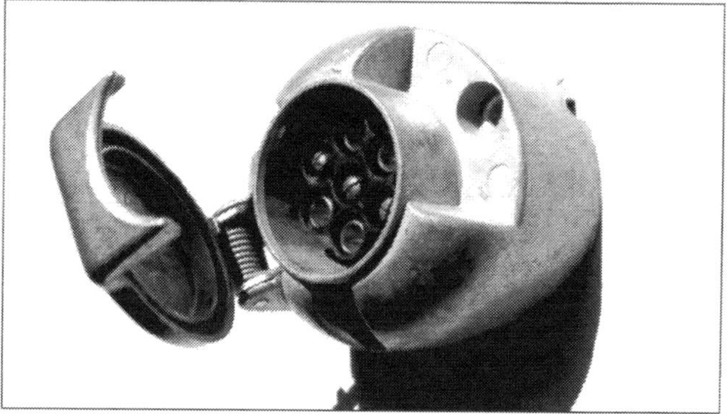

7-polige Anhängersteckdose: Die Standarddose, die gerne auch im Unimog verbaut wird, da die Steckkontakte robuster sind.

Anhängersteckdose 7-polig oder 13-polig?

Die Normung von Anschlüssen und Systemen erleichtert den Umgang mit ihnen. Die Normung der Anhängersteckkontakte ermöglicht den einfachen Anschluss eines beliebigen Anhängers an ein Zugfahrzeug oder beim Mehranhängergespann sogar an einen weiteren Anhänger. Im Laufe der Zeit haben sich drei wichtige Steckdosensysteme entwickelt.

7-polig Universal

Der 7-polige Universal mit Nebellampenabschaltung stellt die meist verbreite Steckverbindungen unter den alten Systemen dar und ist aus meiner Sicht nach wie vor noch immer das robusteste System unter den Dreien. Gerade für die älteren Semester unserer Unimogs reichen die Kontakte aus, um die Funktionen für den Anhänger nach hinten zu übertragen.

13-polig Multicon

Der 13-polige Multicon mit Nebellampenabschaltung ist eigentlich die intelligentere Lösung, hat sich aber nie richtig durchgesetzt. Die Multicon baut auf den »normalen« 7-poligen Steckern auf und erweitert sie lediglich um sechs Anschlüsse. So lassen sich die 7-poligen Anschlussstecker auch in der Multicondose betreiben. Ein weiterer Vorteil liegt in den dickeren Anschlüssen, die im Alltag sicherlich die robustere Variante darstellen.

13-polig Jäger/DIN

Die besonderen Merkmale dieses Systems liegen in den fein gegliederten Steckkontakten, der Drehverriegelung und an der Inkompatibilität zu den 7-poligen Steckverbindungen. Dieses System ist das am weitest verbreitete an neueren Anhängersystemen.

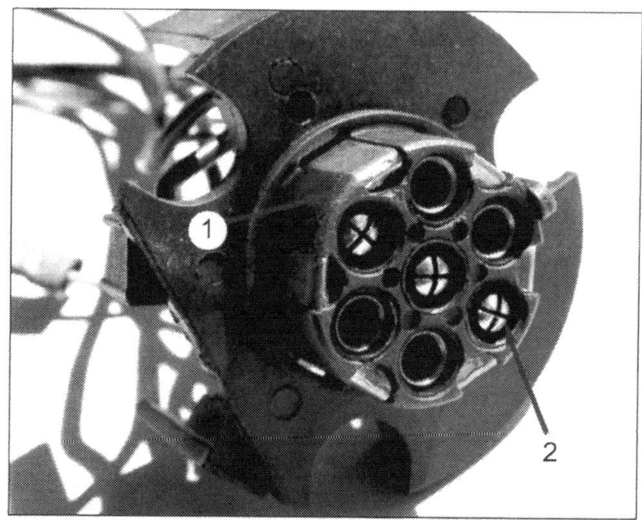

Multiconsteckdose: Die Anschlüsse 8-13 befinden sich im Außenring (1), 1-7 in der Steckfläche (2).

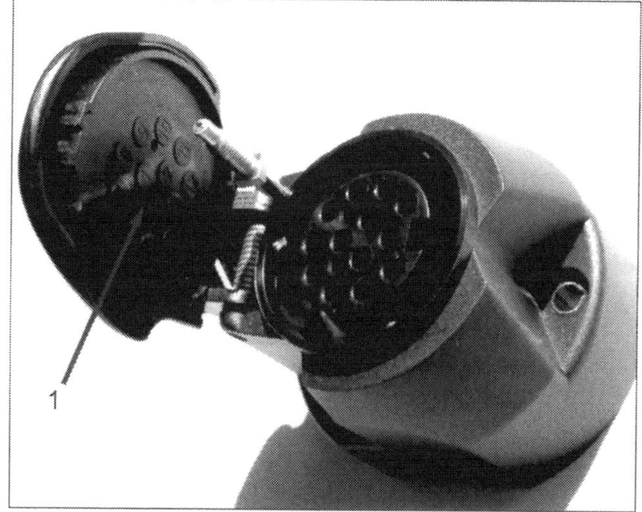

13-polige DIN Jäger Anhängersteckdose: Die Anschlusspins stehen wie bei den meisten Steckdosen im Deckel (1).

Um- und Anbau einer Anhängersteckdose

- Schalten Sie die Zündung aus.

- Demontieren Sie die alte (vorhandene) Steckdose am Unimogheck (gelegentlich auch Front).

- Notieren Sie sich am Rand der nachstehenden Tabelle die Kabelfarben für Ihre Steckdose.

- Klemmen Sie den Steckkontakt ab. Lösen Sie dazu die Kabelverschraubungen in der Steckdose. Achten Sie auf den Zustand der Anschlusskabel. Sind diese oxidiert, sollten Sie besser neu abgeschnitten und abisoliert werden.

- Schließen Sie die Kabel an den Kontakteinsatz der neuen Steckdose an. Achten Sie auf die vorher notierten Kabelfarben.

- Vor der Wiedermontage des neuen Steckdosengehäuses sollten Sie die Steckkontakte von hinten mit Kettenfett einsprühen. Das Sprühfett ist Wasser abweisend. Korrosion oder festgerostete Verschraubungen können somit nicht entstehen. Wenn eine 13-polige Steckdose verbaut werden soll, können zusätzliche Funktionen genutzt werden. Wenn Sie in einem Anhänger eine Batterie verbaut haben oder auf der Ladepritsche die Weidezaunbatterie aufladen wollen, empfiehlt es sich, Pins 10 und 11 zu aktivieren. Sie sollten dann aber die Ladeleitung zusätzlich absichern, um eventuellen Kurzschlüssen recht schadlos begegnen zu können.

- Montieren Sie nun die Steckdose an einen gut erreichbaren Platz im Bereich der Anhängekupplung. Achten Sie darauf, dass sie möglichst nicht im Spritzbereich verbaut wird.

- Verschrauben Sie die Steckdose am besten mit Edelstahlschrauben. Diese lassen sich auch nach Jahren noch recht einfach öffnen.

Funktion	Klemme	7-polig	Multicon	DIN/Jäger	Kabelfarbe
Blinker links	L	1	1	1	
Nebelleuchte / Schalter	54g	2	2	2	
Masse Pin 1-8	31	3	3	3	
Blinker rechts	R	4	4	4	
Rechte Schlussleuchte	58R	5	5	5	
Bremslicht	54	6	6	6	
Linke Schlussleuchte	58L	7	7	7	
Rückfahrleuchte	58b	nicht vorhanden	8	8	
Dauerplus	30	nicht vorhanden	9	9	
Ladeleitung Anhänger	30	nicht vorhanden	10	10	
Masse für Pin 10	31	nicht vorhanden	11	11	
Frei	Frei	nicht vorhanden	12	12	
Masse für Pin 9	31	nicht vorhanden	13	13	

Umbau- oder Adapterplan: Was muss wo drauf, wenn ein Stecker angebaut werden muss? In der nachstehenden Tabelle findet sich die erstaunlich einfache Lösung. Tragen Sie Ihre Anschlussfarben am Ende der Tabelle ein.

Elektrische Anlage

	Symptom	Ursache	Abhilfe
A	**Batterie entlädt sich.**	**1** Säurestand zu gering.	Säurestand korrigieren.
		2 Batterie defekt (Platten sulfatiert).	Batterie ersetzen.
		3 »Heimlicher« Verbraucher.	Stromabgang ohne geschalteten Verbraucher überprüfen. Sicherungen nacheinander ziehen und prüfen, wann der Stromverbrauch nachlässt.
B	**Batterie kocht über.**	**1** Zu starke Ladung.	Generator und Regler prüfen.
C	**Angefressene Polklemmen.**	**1** Schwefelsäure der Batterie greift das Metall an.	Polklemmen reinigen (am besten mit Sodalauge und dann mit Wasser nachspülen) ggf. Polklemmen ersetzen.
D	**Lampen leuchten zu schwach.**	**1** Batteriespannung zu gering	Batterie laden, ggf. ersetzen.
		2 Spannungsabfall in den Leitungen, an den Sicherungen oder den Leitungsverbindungen infolge Oxidation.	Anschlüsse reinigen. Kabelanschlüsse und Sicherungen ggf. ersetzen.
E	**Lampen leuchten nicht.**	**1** Lampen defekt.	Lampen ersetzen.
		2 Sicherungen durchgebrannt.	Sicherung ersetzen. GANZ WICHTIG! Ursache feststellen und beheben.
		3 Batterie entladen oder defekt.	Batterie laden, ggf. ersetzen.
E	**Lichtmaschine lädt zu wenig.**	**1** Regler arbeitet nicht richtig.	Ladekontrollleuchte prüfen, Kohlen zum Anker überprüfen, Regler überprüfen ggf. ersetzen.
		2 Schlechte Masseverbindung.	Masseverbindungen, prüfen, reinigen und befestigen.

Motormechanik

Der Viertaktmotor hat seinen Namen aufgrund der Unterteilung der einzelnen Arbeitsschritte (auch »Takte« genannt) bekommen. Wie der Name schon sagt, finden vier einzelne Arbeitstakte statt.

Der Viertaktmotor

Beim Unimog wurden zwei unterschiedliche Gemischaufbereitungssysteme verbaut, die aber den grundsätzlichen Aufbau des Motors kaum beeinflussen. Die Dieselmotoren haben lediglich eine höhere Kompression und im Zylinderkopf eine Wirbelkammer verbaut. Auf diese Details werden wir aber bei der Beschreibung des Zylinderkopfes noch genauer eingehen.

Der erste Takt wird »Ansaugtakt« genannt.
Der Kolben bewegt sich nun von OT nach UT, also abwärts. Der Raum über dem Kolben wird größer und so ein Unterdruck erzeugt. Durch das geöffnete Einlassventil wird nun Frischgas angesaugt. Beim Benziner handelt es sich hier um Benzin-Luft-Gemisch, beim Diesel lediglich um Luft.

Verdichtungstakt
Wenn sich die Kurbelwelle nun weiterdreht, wird der Raum über dem Kolben durch die Aufwärtsbewegung des Kolbens verkleinert. Das Auslassventil wird geschlossen. Da das angesaugte Frischgas nicht entweichen kann und es somit zusammengepresst wird, nennt sich der zweite Takt »verdichten«.

Arbeitstakt
Im dritten Takt, kurz vor dem oberen Totpunkt, wird beim Benziner mit Hilfe einer Zündkerze gezündet. Dieselmotoren entzünden den fein vernebelt eingespritzten Kraftstoff an der durch den Verdichtungstakt erhitzten Luft. Der Druck des »explodierenden« Gemisches treibt den Kolben nun wieder in Richtung »UT« abwärts. Dieser Vorgang, der übrigens der einzige ist, wo der Motor »Arbeit« verrichtet, nennt sich »Arbeitstakt«.

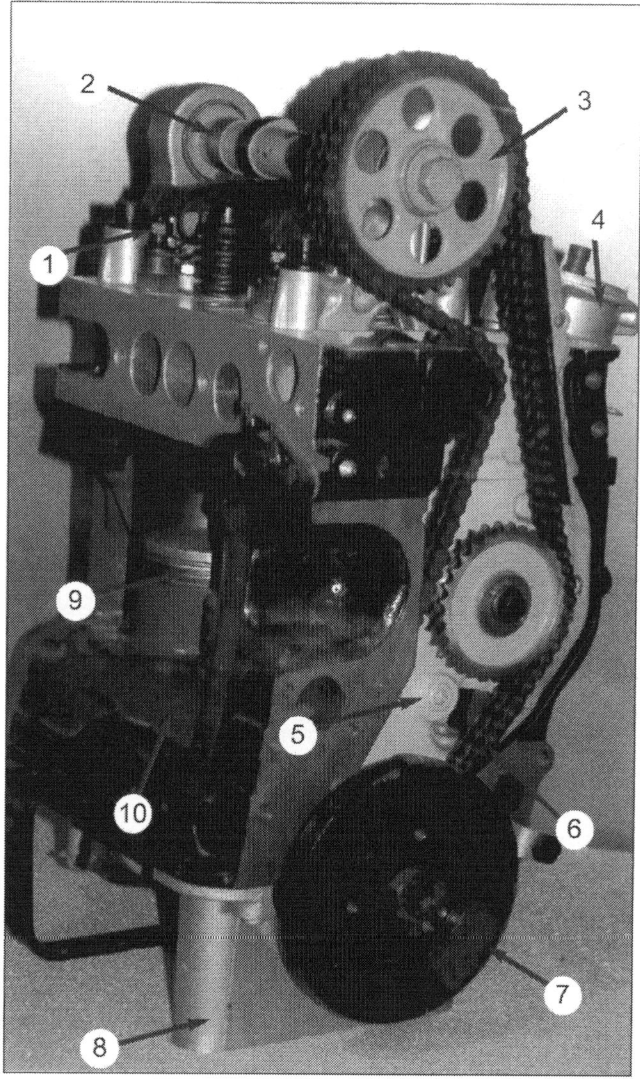

Benzinmotor M180 als Schnittmodell: 1 Ventileinstellschraube, 2 Nockenwelle, 3 Nockenwellenrad, 4 Zündverteiler, 5 Kettenkasten, 6 Steuerkette, 7 Riemenscheibe, 8 Ölwanne, 9 Kolben, 10 Wassermantel im Motorblock (aufgeschnitten)

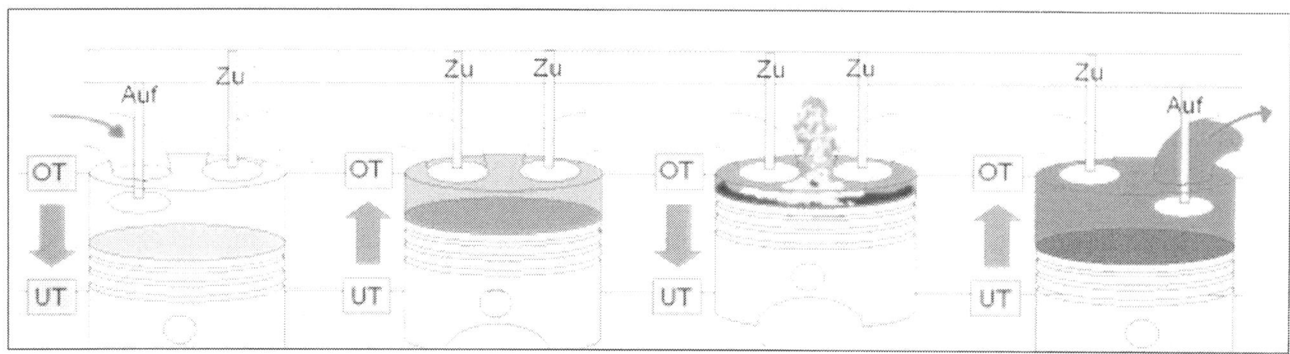

Die Takte am Viertaktmotor: Das läuft alles in einem Zylinder ab.

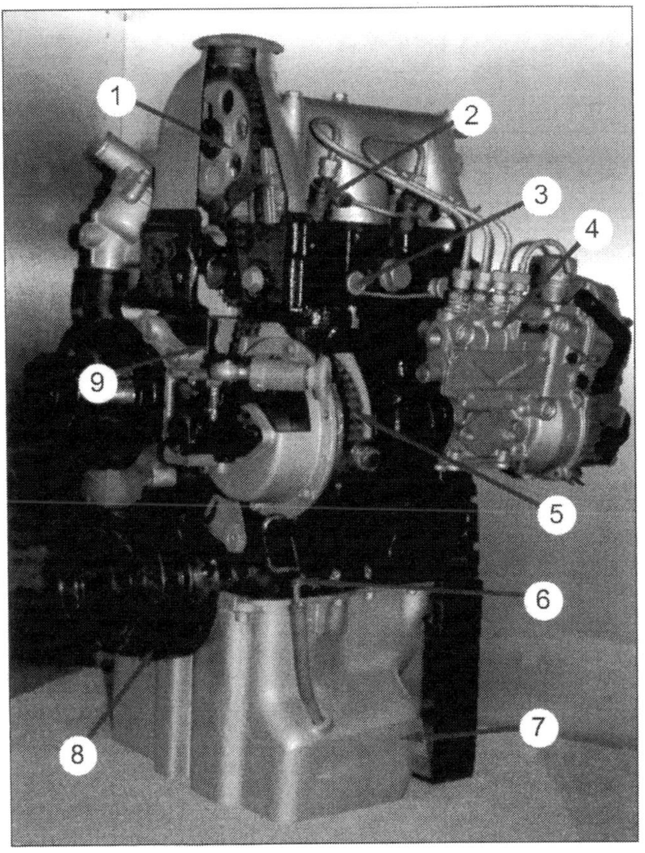

Dieselmotor OM 616 als Schnittmodell: 1 Nockenwellenrad, 2 Einspritzdüse, 3 Glühkerze, 4 Reiheneinspritzpumpe, 5 Steuerkette, 6 Ölmessstab, 7 Ölwanne, 8 Riemenscheibe, 9 Steuerkettenkasten.

Auslasstakt

Mit der Kolbenbewegung von UT nach OT beginnt der vierte Takt. Nun wird der Raum über dem Kolbenboden verkleinert und das nun verbrannte Abgas durch das geöffnete Auslassventil heraus geschoben. Dieser Arbeitsschritt nennt sich »Auslasstakt«.

Diesen Arbeitszyklus, der sich fortwährend wiederholt, nennt man auch ein Arbeitsspiel. Um ein Arbeitsspiel durchlaufen zu können, benötigt der »Viertakter« zwei Kurbelwellenumdrehungen. Das bedeutet, dass bei einer Drehzahl von 3000 1/min auf dem Drehzahlmesser lediglich 1500 Arbeitstakte stattfinden.

Verbaute Motoren

Beim Unimog wurden zwei unterschiedliche Gemischaufbereitungssysteme verbaut. Zum einen die Dieselmotoren mit vier Zylindern und weiterhin sechszylindrige Ottomotoren. Diese wurde am häufigsten bei Armeefahrzeugen verbaut. Der Hintergrund war die leichtere Beschaffbarkeit im Kriegsfall von Ottokraftstoff oder Kraftstoff, der sich wie der vorgesehene Ottokraftstoff verbrennen lässt. Der grundsätzliche Aufbau des Motors hinsichtlich Kurbeltrieb, Kolben und Ventiltrieb unterscheidet sich aber kaum. Wir werden Ihnen die Vorbereitungsarbeiten für die folgenden Prüfungs- und Montagearbeiten in einem Arbeitsschritt zusammenfassen und die Besonderheiten für einzelne Motoren gesondert hervorheben. Die erforderlichen Mess-, Prüf- und Einstellwerte finden Sie im Kapitel »Technische Daten« am Ende dieses Buches. Sicherlich werden Sie einige Arbeitsschritte nicht selbst durchführen können, weil Sie die notwendigen Werkzeuge nicht zur Verfügung haben. Die Beschaffung für eine einzelne Prüfung dürfte sich im Regelfall nicht auszahlen. Zumindest aber erhalten Sie einen tiefgehenden Einblick, was Ihnen eine Auftragserteilung oder aber die Auswertung und Reparatur, ob nun in Eigenleistung oder durch eine Werkstatt, deutlich erleichtert.

Die Dieselmotoren

Die wichtigsten Prüfungs- und Montagearbeiten zeigen wir Ihnen an dem OM 616, der sehr häufig verbaut wurde. Hinsichtlich der Bauweise unterscheiden sich die anderen Vierzylinder-Dieselmotoren kaum. Die Sechszylindermotoren wie der OM 352 werden wir Ihnen in den Arbeitsschritten gesondert vorstellen. Da dieser Motor im Unimog 406 ab 1964 ab 70 PS verbaut wurde, rundet er die Motorvarianten sehr gut nach oben hin ab.
Dieselmotoren arbeiten nach dem »Quantitätsprinzip«. Das bedeutet, die Lastregelung erfolgt über die Einspritzmenge. Der Motor saugt Luft an, verdichtet diese und der für die Verbrennung benötigte Kraftstoff wird erst kurz vor OT (dem höchsten Punkt im Hubweg des Kolbens) eingespritzt und entzündet sich dann an der durch den Verdichtungstakt erhitzten Luft selbst.

Die Ottomotoren

Die Ottomotoren unterscheiden sich aus Sicht der Montagearbeiten nicht merklich. Wir werden die Montagearbeiten für diese Motoren allgemeingültig formulieren. Besonderheiten werden natürlich herausgestellt. Motoren aus Armeebeständen sind mit besonders abgeschirmten Zündkabeln ausgerüstet. Diese sind zwar deutlich besser entstört, werden aber im zivilen Einsatz nicht gefordert.

Fehlersuche an den Motoren

Eigenartigerweise wird bei Fehlern wie Ruckeln, Stottern oder schlechtem Anspringen immer das System verdächtigt, mit dem man selbst die wenigste Erfahrung hat. Die Fehlersuche aber funktioniert grundsätzlich dann gut, wenn sie strukturiert durchgeführt wird. Messwerte schätzen funktioniert nicht. Trauen Sie nur den Messwerten, die Sie selbst erfasst oder vertrauenswürdig erfassen lassen haben.

Systeme im Verbund

Grundsätzlich müssen Sie Ihren Motor zusammen mit dem Gemischaufbereitungssystem und natürlich auch den Anbauteilen immer als komplettes System betrachten. Ein unrund laufender Motor muss nicht zwangsläufig defekt sein. Es können auch Fehler in der Gemischaufbereitung oder einfach in der Zündanlage beziehungsweise der Startanlage vorliegen. Beim Diesel muss auch die Starthilfsanlage, also die Glühanlage, in die Fehlersuche mit einbezogen werden.

Dieselmotor als Schnittmodell: Der OM 636 wurde als Saugmotor im Unimog verbaut. Er stellt die erste Generation dar.

Sechszylinder Ottomotor: Als M130 beziehungsweise M180 wurden die Sechszylindermotoren im Unimog bezeichnet.

352 A mit Turbolader: Im Unimog 402 wurde auch ein Sechszylinderdieselmotor verbaut, der an Leistung mit der Zeit gewann.

Prüfungen am Motor

Kompressionstest

Bevor wir mit dem Zerlegen des Motors beginnen, müssen erst einige Arbeitsschritte durchgeführt werden. Schließlich soll zuerst nachvollziehbar festgestellt werden, ob der Motor in Ordnung ist. Zuerst wird die Kompression geprüft. So kann eine Aussage über den tatsächlichen Verdichtungsenddruck bei Anlasserdrehzahl getroffen werden.

Dieselmotoren

Verwenden Sie für die Druckmessung am besten einen entsprechend passenden Messadapter, welcher anstelle der Einspritzdüse eingeschraubt wird. Da der Kompressionsdruck beim Diesel 20 bis 24 bar erreicht, ist es schwierig, die Dichtigkeit durch das Andrücken des Abdichtgummis zu erreichen.

- Lassen Sie den Motor auf etwa 80 °C warm laufen.
- Sorgen Sie dafür, dass die Batterie geladen ist.
- Stellen Sie den Motor ab.
- Sorgen Sie dafür, dass kein Kraftstoff gefördert wird. Am einfachsten ist es, das Gasgestänge auf »Nullförderung« zu stellen, indem man den Absteller zieht. Bei neueren Motoren mit elektrischer Abstellung kann das Kabel vom Abschaltventil der Einspritzpumpe gelöst werden.

Direkteinspritzmotoren (OM352)

- Demontieren Sie den Ventildeckel.

weiter für alle Diesel

- Demontieren Sie die Einspritzleitungen. Achtung: Hier tritt eine Restmenge Kraftstoff aus.
- Lösen Sie die Leckölleitungen und nehmen Sie die Verschraubungen ab.
- Die Leitungen legt man am besten fein säuberlich auf einem fusselfreien Tuch auf der Werkbank ab. Es ist darauf zu achten, dass sie in der richtigen Reihenfolge ablegt werden. So erspart man sich ein lästiges Suchen und Probieren beim Einbau.

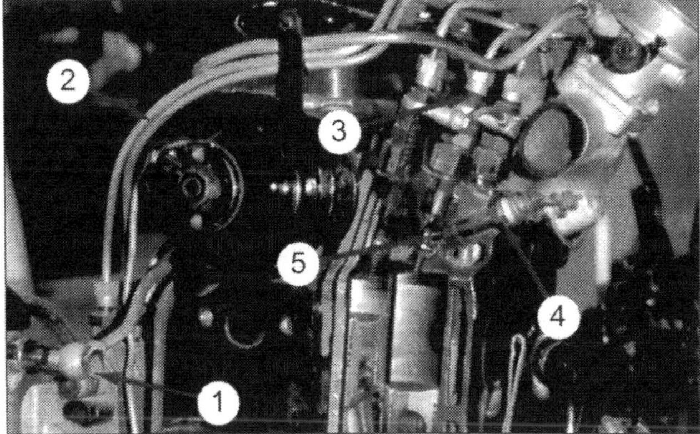

Vorkammer Dieselmotor: 1 Einspritzpumpe, 2 Einspritzleitungen, 3 Einspritzdüse, 4 Glühkerze, 5 Vorkammer.

Direkteinspritzer: Hier müssen die Einspritzdüse und die Leitungen ausgebaut werden. 1 Einspritzdüse, 2 Einspritzleitung im Kopf, 3 Einspritzleitung zur Reihenpumpe, 4 Leckölleitung.

Vorkammermotor: Die Messung kann über die Einspritzdüsen oder über die Glühkerzen erfolgen. 1 Einspritzdüse, 2 Leitungen, 3 Reiheneinspritzpumpe, 4 Leckölleitungen.

- Nun werden die Einspritzdüsen entfernt. Die Düse ist in den Zylinderkopf eingeschraubt. Zum Lösen der Einspritzdüsen empfiehlt sich eine spezielle Nuss zu verwenden, welche extra lang ist, so dass sie komplett über die Düse gestülpt werden kann. Beim Entfernen der Düse aus dem Kopf ist darauf zu achten, dass zwischen Düse und Kopf noch eine Dichtscheibe verbaut ist. Diese fällt gerne unbemerkt herunter und wird dann beim Einbau schnell vergessen.

- Nun kommt der Kompressionsdruckmesser zum Einsatz. Dieser wird mit der Anschlussleitung und dem Adapter in die Düsenöffnung eingeschraubt. Dichtring nicht vergessen und gut anziehen, damit der Druck nicht entweichen kann. Wenn nun der Motor gestartet wird, bildet sich bei jedem Verdichtungshub ein Druck im Zylinder. Dieser wird vom Messgerät aufgezeichnet.

- Um ein korrektes Ergebnis auf allen Zylinder zu erzielen, lässt man den Motor ca. 10-15 Umdrehungen pro Messvorgang drehen. Am besten macht man das mit einer zweiten Person zusammen. So kann einer starten und aufpassen, dass, falls noch vorhanden, der Abstellzug immer gezogen ist, und der andere hält das Messgerät und achtet auf den Druckverlauf.

- Wenn alle Zylinder durchgeprüft sind, kann die Diagrammscheibe aus dem Messgerät entfernt und die gemessenen Drücke abgelesen und ausgewertet werden.

Die Kompressionsdruckverlaufskurven sollten nach Möglichkeit auf allen Zylinder in etwa gleich sein. Solldruck ist ca. 20 bar. Sollte hier eine erhebliche Abweichung sein, so besteht bei diesem Zylinder ein Problem mit der Verdichtung. Dies kann mehrere Ursachen haben – angefangen bei einer defekten Zylinderkopfdichtung oder defekten Kolbenringen, zu eng eingestellten oder durchgebrannten Ventilen bis hin zum Kolbenfresser. Auf jeden Fall heißt es, dass bei diesem Zylinder mit etwas mehr Arbeit zu rechnen ist.

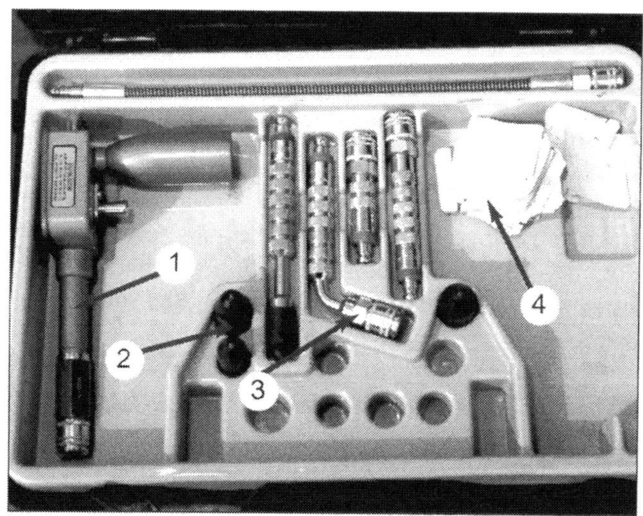

Kompressionsdruckprüfer im Set: 1 Druckschreiber, 2 Gummieinsätze für die Kerzenlöcher, 3 Adapter, 4 Schreiberkarten.

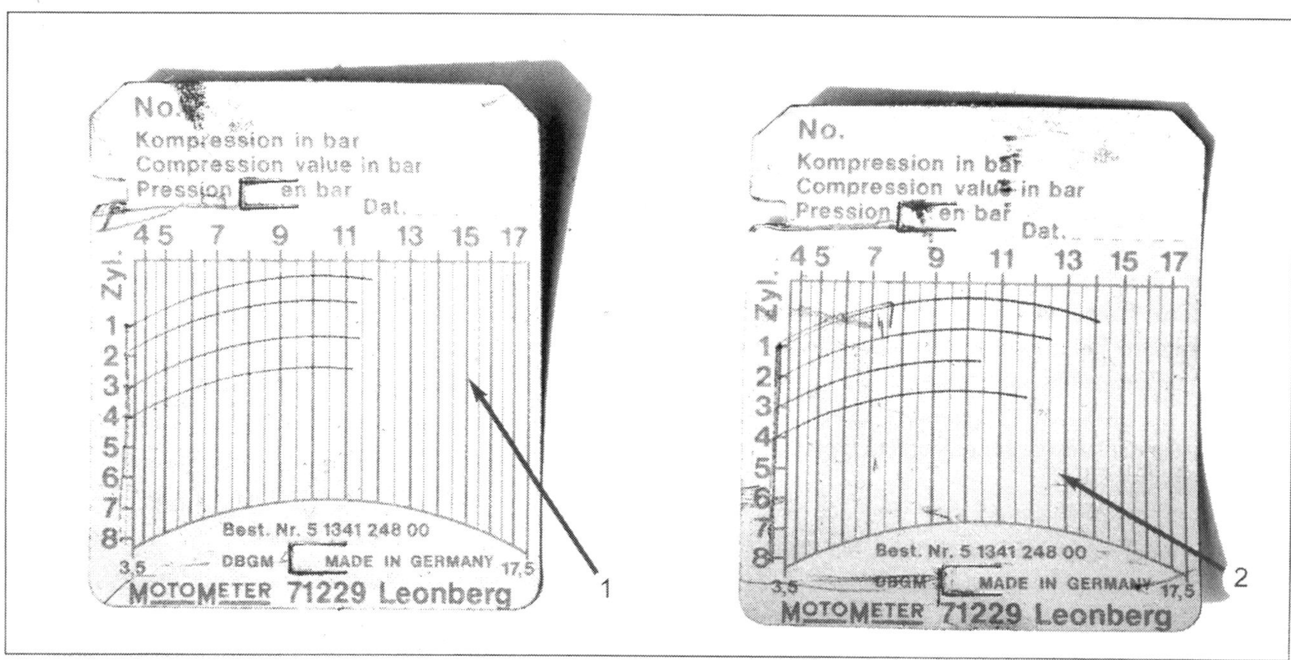

Schreiberkarten auswerten: 1 Kompressionsdruck auf allen Zylinder fast gleich groß, 2 hohe Druckunterschiede erkennbar.

Ottomotoren

Bei den Ottomotoren müssen die Zündanlage und auch die Kraftstoffversorgung außer Betrieb gesetzt werden. Da der Motor gedreht wird, können sonst durch das unkontrollierte Überspringen der Zündspannung Schäden an der Zündlage entstehen, oder wenn man selbst zum Ableiter wird, kann Lebensgefahr bestehen. Die hohe Zündspannung kann Herzkammerflimmern verursachen.

- Lassen Sie den Motor auf etwa 80 °C warm laufen.
- Sorgen Sie dafür, dass die Batterie geladen ist.
- Stellen Sie den Motor ab.
- Ziehen Sie die Spannungsversorgung von der Zündspule ab.
- Ziehen Sie den Anschluss vom Leerlaufabschaltventil des Vergasers ab.
- Demontieren Sie alle Zündkerzen und legen Sie diese zur Seite.
- Nun kommt der Kompressionsdruckmesser zum Einsatz. Drücken Sie den Kompressionsdruckmesser mit einem Gummieinsatz in das Kerzenloch hinein.
- Lassen Sie eine zweite Person die Drosselklappe des Vergasers voll öffnen (Vollgas) und den Anlasser betätigen. Es bildet sich bei jedem Verdichtungshub ein Druck im Zylinder. Dieser wird vom Messgerät aufgezeichnet.
- Um ein korrektes Ergebnis auf allen Zylinder zu erzielen, lässt man den Motor ca. 10-15 Umdrehungen pro Messvorgang drehen.
- Wenn alle Zylinder durchgeprüft sind, kann die Diagrammscheibe aus dem Messgerät entfernt und die gemessenen Drücke abgelesen und ausgewertet werden.

Die Kompressionsdruckverlaufskurven sollten nach Möglichkeit auf allen Zylinder in etwa gleich sein. Solldruck ist ca. 10-14 bar. Sollte hier eine erhebliche Abweichung sein, so besteht bei diesem Zylinder ein Problem mit der Verdichtung. Dies kann mehrere Ursachen haben – angefangen bei einer defekten Zylinderkopfdichtung oder defekten Kolbenringen, zu eng eingestellten oder durchgebrannten Ventilen bis hin zum Kolbenfresser. Auf jeden Fall bedeutet das, dass bei diesem Zylinder mit etwas mehr Arbeit zu rechnen ist.

Druckverlustprüfung

Eine klarere Aussage liefert der Druckverlusttest. Er ergibt ein ähnliches Ergebnis wie der Kompressionstest. Die Auswertung erfolgt allerdings in Prozent. Er beschreibt den Druckverlust, also die Undichtheit des Zylinders. Im Gegensatz zum Kompressionstest kann aber eine Aussage getroffen werden, wo der Druckverlust stattfindet. Der Druckverlust tritt hörbar an Einlass- der Auslassventil oder im Motorblock auf. Es muss dann genau hingehört werden. Ein undichtes Auslassventil ist dann am besten am Auspuff hörbar. Das defekte Einlassventil macht sich im Ansaugtrakt durch ein Zischgeräusch bemerkbar und undichte Kolbenringe können durch den Öleinfüllstutzen oder in den Kanälen zum Zylinderkopf »erhört« werden.

- Wie beim Kompressionstest werden entweder die Glühkerzen oder die Einspritzdüsen, beziehungsweise die Zündkerzen beim Ottomotor, ausgebaut und ein Anschlussadapter montiert.

Achtung Quetschgefahr
Versuchen Sie nie den Motor von Hand mit einem Schlüssel festzuhalten. Zuweilen entwickelt die Druckluft über den Kurbeltrieb unerwartet viel Kraft. Verletzungen können dann nicht ausgeschlossen werden!

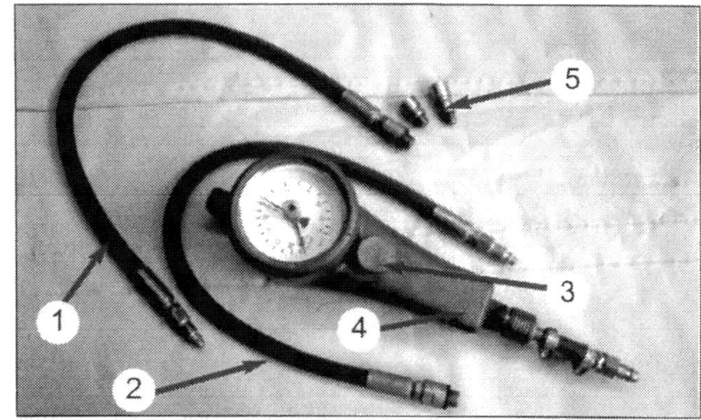

Kombi-Gerät Druckverlustprüfung und Kompressionstest:
1 Messschlauch Druckverlust, 2 Messschlauch Kompression (mit Ventil), 3 Abgleichrad (Nullstellung), 4 Druckverlustprüfer, 5 Adapterstücke

- Als Nächstes wird der Druckverlusttester auf den Kompressordruck eingerichtet. Mit dem Einstellrad wird die Anzeige bei abgezogenem Adapteranschluss »genullt«.
- Der Motor muss sich im Verdichtungstakt oder im Arbeitstakt befinden. Beide Ventile sind dann geschlossen.
- Blockieren Sie den Motor. Oftmals reicht es aus, einen Gang einzulegen und die Bremse anzuziehen. Erst dann darf der Druckverlusttester mit dem Motor verbunden werden.
- Der Druckverlust auf diesem Zylinder kann nach dem Anschließen des Testers abgelesen werden. Ein Druckverlust bis zu 15 % beim Ottomotor und bis zu 20% beim Dieselmotor kann als »normal« angesehen werden.

Auswertung

In der Regel sollte der Verlust an den Kolbenringen vorbei ins Kurbelgehäuse entweichen. Das ist dann sehr gut durch zischende Geräusche im Kurbelgehäuse hörbar, wenn der Öleinfüllstutzen abgenommen wird. Zischende Geräusche im Ansaugtrakt weisen auf ein undichtes Einlassventil hin. Ein undichtes Auslassventil verursacht Geräusche aus dem Auspuff. Die Zischgeräusche sind oftmals nur dann wahrnehmbar, wenn es ruhig in der Werkstatt ist. Das Radio sollte also für diese Arbeiten ausgeschaltet bleiben. In extremen Fällen kann sogar ein deutliches »Blubbern« im Kühlsystem zu hören sein. Das ist dann ein sicheres Zeichen, dass die Zylinderkopfdichtung oder sogar die Zylinderlaufbuchse beschädigt ist. Die Demontage ist dann unabwendbar.

PRAXISTIPP

Ablagerungen am Ventilsitz

Gerade bei Motoren, die schon länger stehen, kann sich Korrosion oder Dreck am Ventilsitz befinden. Schnelle Betätigung des entsprechenden Ventils kann hier Abhilfe schaffen. Diese schnelle Bewegung lässt sich vorsichtig mit einem Hammer und einem Hartholzklötzchen bewerkstelligen!

Ablesewert bis 15%: Alles im Lot, kein nennenswerte Druckverlust zu erfassen.

Ablesewert über 20%: Der Druckverlust hat seine Ursachen in undichten Bauteilen oder einfach Verschleiß.

Steuerzeiten prüfen

Grundsätzliche Einstellung

Bei Viertaktmotoren finden Sie zwei »OT«-Stellungen des Kolbens. In der ersten findet der Gaswechsel zwischen Ausstoßen und Ansaugen statt. Die zweite befindet sich am Ende des Verdichtungstaktes oder auch am Anfang des Arbeitstaktes. Erkennbar wird der erste »OT-Punkt« daran, dass sowohl Einlass- als auch das Auslassventil etwas geöffnet sind. Auch für die Unimogmotoren gilt ein Grundsatz der Motormechanik. Sind beide Ventile etwa gleich weit geöffnet, sollte der Kolben genau auf der OT-Stellung stehen. Das ist dann der so genannte »Überschneidungs-OT«. Wird der Überschneidungs-OT am vierten beziehungsweise am sechsten Zylinder eingestellt, befindet sich der erste Zylinder im Zünd-OT. Hier sollten nun Markierungen zu finden sein, oder es müssen neue gesetzt werden.

Markierungen für die Kurbelwelle

Die Markierung für die Kurbelwelle ist bei den Mercedesmotoren im Regelfall vorbildlich ausgeführt und kaum zu übersehen. Man findet eine Ablesemarkierung am Stirndeckel und Markierungen und Beschriftungen auf der Riemenscheibe. Diese zumeist noch mit Gradeinteilungen, die das Einstellen von Zündung oder Einspritzförderbeginn erleichtern.

Markierungen finden

- Legen Sie den Nockenwellenantrieb frei
- Drehen Sie den Motor auf »Zündungs-OT« (beide Ventile geschlossen).
- Suchen Sie markante Kanten am Zylinderkopf oder auf den Antriebsrädern nach möglichen Markierungen ab.

Markierungen selber setzen

Die Markierungen für die Nockenwelle oder das Pumpenantriebsrad sind oft werkmäßig nicht vorhanden oder einfach nicht mehr zu finden. Hier muss selbst markiert werden. Dazu muss der Motor, wie schon beschrieben, auf Zünd-OT gestellt werden. Die Markierungen können mittels Körnerpunkt oder mit einem Lackstift durchgeführt werden. Sie müssen aber eindeutig erkennbar sein.

- Markieren Sie das Zahnrad der Nockenwelle gegenüber dem Motorgehäuse so, dass diese Markierung nur in dieser Einstellung passt.
- Warten Sie, bis der Lackstift ausreichend trocken ist.

Unten gesteuerter Motor: Die Nockenwelle (2) ist unten verbaut. Die Ventile werden über Stößelstangen und Kipphebel betätigt. 1 Einspritzpumpenrad, 2 Nockenwellenrad, 3 Riemenscheibe.

Oben gesteuerter Motor: Die Nockenwelle ist im Zylinderkopf verbaut. 1 Nockenwellenrad, 2 Spannrolle, 3 Antriebsrad Einspritzpumpe, 4 Riemenscheibe mit Markierung.

Demontage der Zylinderkopfdichtung

Vorbereitung

Für alle Montagearbeiten am Zylinderkopf sollte der Motor kalt sein. Zum einen besteht Unfallgefahr durch heiße Teile und Flüssigkeiten, und zum anderen können Teile, die im Warmzustand demontiert werden, durch Verspannung beschädigt werden.

- Klappen Sie das Fahrerhaus hoch.
- Klemmen Sie die Batterie ab.
- Drehen Sie den Motor auf den »Zünd-OT« des ersten Zylinders.
- Lassen Sie das Kühlmittel ablaufen. Demontieren Sie die Verbindungsschläuche zwischen Motor, Kühler und Heizungskühler (soweit verbaut).
- Demontieren Sie den Ausgleichsbehälter.
- Schrauben Sie das Ansaugrohr und den Luftfilter ab.
- Demontieren Sie den Ventildeckel und seine Dichtung.

De- und Montage des Zylinderkopfs

Vergessen Sie niemals, dass alle im Folgenden zu demontierenden Teile alles andere als leicht sind. Holen Sie sich zum Abheben des Zylinderkopfes und für einige andere Arbeiten tatkräftige Hilfe hinzu.

Dieselmotoren

- Demontieren Sie die Einspritzleitungen zwischen Einspritzpumpe und Einspritzdüsen.
- Demontieren Sie den Leckölleitungsanschluss. Die Einspritzdüsen und die Leckölanschlüsse an den Einspritzdüsen können am Zylinderkopf verbleiben.
- Klemmen Sie die elektrischen Anschlüsse der Glühkerzen ab (soweit verbaut).

Benzinmotoren

- Demontieren Sie die Zündkabel und den Verteiler.
- Klemmen Sie die Kraftstoffversorgung und die elektrischen Anschlüsse des Vergasers ab.

Oben gesteuerte Motoren

- Markieren Sie die Einbauposition gut sichtbar mit einem Lackstiftstrich oder einem Körnerschlag auf das Nockenwellenrad und auf dem Zylinderkopf.
- Lösen Sie die Verschraubung des Kettenspanners am Zylinderkopf und bauen Sie den Kettenspanner aus.
- Lösen Sie die Nockenwellenradschraube und nehmen Sie das Nockenwellenrad ab. Achten Sie auf die Einbaulage von eventuell verbauten Beilagscheiben und der Scheibenfeder (Halbmond).

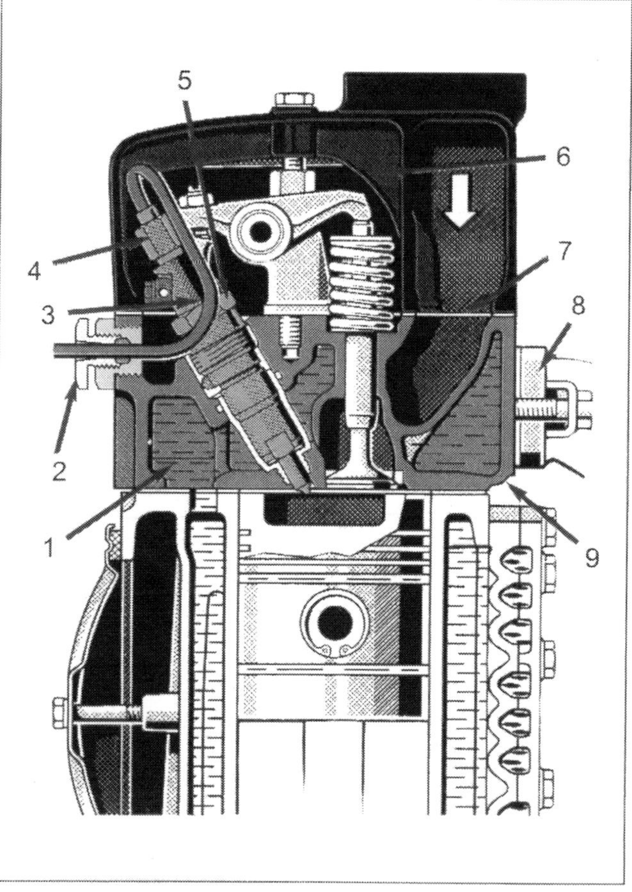

Bauteile am Zylinderkopf: 1 Zylinderkopf, 2 Durchführung Einspritzleitung, 3 Einspritzleitung, 4 Überwurfmutter, 5 Einspritzdüse, 6 Ventildeckel, 7 Dichtung, 8 Abgaskrümmer, 9 Kopfdichtung.

- Prüfen Sie, ob die Führungsschienen für die Steuerkette demontiert werden muss.

- Legen Sie die Steuerkette seitlich ab.

weiter für alle Motoren

- Demontieren Sie die eventuell verbaute zusätzliche Ölleitung zum Zylinderkopf.

- Lösen Sie die Zylinderkopfschrauben kreisförmig von außen nach innen (eine grafische Darstellung dazu finden Sie im Kapitel »Technische Daten«). Vergessen Sie hier nicht die kleinen Verschraubungen am Kettenkasten.

- Ziehen Sie die Schrauben heraus und legen Sie sie auf ein sauberes Tuch ab.

Oben gesteuerte Motoren

- Sichern Sie die Steuerkette mit einem langen Kabelbinder, um sie bei eventuellem Hineinrutschen in den Kettenkasten wieder leicht herausziehen zu können.

- Nehmen Sie den Zylinderkopf ab. Legen Sie ihn vorsichtig auf einem Lappen ab. Lassen Sie verbliebenes Öl abtropfen.

Die Montage erfolgt sinngemäß in umgekehrter Reihenfolge. Die Dichtflächen müssen gründlich mit Schleifpapier und Schaber gereinigt werden. Vermeiden Sie Riefenbildungen. Blasen Sie die Verschraubungen und Bohrungen vor der Montage gründlich aus. Entfetten Sie die Dichtflächen vor der Montage gründlich.

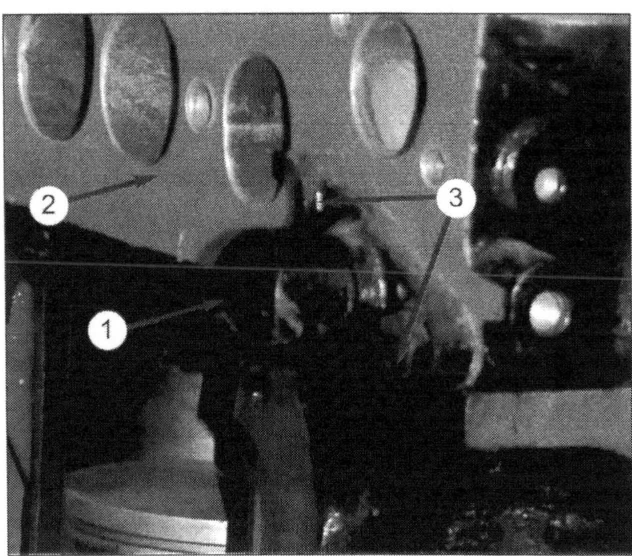

Kettenspanner am unten gesteuerten Vierzylinder: 1 Verschlussschraube, 2 Zylinderkopf, 3 Halterungsschrauben.

Arbeiten am Zylinderkopf

Ventile aus- und einbauen

Bevor Ventile, Ventilsitze und/oder die Schaftdichtungen und Schaftführungen erneuert, überholt oder nur überarbeitet werden können, muss der Zylinderkopf demontiert und zerlegt werden.

Ventilsteuerung demontieren

oben gesteuerte Motoren

- Markieren Sie die Einbaulage der Nockenwellen-Lagerböcke mit Körnerschlägen (1x bis 5x), um ein Vertauschen zu verhindern.

- Demontieren Sie die Nockenwellenböcke mit den Schlepp- oder Kipphebeln.

- Nehmen Sie die Nockenwelle ab. Legen Sie die Bauteile sauber nach Einbaulage sortiert auf einem Lappen ab.

Unten gesteuerte Motoren

- Markieren Sie dic Einbaulage der Kipphebel und demontieren Sie die Kipphebelwelle. Legen Sie die Bauteile sauber nach Einbaulage sortiert auf einem Lappen ab.

Ventil demontieren

- Lösen Sie den Sitz der Ventilklemmstücke durch einen gezielten Schlag mit Hammer und einer passenden Ratschennuss auf den Federteller. Achten Sie darauf, dass die Ventile hierbei nicht auf der Werkbank aufsitzen können.

- Drücken Sie mit einer Ventildemontagezange oder anderem geeigneten Werkzeug (hier eine Ratschennuss und eine Schraubzwinge) die Ventilfeder zusammen.

- Nehmen Sie die beiden Ventilklemmstücke heraus.

- Entspannen Sie die Ventilfeder wieder vorsichtig und legen Sie auch diese Bauteile sauber auf einem Lappen auf der Werkbank ab.

- Ziehen Sie die Ventilschaftdichtung vom Ventilschaft mit einer Schaftdichtungszange oder einem anderen geeigneten Werkzeug ab.

- Schieben Sie das Ventil nach unten heraus. Stellen Sie das Ventil so auf die Werkbank, dass Sie die Einbauposition wieder erkennen können.

- Nehmen Sie die eventuell verbauten Beilagplättchen heraus und legen Sie diese zu den anderen Teilen auf die Werkbank.

- Führen Sie die beschriebene Arbeit für alle verbauten Ventile im Zylinderkopf auf die gleiche Weise durch.

- Reinigen Sie die Bauteile gründlich und entfernen Sie mit einem Kunststofflöffelstiel oder einem Holzstück die Ablagerungen am Ventil und am Ventilsitz im Kopf.

Ventilschaftdichtungen wechseln

Die Ventilschaftdichtungen sind Wellendichtringe. Auch diese können im Laufe der Jahre aushärten und müssen dann ausgewechselt werden. Ein deutliches Zeichen für defekte Ventilschaftdichtungen sind die blaue Rauchwolke nach dem Schiebebetrieb des Motors und eventuell sogar ein deutlicher Geruch nach Öl im Abgas.

- Für den Wechsel müssen Ventilbetätigung und Ventilfedern ausgebaut werden. Am sichersten geht das mit demontiertem Zylinderkopf vonstatten. Eine weitere Möglichkeit ist aber auch, den Motor im Bereich des Zünd-OT zu blockieren und anstatt der Glühkerze einen Luftanschluss mit entsprechendem Adapter zu montieren. Nun wird der Motor mit Druckluft beaufschlagt, mit Hilfe eines Ventilheberarms werden die Ventilfedern zusammengedrückt, die Keilstücke entnommen und letztendlich können die Ventilfedern und deren Teller abgenommen werden.

Ventilfeder spannen: Um die Ventilklemmstücke (am besten mit einem magnetischen Schraubendreher) herausnehmen zu können, muss die Ventilfeder gespannt werden.

Abziehen der Ventilschaftdichtung: Die Demontage der Schaftdichtungen vom Schaft gelingt am einfachsten mit einer Spezialzange.

- Die Ventilschaftdichtungen werden nun am einfachsten mit einer speziellen Zange abgezogen.
- Legen Sie die Beilagplatte unter der Feder über die Ventilschaftführung auf.
- Drücken Sie die neuen Ventilschaftdichtungen mit viel Öl als Gleitmittel mit einer auf den Rand passenden Ratschennuss vorsichtig auf.

Die weitere Montage erfolgt sinngemäß in umgekehrter Reihenfolge. Prüfen Sie alle Bauteile auf eventuelle Schäden. Verbauen Sie grundsätzlich neue Ventilschaftdichtungen. Wie auch die verbauten Kupferringe können Sie kein zweites Mal verwendet werden.

Ventil und Ventilführung beurteilen

Ventil ausmessen

Natürlich gibt es auch Abmessungen am Ventil. Die Tellerbreite und die Ventilsitzbreite gehören zu den Abmessungen, die bei der Beurteilung eines Ventils sehr wichtig sind. Daran entscheidet sich, inwieweit ein Ventil wieder eingesetzt, überarbeitet oder erneuert werden muss. Um den Ventilschlag beurteilen zu können, muss das Ventil spielfrei gelagert werden. Das geht schon recht gut auf einem Messprisma. Besser jedoch ist die Aufnahme in einer Ventilprüfvorrichtung. Beurteilt wird der Ventilschlag am Ventilteller und in der Mitte des Schaftes.

Ventilführung ausmessen

Auch diese Messung ist mit Hilfe einer Messuhr recht einfach zu bewerkstelligen. Das Ventil wird ohne Ventilfedern, Klemmstücke und Ventilschaftdichtung eingeführt. Nun wird das Kippen des Ventils mit einer Messuhr erfasst. Auch hier gelten durchaus unterschiedliche Werte, die von den jeweiligen Motorenherstellern vorgegeben werden. Auch muss darauf geachtet werden, dass die Messlänge, also das Maß, um das das Ventil aus dem Kopf herausragt, eingehalten wird.

Sitzfläche des Ventils beurteilen

Neben dem Schlag muss auch die Dichtfläche beurteilt werden. Auch sie kann verschleißen. Oft reicht es aus, den Ventilsitz mit dem Sauggummi und der Ventileinschleifpaste zu bearbeiten. Diesen Vorgang werden wir etwas später genauer beschreiben.

Ventile und Ventilsitz überarbeiten

Ventilsitz fräsen

In Härtefällen oder wenn neue Ventile zum Einsatz kommen, macht es Sinn, den Ventilsitz nachzufräsen. Auch das ist eine Arbeit, die heutzutage mit aufwändigster Frästechnik erledigt werden sollte. Er funktioniert allerdings auch nach guter alter Väter Sitte mit einem Ventilsitzfrässatz, der mit Handkraft betätigt wird. Alte Technik hat hier keinen Nachteil gegenüber moderner. Das Ventilsitz-Drehwerkzeug ist in der Lage, zum einen den Ventilsitz nachzudrehen und zum

Rundlauf von Schaft und Teller: Mit einem Messprisma und einer Messuhr lässt sich der Rundlauf von Ventilschaft (1) und Teller (2) am besten beurteilen.

Ventilspiel im Schaft: Das eingeschobene Ventil im Ventilschaft darf nicht zu viel Spiel aufweisen. Auch hier ist die Messuhr mit Halter im Einsatz.

anderen die beiden Korrekturwinkel im Kopf nachzufräsen. Die Arbeiten werden ausschließlich von Hand und ohne Maschinenkraft durchgeführt.

- Zuerst einmal müssen Ventilsitz und Ringsitzdrehwerkzeug aufgebaut werden. Der Pilot wird in den Ventilschaft eingeführt und festgedreht.

- Pilotauflage in den Kopf mit Getriebe einführen.

- Aufstecken auf den Piloten.

- Soll nun der Ventilsitz gefräst oder gedreht werden, muss die Vorschubbetätigung festgehalten werden. Das Getriebe sorgt nun für eine Absenkung und einen Vorschub im Winkel von 45°.

- Soll einer der Korrekturwinkel nachgearbeitet werden, muss ein entsprechender Drehmeißel mit dem passenden Winkel ausgewählt und montiert werden. Das Getrieberad läuft nun beim Drehen an der Kurbel frei mit. Über die Spanzustellung wird dann langsam die Schnitttiefe abgesenkt, bis der Korrekturwinkel wieder hergestellt ist.

Winkel am Ventil schleifen
Die Winkel am Ventil und am Ventilsitz sind immer gleich und sowohl am Ventil als auch am Ventilsitz mit entsprechender Gerätschaft nachzubearbeiten. Sollten sich durch Verschleiß Grate an der Sitzfläche gebildet haben, ist eine Überarbeitung der Ventile möglich.

- Wichtig ist es, dass das Ventil schlag- und spielfrei gespannt werden kann. Nur so kann ein präziser Schliff des Ventils erreicht werden.

Ventilsitz-Drehwerkzeug aufgebaut: Jetzt kann von Hand gedreht werden.

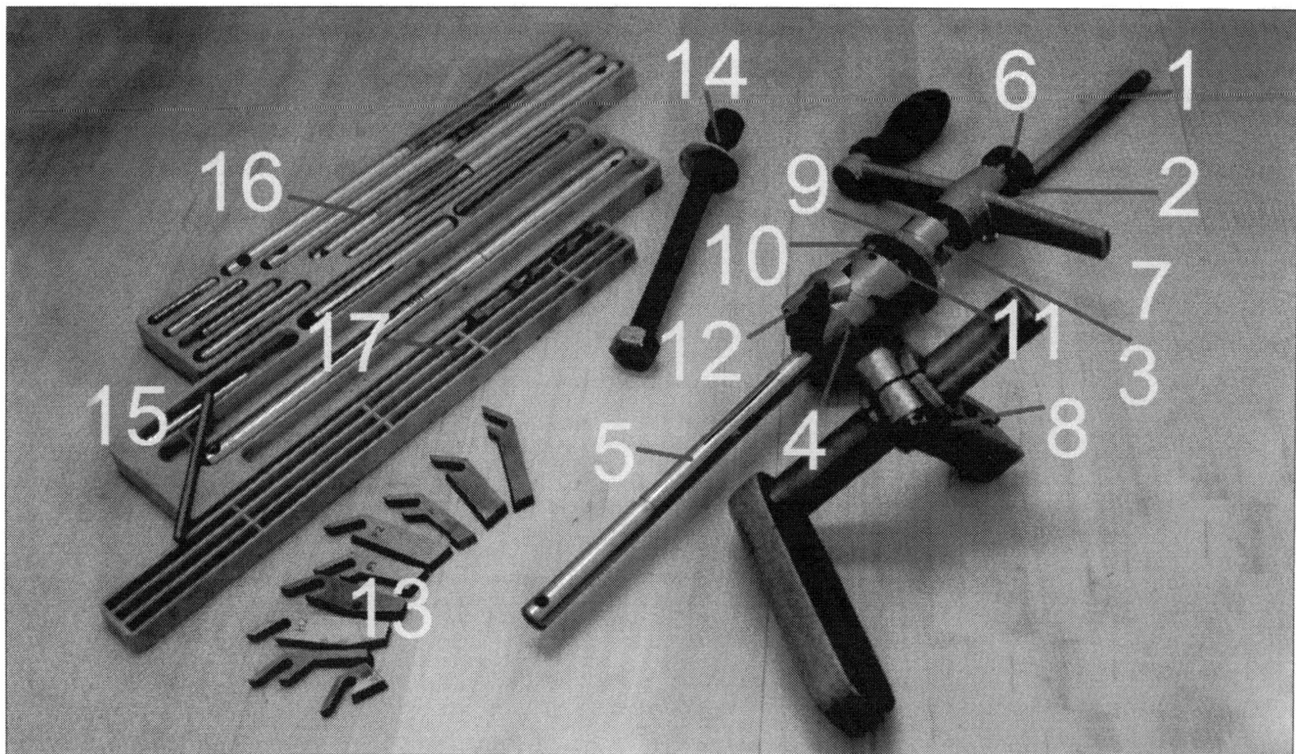

Ventilsitzdreher: 1 Pilotauflage (Fallstift), 2 Feststellschraube Pilotauflage, 3 Lünettenlager mit Kugel, 4 Kopf mit eingebautem Getriebe, 5 Pilot, 6 Spanzustellung, 7 Feststellschraube Spanzustellung, 8 Normallünette, 9 Vorschubbetätigung, 10 Schnellverstellung, 11 Kupplungsmutter für Support, 12 Support, 13 Auswechselbarer Drehstahl, 14 Befestigungsschraube, 15 Montagestift für Piloten, 16 Pilotenset, 17 Drehstahlsortiment.

Pilotenset einschrauben: Sie dient als Führung für den Ventilsitzdreher.

Pilotauflage einführen und fixieren: Hier wird die Arbeitshöhe festgelegt.

Ventilsitz-Drehwerkzeug aufschieben: Wichtig, hier die Höhe und die Arbeitsbreite justieren.

Kurbel drehen und Rändelrad halten: Nun wird unter gleichmäßigem Drehen der Ventilsitz im Kopf überdreht.

- Um die Einstellung zu erleichtern, sind die »gängigen« Winkel mit einem Absteckbolzen fixierbar. Die genauen Winkel müssen für jeden Motortyp und Baureihe genau erfragt werden.

- Wird nun der Antriebsmotor eingeschaltet, wird zum einen der Schleifstein angetrieben und zum anderen das Ventil gedreht. Das Ergebnis ist ein gleichmäßiges Schleifbild für Ventilsitz und den Korrekturwinkel.

- Zur gleichmäßigen Abnutzung des Schleifsteins wird der Führungsschlitten mit dem Ventil hin und her bewegt.

- Die Breite des Ventilsitzes wird vom Motorenhersteller vorgeschrieben und muss dementsprechend auch eingehalten werden.

- Auch hier kann der Winkel über einen Absteckbolzen leicht eingestellt werden. Wird die Sitzbreite zu groß, muss über den Korrekturwinkel das Maß entsprechend verkleinert werden.

- Nach den Schleifarbeiten ist die Basis für die Ventildichtheit wieder geschaffen.

Ventile einschleifen (einläppen)

Als Nächstes steht das Einschleifen der Ventile an. Schließlich sollen Ventil und Sitzring sehr gut zueinander passen.

- Verunreinigungen am Ventilteller sind durchaus normal. Leider verhindern sie eine gute Haftung zwischen dem Gummisauger und dem Ventil. Sehr gut kann diese Vorreinigung auf der Ständerbohrmaschine mit einem Schleifvlies erfolgen. Achten Sie aber darauf, dass weder der Ventilschaft verkratzt, noch der Ventilteller beschädigt wird. Spannen Sie das Ventil vorsichtig in das Bohrfutter ein!

- Nun wird das Ventil in den Ventilschaft eingesetzt.

- Als Nächstes wird die Vorschleifpaste auf den Ventilsitz aufgetragen. Es reicht aus, eine kleine Menge gleichmäßig mit der Fingerkuppe auf dem Sitz zu verteilen. Die Schleifpaste sollte eine zähflüssige Konsistenz aufweisen.

Ventilschleifmaschine: Mit diesem Gerät können Sitzwinkel und Korrekturwinkel am Ventil genau nachgeschliffen werden.

Einstellung für den Sitzwinkel: Das Ventil wird nun im 45°-Winkel zum drehenden Schleifstein gedreht.

Neuwertig fertig bearbeitet: Dieses Ventil kann nun nach dem Läppen wieder für viele Jahre in den Einsatz kommen.

- Mit Hilfe des »Gummipümpels« lässt sich das Ventil leicht zwischen den Handballen hin und herdrehen. Immer dann, wenn das Schleifgeräusch leiser wird, sollten Sie das Ventil kurz anheben und etwas verdrehen. Durch die Schleifpaste wird es selbst wieder auf die Sitzfläche gezogen. Wie bei Schleifpapier auch lässt die Schleifwirkung im Laufe der Arbeit nach. Ist es soweit, muss die alte Paste vom Ventil abgewaschen werden und durch einen neuen Auftrag ersetzt werden.

- Das Schliffbild ist dann ausreichend, wenn die Sitzfläche bis zu 2/3 mit einer erkennbaren Grauschattierung zu sehen ist. Es sollten sich keine Unebenheiten mehr in der Fläche befinden. Mit Hilfe der Nachschleifpaste darf nun dieser Vorgang wiederholt werden. Das Schliffbild wird nun lediglich feiner.

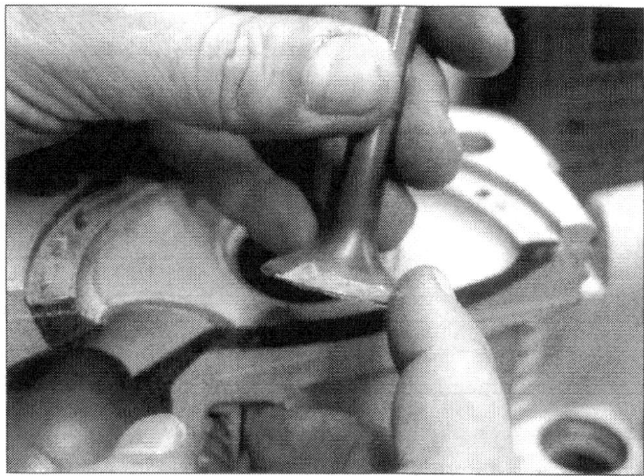

Läpppaste auftragen: Der Ventilsitz wird gleichmäßig mit Schleifpaste versehen.

Ventilfedern prüfen

Heutzutage werden die meisten Prüfungen an der Ventilfeder auf die optische Beurteilung und auf die Länge der Ventilfeder beschränkt. Das mag sicherlich für die jungen Ventilfedern der Fahrzeuge von heute ausreichen. Wir allerdings haben technische Bauteile zu beurteilen, die deutlich mehr als zehn Jahre auf dem Buckel haben und ganz sicher auch damals noch andere Fertigungstoleranzen aufwiesen. Also hilft nur die gute alte handwerkliche Arbeit nachzuvollziehen und die Ventilfedern des Motors vollständig und nach »guter alter Väter Sitte« unter die Lupe zu nehmen.
Ganz sicher ist es ein seltener Anblick, das Prüfgerät für Ventilfedern. Bei einigen Werkstätten lässt es sich aber noch in irgendeiner fast vergessenen Ecke auffinden. Da natürlich nicht jeder auf diese Technik zurückgreifen kann, stellen wir eine Möglichkeit vor, das Gerät durch eine Ständerbohrmaschine und eine Badezimmerwaage zu ersetzen. Ganz wichtig bei dieser Variante ist es, darauf zu achten, dass die »bessere Hälfte« nicht mitbekommt, was wir mit der guten Körperwaage vorhaben.

Ventil mit »Gummipümpel« einführen: Achten Sie darauf, dass keine Schleifpaste auf den Ventilschaft gerät.

Prüfung mit dem Ventilfederprüfgerät

- Zuerst wird die Ventilfeder in den Prüfstand eingelegt und der Arbeitskolben des Prüfstandes so weit herunter gedreht, dass er gerade so auf der Ventilfeder aufliegt.

- Nun kann die Länge der Ventilfeder abgelesen werden.

- Die Messuhr wird nun auf »null« abgeglichen. Bei den meisten Ventilfederprüfgeräten mit externer Messuhr

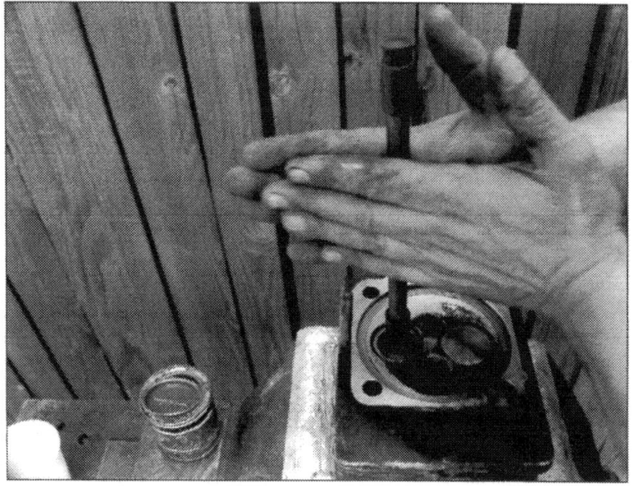

Ventil einläppen: Jetzt kann von Hand das Ventil eingeläppt werden.

zeigt die Skala zwar Millimeter an, ist aber seitens der Hersteller so abgestimmt, dass der Hub von 1/10 mm, ein kg also 10 Nm entspricht.

- Nun wird die Ventilfeder mit 5 kg belastet. Das entspricht der Anzeige der Messuhr von 50/100 mm bzw. 5/10 mm. Auf der Skala für die Ventilfederlänge kann nun abgelesen werden, auf welches Maß die Feder zusammengedrückt wurde. Zieht man dieses Maß von der Ursprungslänge ab, erhält man das Maß, um das die Feder zusammengedrückt wurde.

Anfangsmaß – aktuelles Maß = Federweg
46,0 mm – 43,0 mm = 3 mm

- Nun wird die Feder nach und nach um 5 kg stärker belastet, bis sie den maximalen Hubweg der Nockenwelle erreicht hat. Nach jeder Stufe wird der Messwert in die Tabelle für die Federkennlinie eingetragen.

- Sicherheitshalber kann man durchaus noch drei bis fünf Stufen weiter messen, um das Verhalten der Feder im Betrieb beurteilen zu können. Beim Öffnen des Ventils durch die Nockenwelle folgt das Ventil dem Trägheitsgesetz. Es wird etwas weiter öffnen, als es die Nockenwelle eigentlich vorgibt. Das liegt daran, dass die Masse des Ventils natürlich durch die Nockenwelle beschleunigt wurde und gerne in der Richtung der Beschleunigung seine Bewegung fortsetzen würde. Diese Energie muss dann zuerst durch die Feder aufgenommen werden, bevor der Richtungswechsel in Richtung »schließen« erfolgen kann. Man kann sich jetzt auch leicht vorstellen, was denn passieren würde, wenn die Ventilfeder schwächer ausfiele, als das durch die Motorkonstrukteure geplant war. Zum einen fällt die Öffnung noch etwas größer aus und zum anderen wird das Ventil langsamer geschlossen. Im ungünstigsten Fall ist der Kolben schneller. Das Treffen von Kolben und Ventil geht allerdings selten »friedlich« aus und verursacht im günstigen Fall unnötige Arbeit. Im schlimmsten Fall endet die Begegnung katastrophal mit hohen Kosten.

- Die Messungen sollten grundsätzlich für alle Ventilfedern durchgeführt werden. Trägt man alle Messwerte in die Tabelle ein, fallen abweichende Werte sofort in Auge.

Ventilfederprüfgerät: 1 Spannrad, 2 Messuhr, 3 zur Prüfung eingelegte Ventilfeder

Prüfung mit Bohrmaschine und Badezimmerausrüstung

- Im Wesentlichen sieht die Messung so aus wie die, die wir schon mit dem Prüfgerät beschrieben haben. Lediglich die Länge der Ventilfeder muss mit einem Messschieber erfasst werden.

- Der Federweg wird an der Skala der Bohrmaschine abgelesen. Um die Federkraft ablesen zu können, muss zuerst die Feder zwischen Bohrfutter und Körperwaage eingelegt werden. Die Körperwaage wird nun »genullt« und schon kann die Messung wie beschrieben beginnen.

Beurteilen von Planflächen

Für diese Prüfung ist ein Präzisionslineal, ein so genanntes »Haarlineal« erforderlich. Mit ihm wird geprüft, ob die Fläche des Zylinderkopfes noch gerade ist.

- Zuerst einmal muss der Zylinderkopf von Dichtungs- und Verbrennungsresten befreit werden.

- Als Nächstes wird das Haarlineal auf den Zylinderkopf aufgelegt und gegen das Licht der entstehende Lichtspalt begutachtet. Ist er gleichmäßig klein, ist der Bereich, auf dem das Lineal liegt, gerade.

- Indem man diese Prüfung über Kreuz und an mehreren Stellen am Zylinderkopf durchführt, wird die gesamte Fläche des Zylinderkopfes auf Ebenheit geprüft.

Prüfungen an der Nockenwelle

Vorbereitung

- Bauen Sie die Nockenwelle aus.

- Reinigen Sie die Nockenwelle und die Anbauteile gründlich.

Verschleißprüfung auf Sicht

- Prüfen Sie die Nockenwelle und die Anbauteile auf Verschleiß oder andere Schäden. Auch die Nockenwelle unterliegt dem Verschleiß, oftmals finden sich bereits durch genaues Betrachten Mängel, die auch entsprechend bewertet werden müssen.

- Kleine Laufspuren dürfen gerade in Anbetracht des Alters des Motors als normal bezeichnet werden. Tiefe Rillen und Ausbuchtungen müssen eine Ursache haben. Gratartige scharfkantige Ausformungen an den Lagerstellen sind ein deutliches Zeichen für Verschleiß. In diesen Fällen muss das Lagerspiel geprüft werden.

Rundlaufprüfung

Die Nockenwelle sollte zumindest an ihren Lagerstellen schlagfrei laufen. Die Prüfung erfolgt zwischen zwei Auflagen, wie wir es bereit am Ventil vorgestellt haben.

Planfläche: Die Auflage sollte vollflächig erfolgen und wird gegen das Licht beurteilt. Die Ziffern und Linien stellen Ihnen die jeweilige Lage des Lineals in der Reihenfolge der Prüfung vor.

Nockenwelle mit eindeutigen Verschleißbild: Die Nocken sind gut sichtbar abgenutzt. Hier muss erneuert werden.

Motor ausbauen

Vorbereitungsarbeiten

Wer sich mit den Innereien des Unimog näher befasst, wird schnell entdecken, dass eine kompakte Bauweise auch eine kompakte Anordnung der Bauteile zur Folge hat. Natürlich geht's hier dann oft mal eng zu. Aber keine Panik, die Konstruktion ist für Wartung und Reparatur immer noch besser aufgestellt, als die meisten heutigen Fahrzeuge dieser Klasse.

Hohes Gewicht

Die meisten Teile am Unimog sind, auch wenn sie sauber und möglichst leicht gebaut wurden, nicht unbedingt leicht zu heben. Sicherlich können Sie die meisten Großbauteile wie die Pritsche und auch das Führerhaus mit ausreichend »Manpower« abheben. Maschinelle Hilfe erleichtert die Arbeit aber ungemein. Mercedes hebt die Anbauteile mit einem fahrbaren Portalkran. Wer eine Werkstatt mit Hebebühne zur Verfügung hat, darf sich hierbei glücklich schätzen. Zur Not ist aber auch ein Traktor mit Frontlader und Spanngurten sehr hilfreich. Achten Sie immer auf die Arbeitssicherheit.

Wenig Platz

Viele Weg führen nach Rom, das gilt auch für die vorbereitenden Arbeiten zur Demontage des Motors. Wenn Sie die Restauration vor sich haben, ist der Ausbau der Anbauteile grundsätzlich sinnvoll. Wenn nur eine Reparatur ansteht, kann das Abbauen von Bauteilen und der dadurch entstehende Platz nicht nur eine bessere Arbeitsvoraussetzung sein, sondern auch trotz einem Mehr an Schraubarbeit eine Zeitersparnis ergeben.

Karosserieklappen/demontieren

Karosserie abklappen

Bei den meisten neueren Modellen ist es ausreichend die Karosserie abzuklappen. Wie das geht, haben wir im Kapitel »Rahmen und Aufbau« genauer beschrieben. Auch hier darf improvisiert werden. Markieren Sie sich die Anschlüsse für die elektrische Anlage und die Schläuche, um die Position bei der Montage leichter finden zu können. Hilfreich ist hier auch ein Foto, wo die Anschlüsse im Detail erkennbar sind.

Anbauteile demontieren

Ob Sie die Anbauteile nun abbauen oder lediglich lösen und beiseite legen, bleibt Ihnen überlassen. Sehen Sie sich im jedem Fall die Anschlüsse und die Verschlauchungen genau an. Beschädigte Bauteile sollten Sie im Rahmen dieser Reparatur gleich mit in Angriff nehmen.

Motorraum mit Füllung: 1 Luftfilter, 2 Kühlflüssigkeitsbehälter, 3 Bordelektrik, 4 Kühler, 5 Bremsanlage.

Abmontiert und weggelegt: 1 Kupplungszylinder, 2 Hauptbremszylinder mit Druckluftunterstützung.

Motor ausbauen

Wir werden Ihnen die folgende Beschreibung allgemeingültig verfassen und die Besonderheiten an gegebener Stelle gesondert hervorheben. Beachten Sie, dass eine besondere Ausrüstung Ihres Fahrzeuges hier auch eine Abweichung ergeben kann.

- Lassen Sie den Motor kalt werden und klemmen Sie die Batterie ab.
- Bauen Sie am 404 das Fahrerhaus ab. Für die meisten anderen reicht es aus, das Fahrerhaus hochzustellen (soweit vorgesehen).
- Ziehen Sie den unteren Kühlmittelschlauch ab und lassen Sie das Kühlmittel ablaufen.
- Demontieren Sie die Kühlmittelschläuche zwischen Motor und Kühler.
- Bauen Sie den Kühler aus.
- Demontieren Sie den Kühlerlüfter.
- Bauen Sie die Kühlmittelschläuche zwischen Heizung (soweit verbaut) und Motor ab.
- Bauen Sie den Thermostat und das Kühlmittelrohr aus.
- Demontieren Sie die Kraftstoffleitungen am Filter und klemmen Sie die Rücklaufleitung von Filter, Einspritzdüsen und Einspritzpumpe ab.
- Demontieren Sie die Kühlmittelschläuche zum Ausgleichbehälter und bauen Sie den Ausgleichbehälter ab.
- Bauen Sie die Schmierölleitungen am Kompressor ab (soweit er Frischöl-geschmiert ist).
- Lösen Sie die Befestigung des Kompressors und bauen Sie ihn mit dem Antriebskeilriemen aus.
- Demontieren Sie die Hydraulikpumpe und legen Sie sie mit den angeschlossenen Leitungen zur Seite. Nehmen Sie den Keilriemen ab.
- Demontieren Sie die elektrischen Leitungen am Starter und bauen Sie ihn aus.
- Markieren Sie die elektrischen Anschlüsse am Generator (Klemmenbezeichnungen auf Kreppbandfähnchen schreiben oder Foto machen) und klemmen Sie sie ab.
- Demontieren Sie auch die Anschlüsse an Öldruckgeber und Kühlmitteltemperatursensor. Auch hier kann es hilfreich sein, mit einem kleinen Fähnchen auf Malerkrepppapier die Anbauposition festzuhalten.

Schlampen am Werk: »Zu faul« die Karosserie komplett abzunehmen, war hier wohl der Grund die Karosserie durchzuschneiden.

Schnittverlauf erkennbar: Hier ist dank grobmotorischer Fähigkeiten ein anderes Führerhaus erforderlich.

Benziner

- Demontieren Sie die Zündkabel mit der Verteilerkappe, um diese vor Beschädigung zu schützen.

Vierzylinder-Dieselmotoren mit Vorkammer

- Klemmen Sie die Spannungsversorgung zu den Glühkerzen ab.

- Bauen Sie die Einspritzleitungen aus, um sie vor Beschädigungen zu schützen. Verschließen Sie die Anschlüsse an Einspritzpumpe und Einspritzdüsen mit geeigneten Stopfen.

weiter für alle Varianten

- Lösen Sie das Hosenrohr vom Auspuffkrümmer.

- Hängen Sie den Motor an geeigneten Gurten oder Ketten am besten an einem Werkstattkran auf und heben Sie ihn leicht an.

- Demontieren Sie die vordere Motoraufhängung und heben Sie den Motor so weit an, dass das vordere Motorlager über dem Rahmenträger stehen würde.

- Unterlegen Sie das Getriebe mit Holzklötzen oder Dachlattenresten so, dass es sicher liegen bleibt.

- Demontieren Sie das Abdeckblech zur Kupplungsglocke.

- Senken Sie den Motor leicht ab und lösen Sie die Verschraubungen des Motors zur Kupplungsglocke.

- Drehen Sie die Verschraubungen zum Getriebe heraus und ziehen Sie den Motor unter leichtem Wackeln von der Getriebeeingangswelle ab.

Der Einbau erfolgt sinngemäß in umgekehrter Reihenfolge.

- Reinigen Sie alle demontierten Teile gründlich und prüfen Sie, ob Beschädigungen sichtbar sind.

- Demontieren Sie die Kupplung und schauen Sie sich das Verschleißbild der Reibbeläge und auch den Zustand des Ausrücklagers im Getriebe an. Auch der Zustand der Druckplatte ist jetzt leicht zu beurteilen.

Kupplungsscheibe: 1 Belagnieten, 2 Reibbelag, 3 Torsionsfedern, 4 Aufnahme für die Getriebeeingangswelle.

Ausgebaut und abgelegt: Motor mit Anbauteilen. Da dieser Unimog noch weiter zerlegt wird, sind viele Anbauteile einfach am Motor verblieben

Motorverschleiß messen

Motorbauteile demontieren

Wenn die Ölwanne abmontiert ist, kann es endlich mit der Demontage der Pleuel weitergehen. Denn jetzt können diese von oben und unten erreicht werden.

Lagerdeckel markieren

Bevor die Pleuel ausgebaut werden, müssen die Lagerdeckel und die Pleuel zwingend markiert werden (ist manchmal schon vorhanden). Und zwar nicht nur, welcher Pleuel zu welchem Zylinder gehört, sondern auch in welcher Richtung der Lagerdeckel auf dem Pleuel sitzt. Zum Verständnis: Die Pleuel werden bei der Herstellung zusammengeschraubt und erst dann gebohrt und gehont. Daher kann es sein, dass der Lagerdeckel, wenn er falsch herum montiert wird, an der Lagerfläche nicht bündig sitzt und sich dann auf der Kurbelwelle festklemmt. Gleiches Verfahren gilt übrigens auch für die Hauptlager der Kurbelwelle. Zur Markierung empfehlen sich entweder Farbmarkierungen (diese halten aber auf dem öligen Untergrund schlecht) oder Körnerschläge. Da gibt es eine ganz einfache Methode: für den 1. Zylinder einen Körnerschlag je auf Pleuel und Lagerdeckel, für den 2. Zylinder je zwei Körnerschläge usw. So kann man leicht erkennen, welcher Pleuel zu welchem Zylinder gehört und in welcher Richtung der Lagerdeckel montiert war. Wenn man nun noch auf der gleichen Seite diese Körnerschläge auf den Motorblock (z. B. am Rand der Dichtfläche der Ölwanne) anbringt, ist gleichzeitig sichergestellt, wie die Einbaurichtung sein muss.

Markierungen für die Einbaulage: Mit wenigen Körnerpunkten kann die Einbaulage leicht dokumentiert werden.

Pleuel und Kolben demontieren

Der Lagerdeckel ist von unten her mit Schrauben befestigt. Weiterhin gibt es auch die Möglichkeit, dass sich im Pleuel Stehbolzen befinden und der Deckel mit Muttern gehalten wird.

- Zur Demontage der Pleuel werden dann die Lagerdeckel losgeschraubt und abgenommen. Da diese wahrscheinlich sehr fest auf den Pleueln sitzen, werden sie durch leichte Schläge mit einem Kunststoffhammer gelöst.

- Nun können die Kolben nach oben aus den Zylindern geschoben werden.

Kurbelwelle ausbauen

Sind dann die Pleuel ausgebaut, kann als letzter Schritt noch die Kurbelwelle entnommen werden.

- Demontieren Sie die Schwundscheibe und die Riemenscheibe.

- Demontieren Sie den Steuerkastendeckel

Nur oben gesteuerte Motoren

- Nehmen Sie die Steuerkette von Steuerkettenrad ab.

Nur unten gesteuerte Motoren

- Kontrollieren Sie, ob eine »OT-Markierung« auf dem Kurbelwellenrad und auf dem Nockenwellenrad vorhanden ist und diese fluchten. Wenn Sie keine Markierung finden, machen Sie einen bevor Sie die Kurbelwelle ausbauen.

- Als Nächstes müssen die Lagerdeckel der Hauptlager gelöst und abgenommen werden.

Die Kurbelwelle ist ebenfalls vorsichtig zu behandeln. Zum einen ist sie sehr schwer, zum anderen aber auch empfindlich, was Stöße betrifft.

- Reinigen Sie alle demontierten Teile gründlich und prüfen Sie, ob Beschädigungen sichtbar sind.

- Legen Sie Kolben, Zylinder und Kurbelwelle gereinigt und getrocknet bereit, um die Verschleißmessung an den Teilen durchführen zu können.

Zylinderverschleißmessung

Ob und wie weit die Laufleistung oder auch ungünstige Betriebszustände dem Motor zugesetzt haben, muss mit einigen einzelnen Messungen kontrolliert werden. Für die Messungen werden ein Innenmessgerät, eine Messuhr, ein Messschieber, eine Fühlerlehre sowie eine Bügelmessschraube benötigt. Die Messung beschreibt den Zustand von Zylinder und Kolben. Das Zusammenspiel dieser Bauteile wird durch die Auswertung der Messergebnisse bewertet. Betrachten wir einen solchen Messvorgang einmal im Detail:

Einrichten der Messwerkzeuge

- Mit Hilfe des Messschiebers wird der Zylinderdurchmesser bestimmt. Hierbei geht es nicht um das genaue Maß, sondern es soll lediglich festgestellt werden, welche Adaptionsstücke in das Innenmessgerät eingebaut werden müssen. Nachkommastellen spielen noch keine Rolle. Es darf auf- und abgerundet werden. Das gerundete Ergebnis können wir auch als Grundmaß verwenden, wenn keine anderen Angaben vorliegen.

- Entsprechend der Messung mit dem Messschieber wird nun ein Adaptionsstück ausgewählt und am Innenmessgerät montiert.

- Nun wird die Messuhr in die Aufnahme gesteckt. Festgezogen wird sie aber erst, nachdem die Voreinstellung durchgeführt wurde.

- Da der Zylinder normalerweise verschleißt, wird sich der Zylinderdurchmesser vergrößern. In einem geringen Maße wirken sich auch die Verformungen des Zylinders aus. Beide Veränderungen sorgen dafür, dass unser Messergebnis größer ausfallen wird als das Grundmaß, welches vor einigen Jahrzehnten vom Hersteller ausgewählt wurde. Um auch einen verschlissenen, also größer gewordenen Zylinder »ermessen« zu können, setzen wir die Messuhr mir Vorspannung in das Innenmessgerät ein. In unserem Fall haben wir 2 mm Vorspannung gewählt. Der Zylinder könnte also bis zu 2 mm größer werden als das angenommene Grundmaß. Am einfachsten ist es, die Vorspannung im Zylinder einzujustieren. Die Messung in der Bügelmessschraube erfordert deutlich mehr Geduld. Erst nach der Einstellung der Messuhr kann diese dann am Innenmessgerät gesichert werden.

- Nun wird die Feinjustierung des Innenmessgerätes durchgeführt. Zuerst muss das Grundmaß (entweder das mit dem Messschieber ermittelte und gerundete oder ein vom Hersteller angegebenes) an der Bügelmessschraube genau eingestellt werden.

Mit dem Messschieber: Grobe Messung, grobe Richtung.

Adapter auswählen: Die Qual der Wahl, aber passen muss es.

Messungen des Zylinders

- Als Nächstes wird nun das Innenmessgerät in den zu messenden Zylinder eingeführt.

- Die Messung der Zylinderbuchse soll den Verschleiß genau darstellen. Da der Verschleiß im Zylinder in der Regel durch die unterschiedlichen Belastungszustände ungleichmäßig ausfällt, werden die Zylinder in zwei Richtungen und drei Ebenen beurteilt. Die Messrichtung wird in die Richtung »A« und »R« aufgeteilt, wobei »A« dann die Messung in Achsenrichtung der Kurbelwelle und »R« die Messung in Drehrichtung (Radialrichtung) der Kurbelwelle darstellt. Die Messhöhe nennt sich recht einfach »1«, »2« oder »3«. So wird ein sehr genaues Bild des Zylinderverschleißes dargestellt. Zuerst sollten alle Messungen in Richtung »A« gemacht und in das Auswertungsblatt eingetragen werden. Erst dann werden die Messungen in Richtung »R« durchgeführt und eingetragen. Das erspart das mehrmalige Einsetzen des Innenmessgerätes in den Zylinder. Werte, die über das Grundmaß hinausgehen, werden als »+«-Werte eingetragen. Werte, die das Grundmaß unterschreiten, werden in der Tabelle als »-«-Werte geführt. Diese Praxis erspart viel Rechnerei und somit auch mögliche Fehlerquellen.

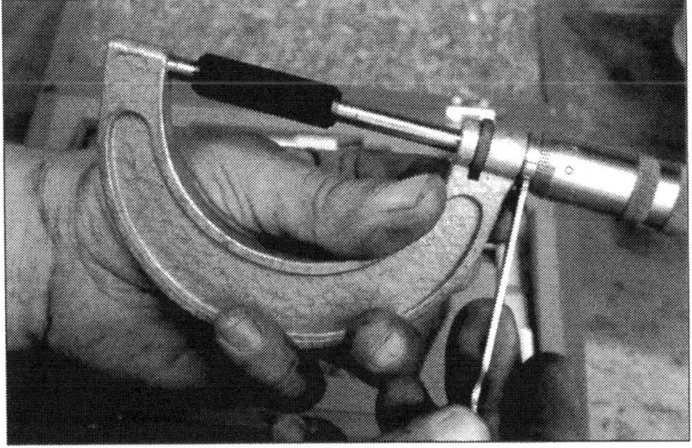

Bügelmessschraube: Vor dem Messen sollte sie immer mit einem Justierungsstab justiert werden.

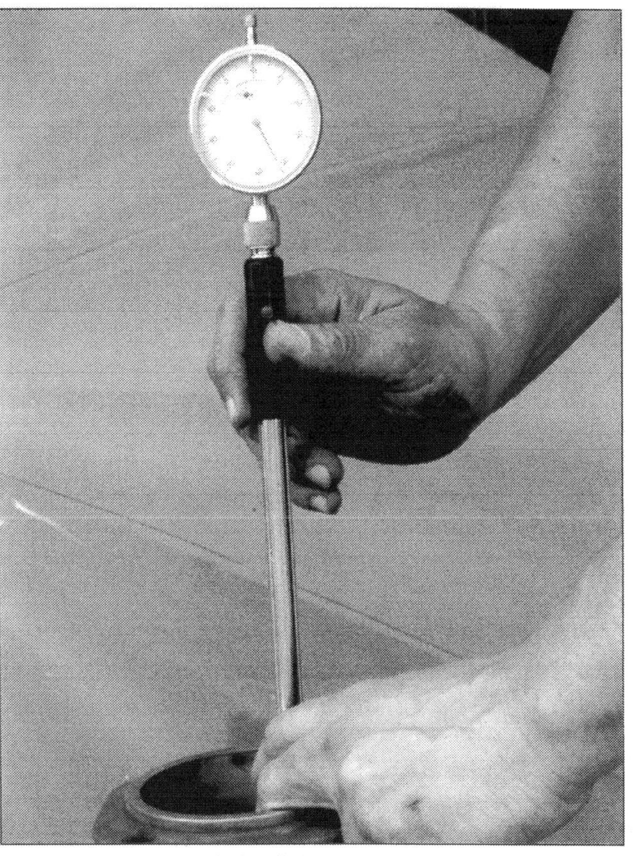

Innenmesser im Zylinder: Die Abmessungen der Laufbahn können nun ermessen werden.

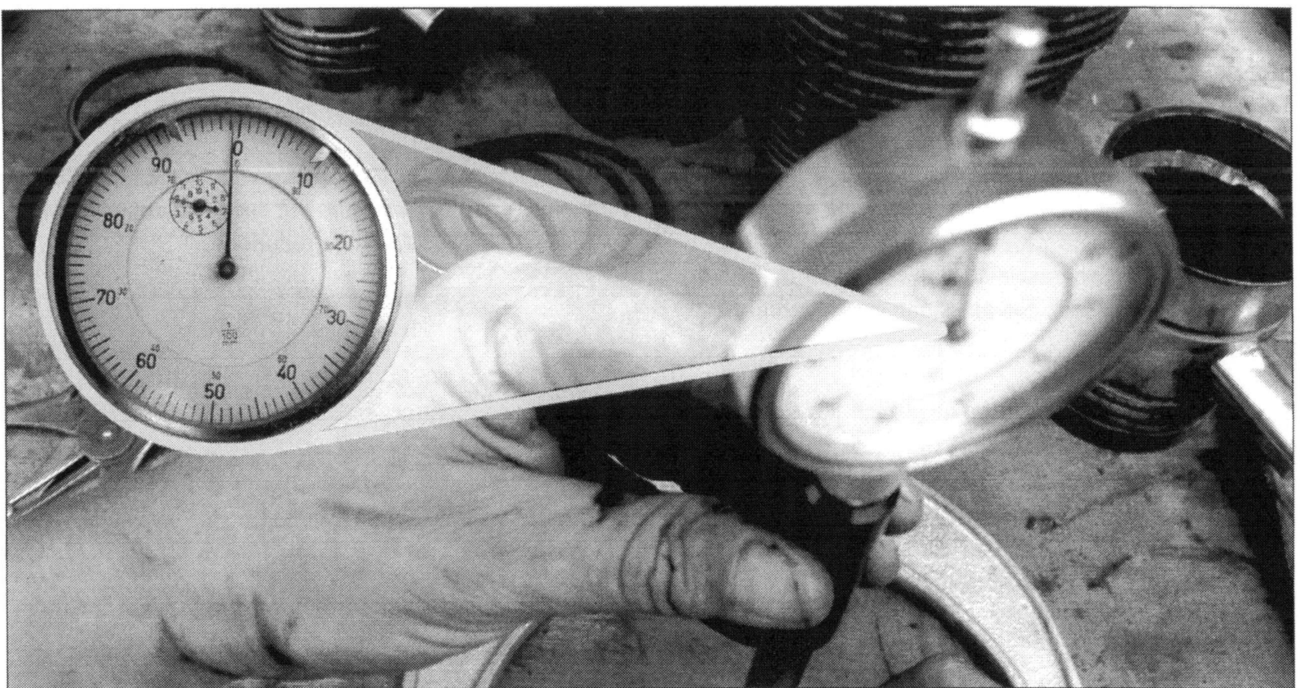

Abgleich des Innenmessgerätes: Das in der Bügelmessschraube eingestellte Grundmaß wird auf den Innenmesser übertragen.

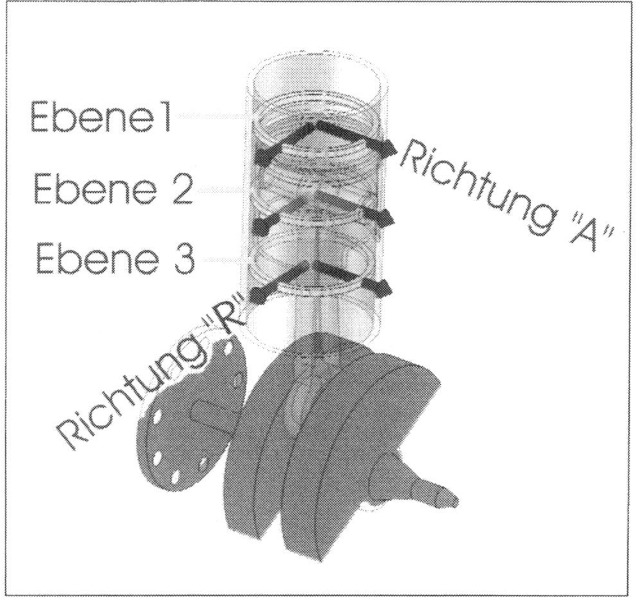

Ebenen und Richtung: »A« für die Achsenrichtung der Kurbelwelle und »R« für die Drehrechtung.

Messblatt Motor

Zylinder und Kolben

Messung	Zylinder 1	Zylinder 2	Zyl
Kolben	− 0,08	− 0,10	
Grundmaß		38,00 mm	
A1	+0,01	+ 0,06	
R1	+0,10	+ 0,20	
A2	+ 0,16	+ 0,10	
R2	+0,15	+ 0,13	
A3	+ 0,05	+ 0,05	
A4	+ 0,06	+ 0,08	

Auswertung	Zylinder 1	Zylinder 2	Z
	0,09	0,14	

Gleich nach der Messung eintragen: Notizen im Messprotokoll können nicht vergessen gehen.

Messungen am Kolben

Neben dem Verschleiß am Kolbenhemd können auch die Kolbenringe beziehungsweise die Ölabstreifringe sowie die Ringnuten im Kolben verschleißen. Durch die Bewertung der Kolbenringe mit Stoß- und Höhenspiel kann hier eine ausreichend genaue Aussage über den Zustand der Bauteile getroffen werden.

Kolbendurchmesser

Nachdem die Messungen für den Zylinder festgehalten wurden, werden nun die Kolben gemessen.

- Die Bügelmessschraube ist noch auf das Grundmaß des Zylinders eingestellt. Sie muss nun etwas geöffnet werden.
- Die Messungen werden grundsätzlich 90° versetzt zur Kolbenbolzenachse durchgeführt.
- Die Messung erfolgt nach Herstellerangaben am Kolbenhemd. Bei den meisten Herstellern liegt diese Messhöhe bei ca. 1,5 cm vom Hemdende, also vom unteren Ende des Kolbens.

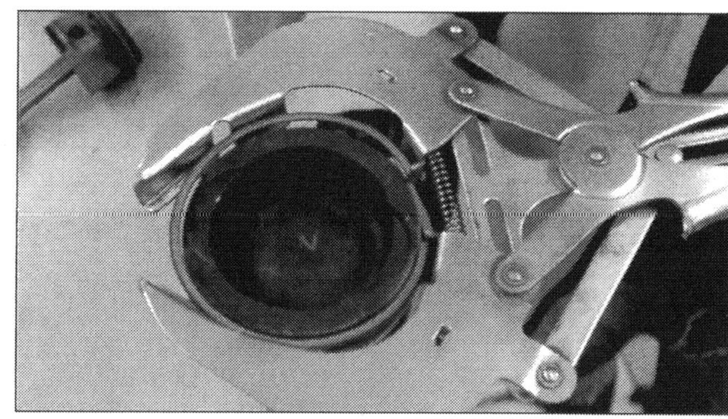

Demontage der Kolbenringe: Mit der Kolbenringspannzange ohne das Risiko Bruch zu produzieren.

Gründlich Reinigen: Kolbenring und Ringnut müssen sauber und ablagerungsfrei sein.

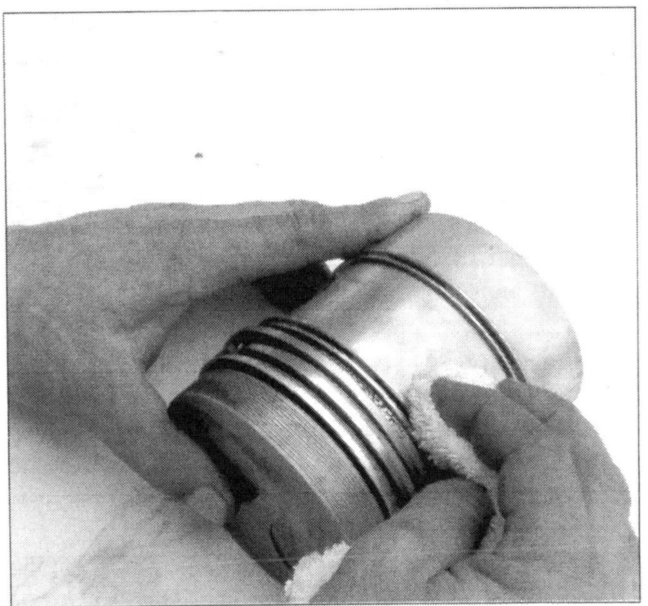

Reinigung und Trocknung: Auch der Kolben sollte vor der Messung und der Beurteilung gereinigt werden.

Höhenspiel der Kolbenringe prüfen

Der Kolbenring dichtet den Kolben zum Zylinder ab. Er schleift bei jeder Kolbenbewegung an der Zylinderwand entlang. Zwar wird er durch das Motoröl geschmiert, Verschleiß entsteht aber dennoch.

- Hierzu werden die Kolbenringe zuerst einmal vom Kolben abmontiert.
- Die Ringnuten sollten dann vorsichtig von Öl-Kohle-Rückständen befreit werden.
- Nun wird der Kolbenring in die Ringnut eingelegt.
- Mit Hilfe der Fühlerlehre wird dann geprüft, wie groß das Spiel des Kolbenrings nach oben und unten ist.

Höhenspiel: Das Höhenspiel beschreibt den Platz, den der Kolbenring in der Kolbenringnut zur Verfügung hat.

Kolben messen: Kolben werden grundsätzlich 90° versetzt zur Bolzenachse am Kolbenhemd gemessen.

Stoßspiel der Kolbenringe prüfen

Mit dieser Prüfung wird der Verschleiß des Kolbenringes selbst geprüft.

- Zuerst einmal muss der Kolbenring ganz gerade in den Zylinder eingesetzt werden.
- Dann wird nun mit der Fühlerlehre das Spaltmaß zwischen den beiden Kolbenringenden gemessen.
- Auch hier muss ein Maß aus den Herstellerunterlagen herausgesucht werden. Über den Daumen darf dieses Maß nicht größer als 1 mm ausfallen.

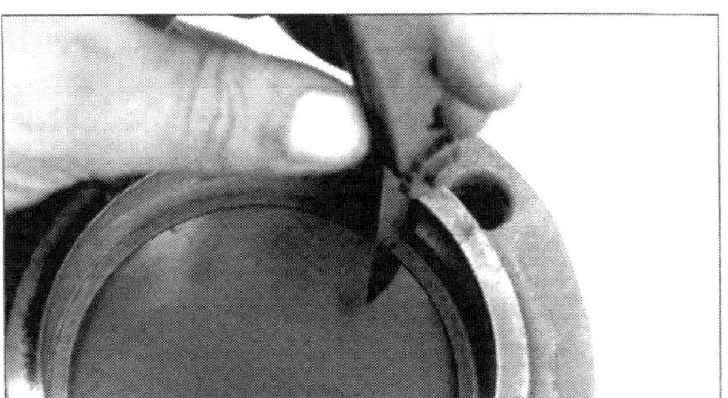

Stoßspiel: Das Stoßspiel zeigt, wie gut Kolbenringe und Zylinder zusammenpassen.

Auswertung Zylinder und Kolben

Ovalität

Die Messung ist der eine Teil, die Auswertung der Ergebnisse ist aber mindestens genauso wichtig. Nachdem nun die Ergebnisse aus den Messungen des Zylinders und der Kolben vorliegen, können wir schon eine Aussage über die Verwendbarkeit von Zylinder und Kolben treffen. Die Ovalität, also die Verformung des Zylinders, kann zum einen durch die Einwirkung von Temperatur und zum anderen durch den Verschleiß entstehen. Mitunter wirken die beiden sogar gegeneinander. Sie wird als die größte Ovalität angegeben und vergleicht die Ovalität der einzelnen Messebenen eines Zylinders.

A1 – R1 = Ovalität Ebene 1
0,02 mm – 0,01 mm = 0,01 mm

Laufspiel

Das Laufspiel beschreibt das Spiel zwischen Kolben und Zylinder. Auch hier gelten die Herstellerangaben. Aus den sechs Messungen ergeben sich entsprechend auch sechs verschiedene Messwerte. Aus diesen Werten werden nun der höchste und der niedrigste Wert herausgesucht und zur Ermittlung des »größten« und entsprechend des »kleinsten« Laufspiels verwendet. Das Laufspiel errechnet sich, wenn man den Kolbendurchmesser vom größten und kleinsten Zylinderdurchmesser abzieht.

(Grundmaß + A1) – Kolbendurchmesser = größtes Laufspiel
(90,00 mm + 0,02 mm) – 89,96 = 0,06 mm
(Grundmaß + A3) –Kolbendurchmesser = kleinstes Laufspiel
(90,00 mm + 0,01 mm) – 89,96 = 0,05 mm

Aus den Ergebnissen und der Abweichung von den Herstellerdaten lässt sich oft schon ableiten, welche Reparaturen erforderlich werden, um den Motor wieder »in Marsch« zu setzen. Wer einmal durch eine solche Messung und durch den Einsatz eines Kolbenringsatzes die Laufeigenschaften eines Motors deutlich verbessern konnte, wird jeden Motor, wenn es irgendwie einzurichten ist, ausmessen und bewerten.

Lagerspiel an Kurbelwelle und Pleuel mit Plastigage einmessen

Im Gegensatz zu den Messungen mit dem Innenmessgerät ist die Messung mit Plastigage zwar ungenauer, aber dafür sehr schnell durchzuführen. Liegen keine besonderen Verschleißspuren oder eigenartig anmutende Lagertragbilder vor, ist diese Messmethode durchaus legitim.

- Für die Messung werden die Lager komplett montiert (oder bleiben es). Um gut an die Lagerdeckel heranzukommen, empfiehlt es sich, die Kolben in eine Stellung zu bringen, an der die Lagerdeckel bequem de- und montiert werden können.
- Als Nächstes wird der Lagerdeckel demontiert und die Lagerstelle mit einem fusselfreien Lappen gereinigt.
- Nun wird ein Messfaden eingelegt, das Lager wieder montiert und auf das Solldrehmoment angezogen. Der Messfaden wird nun »platt gedrückt«.
- Nachdem man den Lagerdeckel wieder entfernt hat, lässt sich anhand der Breite des Messfadens mit der mitgelieferten Tabelle das Lagerspiel ermitteln.

PRAXISTIPP: Kolbenring einlegen

Nimmt man einen Kolben eines anderen Zylinders zu Hilfe, an dem der obere Kolbenring noch montiert ist, lässt sich das Geraderücken des Rings leicht bewerkstelligen.
Der Kolbenring des »Hilfskolbens« sitzt am Zylinderrand auf und sorgt so automatisch für den geraden rechtwinkligen Sitz des zu prüfenden Ringes im Zylinder.

Fahrzeugdaten

Kennzeichen		Datum	
Fahrzeug		Typ	
Motornummer		Hubraum	

Zylindermessung

	Zylinder 1	Zylinder 2	Zylinder 3	Zylinder 4
Grundmaß				
A1				
B1				
A2				
B2				
A3				
B3				
Kolbendurchmesser				
Größtes Laufspiel				
Kleinstes Laufspiel				
Größte Ovalität				

Kolbenringe

	Zylinder 1	Zylinder 2	Zylinder 3	Zylinder 4
Kolbenring 1 Höhenspiel				
Kolbenring 2 Höhenspiel				
Kolbenring 3 Höhenspiel				
Ölabstreifring Höhenspiel				
Kolbenring 1 Stoßspiel				
Kolbenring 2 Stoßspiel				
Kolbenring 3 Stoßspiel				
Ölabstreifring Stoßspiel				

Lager und Kurbelwelle

	Zylinder 1	Zylinder 2	Zylinder 3	Zylinder 4
Hauptlagerspiel PLASTIG AGE				
Pleuellagerspiel PLASTIG AGE				
Abmessung Kubelwellzapfen Richtung 1				
Abmessung Kubelwellzapfen 90° versetzt				
Ovalität Pleuellagerzapfen				
Innenmessung Lager im eingebauten Zustand				
Innenmessung Lager im eingebauten Zustand 90° versetzt				
Abmessung Pleuellagerzapfen Richtung 1				
Abmessung Pleuellagerzapfen 90° versetzt				
Ovalität Pleuellagerzapfen				
Innenmessung Lager im eingebauten Zustand				
Innenmessung Lager im eingebauten Zustand 90° versetzt				
Höhenschlag Kurbelwelle Hautlager 1				
Höhenschlag Kurbelwelle Hautlager 2				
Höhenschlag Kurbelwelle Hautlager 3				
Achsialspiel Kurbelwelle				

Planflächen am Kopf und Block

	Zylinder 1	Zylinder 2	Zylinder 3	Zylinder 4
Planfläche Zylinder				
Planfläche Zylinderkopf				
Planfläche Zylinderfuß				
Überstandsmaß bei nassen Laufbüchsen				

Auswertung

Bauteil	OK	Nicht OK	Bemerkung
Kolben			
Kolbenringe			
Pleuellager			
Kurbelwelle			
Kurbelwellenlager			
Zylinder			

Datum: ______________________

Fahrzeugdaten:

Fahrzeug		Typ		Zylinderanzahl	

Angaben zu den Ventilfedern (Solldaten)

Federlänge Einlass innere Feder		Federlänge Auslass innere Feder	
Federlänge Einlass äußere Feder		Federlänge Auslass äußere Feder	

Federkennlinien

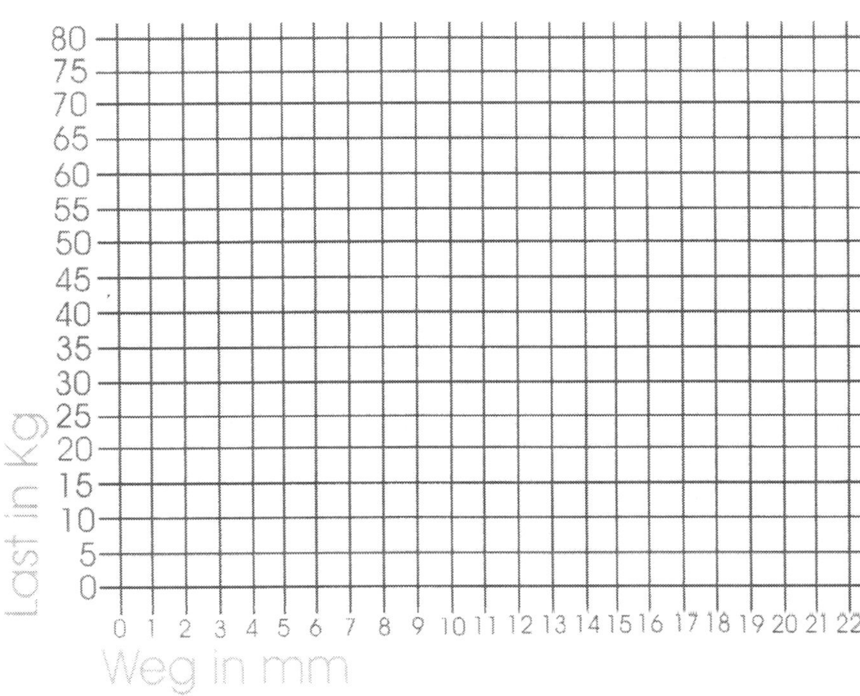

Auswertung

	1. Zylinder	2. Zylinder	3. Zylinder	4. Zylinder
Länge EV außen Länge EV innen				
Länge AV außen				
Länge AV innen Maximale Kraft EV außen				
Maximale Kraft EV innen				
Maximale Kraft AV außen Maximale Kraft AV innen				

Gewinde instand setzen

Gelegentlich kommt es vor, dass ein Stehbolzen im Zylinder oder eine Schraube so fest sitzt, dass sie bei der Demontage abreißt. Das ist zwar ärgerlich, aber auch kein großes Problem. Es gibt noch immer Möglichkeiten, die alte Schraube zu entfernen und das Gewinde wieder instand zu setzen oder es zumindest wieder nutzen zu können.

Lösen durch Bewegung

- Zuerst wird mit einigen gezielten Schlägen auf den Bolzen versucht, die Oxidschicht zwischen Schraubengewinde und Gehäusegewinde zu schwächen.
- Dann wird mit der Feststellzange der Bolzen gegriffen. Hierbei muss darauf geachtet werden, dass zum einen der Block nicht beschädigt wird und zum anderen die Zahnfläche der Zange möglichst viel Auflagefläche findet, um Kraft für die Drehbewegung übertragen zu können.
- Nun gilt es, den Bolzen mit viel Gefühl in Bewegung zu setzen. Es darf nur gerade so viel Kraft ausgeübt werden, wie die Zange übertragen kann.
- Bewegt sich der Bolzen ein kleines Stück, wird er nun Stück für Stück mal nach rechts und mal nach links gedreht. Sobald etwas Bewegung in den Bolzen gekommen ist, kann etwas Kriechöl oder Rostlöser helfen, das Gewinde wieder gängig zu machen. Abgerissene Schraube herausdrehen.

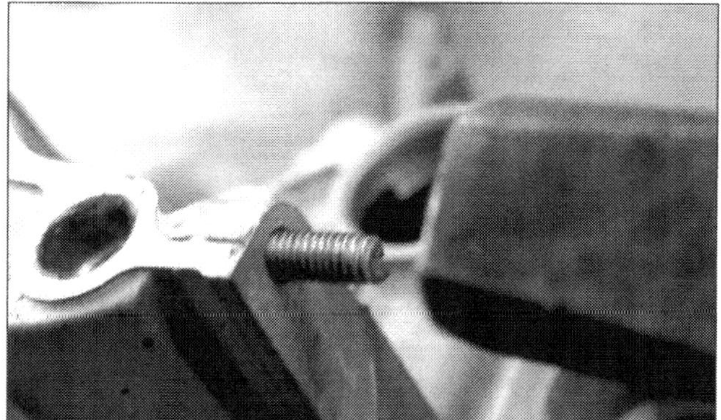

Weckdienst: Mit einigen Hammerschlägen kann die Korrosionsschicht aufbrechen und der Bolzen lässt sich vielleicht doch noch bewegen.

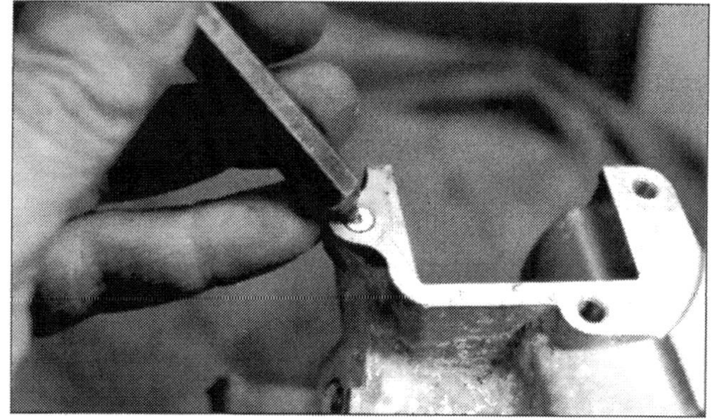

Genau Körnen: Körnen Sie die Mitte des Bolzens sehr genau an. Eine gerade Bohrung erleichtert die weitere Arbeit deutlich.

Konterersatz: Wenn sich keine Kontermuttern montieren lassen, kann eine gute Gripzange ersatzweise genutzt werden.

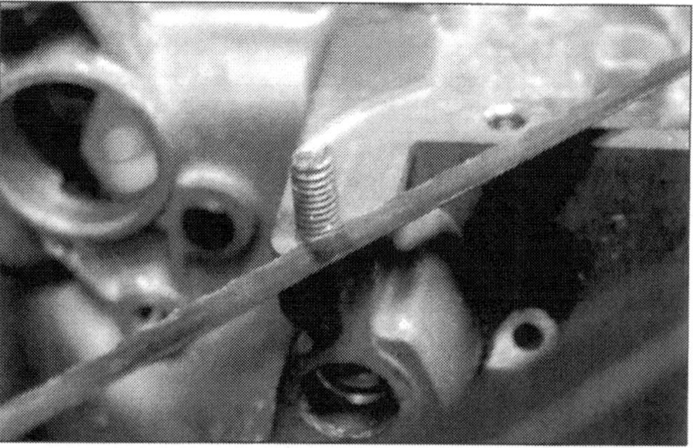

Wenn sich nichts bewegt: Hier muss der Bolzen abgesägt, ausgebohrt und dann eventuell das Gewinde überarbeitet werden.

Lösen durch den Linksdrall

Grundsätzlich sollte immer erst versucht werden, das Gewinde mit der Methode »Lösen durch Bewegung« instand zu setzen. Prinzipiell sollten die Vorarbeiten genauso ausgeführt werden, wie sie in dieser Methode schon beschrieben wurden. Wenn das nicht funktioniert, kommt man um das Bohren nicht herum. Die Schwierigkeit liegt meist darin, dass das Material der Schraube härter ist als das Aluminium. Der Bohrer wird also versuchen, aus dem Schraubenstahl auszuwandern. Umso wichtiger ist es, sehr genau vorzuarbeiten.

- Sägen Sie die Schraube möglichst bündig ab.
- Setzen Sie einen Körnerschlag genau mittig.
- Bohren Sie zuerst mit einem kleinen Bohrer als Führungsbohrung vor. Bohren Sie dann gerade so groß vor, dass der Linksdrall eingesetzt werden kann. Versuchen Sie das Gewinde vorsichtig zu lösen.

Gewinde nachschneiden

- Lässt sich der Schraubenrest nicht bewegen, bohren Sie die Bohrung vorsichtig und gerade auf das Gewindekernloch auf.
- Legen Sie die ersten Gewindegänge mit einem scharfen Schraubendreher frei.
- Geben Sie ausreichend Öl in die Bohrung und auf das Schneideisen des Gewindeschneiders.
- Schneiden Sie das Gewinde mit einem Gewindeschneideset vorsichtig auf. Verwenden Sie allen Schneideisenstufen um das Restmaterial langsam aus dem Block herauszuschälen.
- Blasen Sie das Gewinde gründlich aus.

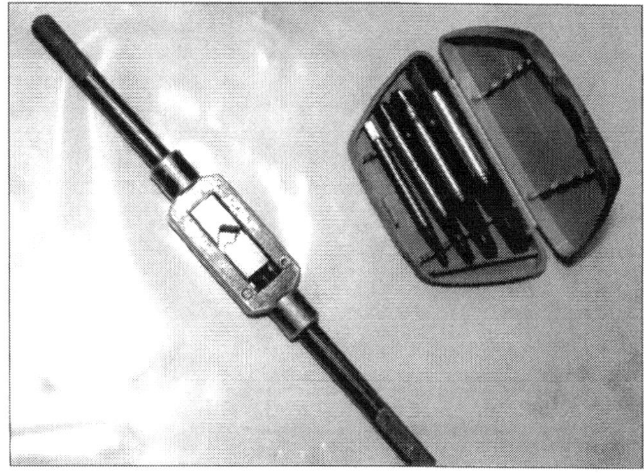

Linksdrall: Er besteht aus Werkzeugstahl und kann etwas größere Kräfte als der Bolzen übertragen, bricht aber in kleinen Größen gerne ab.

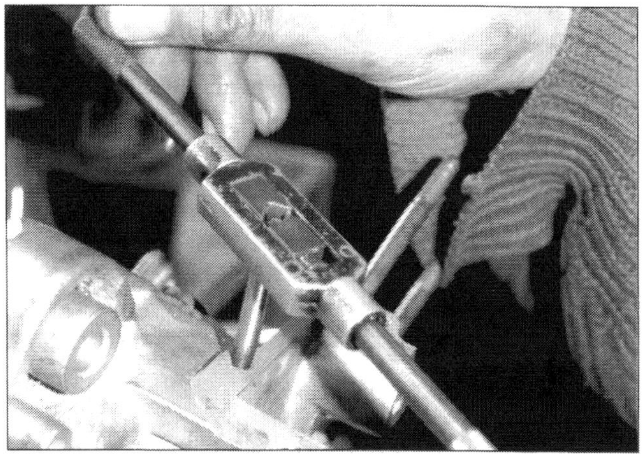

Umgang mit dem Linksdrall: Geben Sie die Kraft nur vorsichtig und gleichmäßig an den Restbolzen weiter.

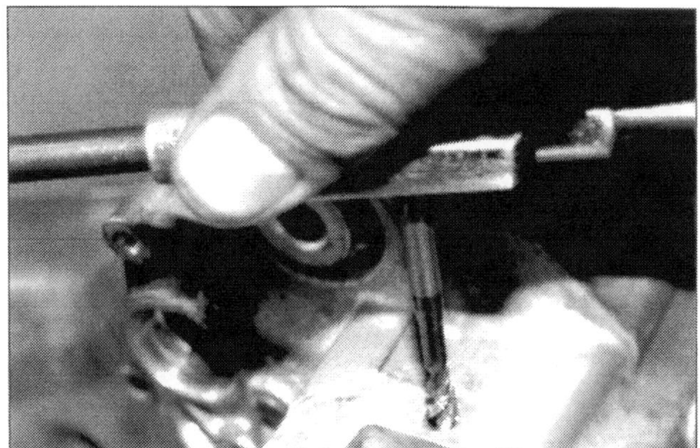

Gewindeschneiden: Sind die Bolzenreste ausgebohrt wird das Gewinde mit einem Gewindeschneider vorsichtig freigelegt.

STÖRUNGSBEISTAND

Motormechanik

	Symptom	Ursache	Abhilfe
A	**Motor hat keine Leistung.**	**1** Unzureichendes Ventilspiel.	Ventilspieleinstellung prüfen.
		2 Steuerzeiten stimmen nicht.	Steuerzeiten und Nockenwellenverschleiß kontrollieren.
		3 Fehler an Gemischaufbereitung oder der Zündanlage.	Gemischaufbereitungsanlage, Zünd- und Glühanlage prüfen.
B	**Der Ölverbrauch ist sehr hoch.**	**1** Motorentlüftung zugesetzt.	Motorenlüftung und die entsprechenden Verschlauchungen prüfen.
		2 Kolbenringe, Kolben oder Zylinder verschlissen.	Kompressions- und Druckverlusttest durchführen. Eventuell Motorverschleiß messen.
		3 Ventilschaftdichtungen defekt.	Ventilschaftdichtung prüfen, gegebenenfalls erneuern.
		4 Turbolader (soweit verbaut) defekt.	Turbolader prüfen, Ladesystem reinigen (lassen) gegebenenfalls Bauteile erneuern.
C	**Der Kraftstoffverbrauch ist zu hoch.**	**1** Fehler an Gemischaufbereitung oder der Zündanlage.	Gemischaufbereitungsanlage prüfen. Luftfiltereinsatz reinigen oder bei Bedarf ersetzen.
		2 Kolbenringe, Kolben oder Zylinder verschlissen.	Kompressions- und Druckverlusttest durchführen. Eventuell Motorverschleiß messen.
		3 Steuerzeiten stimmen nicht.	Steuerzeiten und Nockenwellenverschleiß kontrollieren.
D	**Der Motor springt nicht an, der Motor springt schlecht an.**	**1** Fehler an Gemischaufbereitung oder der Zünd- oder Glühanlage.	Gemischaufbereitungsanlage, Zünd- und Glühanlage prüfen.
		2 Kolbenringe, Kolben oder Zylinder verschlissen.	Kompressions- und Druckverlusttest durchführen. Eventuell Motorverschleiß messen.

Gemischaufbereitung und Zündung

Zünd- und Gemischaufbereitungssystem kommen sowohl beim Dieselmotor als auch bei den Ottomotoren vor. Zwar völlig unterschiedlich, aber immer mit dem Ziel, die Kraft im Kraftstoff zu entfalten.

Startanhebung

Wenn der Starter (Anlasser) betätigt wird, bricht die Batteriespannung grundsätzlich etwas zusammen. Das ist völlig normal, verursacht aber ein Problem. Die geringere Spannungsversorgung sorgt für einen Leistungsverlust bei Zünd- oder Glühanlage. Genau das ist aber gerade in der Startphase problematisch.

Startanhebung beim Dieselmotor

Die unten dargestellte Schaltung fängt den Spannungsverslust beim Starten auf, indem der Vorwiderstand der Glühkerzen überbrückt wird. Die Spannung beim Starten fällt an der Batterie auf etwa 9-10 V. Ohne den Vorwiderstand liegt die Betriebsspannung dieser Glühkerzen bei genau dieser Spannung. Im Startvorgang werden sie also mit genau der richtigen Betriebsspannung versorgt. Beim normalen Glühvorgang wäre die Spannung allerdings zu hoch. Die Glühkerzen würden Schaden nehmen. Also muss für den normalen Glühvorgang ein Widerstand vorgeschaltet werden, an dem etwa 2-3 V abfallen.

Startanhebung beim Benzinmotor

Bei Benzinmotoren bezieht sich das gleiche Prinzip auf die Spannungsversorgung der Zündspulen und der Zündanlage. Die Zündspulen sind für eine Betriebsspannung von etwa 9-10 V ausgelegt. Im Normalbetrieb muss diese Spannung abgesenkt werden. Hier wird ein Vorwiderstand verwendet. Beim Starten bricht die Spannungsversorgung etwas zusammen. Nun wird aber die Betriebsspannung der Zündanlage erreicht und der Vorwiderstand überbrückt. Wenn die Schaltfunktion nicht über den Startschalter erreicht werden kann, gibt es am Anlasser einen Anschluss (KL 16 am Ausrückschalter), der die Schaltfunktion übernehmen kann.

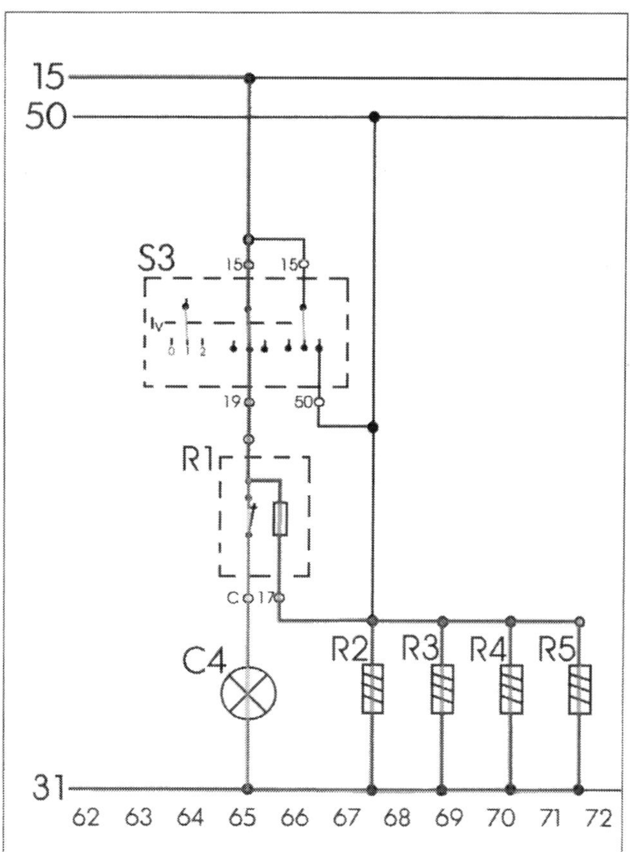

Spannungsverlauf beim Glühen: Folgen Sie der roten Linie! Der Strom fließt über den Glüh-Startschalter (S3), über den Widerstand (R1) zu den Glühkerzen (R2-R3).

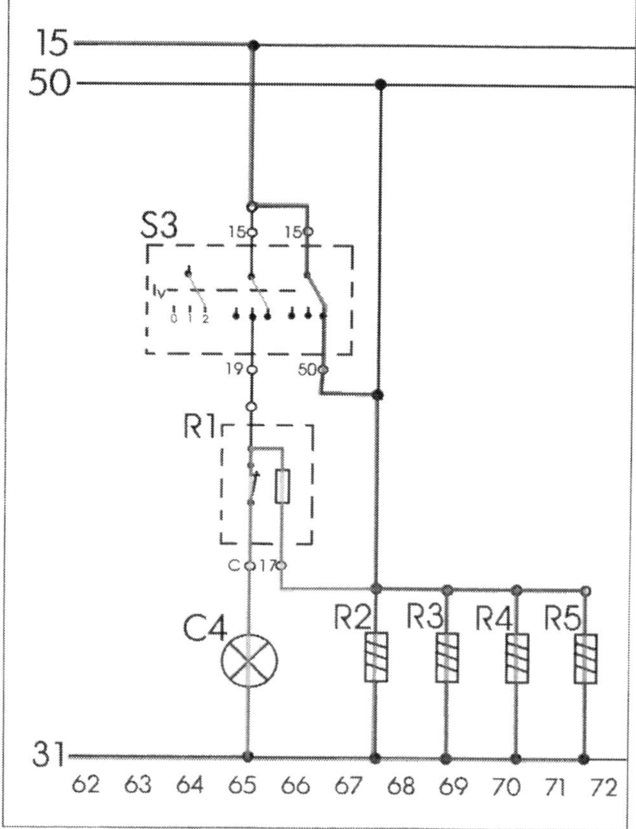

Spannungsverlauf beim Starten: Folgen Sie der roten Linie! Der Strom fließt über den Glüh-Startschalter (S3) direkt zu den Glühkerzen (R2-R3). R1 ist nun der Kontrollleuchte vorgeschaltet.

Diesel-Einspritzanlage

Den Ausbau der Einspritzdüsen haben wir ja bereits beim Kompressionstest beschrieben. Nun geht es um den Aufbau der Einspritzanlage und deren Prüfung.

Bestandteile des Systems

Das Einspritzsystem besteht im Wesentlichen aus dem Tank, der Vorlaufleitung über den Filter zur Einspritzpumpe, den Hochdruckleitungen und den Einspritzdüsen. Grundsätzlich können alle Teile geprüft werden. Es sind aber immer Spezialwerkzeuge im Einsatz. Somit bleibt der Weg zum Boschdienst hier als einzig sinnvoller Weg übrig. Wir werden Ihnen einige der typischen Arbeiten trotzdem vorstellen.

Reiheneinspritzpumpe im Schnitt: 1 Vordruckventile, 2 Regelhülse, 3 Antriebswelle, 4 Nockenwelle, 5 Rollenstößel, 6 Handpumpe, 7 Pumpenelement.

Diesel-Einspritzsystem in Übersicht und Schnitt: 1 Glühkerze, 2 Einspritzdüse, 3 Einspritzleitung, 4 Pumpenelement mit Rollenstößel und Regelmuffe, 5 Vordruckventil, 6 Kraftstofffilter, 7 Vorlaufleitung, 8 Drehzahlregler, 9 Kraftstoffvorförderpumpe (mit Handbetätigung).

Einspritzdüsen prüfen und instand setzen

Auch hier werden wir Ihnen fast schon historisches Werkzeug vorstellen, das es aber bis zum heutigen Zeitpunkt noch immer zu kaufen gibt.

Einspritzdüsen prüfen

Hierauf kann die Einspritzdüse auf ihren Öffnungsdruck, das Spritzbild und die Leckrate hin geprüft werden.

- Dazu wird sie an den Prüfstand angeschlossen (5) und mit einigen kräftigen Hubbewegungen mit dem Handhebel (4) entlüftet.

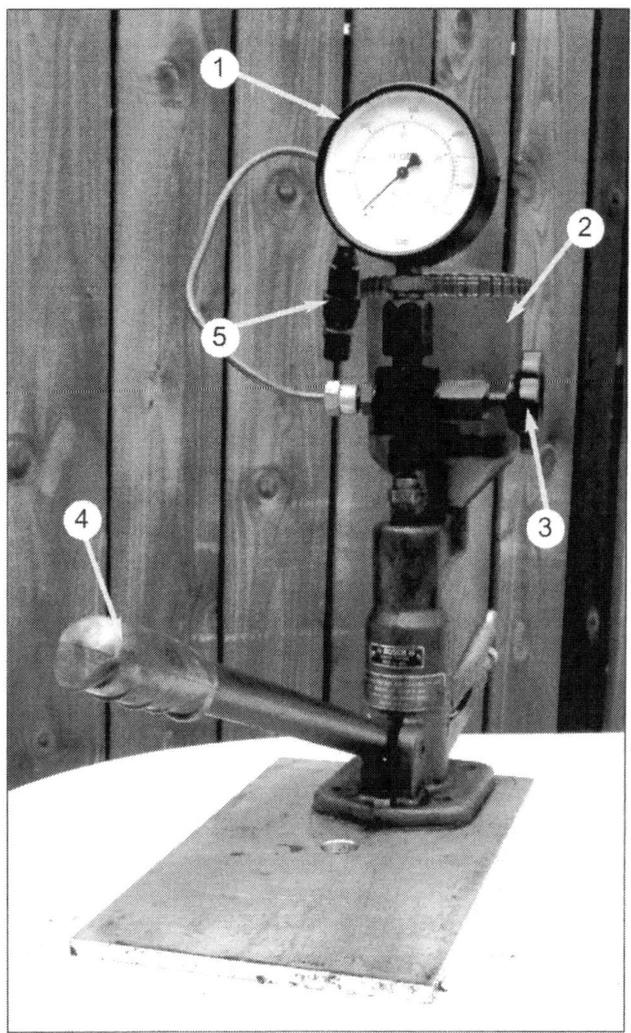

Handbetätigter Düsenprüfstand: 1 Manometer, 2 Vorratsbehälter, 3 Ventilhandrad zum Abdrehen des Manometers, 4 Handhebel.

- Erhöhen Sie den Hebeldruck nur langsam. Bis zum Erreichen des Öffnungsdrucks, den Sie auf dem Manometer ablesen können, muss die Düse dicht bleiben. Eine Tropfrate von etwa einem Tropfen je Minute kann als akzeptabel angesehen werden.

- Erhöhen Sie den Hebeldruck weiter, bis die Düse schnarrend öffnet. Lesen Sie den Abspritzdruck ab und achten Sie darauf, dass das Spritzbild fein vernebelt und kegelförmig austritt.

Stimmen Dichtheit, Abspritzdruck, Spritzbild und ist ein Schnarrgeräusch beim Abspritzen hörbar, ist die Einspritzdüse in Ordnung.

Einspritzdüsen instand setzen

Für die meisten Einspritzdüsen sind Reparatursätze erhältlich. Die Montage ist recht einfach.

- Bauen Sie die Einspritzdüse aus, spannen Sie die Hülse (1) in einen Schraubstock mit Aluschutzbacken ein und drehen Sie das Gehäuseoberteil (8) ab.

- Nehmen Sie die Bauteile (2 - 7) heraus.

- Reinigen Sie die Bauteile gründlich und spülen Sie sie mit Dieselkraftstoff ab.

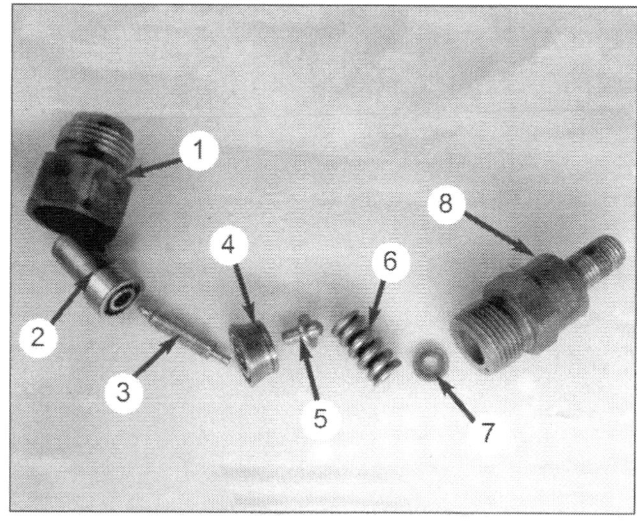

Einspritzdüse in Teilen: 1 Hülse, 2 Düsenkörper, 3 Düsennadel, 4 Dichtstück, 5 Druckstück, 6 Ventilfeder, 7 Beilagscheibe.

- Als Ersatzteil oder Reparaturkit werden in der Regel der Düsenkörper und die Düsennadel geliefert. Tauschen Sie diese Teile aus und montieren Sie die Düse wieder.

- Prüfen Sie den Abspritzdruck und die Dichtheit erneut. Sie sollten jetzt beim Abspritzen der Düse ein deutliches Schnarrgeräusch hören. Das wird durch das schnelle Öffnen der Düse gegen den Federdruck erzeugt.

- Sollte der Abspritzdruck nicht stimmen, kann er mit Beilagplättchen zu der Beilagscheibe (7) um etwa 10 bar je 1/10mm-Scheibe erhöht werden. Zum Absenken muss eine dünnere Beilagscheibe beschafft und in die Düse verbaut werden.
- Nehmen Sie den alten Kupferring von der Einspritzdüse ab oder aus dem Zylinderkopf heraus.

- Legen Sie einen neuen Kupferring in den Zylinderkopf ein.

- Bauen Sie die Düse wieder ein und ziehen Sie sie auf Drehmoment an.

Starthilfsanlagen Dieselmotoren

Dieselmotoren sind »Selbstzünder«, deren Gemisch sich an der komprimierten Luft im Brennraum entzünden soll. Das wird allerdings gerade bei kaltem Motor schwierig bis unmöglich. Aus diesem Grund werden Starthilfssysteme verbaut, die die Ansaugluft oder zumindest einen Teil des Brennraumes anheizen. Gerade bei Direkteinspritzern in diesen Baujahren waren Flammstartanlagen üblich. Die Drückverhältnisse im Brennraum bescherten den Glühkerzen alter Bauweise im Brennraum eine noch sehr geringe Brenndauer.

Flammstartanlage

Die Glühkerze der Flammstartanlage wird durch die Kraftstoffvorförderpumpe mit Diesel beträufelt. Die angesaugte Luft erzeugt einen Luftstrom, in dem der Kraftstoff, der sich auf der Glühkerze entzündet hat, eine Brennflamme entwickelt. Das Ansaugrohr und die angesaugte Luft werden so erwärmt.

Ein- und Ausbau der Flammstartkerze

- Stellen Sie den Motor ab und lassen Sie ihn abkühlen. Lassen Sie die Zündung ausgeschaltet.

- Klemmen Sie die Kraftstoffzuleitung und den elektrischen Anschluss zur Flammstartkerze ab.

- Drehen Sie die Flammstartkerze aus dem Ansaugrohr heraus.

Die Montage erfolgt sinngemäß in umgekehrter Reihenfolge. Achten Sie auf richtige Abdichtung der Kraftstoffleitung.

Prüfen der Flammstartkerze
- Bauen Sie die Flammstartkerze aus und reinigen Sie sie gründlich.

- Messen Sie den Widerstand der Glühkerze zur Masse. Er sollte etwa 1-2 Ω betragen.

- Überprüfen Sie, ob Kraftstoff von der Vorförderpumpe bis zur Flammkerze gefördert wird.

- Prüfen Sie, ob bei kalter Flammkerze die Kraftstoffvorsorgung zur Kerze hin dicht ist.

- Prüfen Sie, ob bei heißer Flammkerze die Kraftstoffversorgung zur Kerze hin offen ist.

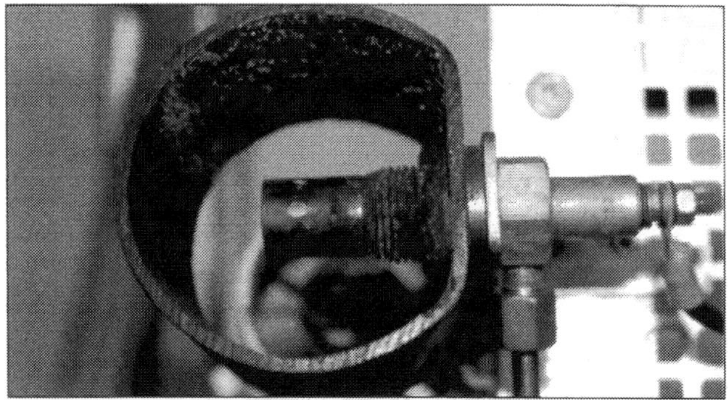

Ansaugrohr im Schnitt: Der Blick auf die Flammstartkerze ist im eingebauten Zustand normalerweise nicht möglich.

Ein- und Ausbau der Glühkerzen

- Stellen Sie den Motor ab und lassen Sie ihn abkühlen. Lassen Sie die Zündung ausgeschaltet.
- Klemmen Sie den elektrischen Anschluss der Glühkerze ab.
- Drehen Sie die Glühkerze aus dem Zylinderkopf heraus.

Die Montage erfolgt sinngemäß in umgekehrter Reihenfolge.

Prüfen der Glühkerzen

Stromaufnahme

- Umfassen Sie die Stromzuführung der Glühkerze mit einer Amperezange und lösen Sie den Glühvorgang aus. Es sollten etwa 10-15 A je Glühkerze ermessbar sein.

Widerstandsmessung

- Klemmen Sie den elektrischen Anschluss der Glühkerze ab.
- Messen Sie dann den Widerstand der Glühkerze zur Masse. Er sollte etwa 1-2 Ω betragen.
- Oder bauen Sie die Glühkerze aus und reinigen Sie sie gründlich. Messen Sie dann den Widerstand der Glühkerze zur Masse. Er sollte etwa 1-2 Ω betragen.

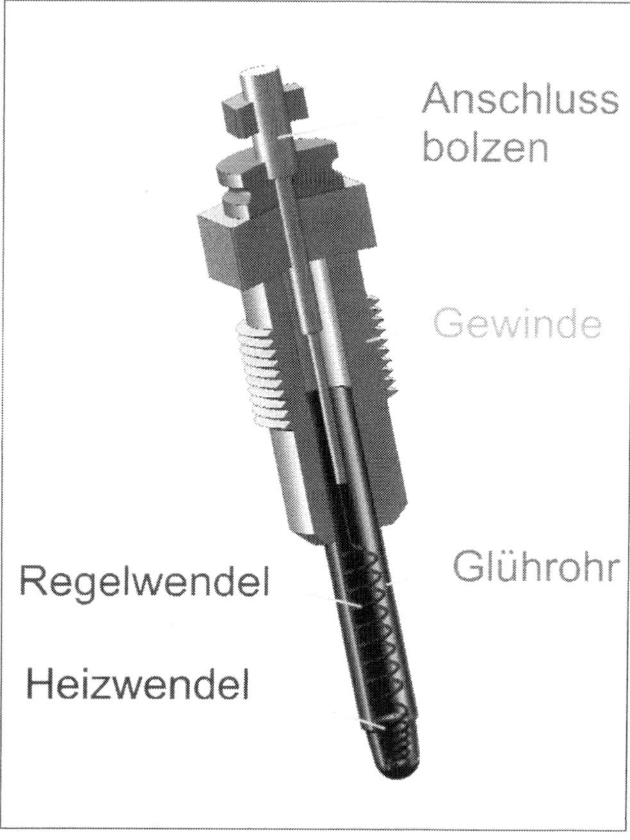

Stabglühkerze mit Regelung im Schnitt: Der Aufbau ist trotz Kompaktbauweise sehr übersichtlich.

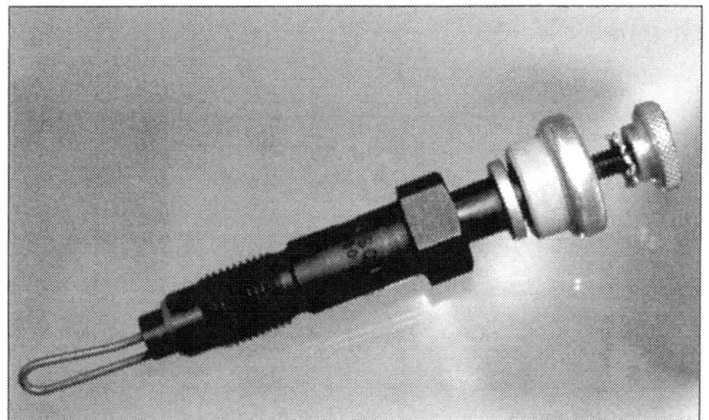

Glühwendelkerze: Die alte Bauweise kann bei vielen Modellen auch durch Stabglühkerzen ersetzt werden

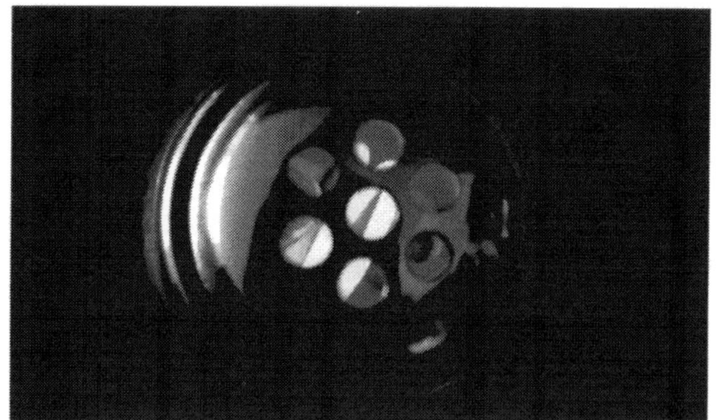

Salzstreuer zum Regeln: Die Abstimmung der Glühanlage ist so gewählt, dass der »Salzstreuer« die Spannungsregelung der Glühkerzen übernimmt.

Zündanlagen

Batteriezündanlage

Die Batteriezündanlage erzeugt mit Hilfe der Batteriespannung einen Zündfunken, um das Gemisch im Ottomotor zum richtigen Zeitpunkt zu entzünden und damit die Verbrennung einzuleiten. Nur wenige Bauteile bewerkstelligen diese Aufgabe im Unimog. Der Zündunterbrecherkontakt und Zündkondensator, die für die Primärspannungserzeugung zuständig sind, werden im Verteiler verbaut. Die Zündspule, die die Primärspannung von etwa 400 V auf etwa 10.000 V Zündspannung hochtransformiert, ist an der Spritzwand verbaut. Dazu kommen noch die Spannungsversorgung und letztendlich die Verkabelung im Niederspannungs- und Hochspannungsbereich.

Funktionsweise

Schauen wir uns die Funktionsweise einmal vereinfacht an. Sie schalten die Zündung ein, der Unterbrecherkontakt ist geschlossen. Nun wird die Zündspule bestromt und baut ein Magnetfeld auf. Sie betätigen den Starter, und der Motor mit dem Verteiler wird gedreht. Der Zündunterbrecher öffnet. Der Stromfluss zur Zündspule wird unterbrochen und das Magnetfeld bricht schlagartig zusammen. Dieser schnelle Magnetfeldwechsel verursacht eine hohe Induktionsspannung auf der Sekundärseite der Zündspule, die sich mit etwa 10.000 V an der Zündkerze in einem Zündfunken entlädt. Die Zündung ist erfolgt.

Kontaktlose Zündanlage mit I-Geber

Auch beim Unimog finden wir schon TSZI-Zündanlagen (Transistor-Zündanlagen mit Induktivgeber), die ohne Zündunterbrecher auskommen. Diese Zündanlagen arbeiten berührungsfrei und sind somit verschleißfest.

Hier wird mit einem Zackenstern aus Eisen in einer im Verteiler verbauten Spule eine Spannung erzeugt, wenn der jeweilige Zylinder auf »OT« steht. Dieser Impuls wird dann durch ein Steuergerät in einem Schaltsignal für die Zündspule genutzt. Hier passiert dann das Gleiche, wie wir bereits für die BZA (Batteriezündanlage) beschrieben haben. Der Unterschied zwischen den Systemen liegt im Wesentlichen im Steuergerät und dem veränderten Aufbau des Zündverteilers.

Zündverteiler mit Unterbrecherkontakt: Gut sichtbar sind der Unterbrecherkontakt und die Nocken auf der Verteilerwelle.

Kondensator am Zündverteilergehäuse: Der Masseanschluss des Kondensators wird gleichzeitig mit der Befestigungsschraube beim Anschrauben hergestellt.

Kondensator in Teilen: So sieht ein Kondensator im zerlegten Zustand aus.

Zündung einstellen

Natürlich muss ein Zündsystem, egal welcher Bauart, eingestellt werden. Hier die wichtigsten Schritte:

Zündunterbrecher einstellen

- Demontieren Sie die Verteilerkappe und den Verteilerfinger und lösen Sie die Halteschraube des Zündunterbrechers etwas.

- Stellen Sie den Schließwinkeltester auf die Zylinderanzahl ein und wählen Sie die Funktion »Schließwinkel«.

- Schließen Sie die beiden Kabelklemmen an die Klemme 1 und 15 der Zündspule an.

- Starten Sie den Motor und stellen Sie den Schließwinkel auf den geforderten Sollwert ein, indem Sie den Abstand des Zündunterbrechers verändern. Je kleiner der Abstand wird, umso größer wird der Schließwinkel.

Zündzeitpunkt einstellen

- Schließen Sie die beiden Kabelklemmen der Zündpistole an Batterieplus und Batteriemasse an.

- Klemmen Sie die Geberklemme an die Zündhochspannungsleitung des 1. Zylinders an.

- Starten Sie den Motor und lassen Sie ihn im Leerlauf laufen.

Stroboskoplampe mit Zündwinkeleinstellung: Hier kann der Zündwinkel vorgewählt werden und blitzt dann die OT-Markierung an.

- Stellen Sie den Zündzeitpunkt durch das Verdrehen des Verteilers nach Herstellervorgaben ein. Eine gute Quelle sind hier die AU-Daten vom Krafthandverlag oder Angaben des Mercedes-Händlers Ihres Vertrauens. So sind Sie auch hinsichtlich möglicher Änderung immer auf dem Laufenden.

- Erhöhen Sie nach diesen Angaben die Drehzahl, um die Zeitpunktverstellkurve zu prüfen. Mit Zunahme der Drehzahl muss die Zündung früher erfolgen.

Bei einigen Zündverteilern ist neben der Fliehkraftverstellung als Drehzahlkorrektur noch eine Unterdruckdose verbaut, die eine Korrektur zum Lastzustand des Motors vornimmt.

- Prüfen Sie, ob eine Frühverstellung der Zündung erfolgt, wenn Sie Unterdruck auf die Dose geben.

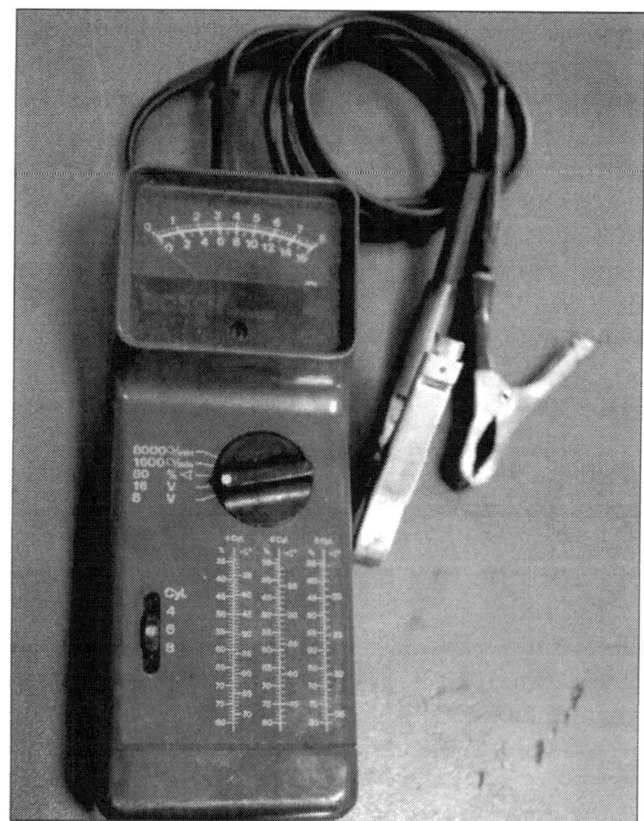

Schließwinkeltester und Multitester: Dieser Schließwinkeltester kann auch die Motordrehzahl und Spannungswerte darstellen.

Vergasersysteme

Verbaute Systeme

Im Wesentlichen unterscheiden sich die verbauten Vergasersysteme der beiden Benzinmotoren M180 und M130 nicht voneinander. Sie unterscheiden sich aber von den Vergasertypen, die bei den Straßenfahrzeugen von Daimler-Benz verbaut wurden. Aufgrund der speziellen Anforderungen im Gelände wurden die eingesetzten Vergaser auch als »Gelände-Vergaser« bezeichnet. Die genaue Bezeichnung lautete »Gelände-Doppel-Fallstrom-Vergaser« und wurden von der Firma Pallas-Zenith hergestellt. »Doppel-Fallstrom-Vergaser« bedeutet, dass bei diesem Vergaser zwei Luftkanäle mit Drosselklappen senkrecht verbaut wurden.

Funktion Beschleunigerpumpe

Der Vergaser oder die Vergaser sind mit einer Beschleunigerpumpe ausgerüstet. Diese fördern am Anfang des Beschleunigungsvorgangs durch die Drosselklappenbewegung eine extra Portion Kraftstoff in den Ansaugtrakt, die der Abmagerung gerade in den unteren Drehzahlen des Motors entgegenwirkt. Die Förderung wird durch einen Kolben, der mit einer Gummimembran bestückt ist, realisiert. Der Zusatzkraftstoff wird bei jeder Drosselklappenbewegung von Leerlauf in Richtung Volllast gefördert. Die Funktion kann gut beobachtet werden, wenn man bei abgestelltem Motor von oben in den Vergaser hineinschaut und die Drosselklappe öffnet. Es ist dann ein Kraftstoffstrahl erkennbar, der aus dem Einspritzrohr seitlich in das Ansaugrohr gedrückt wird. Die Kraftstoffmenge wird durch die Pumpendüse beschränkt.

Kaltstartregelung

Die Kaltstartanreicherung wird über einen Schieber realisiert, der eine zusätzliche Luftmenge zuführt und durch die Starterdüse das Gemisch des Vergasers anfettet.

Arbeiten am Vergaser

Montage Vergaser

- Bauen Sie die Motorhaube und die Motorabdeckung innen ab. Nehmen Sie die Luftfilterschläuche ab.
- Hängen Sie die Vergasergestänge aus und ziehen Sie die Kraftstoffschläuche ab.
- Demontieren Sie die Befestigungsmuttern und nehmen Sie einen Vergaser nach dem anderen ab.

Die Montage wird sinngemäß in umgekehrter Reihenfolge durchgeführt.

Düsen demontieren

Einbaulage der Düsen

Im Vergaser wurden unterschiedliche Düsensysteme verbaut. Diese waren auch zur Reinigung unterschiedlich zu erreichen.

Düse	Einbauort
Mischrohr	Von oben (abgebauter Deckel)
Luftkorrekturdüse	Von oben Leerlauf (abgebauter Deckel)
Luftkorrekturdüse Hauptdüse	Von oben (abgebauter Deckel)
Leerlaufdüse	Mitte – Seite unter dem Deckel
Hauptdüse	Mitte – Seite unter dem Deckel
CO-Schraube Leerlauf	Unten am Vergaserflansch
Starterdüse	Außen unten
Pumpendüse	Außen oben

Abgaswert einstellen

Der Abgaswert im Leerlauf kann an zwei Schrauben je Vergaser eingestellt werden. Diese Einstellungsarbeiten sollten Sie niemals ohne CO-Tester und Erfahrung machen. Geben Sie diese Arbeiten immer an einen Fachbetrieb Ihres Vertrauens weiter.

STÖRUNGSBEISTAND

GEMISCHAUFBEREITUNG UND ZÜNDUNG

	Symptom	Ursache	Abhilfe
A	**BENZIN** **Motor springt im warmen Zustand schlecht an.**	1. Starterklappe öffnet nicht richtig.	Chokezug einstellen, Starterklappe gangbar machen, Gaspedal beim Starten ganz durchtreten.
B	**BENZIN** **Motor springt an aber: ... setzt aus oder bleibt stehen.**	1. Kraftstoffmangel.	Kraftstoffsystem reinigen, Kraftstoffpumpe prüfen (zu geringe Förderleistung).
C	**BENZIN** **Motor springt nur mit geöffneter Drosselklappe an.**	1. Kraftstoffmangel.	Leerlaufdüse reinigen.
		2. Leerlaufeinstellung zu niedrig.	Leerlaufdrehzahl einstellen.
		3. Falschluft.	Dichtung zwischen Vergaser und Ansaugbrücke prüfen und ggf. ersetzen.
D	**BENZIN** **Motor springt an nimmt aber nur schlecht Drehzahlen an.**	1. Zündzeitpunkt verstellt.	Zündzeitpunkt prüfen und ggf. einstellen. Verstellkurve aufnehmen.
E	**BENZIN** **Motor schlägt beim Starten zurück.**	1. Zündzeitpunkt zu früh.	Zündzeitpunkt prüfen und ggf. einstellen. Verstellkurve aufnehmen.
A	**DIESEL** **Motor springt nicht an.**	1. Vorglühanlage ohne Funktion.	Sicherung überprüfen, Verkabelung prüfen, Glühkerzen prüfen, Vorwiderstände prüfen, Batteriespannung prüfen.
		2. Verdichtung zu gering.	Ventilspiel einstellen, Kolbenringe prüfen, Ventile prüfen.
B	**DIESEL** **Motor springt unter starkem Weißqualm schwer an.**	1. Vorglühanlage ohne Funktion.	Sicherung überprüfen, Verkabelung prüfen, Glühkerzen prüfen, Vorwiderstände prüfen, Batteriespannung prüfen.
		2. Verdichtung zu gering.	Ventilspiel einstellen, Kolbenringe prüfen, Ventile prüfen.

Achsen, Kupplung und Getriebe

Die Besonderheit eines Unimogs liegt zu einem guten Teil im Aufbau seines Antriebs. Natürlich kann es auch mal vorkommen, dass hier Achsen oder Kupplung demontiert werden müssen. Auf die Beschreibung zum Ausbau des Getriebes haben wir verzichtet. Dieser Arbeitsteil gehört in Profihände oder in die Hände sehr versierter Schrauber. Das werden wir in einer Reparaturanleitung zu diesem Thema gesondert aufgreifen und detailliert darstellen.

Arbeiten am Rad- und Achsgetriebe

Demontage Achse

Auch an dieser Stelle muss deutlich gewarnt werden, dass es sich hier um Bauteile handelt, die alles andere als leicht sind und bei unsachgemäßer Handhabung Schäden oder Verletzungen entstehen können. Arbeiten Sie niemals ohne Hilfe!

- Stellen Sie den Unimog sicher ab und unterbauen Sie das Fahrzeug so, dass die Vorderräder frei drehbar sind.
- Demontieren Sie die Räder und unterbauen Sie die Achse von unten am besten auf einer Palette.
- Lassen Sie das Achsgetriebeöl, das Radgetriebeöl und das Schaltgetriebeöl ab.
- Demontieren Sie die Bremsleitungen und verschließen Sie diese mit einem geeigneten Stopfen. Ziehen Sie die Verschlauchung zur Differenzialsperre ab und legen Sie sie zur Seite.
- Bauen Sie die Stoßdämpfer und die Schubstrebe aus.
- Heben Sie die Achse mit einem Palettenhubwagen leicht an und drehen Sie die Befestigungsschrauben für beide Fahrwerksfedern heraus.

Vorderachse

- Lösen Sie die Kugelgelenke vom Lenkstockhebel und der Spurstange.

Hinterachse

- Soweit verbaut, demontieren Sie die Feder des ALB-Reglers, hängen das Gestänge für die Handbremse aus und bauen den Halter für das Handbremsgestänge vom Schubkugelgehäuse ab.

weiter für beide Achsen

- Drehen Sie die Verschraubungen des Schubkugelgehäuses am Getriebe heraus.
- Ziehen Sie die Achse etwas nach vorne (die hintere nach hinten) und drehen Sie die Schrauben der Antriebswelle heraus.

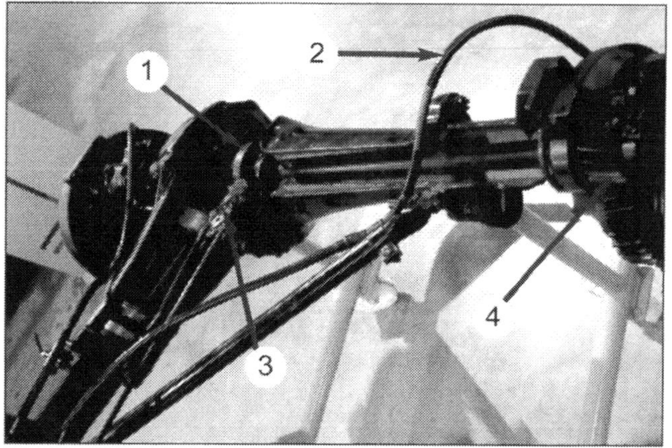

Hinterachse: 1 Differenzial, 2 Handbremsseil, 3 Differenzialsperre, 4 Radgetriebe.

Vorderachse: Das Mittelteil der Achsen ist baugleich. 1 Kupplung, 2 Getriebe, 3 Schubkugelgehäuse, 4 Spurstange, 5 Differenzial.

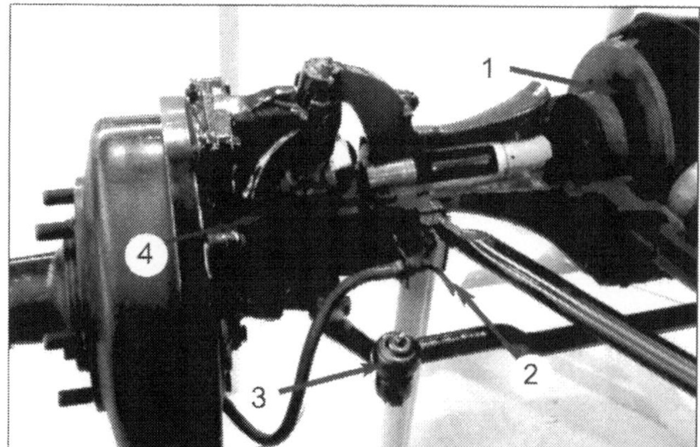

Vorderachsstummel: 1 Differenzial, 2 Bremsleitung, 3 Spurstangenkopf, 4 Achsstummel.

Hinterachsstummel: 1 Antriebswelle, 2 Radnabe, 3 Raduntersetzung.

- Lassen Sie die Achse vorsichtig ab und ziehen Sie sie nach vorne (die hintere nach hinten) heraus.

Die Montage erfolgt sinngemäß in umgekehrter Reihenfolge.

- Ersetzen Sie grundsätzlich alle Dichtungen, die Sie demontiert haben.
- Prüfen Sie die Bauteile der Schubkugel, der Manschetten und des Gehäuses auf Schäden.
- Reinigen Sie alle Bauteile vor der Montage gründlich.

Demontage Kupplung

- Bauen Sie den Motor aus.
- Demontieren Sie die Kupplung vom Schwungrad. Lösen Sie die Befestigungsschrauben über Kreuz, um Verspannungen zu vermeiden. Bei Fahrzeugen mit Doppelkupplung wird die Zwischenscheibe mit abgenommen.
- Nehmen Sie die Kupplungsscheibe(n) heraus.
- Reinigen und entfetten Sie die Bauteile der Kupplung gründlich.
- Überprüfen Sie, dass die Kupplungsmitnehmerscheibe(n) keinen Schlag aufweist.
- Prüfen Sie vor der Montage, ob die Mitnehmerscheibe sich leicht auf der Getriebewelle verschieben lässt.
- Überprüfen Sie den Zustand des Pilotlagers in der Schwungscheibe und den Zustand und die Leichtgängigkeit der Kupplungsbetätigung und des Ausrücklagers.

Die weitere Montage erfolgt sinngemäß in umgekehrter Reihenfolge.

- Fetten Sie vor der Montage die Getriebewelle mit Grafitfett ein.
- Zentrieren Sie die Kupplungsscheiben mit einem geeigneten Zentrierdorn genau und ziehen Sie die Verschraubungen der Druckplatte gleichmäßig an.

STÖRUNGSBEISTAND

Kraftübertragung

Symptom	Ursache	Abhilfe?
A Gänge lassen sich nicht einlegen.	**1** Spiel in der Betätigungs-einrichtung zu groß.	Kupplungsseil oder Kupplungsgestänge einstellen.
B Getriebe macht Geräusche beim Gangwechsel.	**1** Schaltklauen, Synchroneinrichtung oder Schaltbetätigung verschlissen.	Getriebe überprüfen (lassen).
C Ein Gang lässt sich nicht einlegen.	**1** Spiel in der Betätigungs-einrichtung zu groß.	Kupplungsseil oder Kupplungsgestänge einstellen.
	2 Schaltklauen, Synchroneinrichtung oder Schaltbetätigung verschlissen.	Getriebe überprüfen (lassen).
D Kupplung rutscht unter Last durch.	**1** Spiel in der Betätigungs-einrichtung zu groß.	Kupplungsseil oder Kupplungsgestänge einstellen.
	2 Kupplung verschlissen.	Kupplung austauschen.
	3 Kupplungsdruckplatte defekt.	Kupplungsdruckplatte ersetzen.
E Schabende oder zwitschernde Geräusche im Leerlauf, die bei getretener Kupplung weg sind.	**1** Ausrücklager oder Federlamellen der Kupplungsdruckplatte beschädigt.	Ausrücklager und Druckplatte prüfen und gegebenenfalls ersetzen (lassen).
F Knatternde Geräusche bei getretener Kupplung.	**1** Ausrücklager oder Federlamellen der Kupplungsdruckplatte beschädigt.	Ausrücklager und Druckplatte prüfen und gegebenenfalls ersetzen (lassen).
G Gang hat keinen Antrieb.	**1** Schaltbetätigung beschädigt. Schaltklauen beschädigt. Zahnrad beschädigt.	Getriebe überprüfen (lassen).
H Differenzialsperre geht nicht.	**1** Betätigung falsch eingestellt.	Einstellung prüfen.
	2 Differenzial beschädigt.	Achsgetrieb überprüfen (lassen).
H Nebenantrieb geht nicht.	**1** Betätigung falsch eingestellt. Zahnrad beschädigt.	Getriebe überprüfen (lassen).

Bremsanlage

Hauptaufgabe der Bremsanlage ist die Umwandlung von kinetischer Energie (Bewegungsenergie) in Wärmenergie, die durch Reibung entsteht. Temperaturen von mehreren Hundert Grad können dabei eine Bremsscheibe zum Glühen bringen oder auch eine Bremstrommel verformen. Umso wichtiger ist daher die vernünftige Wartung. Wir zeigen Ihnen alle Funktionen sowie alle Do-it-yourself-Arbeiten, die Sie an Ihren Bremsen durchführen können.

Ausrüstung nach Achstypen

Sie werden am Unimog zig unterschiedliche Bauformen und Bauweisen finden, die sich schon in den unterschiedlichen Bauformen und Typen des Fahrzeuges begründen. Hinzu kommt noch, dass sich im Laufe der Betriebszeit so mancher Umbau eingeschlichen hat, der ganz sicher nicht serienmäßig ab Werk so vorgesehen war. Als nachteilig ist das aber nicht anzusehen, sondern lediglich als ein weiterer Schritt zur Individualisierung. Sehen Sie sich die verbauten Teile und Ihr eigenes Bremssystem in jedem Fall genauer an, bevor Sie die Teilebestellung angehen.

Achstyp		Bremsbelag				
Vorderachse (421 als Muster)	Hinterachse (421 als Muster)	Stärke in mm	Reparatur-Stufe 1 in mm	Reparatur-Stufe 2 in mm	Belagstärke min. in mm	Belagbreite in mm
737.003	747.007	6,0	6,4	7,0	3,0	70
737.004	747.008	6,0	6,4	7,0	3,0	70
737.005	747.009	6,0	7,0	—	3,0	70

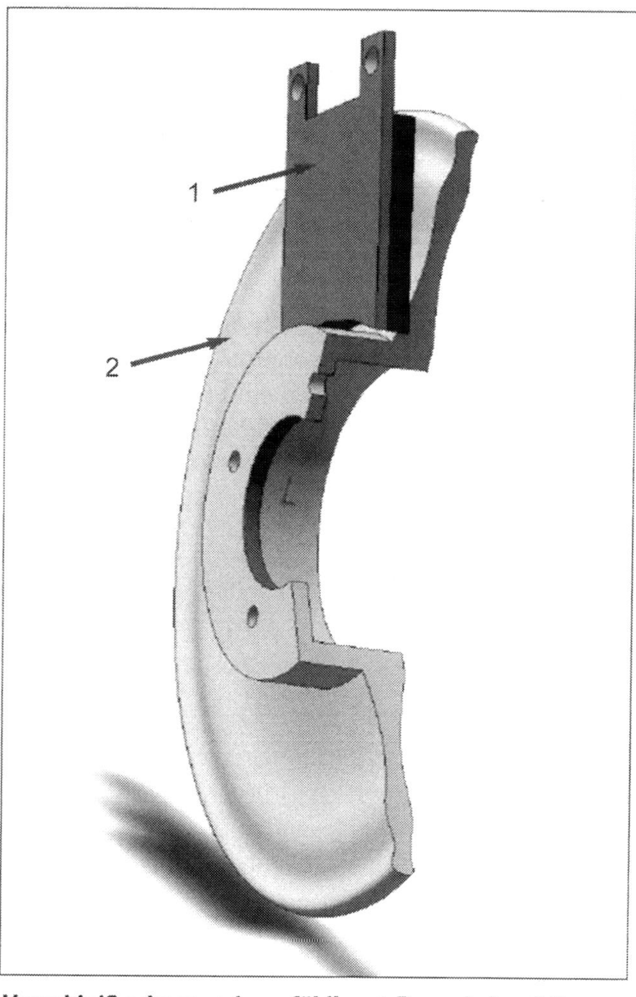

Verschleiß erkenn- oder erfühlbar: 1 Bremsbelag, 2 Bremsscheibe. Auch an einer Bremsscheibe wird im Laufe der Zeit Material abgetragen und führt zu einer unebenen Bremsfläche mit entsprechenden Verspannungen und Leistungsverlusten.

Grenzen der Belastbarkeit

Die Bremsanlage des Unimogs gilt allgemein als robust und standfest. Die serienmäßig verbauten Bremssysteme sind noch sehr übersichtlich. Der Unimog wurde bis etwa 1973 regelmäßig mit Trommelbremsen hergestellt. Obwohl die Bremsanlage im Prinzip ausreichend dimensioniert ist, stößt die Anlage früher oder später an die Grenzen. Das ist ganz natürlich, denn eine Bremsanlage kann nichts anderes tun, als Bewegungsenergie in Wärme umzuwandeln. Je mehr Masse und Belüftung die Bremsbauteile haben, umso mehr Energie kann umgesetzt werden. Bei rasanten Passabfahrten kann es also durchaus passieren, dass der Druckpunkt immer schwammiger und der Pedalweg immer länger wird. Ist die Bremsflüssigkeit alt und der Wassergehalt groß, werden jetzt mit Sicherheit Dampfblasen entstehen. Das kann gefährlich werden, denn irgendwann geht der Tritt ins Leere. Bei extremer Beanspruchung meldet sich die Bremsanlage dann auch akustisch: Ein Wummern oder Brummen deutet auf eine thermische Überlastung hin. Die Scheibe bzw. Trommel beginnt sich zu verziehen, die Beläge fangen an zu schmieren.

Bei den Bremstrommeln wird durch die unterschiedliche Wärmeabfuhr die Belagfläche leicht konisch. Gesellen sich noch spürbare Vibrationen hinzu, ist es höchste Zeit die Anlage bei mittlerer Geschwindigkeit, möglichst ohne Bremsbetätigung, abkühlen zu lassen. Das Fahrzeug mit heißer Bremse abzustellen, kann auch zu merklichen Schäden durch Verzug der Trommel oder Scheibe zur Folge haben.

Wie funktionieren die Bremsen?

Wenn Sie auf das Bremspedal treten, presst eine mit dem Pedal verbundene Druckstange zwei hintereinander liegende Kolben in den Hauptbremszylinder, der sich im Motorraum befindet. Die Kolben übertragen die Kraft auf die dort eingeschlossene Bremsflüssigkeit. Der so entstehende hydraulische Druck in der Bremsflüssigkeit gelangt über Rohr- und Schlauchverbindungen zu den Radzylindern oder den Bremssätteln. In diesen drücken Kolben die Bremsklötze gegen die Bremsscheiben oder eben die Bremstrommeln. Durch die beiden beweglichen Kolben, ob im Radbremszylinder oder im Bremssattel, wird der gleiche Druck auf beide Bremsbeläge übertragen. Liegt der Bremsdruck nicht mehr an, wird die Rechteckmanschette zurückverformt und zieht die Kolben von den Bremsscheiben zurück. Bei der Trommelbremse erfolgt die Rückstellung durch die Zugfedern. So entsteht zwischen Bremsbelag und Scheibe oder Trommel ein wenig Spiel und das Rad dreht wieder frei.

Umrüstung Wettbewerb: Auch auf der Hinterachse finden sich gelegentlich Bremsscheiben (1). Im Wettbewerb dann auch durch eine dickere Prallplatte (2) gesondert geschützt.

Unterschiedliche Bremssysteme

Je nach Unimog werden Sie zwei unterschiedliche Bausysteme der Bremsanlage vorfinden: In den ersten Modellen wurden serienmäßig Trommelbremsen verbaut. Die letzten Modelle kamen zumindest in der großen Klasse mit Scheibenbremsanlage. Der Unterschied ist nicht nur optisch ersichtlich.

Trommelbremsanlage

Ein klarer Vorteil der Trommelbremsanlage liegt in der Größe der Reibbelagfläche. Hier wird nur wenig Betätigungskraft benötigt um viel Reibung zu erzeugen. Hinzu kommt noch, dass der Belag, dessen Loslager in die drehende Trommel einkippt (auch als »auflaufender« Belag bezeichnet) selbstverstärkend wirkt, da er durch die Drehbewegung zusätzlich in die Trommelreibfläche gekippt wird. Der ablaufende Belag erfährt diese Wirkung nicht. Bei Rückwärtsfahrt ändert sich nicht nur die Laufrichtung, sondern auch die Verstärkungswirkung der Bremsbeläge. Nun wird der eben noch ablaufende Belag zum auflaufenden mit Selbstverstärkung. Der Nachteil des Systems findet sich in zwei wesentlichen Punkten. Zum einen bedeutet die große Reibbelagfläche auch, dass bei nasser oder verschmutzter Bremse deutlich mehr Zeit benötigt wird, die Beläge »sauber zu bremsen«. Ein weiterer findet sich in der Bauweise der Bremstrom-

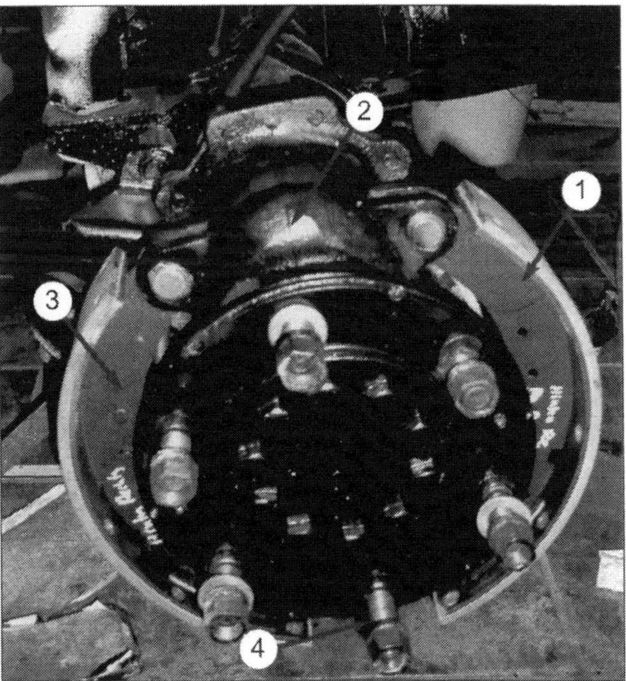

Klassisch: Die Trommelbremse ist Serie bei den Unimog, die in diesem Buch aufgegriffen werden. 1 »ablaufender« Belag, 2 Festlager, 3 »auflaufender« Belag, 4 Radzylinder (hier verdeckt).

mel. Bei Wärme dehnt sich bekanntermaßen Metall aus. Das trifft natürlich auch auf die Bremstrommeln zu. Mit dem kleinen Nachteil, dass die Wärmedehnung im Bereich der Flanschbefestigung, zum einen durch die bessere Temperaturableitung und zum anderen aufgrund der höheren Formfestigkeit, weniger verformt wird. Da nun die Belagfläche noch gerade ist, die Bremstrommel aber immer schräger wird, geht zunehmend Auflagefläche und damit auch Bremsleistung verloren. Die Bremsleistung kann je nach Zustand der Bremse und der Bremstemperatur durchaus um die Hälfte verringert werden (Fading). Was durchaus fatale Folgen haben kann, da ja die Bremsleistung gerade zu diesem Zeitpunkt benötigt wird. Sonst wäre sie wohl nicht so heiß geworden.

Scheibenbremsanlage

Die Scheibenbremsanlage zeichnet sich, wie ihr Name schon sagt, durch eine Bremsscheibe aus. Der Vorteil der Bremsscheibe liegt darin, dass das oben beschriebene Fading nicht auftreten kann. Natürlich wird auch hier die Wärmedehnung eine Rolle spielen, aber die Scheibenebenen, also die Anlageflächen der Bremsbeläge, bleiben annähernd parallel und die Reibflächengröße somit erhalten. Auch die Wärmeabfuhr fällt deutlich leichter. Zwar werden höhere Betätigungskräfte verlangt, diese können aber durch den verbauten Bremskraftverstärker leicht erzielt werden. Auch das Trockenlaufen nach einem Wasser- oder Schlammbad geht wesentlich schneller vonstatten.

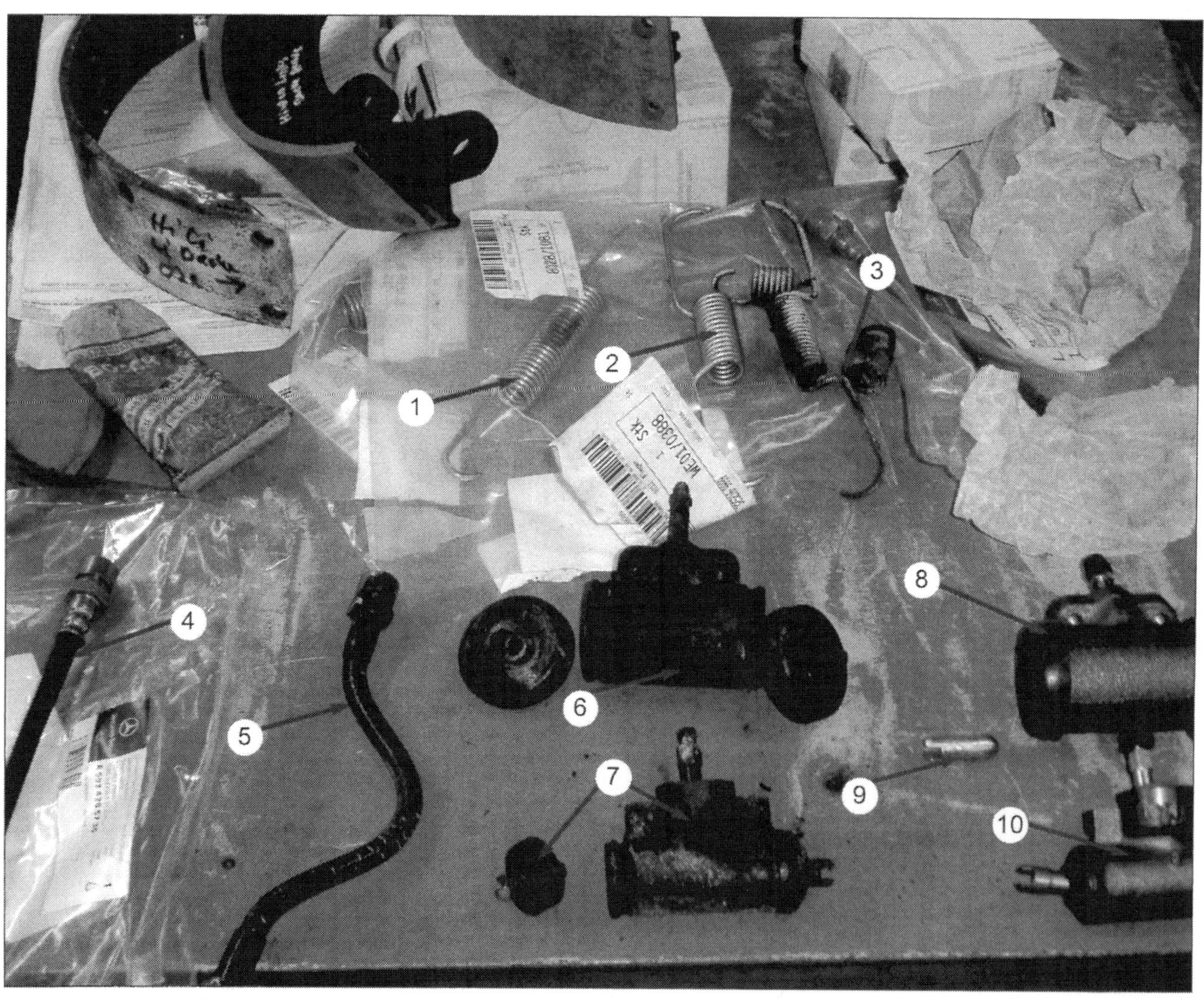

Trommelbremse in Teilen: 1 und 2 Federset neu, 3 Federset alt, 4 neuer Bremsschlauch, 5 rissiger alter Bremsschlauch, 6 alter Bremszylinder: innen noch brauchbar, aber außen zerfressen, 7 alter Bremszylinder: innen und außen zerfressen, 8 neuer Radzylinder groß, 9 Führungsstift, 10 neuer Radzylinder klein.

Aufbau und Hauptkomponenten

Die hydraulische Bremsanlage des Unimog besteht aus überschaubar wenigen Teilen. Auch die Funktionsweise ist recht schnell verstanden. Es gibt für viele der Bremsgeräte Reparatursätze. Diese sollten Sie aber nur dann verwenden, wenn der Zylinder und, sehr wichtig, seine Laufbahn innen nicht beschädigt sind. Ist das der Fall, bleibt nur der Neuteilersatz.

Hauptbremszylinder

Massives, röhrenartiges Teil aus Metall gefertigt. Sitzt unterhalb des Bremsflüssigkeitsbehälters. Wandelt die mechanische Kraft des Bremspedals in hydraulische Kraft um. Sorgt für schnellen Druckabbau im System beim Lösen der Bremsen.

Bremskraftverstärker

Sitzt hinter dem Hauptbremszylinder. Bringt etwa 60 Prozent der Bremskraft auf. Beim Unimog wird der Bremskraftverstärker mit Druckluft betrieben. Die Druckluft drückt zusätzlich auf die Kolben im Hauptbremszylinder.

Bremsflüssigkeitsbehälter

Ein heller Kunststoffbehälter, der sich meist im Motorraum in Fahrtrichtung links, in Nähe der Spritzwand befindet. Hier darf nur Bremsflüssigkeit nach DOT4 eingefüllt werden.

An den Rädern

Je nachdem, welches Bremssystem verbaut wurde, finden sich hier entweder Scheibenbremsen mit einem Bremssattel oder Trommelbremsen mit Radbremszylindern. Dazu gehören auch entsprechende Bremsbeläge und natürlich auch das Anbauzubehör wie Federn und Halter. Der Bremsflüssigkeitsdruck erreicht hier bis zu 160 bar. Die Kolben der Zylinder übertragen den Druck an die Bremsbeläge. Hier wird dann die Reibung erzeugt, die die Bremsung ausmacht.

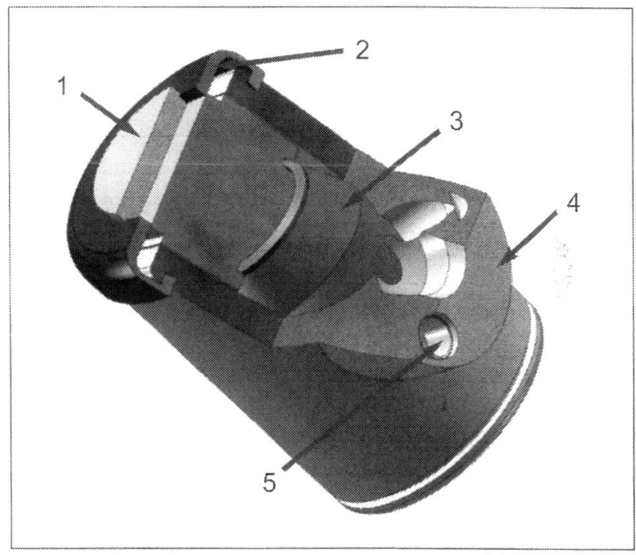

Radbremszylinder im Schnitt: 1 Kolben, 2 Staubmanschette, 3 Dichtmanschette, 4 Zylinder, 5 Entlüftungsbohrung.

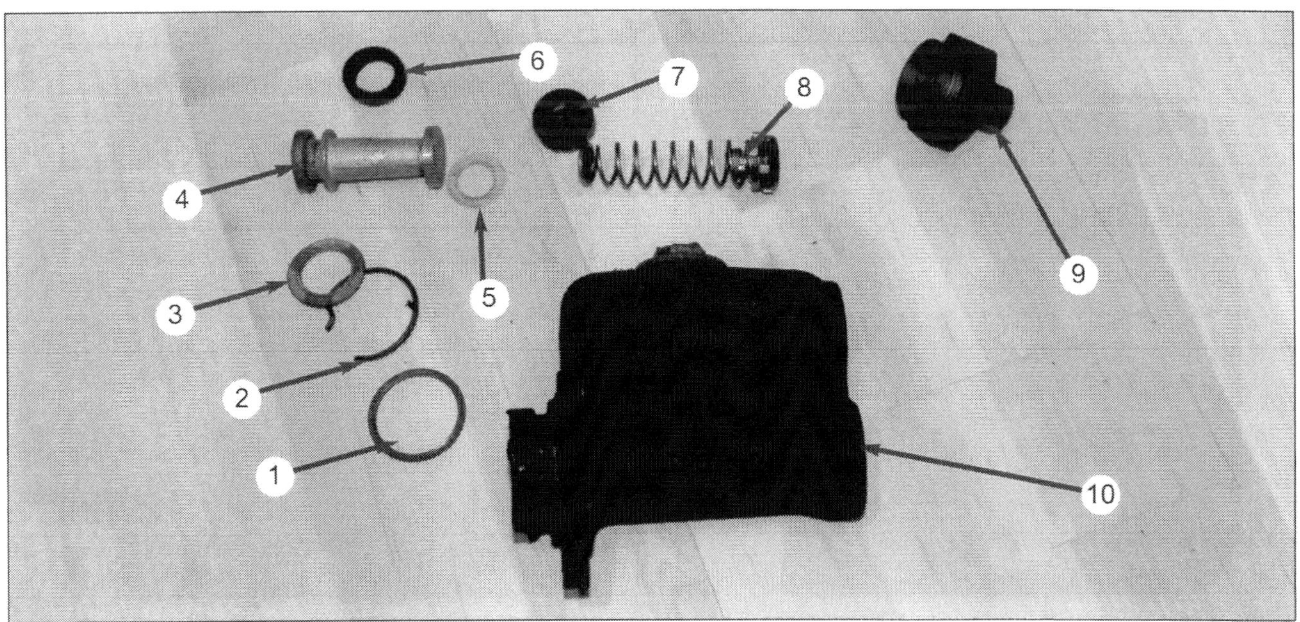

Hauptbremszylinder: 1 Beilagscheibe, 2 Sicherungsring, 3 Scheibe, 4 Kolben, 5 Dichtscheibe, 6 Dichtring nach außen, 7 Dichtmanschette, 8 Feder mit Bodenventil, 9 Verschlussstopfen, 10 Gehäuse.

Bremskraftregler
Um das Überbremsen der Hinterachse vermeiden zu können, muss hier der Bremsdruck dem Beladungszustand angepasst werden. Je leichter das Fahrzeug, umso leichter neigen die Bremsen zum Blockieren. Der Bremskraftregler oder auch Achsregler reduziert den Bremsdruck für die Hinterachse.

Mechanische Handbremse
Bei den meisten älteren Fahrzeugen wird die Handbremse mit Seilzügen betätigt. Hier müssen der Hebelweg, das Lüftspiel der Bremsbeläge und die Leichtgängigkeit der Mechanik beachtet werden.

Wozu eine Zweikreisbremse?

Zu Ihrer Sicherheit schreibt der Gesetzgeber vor, dass die Bremsanlage auf zwei voneinander getrennten Bremskreisen aufgebaut sein muss. Fällt ein Bremskreis aus, beispielsweise durch eine undichte Bremsleitung, so kann das Fahrzeug trotzdem mit Hilfe des zweiten sicher abgebremst werden. Beim Unimog wirkt die Zweikreisbremse nach dem »Schwarz-Weiß«-Prinzip, d. h., die Vorderradbremse wird mit einem Kreis und die Hinterradbremse mit dem zweiten Kreis betrieben. Dieser Aufbau wird in Fachkreisen als »Schwarz-Weiß-Aufteilung« bezeichnet, da die Vorder- und Hinterachse separat angesprochen werden. Die Handbremse zählt als weiterer unabhängiger Bremskreis. Sie kann die Hinterräder auch dann noch abbremsen, wenn die hydraulische Anlage vollständig ausgefallen ist.

Typische Schadensbilder

Nichts hält ewig und das trifft leider auch auf die Bauteile der Bremsanlage zu. In einem Fahrzeug sind die meisten Teile in irgendeiner Form in Bewegung. Ob nun gewollt, wie die Bremsschläuche oder ungewollt für die starren Leitungen. Natürlich finden Sie auch an sorgfältig verbauten Bremsleitungsaufnahmen schnell Korrosion, weil die ursprünglich bestehende Beschichtung der Leitung durch Verschmutzung aufgerieben und durch Salz und Wasser angegriffen wird. Etwas Fett von Zeit zu Zeit kann hier sehr viele Schäden verhindern.

Undichte Verschraubungen
Erkennen Sie an einer Verschraubung Bremsflüssigkeit oder zumindest eine feuchte Stelle, kontrollieren Sie, inwieweit Korrosion als Ursache infrage kommt. Ist die Leitung an sich intakt, muss die Verschraubung nachgezogen werden. Verwenden Sie für die Montagearbeiten an Leitungsnippeln und Entlüftungsnippeln grundsätzlich nur genau passende und besser sogar spezielle Bremsleitungsschlüssel. Die Auflagefläche der Schlüssel ist fast doppelt so groß wie die eines normalen Schlüssels. Ist der Sechskant erst einmal »rund«, bleibt nur das Erneuern der Leitung oder zumindest des Nippels.

Drucklos: Rechteckmanschette (4) ist gerade. 1 Kolben, 2 Zulaufbohrung, 3 Anlagefläche am Zylinder.

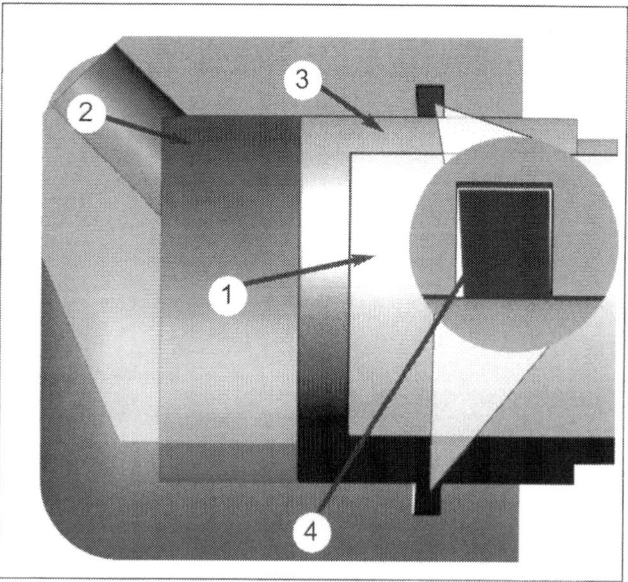

Beim Bremsen: Rechteckmanschette (4) wird verformt. 1 Kolben, 2 Zulaufbohrung, 3 Anlagefläche am Zylinder.

Durchrostete Bremsleitungen

Trotz Beschichtung und Halteclipsen oder Schlauchstücken, die über die Leitung aufgezogen wurden, kann es sein, dass sich Korrosion gebildet hat. Gerade die Lagerungs- und Aufhängungsstücke müssen regelmäßig kontrolliert werden. Im Bedarfsfall muss die Leitung gelöst und an der Stelle mit Schleifpapier entrostet werden. Etwas Zinkspray und Fett an der entrosteten Stelle schützen dann die Leitung wieder für eine gewisse Zeit. Sehen die Leitungen so aus, wie die hier abgebildeten, müssen sie erneuert werden. Hier ist durch die starke Korrosion sogar bereits eine feuchte undichte Stelle erkennbar.

Eingerissene oder poröse Bremsschläuche

Zur Übertragung von Bremsdruck vom Rahmen zur Achse muss die Leitung beweglich sein. Eine starre Verbindung würde bereits nach wenigen Ein- und Ausfederbewegungen brechen. Die Verbindungsstücke sind flexible hochdruckfeste Gewebe-unterstützte Schläuche, die bauartgeprüft sein müssen. Die Bremsdrücke können durchaus 200 bar erreichen. Natürlich müssen auch die Schläuche diesen Drücken widerstehen können, ohne irgendwelche Schäden davonzutragen. Auf dem Bild sehen Sie einen Bremsschlauch, der bereits einen erheblichen Schaden erlitten hat. Der Schaden wird durch die Bewegung in vielen Jahren Betriebszeit verursacht. Der Bremsschlauch war sogar noch dicht. Er wurde aufgrund seines Verschleißbildes gewechselt. Auch kleine Risse sind ein Grund den Schlauch zu ersetzen. Biegen Sie den Schlauch etwas um und sehen Sie genau hin, ob sich an der Biegestelle bereits kleine Risse auftun.

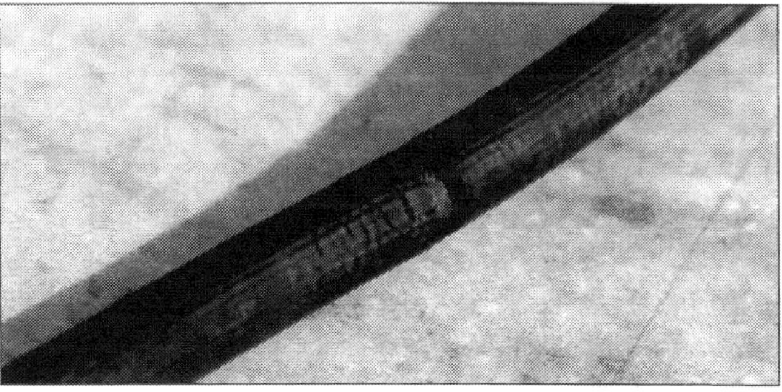

Bremsschlauch: Der Bremsschlauch ist trotz kleiner und großer Risse noch immer dicht. Unter der Gummischicht lässt sich bereits das Gewebe erkennen.

Markante Stelle: Auch die Verbindungsstücke sind aufgrund der unterschiedlichen Materialien korrosionsgefährdet. Manchmal sind sie aber einfach nicht ganz fest.

Bremsleitung: Die Korrosion hat hier bereits so tiefe Spuren hinterlassen, dass bei Druckaufbau Bremsflüssigkeit austritt.

Regelmäßige Prüfungen und Wartungsarbeiten

Eine funktionierende Bremse ist extrem wichtig und Qualität sollte kein Zufall werden! Deshalb ist es sehr wichtig, auch dieser Baugruppe Ihres Unimogs regelmäßig etwas Aufmerksamkeit zukommen zu lassen.

Bremsflüssigkeitswechsel

Bremsflüssigkeit ist hygroskopisch, das bedeutet, dass sie Wasser aufnimmt. Dieses Wasser stammt aus der Luft, und diese kann auch nicht durch eine Trennmembran aus dem Vorratsbehälter verbannt werden, jedenfalls nicht langfristig. Wasser schädigt alle Bremsgeräte durch Korrosion. Eine raue Oberfläche in einem Bremsgerät sorgt sehr schnell für Schäden und Undichtigkeiten an Dichtringen und Manschetten. Deshalb ist es sehr wichtig die Bremsflüssigkeit unabhängig von der Laufleistung alle 2 Jahre zu wechseln. Beziehen Sie auch die abgelegensten Geräte wie beispielsweise das hydropneumatisches Steuerventil in den Flüssigkeitswechsel mit ein.

- Saugen Sie mit einer Medizinspritze oder mit einem anderen vergleichbaren Werkzeug den Vorratsbehälter der hydraulischen Bremse leer.
- Reinigen Sie den Deckel und die Trennmembrane gründlich mit Wasser oder Bremsenreinigungsspray. Soweit die Vorratsbehälter abnehmbar sind, können Sie das mit den Behältern auch tun.
- Trocknen Sie die gereinigten Teile vollständig und gründlich.
- Befüllen Sie den Vorratsbehälter mit neuer Bremsflüssigkeit.
- Öffnen Sie zuerst den Entlüftungsnippel des am weitesten entfernten Bremsgerätes und saugen Sie die alte Bremsflüssigkeit mit einem Entlüftungsgerät oder einer geeigneten Unterdruckpumpe und einem aufgesteckten Klarsichtschlauch ab, bis neue Bremsflüssigkeit ankommt.
- Achten Sie auf den Flüssigkeitsstand im Vorratsbehälter und füllen Sie ihn bei Bedarf nach. Er darf bei dieser Arbeit nicht leer werden. Sollte der Hauptbremszylinder hierbei »Luft saugen«, muss die komplette Bremsanlage entlüftet werden.
- Führen Sie diese Arbeit für alle hydraulischen Bremsgeräte (Radzylinder, Kupplungsgeber und hydropneumatisches Steuerventil) durch.
- Prüfen Sie anschließend den Bremsdruck. Ist er weich geworden, muss die Bremsanlage entlüftet werden.
- Führen Sie eine Probefahrt durch und reinigen Sie alle Lackflächen, die mit Bremsflüssigkeit in Berührung gekommen sein könnten, gründlich mit Wasser.

Einstellung Belaglüftspiel (Trommelbremse)

Die Einstellung des Lüftspiels der Beläge (Abstand der Bremsbeläge zur Bremstrommel) muss grundsätzlich bei kalter Bremse erfolgen. Die Einstellung ist in Ordnung, wenn nach der Einstellung auch bei längerer Fahrt ohne Bremsung die Bremstrommeln nicht erwärmt werden.

- Bocken Sie das Fahrzeug auf, lösen Sie die Feststellbremse und demontieren Sie das Schutzblech unten.
- Verdrehen Sie die jeweils linke Schraube im Uhrzeigersinn und die rechte Schraube gegen den Uhrzeigersinn so weit, bis die Beläge anliegen.
- Drehen Sie die beiden Exenterschrauben so weit zurück, dass die Räder gerade so frei laufen.
- Treten Sie mehrmals fest auf die Bremse und prüfen Sie die Freigängigkeit erneut.
- Verbauen Sie die Schutzbleche wieder und führen Sie eine Probefahrt durch.

Zustand der mechanischen Betätigungen und Lagerungen

Auch die mechanischen Bauteile der Bremsanlage unterliegen Verschleiß und Korrosion. Zu diesen Teilen gehören Bremsgestänge, Bremsseile und andere Übertragungsbauteile, bis hin zu den Auflagern, an denen die Bremsbeläge an der Achse befestigt sind. Klemmt ein Teil der Mechanik oder ist nur etwas schwergängig, kann beispielsweise eine Bremse nicht mehr richtig lösen und hat im günstigsten Fall dann erhöhten Verschleiß. Auch wenn Sie im Rahmen einer Inspektion sich die Bremsbelagstärke und die Freigängigkeit der Räder genau anschauen, sollten Sie immer die Beweglichkeit der mechanischen Bauteile mit begutachten.

Bremsleitungen herstellen

Bremsleitungen gibt es heute leider nur selten einbaufertig hergestellt. Somit müssen passende Leitungen selbst hergestellt werden.

- Bauen Sie die alten Bremsleitungen aus. Wenn Sie eine alte Verschraubung nicht aufdrehen können, schneiden Sie mit einem Seitenschneider die Leitung kurz hinter dem Nippel ab und lösen Sie den Nippel mit einer Ratsche und einer Sechskantnuss. Die abgeschnittene Länge müssen Sie dann bei der Bemessung der neuen Leitung berücksichtigen.

- Schneiden Sie die neue Leitung etwa 1 cm länger als die alte Leitung mit einer Puksäge oder besser noch mit einem Rohrschneider ab. Entgraten Sie die Schnittkante gewissenhaft. Ist ein Nippel in oder direkt hinter einer Kurve ausgeführt, muss diese Biegung erst nach dem Pressen der Nippel entstehen.

Schritt 1: Neue Leitungen (1) ablängen und nach der alten (1) Leitung als Muster die Kurven nachbiegen.

- Spannen Sie die Nippelpresse fest in einen Schraubstock ein.

- Legen Sie die Leitung in die passenden Klemmstücke der Nippelpresse ein und wählen Sie das passende Pressstück (3) aus.

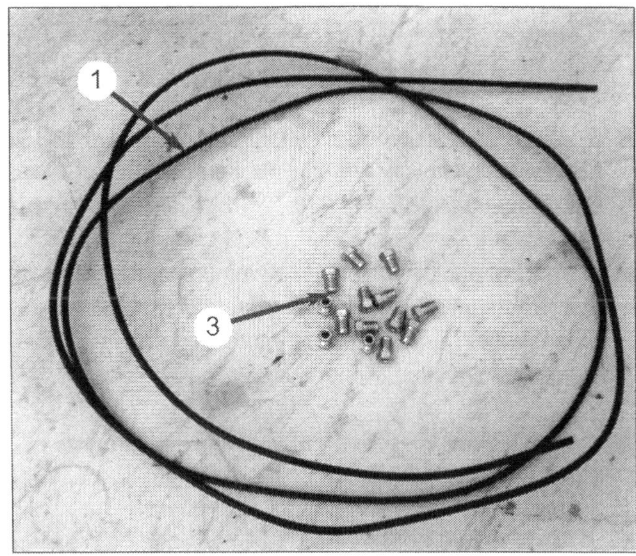

Reparaturset für Leitungen: 1 Stahlbremsleitungen (Kupferleitungen sind nicht zulässig), 2 Schraubnippel.

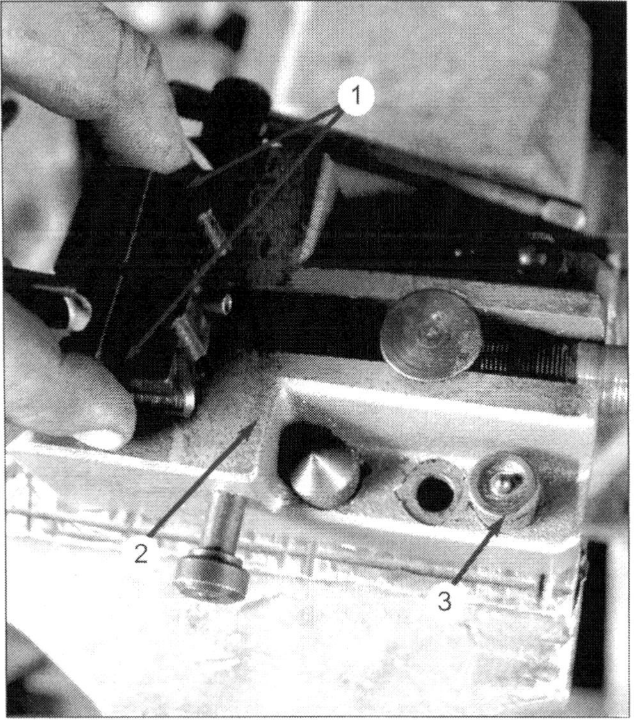

Schritt 2: Die Leitung mit passendem Klemmstück (1) in die Nippelpresse (2) einlegen, passenden Bördeleinsatz (3) auswählen.

- Schieben Sie die Verschraubung auf die Leitung auf. Achten Sie darauf, dass das Gewinde zum werdenden Nippel zeigt. Die beiden Vorgänge gehören zu den Lieblingsfehlern. Eine vergessene oder falsch herum aufgesteckte Verschraubung bedeutet auch, den frisch gepressten Nippel wieder abzuschneiden.

- Schieben Sie mit Hilfe der Ablängung (3) die Bremsleitung ein und spannen Sie sie mit dem Hebel (1) fest.

- Drehen Sie die Bördelspindel mit dem Bördeleinsatz in die Leitung ein, bis der Einsatz kurz vor den Klemmstücken fest angezogen wird.

- Lösen Sie die Bördelspindel etwas und sehen Sie sich die Bördelung an. Ist sie fertig gepresst, kann der Spannhebel (1) gelöst werden und die Leitung mit den Klemmstücken entnommen werden.

- Prüfen Sie den Bördelpilz auf Schäden und Einrisse.

Bremsflüssigkeit

GEFAHRHINWEISE

Bremsflüssigkeit ist giftig, lackschädigend und hygroskopisch, das heißt: Bremsflüssigkeit neigt dazu Wasser aufzunehmen. Diese Eigenschaft kann aber zu kritischen Situationen führen. Denn das Wasser in der Bremsflüssigkeit ist Gift für eine Bremsanlage, an der bis zu 600 °C entstehen können. Bekanntlich kocht Wasser schon bei rund 100 °C. Dabei setzt es Sauerstoff-Moleküle frei. Es kommt zur Blasenbildung in der Bremsflüssigkeit. Diese Blasen aus Luft lassen sich aber im Gegensatz zu Flüssigkeiten komprimieren, womit die Kraftübertragung vom Pedal zu den Bremsbelägen nicht mehr oder nur sehr schlecht funktioniert. Man tritt dann mangels Bremsdruck in der Leitung ins »Leere«. Zum Wiederaufbau des Bremsdrucks muss erst am Pedal mehrmals »gepumpt« werden, bis die Luft wieder entwichen ist und der Pedaldruck dadurch wieder zum Betätigen der Bremse aufgewendet werden kann. Eine unangenehme Erfahrung, zumal nicht immer der verbleibende Weg ausreicht, um entsprechende Maßnahmen zu ergreifen. Wollen Sie sich diese Erfahrung ersparen, dann wechseln Sie die Bremsflüssigkeit regelmäßig (im Abstand von ca. zwei Jahren) in einer Fachwerkstatt!

Schritt 3: Verschraubung (1) aufschieben, passenden Bördeleinsatz (2) in die Spindel einlegen, Abstand einstellen (3)

Schritt 4: Die Leitung festspannen (Hebel 1) und den Nippel bördeln (Hebel 2).

Schritt 5: Die Hebel entspannen, die fertige Leitung entnehmen und den gebördelten Nippel (1) auf Einrisse hin überprüfen.

Bremsanlage entlüften

Bremsflüssigkeit ist aufgrund ihrer physikalischen Eigenschaften nicht (oder fast nicht) komprimierbar, Luft als Gas allerdings schon. Luft in der Bremsanlage führt immer zu Druckverlust, da die Flüssigkeit ihren Druck an die eingeschlossene Luft weitergibt und damit dieser Verlust zum Teil nicht mehr an den Bremsgeräten zur Verfügung steht. Weiterhin dehnt sich Luft bei Erwärmung stark aus, was gerade bei heißer Bremse das Problem des Druckverlustes erweitert. Bei jeder Montagearbeit wie dem Wechsel von Bremsleitungen, Schläuchen und Bremsgeräten muss die Bremsanlage entlüftet werden. Wir stellen Ihnen im Folgenden die Entlüftung mit einem Entlüftungsgerät vor. Die Entlüftung durch »Pumpen« kann Schäden an den Manschetten verursachen, wenn diese in einen Bereich des Hauptbremszylinders vordringen, in der sich Korrosion gebildet hat, da dieser Bereich im Regelfall ungenutzt bleibt.

Vorbereitungen

Bereiten Sie die bevorstehende Arbeit an der Bremse gewissenhaft vor, um einen reibungslosen Ablauf realisieren zu können.

- Reinigen Sie den Bereich der Entlüftungsnippel an den Bremsgeräten und die Vorratsbehälter sehr gründlich, um zu vermeiden, dass Verschmutzungen in das hydraulische System eindringen können.

- Ziehen Sie die Schutzkappen von den Entlüftungsnippeln ab.

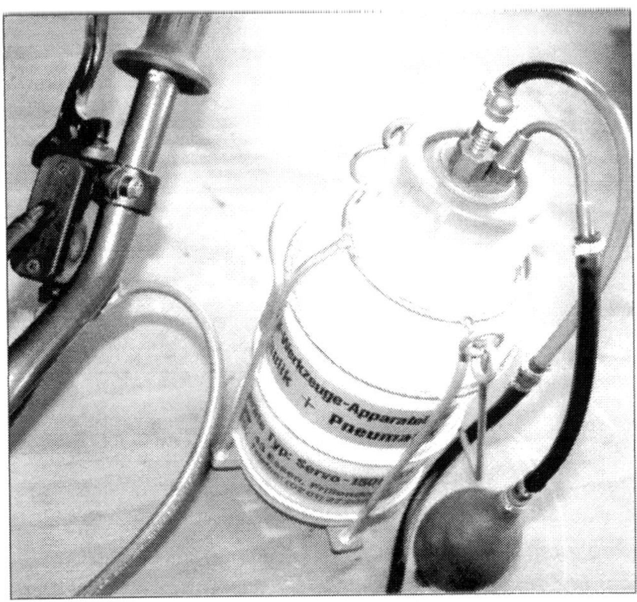

- Lösen Sie die Entlüftungsnippel kurz probeweise, um sicherstellen zu können, dass sie gängig sind. Am Austreten von etwas Bremsflüssigkeit erkennen Sie gleichzeitig, dass die Bohrung des Entlüftungsnippel frei ist.

- Tritt keine Bremsflüssigkeit aus, bauen Sie den Entlüftungsnippel aus und reinigen Sie ihn oder erneuern Sie ihn, wenn das erforderlich sein sollte.

- Legen Sie sich einige saubere Lappen zurecht, um eventuell abtropfende Flüssigkeit sofort aufnehmen zu können.

Entlüften mit dem Entlüftungsgerät

- Kontrollieren Sie den Bremsflüssigkeitsstand im Bremsvorratsbehälter.

- Schrauben Sie einen Adapter auf das Gewinde des Vorratsbehälters auf.

- Schließen Sie den Druckbehälter an den Anschlussschlauch an und beaufschlagen Sie den Druckbehälter mit einem Druck von etwa 1,0-1,5 bar.

- Beginnen Sie an dem Bremsgerät, das am weitesten vom Hauptbremszylinder entfernt ist. Stecken Sie den Auffangbehälter auf und öffnen Sie den Entlüftungsnippel. Lassen Sie so lange Bremsflüssigkeit herauslaufen, bis diese durch den Klarsichtschlauch erkennbar » blasenfrei» austritt.

- Wiederholen Sie diesen Arbeitsschritt für jedes Bremsgerät.

- Prüfen Sie den Bremsdruck ohne Bremskraftverstärkung (kein laufender Motor). Er sollte hart und definiert sein.

Einfaches Entlüftungsgerät: Kann das Gleiche wie neue Systeme. Kunststoffflasche im Käfig und Pumpball als Druckbehälter.

Bremsbeläge wechseln

Da bei den meisten Unimog Trommelbremsen verbaut sind, werden wir diese Arbeitsschritte für die Trommelbremse genauer betrachten.

Vorbereitung

- Bocken Sie das Fahrzeug auf.
- Demontieren Sie die entsprechenden Räder.
- Reinigen Sie das Umfeld der Bremsanlage und die Bremsanlage selbst gründlich.

Belagwechsel Scheibenbremsbeläge

- Nehmen Sie die Schutzkappe (soweit verbaut) ab.
- Schlagen Sie die beiden Belagsicherungsstifte heraus.
- Nehmen Sie die alten Bremsbeläge heraus.
- Drücken Sie die Bremskolben gleichzeitig mit einem Rücksteller oder einem anderen geeigneten Werkzeug in den Bremskolben zurück.
- Reinigen Sie die Auflageflächen im Bremssattel und versehen Sie diese mit etwas Kupferpaste. Tragen Sie auch etwas Kupferpaste auf die Rückseite der Bremsbeläge auf.

Der Einbau erfolgt sinngemäß in umgekehrter Reihenfolge. Treten Sie vor der Probefahrt einige Male auf die Bremse, um die Bremsbeläge an die Bremsscheibe anzulegen.

Abbohren: Die Nieten (1) des Bremsbelages (2) vom Belagträger (3) abbohren.

Nieten vorschlagen: Aufgelegt auf einen Durchschlag wird mit einem Körner der Niet durch Aufweiten gesichert.

Vernieten: Mit einem Hammer den Nietkopf anschließend pilzartig austreiben.

Anbauteile überarbeiten: Auch Bremstrommeln, Belagträger und Abdeckbleche können bei dieser Gelegenheit überarbeitet werden.

Demontage Bremsbacken Trommelbremse

- Demontieren Sie die Abdeckbleche an der Rückseite der Bremse.
- Hängen Sie die Bremsseile aus.
- Nehmen Sie die Rückzugsfedern mit einer Federzange aus den Bremsbacken heraus.
- Versorgen Sie die Auflagerstellen der Bremsbacken mit Kupferpaste oder einem anderen geeigneten Bremsfett für hohe Temperaturen.

Der Einbau erfolgt sinngemäß in umgekehrter Reihenfolge.

Wechsel der Bremsbeläge Trommelbremse

- Demontieren Sie die Bremsbacken.
- Bohren Sie die Nieten aus und schlagen Sie sie mit einem geeigneten Durchschlag aus dem Belagträger heraus.
- Reinigen und entrosten Sie die Bremsbacken gründlich. Etwas Lack kann hier auch nicht schaden.
- Legen Sie den neuen Belag auf und schlagen Sie von der Mitte beginnend alle Nieten mit einem Körner vor.
- Achten Sie auf den korrekten Sitz der Beläge und vernieten Sie die Nieten nun von der Rückseite aus. Achten Sie darauf, dass der Niet nicht einreißt.

Prüfung des ALB-Reglers Unimog

Um diese Prüfung vollständig durchführen zu können, muss das Fahrzeug auf einer Fahrzeugwaage gewogen werden. Festzustellen ist die Achslast der hinteren Fahrzeugachse.

- Hängen Sie die Regelfeder am ALB-Regler aus und schließen Sie an beide Prüfanschlüsse vor und nach dem ALB-Regler ein Manometer mit einem Messbereich bis zu 200 bar an.
- Treten Sie nun den Fußhebel langsam durch. Hierbei sollten beide Manometeranzeigen bis zu einem Druck von 25 bis 30 bar gleichmäßig ansteigen. Darüber hinaus muss das Manometer des geregelten Kreises bei diesem Druck stehen bleiben. Stimmt dieser Wert nicht, kann der Regler mit Hilfe der Einstellschraube nachgestellt werden.
- Hängen Sie die Regelfeder nun wieder am ALB-Regler ein.
- Treten Sie den Fußbremshebel voll durch. Das Manometer des ungeregelten Kreises muss nun etwa 140 bar anzeigen. Das Manometer des geregelten Kreises muss dem Druckbereich des Diagramms entsprechen. Wenn es erforderlich sein sollte, bitte den Regeldruck durch die Verkürzung des Federweges vermindern oder durch Verlängerung des Federweges erhöhen. Die Verstellung erfolgt durch das Verschieben der Regelfeder im Langloch auf dem Schubrohr.

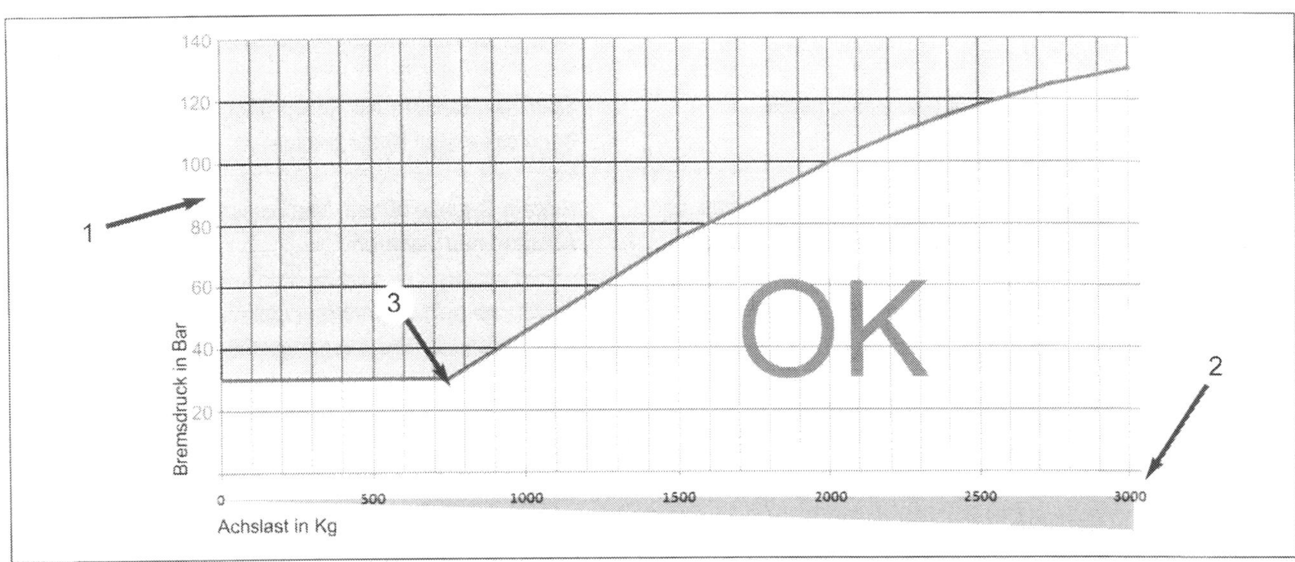

Druckverlauf am ALB-Regler: 1 Bremsdruck in bar, 2 Achslast in kg, 3 Knickpunkt mit Reglungszuwachs.

Bremsanlage

	Störung	Was kann das sein?	Was muss ich tun?
A	**Bremsen quietschen**	**1** Hochfrequente Schwingungen	Oft hilft es, die Längskanten der Beläge mit einer Feile anzuschrägen, dazu etwas Anti-Quietsch-Paste auf der Rückseite der Beläge
		2 Verglaste Beläge nach extremer Überhitzung	Die Bremsklötze müssen ersetzt werden, dabei die Scheiben genau prüfen
		3 Beläge verschlissen, der Verschleißanzeiger liegt an	Die Bremsklötze müssen ersetzt werden, dabei die Scheiben genau prüfen
B	**Schwache Bremswirkung**	**1** Ungünstige Materialpaarung zwischen Scheiben und Belägen	Scheiben und Beläge ersetzen und dabei Teile vom gleichen Hersteller verwenden
	...bei zu hartem Bremspedal	**2** Bremskraftverstärker ausgefallen	Unterdruckanschluss prüfen. Marderbiss?
	...bei zu weichem Bremspedal	**3** Bremse überhitzt	Bei langsamer Fahrt abkühlen lassen
		4 Luft im System	Mit speziellem Gerät entlüften lassen und dabei die Bremsflüssigkeit erneuern
C	**Übermäßiger Verschleiß**	**1** Überstrapazieren der Bremse	Lieber etwas stärker und dafür weniger lang bremsen
	...an einer Bremse	**2** Schwergängiger Sattel oder Belag verklemmt	Zerlegen und reinigen. Etwas stärkerer Verschleiß an der Kolbenseite ist jedoch normal
	...nur vorne	**3** Ungünstige Materialpaarung	Scheiben und Beläge ersetzen und dabei Originalteile oder größere Bremsanlage verwenden
	...nur hinten	**4** Lüftspiel zu gering	Spiel der Handbremse überprüfen. Diese sollte erst nach der ersten Raste greifen
D	**Handbremse zieht nicht**	**1** Automatische Nachstellung funktioniert nicht richtig	Hintere Bremse öffnen, Mechanismus reinigen und Abstand neu justieren
		2 Beläge hinten abgenutzt	Prüfen, ob beide Handbremsbetätigungshebel der Bremssättel auf die Ausgangsstellung zurückgehen

Druckluftbremsanlage

Neben der hydraulischen Bremse wurden die Unimogs zur Unterstützung der Bremskraft und zum Abbremsen der Anhänger schon früh mit einer Kombination aus hydraulischer und pneumatischer Bremsanlage ausgerüstet. Gerade die Kombination macht diese Anlage oft nicht leicht überschaubar.

Die Druckluftbremsanlage des Unimog weist sehr viele unterschiedliche Bauweisen auf. Neben den technischen Änderungen wurden die Anlagen individuell auf die Aufgaben des Fahrzeugs zugeschnitten. Dazu kommen noch diverse Umbauten, die Ihr Fahrzeug im Laufe seiner Betriebsjahre verändert haben. Entsprechend macht es wenig Sinn, sich im Rahmen dieses Buches über alle denkbaren Varianten der Druckluftanlage auszulassen. Vielmehr möchten wir Ihnen die Bauteile und Funktionen, die Einbaulage sowie die wichtigsten Wartungsarbeiten und Prüfungen vorstellen. Die Besonderheit bei der Unimoganlage liegt in der Kombination von hydraulischer Bremsbetätigung, die man auch in jedem Pkw findet, und der pneumatischen Bremsbetätigung für den Anhänger.

Vorschriften zum Betrieb von Anhängern

Seit dem 1.09.1989 müssen alle Anhängefahrzeuge, und entsprechend natürlich auch die Zugfahrzeuge, mit einer Zweileitungsbremsanlage ausgerüstet werden, wenn sie über 25 km/h zugelassen sind. Bis 25 km/h eingetragene Höchstgeschwindigkeit des Anhängers ist eine Einleitungsbremsanlage zulässig.

Druckluftversorgung

Die Druckluftanlage wird zur Bremskraftverstärkung an der Fahrzeugbremse und für die Betriebsbremse des Anhängers benötigt. Die Druckluftversorgung erfolgt wie beim Lkw durch einen Kompressor mit Flatterventilen, der etwa bis zu 8,0 bar Druck erzeugen kann. Durch den Druckregler wird der erzeugte Luftdruck auf 6,2 bis 7,3 bar beschränkt. Als Druckspeicher ist ein Vorratskessel mit etwa 30 Litern Inhalt am Fahrzeug verbaut.

Funktion (Betätigung der Druckluftanlage)

Die Funktionsweise der hydraulischen Anlage haben wir bereits im vorigen Kapitel beschrieben. Schauen wir uns in diesem Kapitel die Betätigung der pneumatischen Bremse genauer an. Bei einer normalen Druckluftbremsanlage wird die Ansteuerung durch das Brempedal, das als »Betriebsbremsventil« ausgeführt ist, erreicht. Beim Unimog erfolgt die Betätigung der hydraulischen Bremsanlage durch einen Hauptbremszylinder. Der hydraulische Druck betätigt nun das »hydropneumatische Steuerventil« und modelliert hiermit über das »Anhängersteuerventil« den Bremsdruck für den Anhänger.

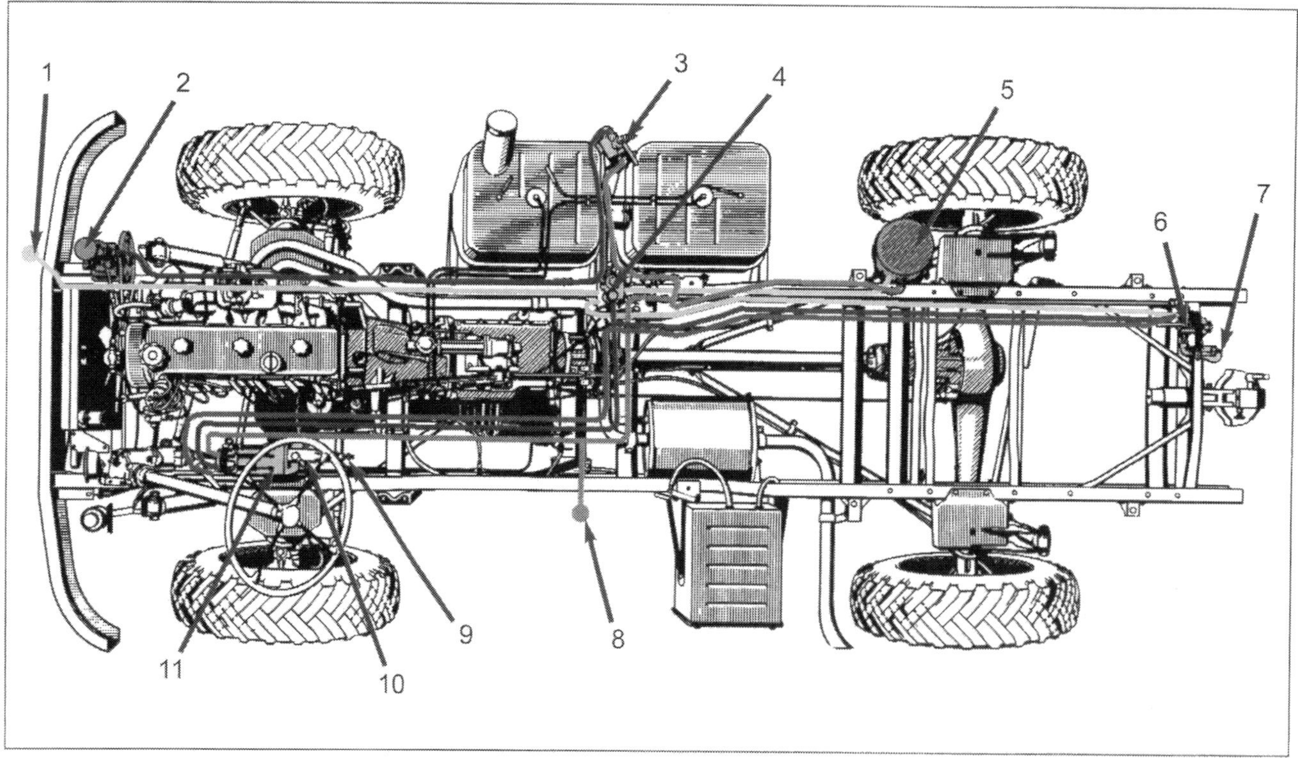

Einleitungsbremsanlage mit Druckluftunterstützung in der Übersicht: 1 Kupplungskopf für Druckluftbremsanschluss, 2 Kompressor, 3 Druckregler mit Filter und Reifenfüllanschluss, 4 Anhängersteuerventil, 5 Druckspeicher (Kessel), 6 Umschalthahn, 7 Kupplungskopf für Bremsanschluss, 8 Anschluss für Ausgleichsperrenbetätigung, 9 Bremsendoppeldruckanzeige, 10 Hauptbremszylinder, 11 Druckluft Bremskraftverstärker.

Aufteilung der »Leitungen« und der »Bremskreise«

Bereits durch die Bezeichnung werden die verschiedenen Bremssysteme der Druckluftbremse unterschieden. Der Betrieb der Anhängerbremse erfolgte durch zwei unterschiedliche Systeme, die bereits äußerlich unterschieden werden können. Natürlich entwickelten sich die Bremssysteme weiter, und dieser Entwicklung musste auch der Unimog Rechnung tragen. Schließlich musste dieses Fahrzeug beide Bremsanlagen an Anhängern bedienen können. Aus diesem Grund finden Sie oft neben dem einzelnen schwarzen Anschluss für die alten Systeme auch die Zweileitungssysteme mit rotem und gelbem Anschluss.

Einleitungsbremssysteme (Druckluft)

Eine »Einleitungsbremsanlage« ist eine Bremsanlage, bei der die Bremsbetätigung am zu bremsenden Fahrzeug durch einen einzelnen Kreis erfolgt. Fällt dieser aus, ist die Bremse außer Betrieb. Der Ausfall kann durch den totalen Druckverlust im System erfolgen. Eine Besonderheit der Systeme am Unimog ist die Druckluftunterstützung der hydraulischen Fahrzeugbremse. Fällt die Druckluftanlage aus, besteht auch keine Bremskraftunterstützung mehr. Das sollten Sie zumindest beim Abschleppen beachten. Der Ausfall der Druckluftversorgung bedeutet für den Anhänger, dass die Bremse betätigt wird. Ohne Luft ist die Bremse des Anhängers zu. Ein klarer Nachteil des Einleitungssystems liegt darin, dass die Druckluftversorgung wie auch die Vorratsluftversorgung durch diese eine Leitungsverbindung zum Anhänger realisiert wird. Während des Bremsvorgangs kann keine Vorratsluft nachströmen. Die Bremsung wurde durch den Druckabfall in der Steuerleitung eingeleitet.

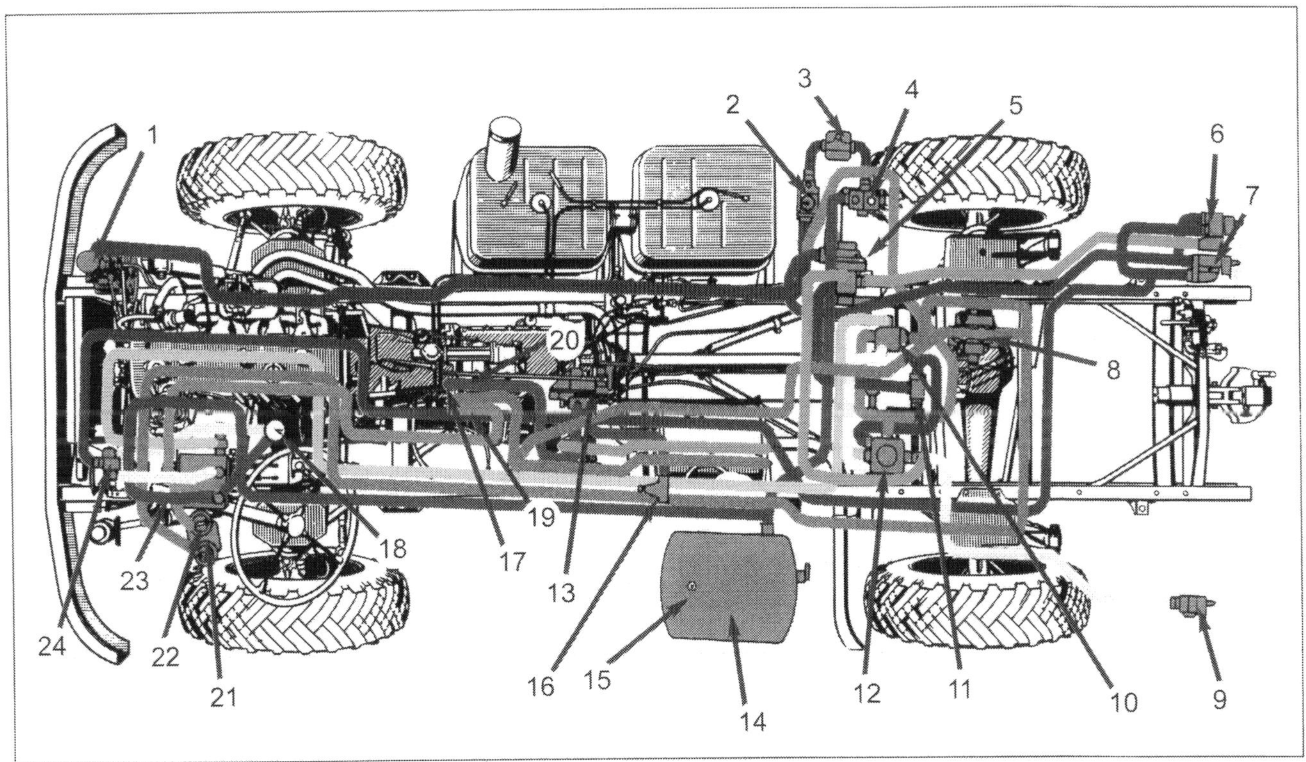

Zweileitungsbremsanlage mit Druckluftunterstützung in der Übersicht: 1 Kompressor, 2 Druckregler, 3 Frostschutzeinrichtung, 4 Dreikreisschutzventil, 5 Anhängersteuerventil, 6 Kupplungskopf Einleitungssystem, 7 Kupplungskopf Zweileitungssystem Vorratsleitung, 8 ALB-Regler, 9 Kupplungskopf Zweileitungssystem Bremse, 10 hydropneumatisches Steuerventil, 11 Handbremsventil, 12 Anhängerventil Zweileitungssystem, 13 Betätigungsventil für Ausgleichssperren, 14 Kessel, 15 Entwässerungsventil (von unten), 16 Überströmventil, 17 Anschluss (Differenzialsperren vorne und hinten), 18 Doppeldruckanzeige, 19 hydraulische Bremsleitung Kreis 1, 20 hydraulische Bremsleitung Kreis 2, 21 Bremsflüssigkeitsbehälter Kreis 2, 22 Bremsflüssigkeitsbehälter Kreis 1, 23 Druckluftbremskraftverstärker, 24 3/2 Wegeventil.

Zweileitungsbremssysteme (Druckluft)
Die »Zweileitungsbremsanlage« ist eine Bremsanlage, bei der die Bremsbetätigung und die Druckluftversorgung am zu bremsenden Fahrzeug durch zwei Leitungen erfolgt. Fällt dieser aus, ist die Bremse außer Betrieb. Der Ausfall kann durch den totalen Druckverlust im System erfolgen. Die Zweikreisbremse erlaubt die Druckversorgung auch während des Bremsvorgangs. Das ist ein erheblicher Sicherheitszugewinn. Sie ist leicht an den beiden Anschlüssen für die Bremsanlage des Anhängers zu erkennen. Natürlich unterscheiden sich auch viele der verbauten Anlagenteile deutlich von der einfacheren Einkreisbremsanlage.

Bauteile im System

Zur besseren Übersicht betrachten wir uns die wichtigsten Bauteile der Druckluftbremsanlage etwas genauer:

Anhängerbremsventil
Das Anhängerbremsventil ist im Anhänger verbaut und wandelt die vom Zugfahrzeug übertragenen Bremsdrücke in einen Bremsdruck für den Anhänger um. Die erforderliche lastabhängige Regelung übernimmt das ALB. Beim Abreißen der Bremsleitung, wenn beispielsweise der Anhänger sich selbstständig macht, wird die Bremsung ausgelöst.

ALB
Die **a**utomatische **l**astabhängige **B**remskraftregeleinrichtung ist im Anhänger verbaut und erfasst die Beladung des Anhängers anhand des Einfederzustandes. Die Bremsleistung wird entsprechend der Zuladung abgestimmt. Die Einstellung sollte nur von Fachkräften erfolgen. Ein Radblockieren wird so weitestgehend vermieden. Der im Unimog verbaute ALB steuert die Bremskräfte an der Fahrzeughinterachse ein und ist im Bereich der Hinterachse verbaut. Er erfasst, wie auch beim Anhänger, die Beladung anhand des Einfederzustandes.

Anhängersteuerventil
Das Anhängersteuerventil modelliert die Steuerdrücke der Betriebsbremse und der Handbremse für den Anhänger und leitet sie über die pneumatische Bremsleitung an den Anhänger weiter.

Anschlussbelegung an Druckluftgeräten

DIN	Beschreibung
0	Ansauganschluss
1	Energiezufuhr (Eingang)
2	Energieabfluss (Ausgang)
3	Atmosphärische Entlüftung
4	Steueranschluss
5	Nicht belegt
6	Nicht belegt
7	Anschluss Frostschutzmittel
8	Schmierölanschluss (Kompressor)
9	Kühlwasseranschluss

Sind mehrere Anschlüsse der gleichen Funktion vorhanden, wird die Anschlusskennzeichnung erweitert.
Das würde für einen Kühlkreislauf bedeuten:
91 = Kühlwasserzulauf und 92 = Kühlwasserablauf
oder auch bei mehreren Abgängen für den Energieabfluss: 21, 22, 23, 24

Bremskraftregler
Der Bremskraftregler ist im Anhänger verbaut und erfasst die Beladung des Anhängers durch einen Vorwahlhebel. Die Bremsleistung wird entsprechend der Zuladung abgestimmt. Die Einstellung sollte nur von Fachkräften erfolgen. Ein Radblockieren wird so weitestgehend vermieden.

Pneumatischer Bremskraftverstärker
Der Bremskraftverstärker verstärkt mit Druckluft die Pedalkraft, die durch den Fahrer auf den Hauptbremszylinder einwirkt. Er besteht aus dem Steuerventil und zwei Druckkammern.

GEFAHRENHINWEIS – Sicherheit Bremssystem

Die Druckluftbremsanlage ist ein sicherheitsrelevantes System. Arbeiten Sie niemals an diesem System, wenn Sie keine fachliche Ausbildung an Druckluftbremssystemen nachweisen können. Bauen Sie niemals Bauteile ein, die nicht für dieses Fahrzeug zugelassen und geprüft sind. Achten Sie gewissenhaft auf möglichen Druckverlust und holen Sie sich im Zweifelsfall fachlichen Rat beim nächsten Bremsendienst ein.

Druckregler

Der Druckregler regelt den Betriebsdruck der Bremsanlage. Er lässt die vom Kompressor erzeugte Druckluft entweder in die Anlage strömen oder lässt sie in die Außenluft entweichen.

Entwässerungsventil

Das Entwässerungsventil ist zum Ablassen des Kondenswassers, welches bei der Druckerzeugung entsteht, unten am Druckluftkessel verbaut.

Frostschützer

Der Frostschützer oder die Frostschutzpumpe führt der Bremsanlage Frostschutz zu, um das Gefrieren des Kondensatwassers in der Anlage (mit der Folge, dass die Anlage ausfallen kann) zu verhindern.

Motorbremse (Motorbremsventil)

Die Motorbremse wurde auch »Auspuffverlangsamer« genannt und besteht aus einer Klappe, die bei ihrer Betätigung den Auspuff verschließt. Dadurch wird das Motorbremsmoment (Motorbremse) verstärkt. Betätigt wird die Klappe durch einen kleinen Luftzylinder, der durch ein Betätigungsventil im Fahrerfußraum angesteuert wird.

Zweikreis-, Dreikreis- oder Vierkreisschutzventil

Dieses Ventil ist die Zusammenfassung von zwei bis vier Überströmventilen. Es teilt die am Geräteeingang zur Verfügung stehende Druckluft auf die einzelnen zur Verfügung stehenden Luftkreise auf und sichert diese Kreise gegeneinander ab. So können auch bei starkem Luftverlust oder Ausfall eines Kreises die anderen Kreise genutzt werden. Es wird eine höhere Funktionssicherheit erreicht. Zwischen den einzelnen Kreisen ist ein Luftaustausch bis zu einer Druckuntergrenze des so genannten »Schließdrucks« möglich.

Handbremsventil

Das Handbremsventil ist ein pneumatisches Steuerventil, das die Bremsanlage von Zugfahrzeug und Anhänger feststellt. Beim Unimog ist ein Luftbremszylinder mit dem Gestänge der Handbremsbetätigung verbunden, um die Bremse zu betätigen. Das Handbremsventil ist als Durchgangsventil in die Bremsleitung zum Relaisventil eingebaut worden.

Hydropneumatisches Steuerventil

Dieses Ventil ist das Bindeglied zwischen der hydraulischen Anlage im Unimog und der pneumatischen

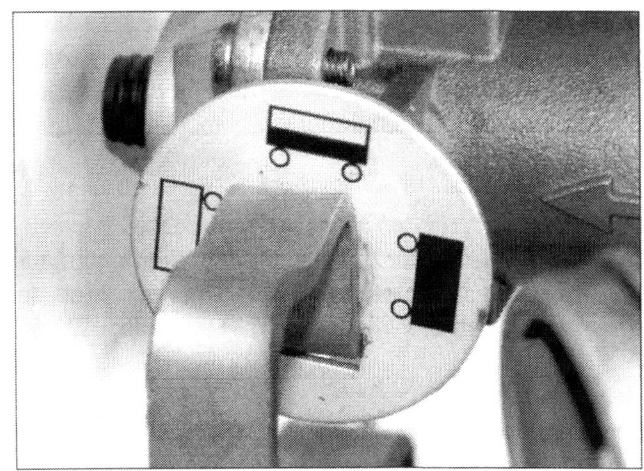

Bremskraftregler: Die Handvorwahl wird auf den Beladungszustand des Anhängers eingestellt.

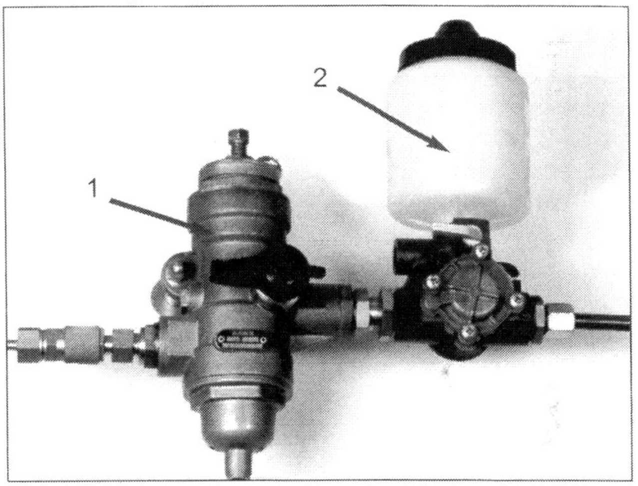

Meist in Kombination: Druckregler (1) und Frostschutzpumpe (2) für die Druckluftanlage.

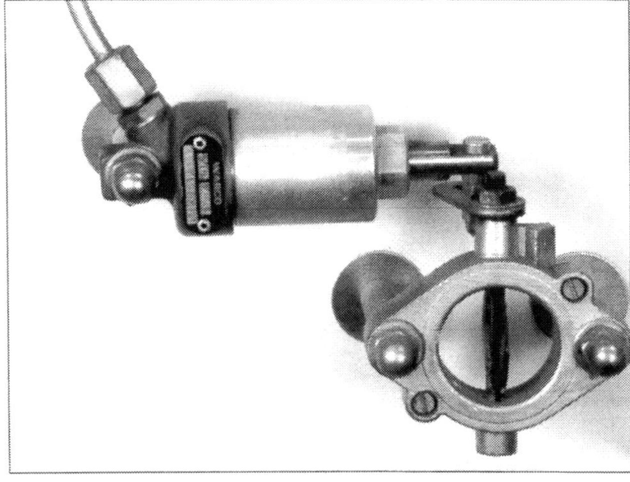

Motorbremsventil: Der Servo für die Klappenstellung sieht oft so aus.

Bremsanlage des Anhängers. Es steuert entsprechend zum anstehenden hydraulischen Druck durch die Fahrzeugbremsanlage die Druckluft über das Anhängerbremsventil an den Anhänger ein.

Kompressor

Kompressoren werden auch als Luftpresser bezeichnet. Sie werden in der Regel mit einem Keilriemen angetrieben. Er saugt gefilterte Luft an, verdichtet sie und presst sie in den Vorratsbehälter mit bis zu 10 bar.

Relaisventil

Das Relaisventil erlaubt ein schnelles Entlüften von Bauteilen, die oft weit von ihrer Ansteuerung entfernt verbaut worden sind. Kleine und damit auch sehr bewegliche Luftmengen in relativ dünnen Steuerleitungen können so sehr schnell große Luftmengen, wie beispielsweise aus Federspeichern, ansteuern.

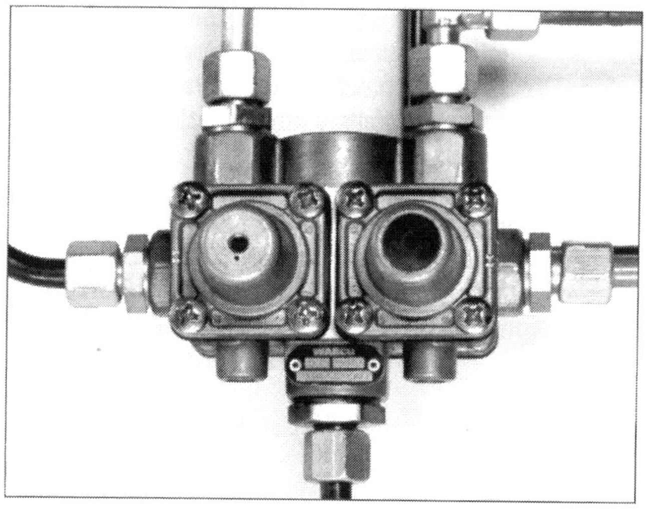

Vierkreisschutzventil: Optisch kaum ein Unterschied zu den kleinen Bauweisen für den Schutz von Drei- oder Zweikreisen.

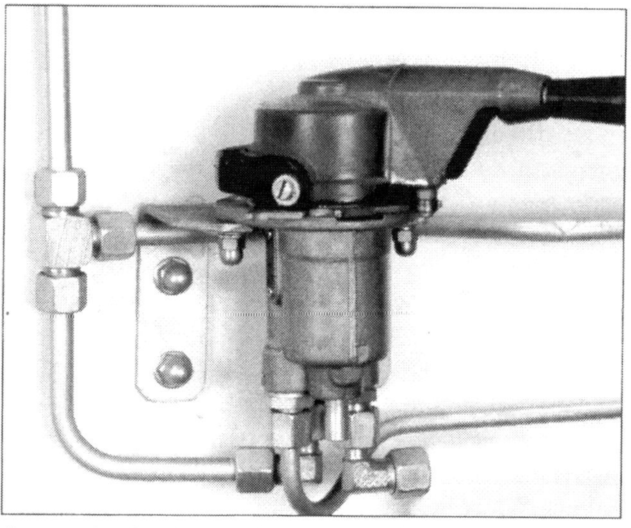

Drucklufthebel für die Handbremse: Bei den Oldies wurde die Handbremse allerdings nicht per Druckluft, sondern noch konventionell per Seilzug betätigt.

Kennnummer an den Anschlüssen: Der Anschluss jedes Gerätes lässt sich mit der Kennnummer genau bestimmen.

Montagearbeiten an Bauteilen

Die Bauteile der Druckluftbremsanlage sind präzise gefertigte Werkstücke, die sicher funktionieren müssen. Verunreinigungen können ihre Funktion empfindlich stören. Werden Bauteile mit ungeeigneten Reinigungsmitteln bearbeitet, können Steuerventile oder Trennmembrane Schaden nehmen. Aus Gründen der Produkthaftung stellen wir Ihnen nicht vor, wie einige Bauteile zerlegt werden können. Das sind Arbeiten, die sachkundige Hände von Mechanikern mit speziellen Kenntnissen erfordern. Beachten Sie aber auch beim Ersatz von Bauteilen oder beim Erneuern von Anschlussleitungen, dass Sie grundlegende Sauberkeitsregeln einhalten und zugelassene Reparaturwege und geeignete Materialien verwenden. Lassen Sie den Betriebsdruck und den Bremsdruck aus der Bremsanlage grundsätzlich vollständig ab. Sie können durch plötzlich austretende Druckluft oder umherfliegende Verschmutzungen oder Kleinteile verletzt werden.

Sauberkeit

- Reinigen Sie das Umfeld zuerst mit einer geeigneten Bürste und etwas Pressluft gründlich von Ablagerungen und Korrosion.
- Sprühen Sie Verschraubungen zuerst immer mit etwas Rostlöser ein, um die Verschraubungen, gerade dann, wenn sie schon offensichtlich lange ungeöffnet waren, zu lösen.
- Werden Bauteile abgewaschen, muss das mit Spiritus geschehen. Die Bauteile sollten dann zuerst abtrocknen.

Zulässige Leitungen und Verbindungen

Im Originalzustand sind Metallrohrleitungen am Fahrzeug verbaut. Diese müssen so verlegt werden, dass sie weder an Anbauteilen oder am Rahmen aufscheuern können. Um Rohrverengungen weitestgehend zu vermeiden, muss zum Biegen eine Rohrbiegevorrichtung verwendet werden. Für die Montage von neuen Leitungen müssen jeweils neue Schneidringe verwendet werden. Der Sitz der Schneidringe sollte nach dem ersten Anziehen durch eine erneute Demontage kontrolliert werden. Es müssen dann deutliche Einkerbungen durch die Pressung der Schneidringe zu erkennen sein. Es ist auch möglich, Kunststoffleitungen aus Polyamid zu verbauen. Hier muss aber beachtet werden,

Externer Kompressor (Luftpresser): Die Ölversorgung kommt vom Motor. 1 Ölversorgungsleitung, 2 Kompressor, 3 Ölablaufleitung.

Externer Kompressor (Luftpresser): Die Ölversorgung erfolgt durch eigenen Ölvorrat. 1 Luftfilter, 2 Saugschlauch, 3 Kompressor, 4 Antriebsriemen.

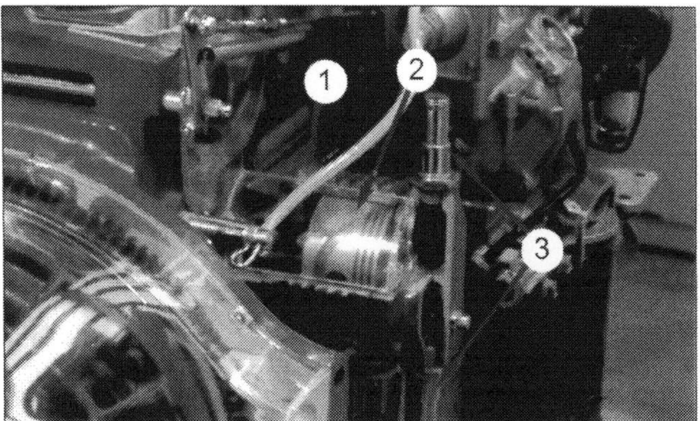

Kompressor ist Bestandteil des Motors: Die Ölversorgung erfolgt durch den Motor, der Antrieb über die Nockenwelle. 1 Zylinder, 2 Kolben, 3 Anschlüsse Saug- und Druckseite.

dass die passenden Anschlussstücke verwendet werden und die Druckluftleitungen für die Bremsanlage geprüft worden sind. Vor jeder Verschraubung muss das Kunststoffrohr rechtwinklig abgeschnitten werden. In das Rohr wird eine Einsteckhülse eingeschoben. Auch hier erfolgt die eigentliche Abdichtung und Befestigung über Schneidringe. Achten Sie darauf, passende Systeme zu verwenden und prüfen Sie die Anlage abschließend auf Dichtheit.

Prüfungen Druckluftbremsanlage

Die im Folgenden beschriebenen Prüfungen an der Druckluftbremsanlage beschreiben Vorgänge, die für die Fehlersuche und Diagnose zwingend erforderlich sind. Für die Prüfungen werden Prüfmanometer benötigt, die sehr genau abgeglichen sein müssen, um verwertbare Messwerte zu erhalten. Ein Prüfset ist sowohl in neu beim örtlichen Werkzeughandel, als auch gebraucht in diversen Internetportalen käuflich zu erwerben.

Manometer im Fahrzeug prüfen

- Manometer am Behälter anschließen.
- Druck im Behälter mit Manometeranzeige im Fahrerhaus vergleichen.

Dichtigkeitsprüfung

- Prüfmanometer am Kupplungskopf Vorrat (rot) anschließen.
- Anlage bis zum Abschaltdruck auffüllen und dann den Motor abstellen. Die Anlage gilt als dicht, wenn innerhalb von 5 Minuten der Druckabfall nicht mehr als 0,2 bar beträgt. In gebremstem Zustand (Handbremse angezogen) darf kein nennenswerter Druckverlust auftreten.

Abschaltdruck des Druckreglers prüfen

- Das Manometer am Kupplungskopf für den Vorrat (rot) anschließen. Bei Hochdruckanlagen sollten Sie etwa 8,5 bar messen können.
- Den Motor laufen lassen, die Anlage bis zum Abschaltdruck füllen. Entsprechend der Druckreglerabstimmung liegt der bei etwa 7,0 bis 8,1 bar.

Zweileitungs-Bremsanlage überprüfen

- Den Motor laufen lassen, die Anlage bis zum Abschaltdruck füllen und die Feststellbremse lösen.

Druckluftzylinder (1) für den Kraftheber: Schwer zu dosieren, aber trotzdem wirkungsvoll mit »Federung«.

1 Leitungssystem: Eine Leitung (1) übernimmt die Luftversorgung und die Anhängersteuerung der Druckluftbremse.

2 Leitungssystem: Eine Leitung übernimmt die Luftversorgung (2) und eine weitere die Anhängersteuerung (1) der Luftbremse.

- Das Manometer am Kupplungskopf Bremse (gelb) anschließen. Sollwert: 0,0 bar.

- Die Fußbremse langsam und gleichmäßig voll betätigen. Der Druck muss feinfühlig ansteigen. Sollwert: (entsprechend Vorratsdruck) 7,0 bis 8,1 + 0,2 bar. Bei gleichmäßiger, feinfühliger Betätigung bis zur Vollbremsung auf gleichmäßigen Druckanstieg achten.

- Die Fußbremse wieder lösen.

- Feststellbremse betätigen. Der Sollwert liegt hier bei 7,0 bis 8,1 + 0,2 bar.

Einleitungs-Bremsanlage überprüfen

- Den Motor laufen lassen, die Anlage bis zum Abschaltdruck füllen und die Feststellbremse lösen.

- Das Manometer am Kupplungskopf »Einleitung« (schwarz) und »Zweileitung« (gelb) anschließen. Sie sollten nun einen Istwert von 4,8 bis 5,6 bar ablesen können.

- Nun die Fußbremse gleichmäßig betätigen. Der Druck muss sich bei gleichmäßiger, feinfühliger Bremsung bis auf 0,0 bar absenken. Bei Vollbremsung müssen 0,0 bar (am Kupplungskopf Einleitung) abzulesen sein, bei Teilbremsung etwa 1,0 bar (Kupplungskopf Bremse, gelb), am Kupplungskopf »Einleitung«(schwarz) ein Druckabfall von 0,5 bis 2,5 bar (je nach Anhängersteuerventil).

- Lösen Sie nun die Fußbremse.

- Betätigen Sie die Feststellbremse. Sie sollten nun einen Wert von 0,0 bar am Kupplungskopf »Einleitung schwarz« ablesen können.

Bremszylinderdruck prüfen (bei Zweileitungs-Bremsanlage)

- Am Prüfanschluss des Bremszylinders wird ein Manometer angeschlossen.

- Bei unbetätigter Bremse sollten Sie nun 0,0 bar ablesen können.

- In Volllaststellung des Handreglers 6,0 bis 8,1 bar. Bei Halblaststellung des Handreglers werden 3,6 bis 4,2 bar abzulesen sein.

- In Leerstellung des Handreglers 2,0 bis 2,3 bar. Die angegebenen Werte sind lediglich Richtwerte. Die Druckeinstellung erfolgt nach Angaben des Bremsgeräteherstellers.

Fahrerkontrollzentrum: 1 Tachometer mit Fahrtenschreiber, 2 Drehzahlmesser, 3 Doppelmanometer für die beiden Druckluftkreise.

Druckluftbremsanlage

Symptom	Ursache	Abhilfe
A Bremsdruckwarnleuchte leuchtet während der Fahrt auf.	1 Kein oder zu wenig Bremsdruck vorhanden.	Druckanzeige (Doppelmanometer) beachten, Vorratsdruck auffüllen, Bremsanlage auf Dichtheit prüfen.
B Druckverlust an Entlüftung (E) und am Anschluss (Z).	1 Auslassventil undicht.	Ventil und Ventilsitz reinigen oder Ventil erneuern.
	2 Dichtring undicht.	Dichtring erneuern.
C Luftpresser fördert zu wenig oder gar keine Luft.	1 Saug- oder Druckventile undicht.	Ventil und Ventilsitz reinigen oder Ventil erneuern.
	2 Zylinder und Kolben des Luftpressers verschlissen.	Luftpresser überholen (Kolben/Zylinder) oder erneuern.
	3 Leitung im Druckregler verkokt.	Leitung und Filter im Druckregler reinigen, gegebenenfalls ersetzen.
	4 Zylinderkopfdichtung des Luftpressers undicht.	Zylinderkopfdichtung ersetzen. Planflächen begutachten!
D Luftpresser hat einen viel zu hohen Ölverbrauch.	1 Unterdruck in der Ansaugleitung.	Luftfiltereinsatz reinigen oder bei Bedarf ersetzen.
	2 Zylinder und Kolben des Luftpressers verschlissen.	Luftpresser überholen (Kolben/Zylinder) oder erneuern.
E Sehr kurze Schaltintervalle zwischen An- und Abschalten des Druckreglers.	1 Hoher Luftverbrauch oder Verlust.	Bremsanlage in allen Funktionsstellungen auf Dichtheit prüfen.
	2 Rückschlagventil, Dichtring oder Auslassventil undicht.	Rückschlagventil, Dichtring oder Auslassventil prüfen und reinigen, gegebenenfalls erneuern.
F Die beiden Zeiger für den Bremsdruck zeigen bei Vollbremsung nicht gleichmäßig an (0,2 bar und mehr).	1 Anzeigeinstrument schwergängig oder undicht.	Anzeigeinstrument ersetzen.

Hydraulikanlage

Hydraulikanlagen werden durch eine Hydraulikpumpe als Zusatzaggregat am Unimog betrieben. Sie dient als Antrieb für Anbaumaschinen und natürlich für den »Dreipunkt« an Front oder Heck eines Unimogs. Um die erzeugten Drücke optimal nutzen zu können, ist der Wartungsaufwand an der Anlage gegenüber dem Medium Druckluft relativ hoch.

Die hydraulische Anlage des Unimogs formt die Antriebsleistung zum Teil in hydraulische Leistung um. Die Hydraulik ist aufgrund der recht einfach übertragbaren Arbeitsleistung das optimale Medium, um Anbauteile für die landwirtschaftliche Arbeit oder sogar fahrzeugeigene Systeme zu betreiben. Für fast alle Zwecke gibt es auch für die älteren Semester Nachrüstsätze bis hin zur hydraulischen Lenkunterstützung. Die Hydraulikanlage eines Unimogs ist häufig undicht, nicht selten auch an unübersichtlichen Stellen und daher dann auch nicht mehr wirklich funktionsfähig. Daher sollte diese genau untersucht werden.

Hydraulikflüssigkeit

Die Aufgaben der Hydraulikflüssigkeit sind noch recht überschaubar. Die Anforderungen hingegen gehen oftmals weit auseinander. Zum einen soll die Hydraulikflüssigkeit für den Korrosionsschutz in der hydraulischen Anlage sorgen. Hierzu gehört auch die Eigenschaft, Wasser abzuweisen. Zum anderen werden die meisten unserer Fahrzeuge in Feld, Wald und Flur eingesetzt. Einsprechend sind Leckagen an den Systemen schädlich für Umwelt und Grundwasser. Die Forderungen gehen ganz klar zu Bio-Flüssigkeiten. Die Eigenschaften unterscheiden sich nach den technischen Anforderungen nicht zu den Mineralölprodukten. Lediglich im Preis wird der Umweltschutzgedanke für so manchen unterdrückt werden. Im Grundsatz sind eigentlich alle Flüssigkeiten als Übertragungsmedium für die hydraulische Anlage einsetzbar. Es gibt auch doch recht sinnvolle Überlegungen Wasser als Medium zu verwenden. Die Klarwassertechnik hat den deutlichen Vorteil, weder bei Flüssigkeitsverlust noch bei Schäden an der hydraulischen Anlage Schäden an der Umwelt anzurichten. Die Umrüstung für unsere »älteren« Anlagen ist allerdings nicht möglich.

Schläuche und Leitungen

Bei den Schläuchen unterscheidet man grundsätzlich erst mal in Hoch- und Niederdruckschläuche. Während die Hochdruckschläuche ein Gewebe meistens aus Metall enthalten, sind die Niederdruckschläuche häufig einfache Gummischläuche. Die Niederdruckseite ist meistens mit einfachen Schlauchschellen befestigt und können daher auch einfach selbst ersetzt werden. Hier ist darauf zu achten, dass der verwendete Schlauch auch ölbeständig ist. Die Hochdruckseite ist da schon anspruchsvoller. Diese Schläuche sind in der Regel auf den Kupplungsstücken verpresst. Daher ist es hier am einfachsten, den zu ersetzenden Schlauch komplett auszubauen, inkl. aller Anschluss- und Kupplungsstücke, und mit dem alten Schlauch als Muster zu einem Fachbetrieb für Hydraulik zu gehen. Diese fertigen solche Schläuche nach Muster an. Durchgerostete, -gescheuerte oder gerissene Metallleitungen können selbst repariert werden. Diese Leitungen kann man hartlöten (siehe Kapitel »Rahmen und Aufbau«). Weiterhin gibt es natürlich auch die Möglichkeit die Leitungen zu ersetzen. Am häufigsten Verwendung findet die Version mit Einschneidringen (diese findet unter anderem auch im Haus bei den Anschlüssen der Wasserhähne Verwendung). Diese Leitungen lassen sich dann relativ leicht selbst ersetzen, da sie einfach auf die gewünschte Länge gekürzt werden müssen und dann verschraubt werden. Beim Verschrauben quetschen sich die Ringe zusammen und dichten so gegenüber der Leitung ab.

Bezeichnung der Hydrauliköle nach DIN 51 524
Hydrauliköl DIN 51 524 – HLP 46,
Hydrauliköl DIN 51 524 – HLPV 68

Bedeutung der Buchstabengruppen	
H	Hydrauliköl
L	In diesem Öl sind Additive zur Verbesserung des Korrosionsschutzes enthalten.
P	In diesem Öl sind Additive zur Herabsetzung der Reibung enthalten.
V	In diesem Öl sind Additive zur Verdünnung (Lösungsmittel!) enthalten.

Bedeutung der Zahlenangaben:
Die Zahl hinter den Buchstaben gibt Hinweise zur Zähigkeit des Öles (Viskosität) an. Die Messung erfolgt bei 40 °C und beschreibt die Ausweitung in mm^2/s (Quadratmillimeter pro Sekunde).

Systemaufbau

Hydrauliksysteme am Unimog

Das Universalmotorgerät »Unimog« ist als Entlastung und Arbeitserleichterung für die tägliche Arbeit in der Landwirtschaft gebaut worden. Neben dem Ziehen kamen im Laufe der Zeit immer mehr Geräte hinzu, die Aufgaben auf dem Hof deutlich erleichtern. Betrachtet man die ersten Kraftlader, die am Unimog die Anhebung der Heckanbaugeräte noch mit Druckluft realisierten, ist der Zuwachs an Komfort, Sicherheit und Kraft mit der Einführung der Hydraulik deutlich verbessert worden. Hinzu kommt noch, dass die relativ aufwändige Mechanik mit ihren Hebeln, Zügen und Umlenkungen, deutlich aufwändiger zu installieren und zu warten ist.

Pumpensysteme in der Übersicht

In der Landmaschinentechnik findet sich eine Vielzahl von unterschiedlichen Pumpenbauarten. Sie können anhand ihres möglichen Förderdrucks und eine mögliche Regelbarkeit eingestuft werden. Der Anbau einer solchen Pumpe ist auch nachträglich über einen Riemenantrieb möglich. Wir werden Ihnen die wichtigsten Bauarten für die hydraulischen Anlagen vorstellen.

Außenzahnradpumpen ohne Verstellung

Das Öl wird bei der Außenzahnradpumpe durch die Zahnzwischenräume außen am Gehäuse gefördert. Zurücklaufen durch die Mitte kann es nicht, da die Zähne der beiden Zahnräder ineinander greifen. Sie kann einen Förderdruck je nach Passungsgenauigkeit und innerem Aufbau von bis zu 250 bar erreichen. Das Fördervolumen hängt vom Volumen der Zahnzwischenräume und der Pumpendrehzahl ab.

Sichelpumpe

Das Öl wird bei der Innenzahnradpumpe (Sichelpumpe) durch die Zahnzwischenräume außen am Gehäuse gefördert. Zurücklaufen auf der anderen Seite kann es nicht, da die Zähne der beiden Zahnräder ineinander greifen. Sie kann einen Förderdruck je nach Passungsgenauigkeit und innerem Aufbau von bis zu 250 bar erreichen. Das Fördervolumen hängt vom Volumen der Zahnzwischenräume und der Pumpendrehzahl ab.

Außenzahnradpumpe: Die Zahnzwischenräume (1) außen am Gehäuse fördern das Öl am Gehäuserand (2) entlang.

Sichelpumpen: Bei der Innenzahnradpumpe (Sichelpumpe) wird das Öl durch die Zahnzwischenräume (1) außen am Gehäuse (2) und am Innenzahnrad gefördert. Nummer 3 ist die Sichel.

Zahnringpumpe (Gerotorpumpe)
Der Außenring hat genau einen Zahn mehr als das Zahnrad innen. Das Öl wird auch hier durch die Zahnzwischenräume gefördert. Die Abdichtung erfolgt dadurch, dass der Zahn des Außenrades genau den Zahn des Innenrades berührt. Auch sie kann einen Förderdruck je nach Passungsgenauigkeit und innerem Aufbau von bis zu 250 bar erreichen. Das Fördervolumen hängt vom Volumen der Zahnzwischenräume und der Pumpendrehzahl ab.

Flügelzellenpumpe
Das Öl wird durch die Zwischenräume der Lamellen im Rotor außen am Gehäuse gefördert. Die Abdichtung erfolgt durch die durch die Fliehkraft an der Außenwand angepressten Dichtlamellen der Pumpe. Die erforderliche Volumenänderung wird durch exzentrische Rotoranordnung oder durch eine ovale Gehäuseform erreicht. Sie kann nur einen geringen Förderdruck erreichen. Das Fördervolumen hängt vom Volumen der Baugröße und der Pumpendrehzahl ab.

Axialkolbenpumpe
Dieses Pumpensystem fördert das Öl durch eine schräg gestellte Taumelscheibe, welche die Pumpenkolben bewegt. Ihr Volumenstrom ist bauartbedingt geringer, der mögliche Förderdruck allerdings deutlich höher. Sie werden meist in Antrieben für Erntemaschinen eingesetzt.

Pumpen mit Verstellung
Das Öl wird durch die Zwischenräume der Lamellen im Rotor außen am Gehäuse gefördert. Die Abdichtung erfolgt durch die durch die Fliehkraft an der Außenwand angepressten Dichtlamellen der Pumpe. Die erforderliche Volumenänderung wird durch exzentrische Rotoranordnung erreicht. Wird die Lage des Exzenters in Richtung Mitte verlagert, verändert sich das Fördervolumen bis auf null. Die Pumpe ist stufenlos regelbar. Sie kann nur einen geringen Förderdruck erreichen. Das Fördervolumen hängt vom Volumen der Baugröße und der Pumpendrehzahl ab.

Axialkolbenpumpe verstellbar
Dieses Pumpensystem fördert das Öl durch eine schräg gestellte Taumelscheibe, die die Pumpenkolben bewegt. Die Fördermenge ist von der Schrägstellung der Taumel- oder Hubscheibe abhängig. Wird diese gerade gestellt, wird kein Volumen mehr gefördert. Die Pumpe ist stufenlos regelbar. Ihr Volumenstrom ist bauartbedingt geringer, der mögliche Förderdruck allerdings deutlich höher. Sie werden meist in Antrieben für Erntemaschinen eingesetzt.

Offene und geschlossene Hydrauliksysteme

Bei allen Hydrauliksystemen fördert die Hydraulikpumpe durch einen Filter das Hydrauliköl aus einem Vorratsbehälter zu einem Zylinder. Der Rücklauf wird über eine Rücklaufleitung zum Tank realisiert. Die obere Druckgrenze ist durch ein Druckbegrenzungsventil eingeschränkt. Im Grundsatz kann man die Hydrauliksysteme in die offenen und die geschlossenen Systeme unterteilen. Offene Systeme fördern im unbetätigten Zustand die Flüssigkeit zurück in den Tank. Geschlossene hydraulische Systeme haben keinen Druckabbau, sondern die Pumpe fördert permanent gegen den geschlossenen Schieber.

Zahnringpumpen: Auch hier erfolgt die Ölförderung durch die Zahnzwischenräume (1), die durch den unterschiedlichen Durchmesser freigegeben werden.

Offenes Hydrauliksystem

Das offene Hydrauliksystem fördert die Pumpe ununterbrochen (Konstantförderpumpe). Das Steuerventil gibt bei »null«-Stellung den Rücklauf zum Tank frei. Für die Förderung wird der Rücklauf verschlossen und der Anschluss zum Zylinder freigegeben. Es wird Druck aufgebaut, der den Zylinder verschiebt.

Geschlossenes Hydrauliksystem

Beim geschlossenen Hydrauliksystem sperrt das Steuerventil bei »null«-Stellung den Rücklauf zum Tank. Der sich aufbauende Druck verstellt die Hydraulikpumpe auf »Nullförderung«. Fällt der Druck ab, wird die Hydraulikpumpe stufenlos in Förderstellung gebracht. Dieses System benötigt aufgrund des variablen Druckaufbaus kein Druckbegrenzungsventil.

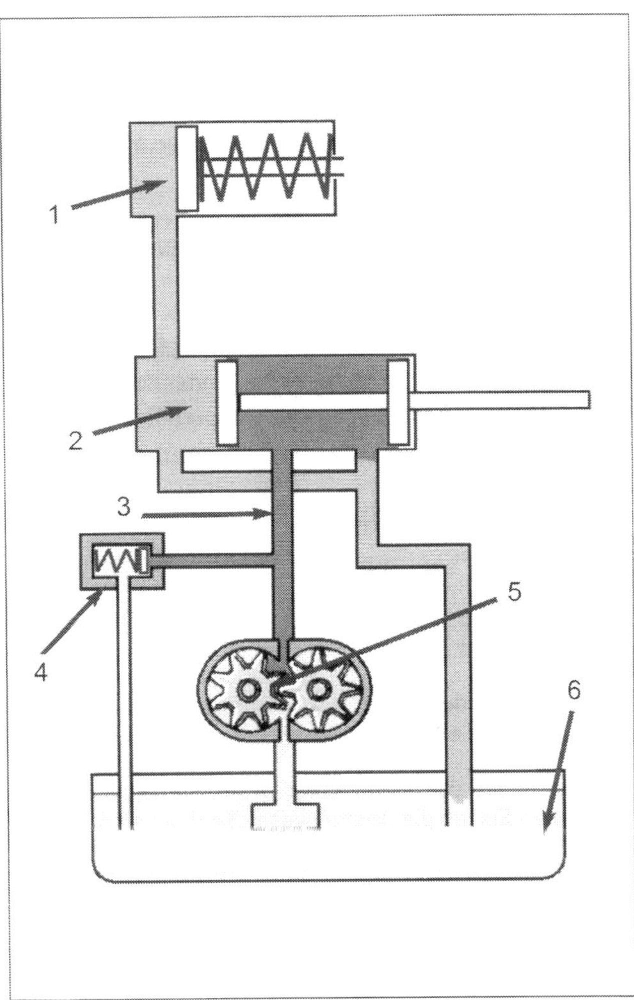

Offenes System mit Überdruckventil: 1 Arbeitszylinder, 2 Steuerventil, 3 Druckleitung, 4 Überdruckventil, 5 ungeregelte Zahnradpumpe, 6 Tank.

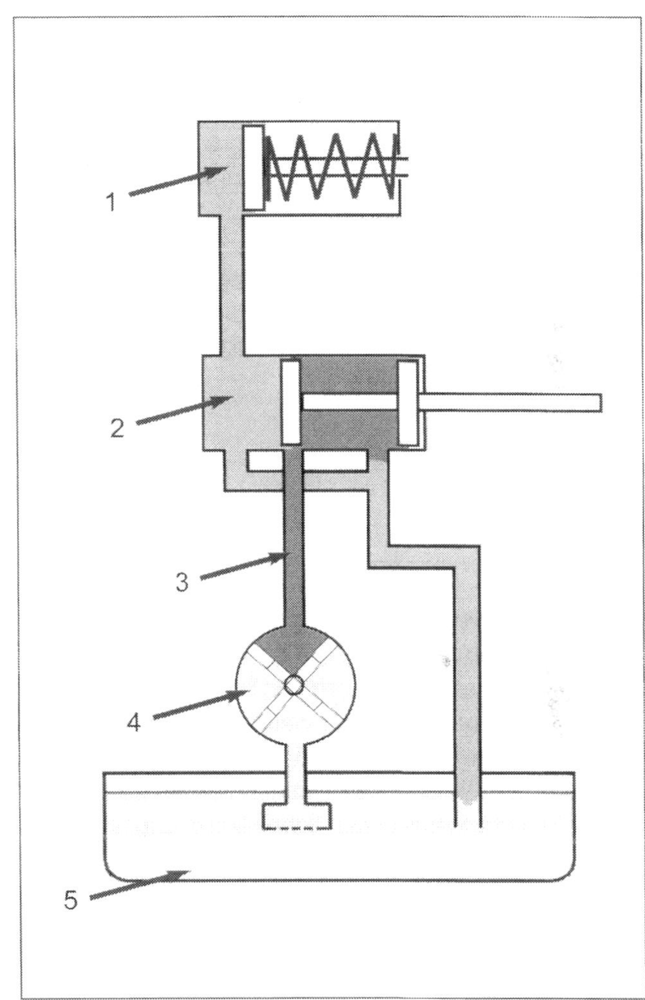

Geschlossenes System mit Pumpenregelung: 1 Arbeitszylinder, 2 Steuerventil, 3 Druckleitung, 4 geregelte Flügelzellenpumpe, 5 Tank.

Förderleistung und Druckprüfung

Natürlich können sich in ein Hydrauliksystem auch Fehler einschleichen. Die Diagnose ist bei diesen abgeschlossenen Systemen nicht so einfach. Es geht nämlich nicht darum festzustellen, ob irgendwo Flüssigkeit ankommt, sondern darum festzustellen, ob der Volumenstrom und der Förderdruck den Herstellerangaben entsprechen. Wir gehen davon aus, dass die wenigsten Schrauber diese Prüfgeräte in Ihrem Werkstattfundus bereithalten. Dementsprechend sollten Sie für diese Prüfungen die Werkstatt Ihres Vertrauens aufsuchen.

Für diese Prüfung wird das Testgerät an der Druckleitung am Pumpenausgang angeschlossen. Der Ausgang des Testgerätes wird mit der Rücklaufleitung zum Tank verbunden. Es muss hier ein Filter zwischengeschaltet werden.

- Prüfen Sie den Ölstand im Vorratsbehälter.
- Kontrollieren Sie die erforderliche Betriebstemperatur (meist etwa 50 °C).
- Öffnen Sie das Belastungsventil vollständig und lesen Sie die Pumpendrehzahl ab.
- Messen Sie bei Pumpennenndrehzahl die maximale Förderleistung ab.
- Schließen Sie das Belastungsventil langsam, bis die Pumpe ihren Höchstdruck erreicht hat.
- Notieren Sie sich nun die Förderleistung bei Höchstdruck. Die Förderleistung sollte mindestens etwa 75% des Fördervolumens ohne Last entsprechen.

Anschlusskupplung wechseln

Die Anschlussstücke für die hydraulischen Anlagen verbinden Baukomponenten, die entweder ausgetauscht werden sollen oder nur kurzfristig betrieben werden. Es muss eine Lösung gefunden werden, die zum einen die Abdichtung gewährleistet und zum anderen einfach zu bedienen ist. Üblicherweise finden Sie bei den gekuppelten Einleitungssystemen Schnellkupplungssysteme.

- Stellen Sie den Motor des Unimogs ab.
- Sorgen Sie dafür, dass das hydraulische System drucklos ist. Zur Prüfung können Sie den Druckpilz des Ventils von Hand betätigen. Lässt er sich nicht eindrücken, steht noch Druck an!
- Lösen Sie die defekte Kupplung, indem Sie diese vom Gewinde abdrehen. Achten Sie darauf, dass das Gewinde nicht beschädigt ist.
- Für die Neumontage reinigen Sie das Gewinde mit einer Drahtbürste und wickeln Sie es zur Abdichtung ausreichend mit Teflonband ein.
- Prüfen Sie immer den Zustand der Gegenseite des Kupplungssystems, im Zweifelsfall wechseln Sie diese Kupplung gleich mit!
- Stecken Sie die Kupplungen auf und prüfen Sie, ob diese hörbar einrasten.
- Lassen Sie den Motor des Unimogs laufen und betätigen Sie das angeschlossene Gerät.
- Lassen Sie das Gerät unter Druck stehen und beobachten Sie, ob die Anschlussstücke dicht sind.

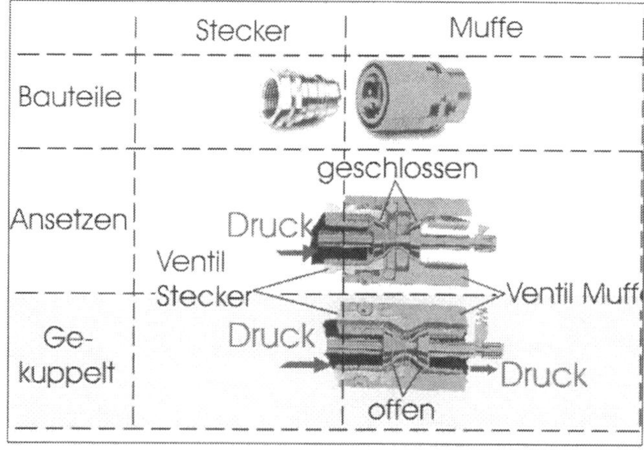

Kupplungssystem in Funktion: Die Steckkupplungen trennen und verbinden nicht nur sehr gut, sondern verschließen das Hydrauliksystem in beide Richtungen.

Hydraulikpumpe abdichten

Die Hydraulikpumpe selbst kann natürlich auch schon mal undicht werden. Auch dies kann man in der Regel selbst beheben. Meist handelt es sich hier nur um alte und hart gewordene Simmerringe oder Dichtungspakete.

- Hierzu wird die Riemenscheibe der Pumpe abgebaut. Dahinter befindet sich rund um die Welle der Simmerring.
- Dieser kann mit einem Schraubendreher ausgehebelt werden. Der neue Simmerring wird nun vorsichtig über die Welle geschoben. Achtung: Aufpassen, dass die Dichtlippe nicht beschädigt wird.
- Nun wird der Simmerring vorsichtig und gleichmäßig mit leichten Hammerschlägen in das Pumpengehäuse getrieben.
- Bei ausgebautem Simmerring sollte die Welle in Augenschein genommen werden. Es kann im Laufe der Jahre schon mal vorkommen, dass diese im Bereich der Dichtlippe »einläuft«.
- Bei zu starken Einlaufspuren sollte die Welle, falls erhältlich, ersetzt werden, sonst ist eine neue Pumpe fällig.

Einbaulage der Komponenten am Unimog

Ob nun original oder nicht, bei den meisten Unimogs wurde im Laufe der Zeit eine hydraulische Anlage nachgerüstet. Das Verlegen der Leitungen und die Einbaulage der Steuerventile können selbstverständlich gänzlich unterschiedlich ausfallen. Auch im Serienzustand werden sich hier einige Streuungen finden, da die Anforderungen an die Allzweckfahrzeuge unbeschreiblich vielfältig sind. Schon der Anbau einer hydraulischen Winde oder einer Schaufel vorne, kann die Bauteillage deutlich verändern. Um Ihnen einen kleinen Überblick zu verschaffen, haben wir Ihnen untenstehend den Aufbau an einem Unimogfahrgestell dargestellt.

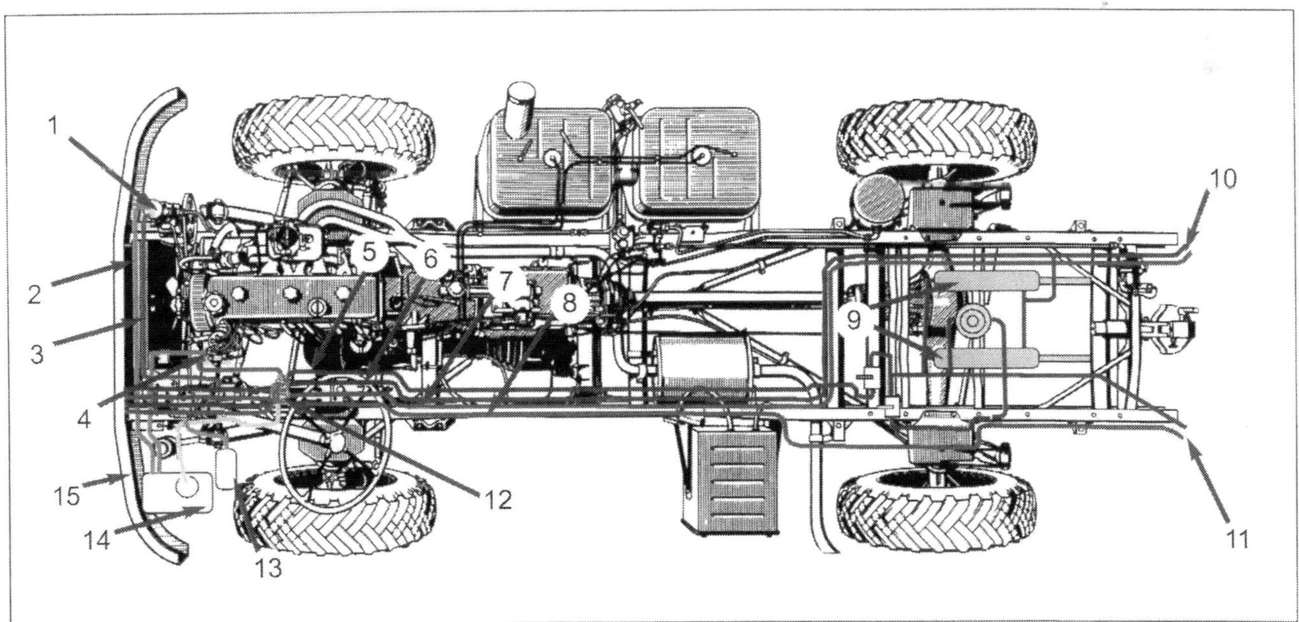

Hydraulische Anlage in der Übersicht: 1 Servopumpe Lenkung, 2 Rücklaufleitung, 3 Druckleitung, 4 Hydraulikpumpe, 5 Druckleitung Kreis 1, 6 Druckleitung Kreis 2, 7 Rücklaufleitung Kreis 1, 8 Rücklaufleitung Kreis 2, 9 Hubzylinder Kraftheber, 10 Anschlüsse Anbaugeräte rechts, 11 Anschlüsse Anbaugeräte links, 12 Steuerventile, 13 Servobehälter, 14 Hydrauliktank, 15 Anschlüsse für beide Kreise vorne.

STÖRUNGSBEISTAND

Hydraulikanlage

	Symptom	Ursache	Abhilfe
A	**Im Winter frieren die Zylinder fest.**	**1** Wasseransammlung im Hydrauliksystem.	Hydraulikflüssigkeit ablassen, Hydraulikkreise spülen.
		2 Wasseransammlungen im Tank.	Hydraulikflüssigkeit wechseln.
B	**Ölverlust an der Kolbenstange eines Zylinders.**	**1** Undichte Zylinderpackung.	Beschädigte Teile austauschen, Dichtungen erneuern, Anschlüsse festziehen.
		2 Beschädigte Kolbenstange.	Zylinder ausbauen und zur Reparatur einschicken (Spezialbetriebe für Zylinderreparatur).
C	**Hydraulikpumpe macht Geräusche oder hat Ölverlust.**	**1** Pumpensimmerring defekt.	Pumpensimmerring ersetzen.
		2 Flüssigkeitsstand ungenügend.	Hydraulikflüssigkeit nachfüllen und das System nach Leckstellen absuchen.
D	**Ölverlust am Pumpengehäuse.**	**1** Pumpensimmerring undicht.	Pumpensimmerring ersetzen.
E	**Druckaufbau erfolgt nur sehr langsam, Druckaufbau erfolgt nur bei erhöhter Motordrehzahl.**	**1** Luft im Hydrauliksystem.	Ventil instand setzen oder erneuern.
		2 Hochdruckkreis undicht.	Zylinder, Leitungen und Ventile prüfen (lassen).
F	**Hydraulische Anlage hat keine Hubleistung.**	**1** Hochdruckpumpe defekt.	Prüfen, ob die Hydraulikpumpe dicht ist. Prüfen, ob die Zulaufleitung zur Pumpe OK ist. Defekte Druckschläuche und Leitungen erneuern.
		2 Schaltventil defekt.	Schaltventile prüfen und eventuell erneuern (lassen).

Rahmen und Aufbau

Der Rahmen und Aufbau der Unimogs unterscheiden sich von Modell zu Modell nur geringfügig. Lediglich die Länge und einige Anbauten zeigen Änderungen, die allerdings für die Restauration kaum Auswirkungen haben. Wir stellen Ihnen in diesem Kapitel die notwendigen Arbeitsschritte zum Aufbau und zur Restauration dar.

Bauprinzip

Der Aufbau des Rahmens und des Antriebskonzeptes ist, wie wir bereits geschildert haben, einfach und genial zugleich. Trotzdem wurden schon zu Beginn der Produktion Richtlinien zur Reparatur und zum Richten am Fahrgestell seitens des Herstellers beschrieben und freigegeben. Diese Richtlinien legen fest, in welchem Maß welche Reparaturen in welchem Umfang durchgeführt werden dürfen. Diesen Richtlinien müssen nicht nur Fachbetriebe folgen, sondern gelten auch für die Reparatur und Restauration an Ihrem Unimog in der heimischen Garage.

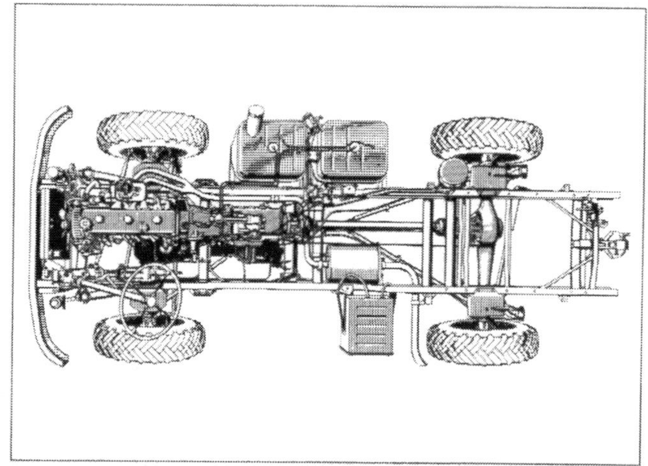

Typische Bauweise: Der Rahmen als Trägereinheit, Stabilisator und Bindeglied zwischen den einzelnen Komponenten.

Rahmen vermessen

Die Vermessung des Fahrzeugrahmens ist grundsätzlich möglich. Detaillierte Vermessungsunterlagen, die auf Ihren Fahrzeugtyp abgestimmt sein müssen, können beim Mercedes-Benz-Händler bezogen werden. Besser ist es hierbei aber, diese Arbeiten dort durchführen zu lassen.

Rahmen schweißen

Wenn keine speziellen Arbeitsanweisungen des Fahrzeugherstellers vorliegen und die erforderliche fachliche Qualifikation nicht nachgewiesen werden kann, sollten Sie keine Reparaturen am Rahmen durchführen. Es gibt auch noch ausreichend andere Arbeiten, die Sie in Eigenregie angehen können. Sicherheit geht vor!

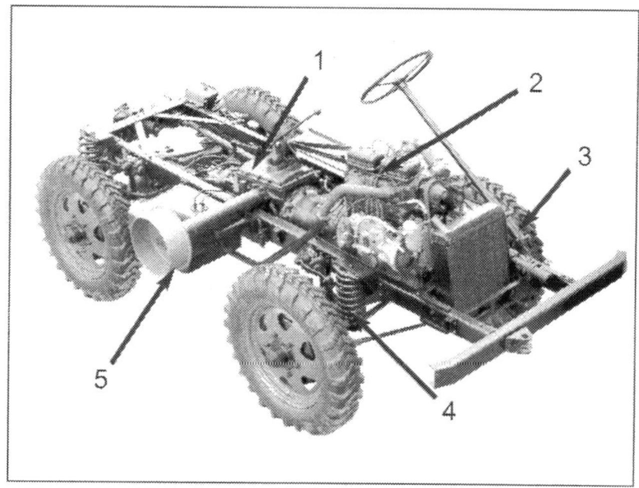

Modulbauweise: 1 Getriebe, 2 Motor, 3 Lenkung, 4 Federung, 5 Nebenabtrieb für Antriebsriemen der frühen Landwirtschaft.

Anbau der Komponenten

Der Anbau und die Besteigung am Rahmen sind nur an den Punkten zulässig, die der Hersteller freigegeben hat. Veränderungen am Fahrgestell dürfen nur durch den Hersteller oder mit seinem Einverständnis durchgeführt werden. Eine Reparatur, die vielleicht im Fall eines Unfalles ursächlich für ein kollabierendes Bauteil war, ist »unsachgemäß«. Die Haftung dafür liegt dann beim Reparateur.

Befestigungsart

Die meisten Anbauteile müssen für Wartung und Reparatur irgendwann mal wieder demontiert werden können. Sie sind aus diesem Grund am Rahmen verschraubt. Müssen für eine veränderte Halterung neue Löcher in den Rahmen gebohrt werden, dürfen diese auch nur nach den Karosseriebaurichtlinien gebohrt werden. Diese können Sie bei Ihrem Mercedes-Händler oder beim Unimog-Spezialisten erfragen.

PRAXISTIPP

Reparaturvorschriften Rahmen

Vor einer Kontrolle muss der Rahmen gründlich gereinigt werden. Verschraubungen und Vernietungen müssen auf ihren Zustand und ihren Sitz hin überprüft werden. Verzogene Quer- und Längsträger dürfen nur dann gerichtet werden, wenn sie geringfügig verzogen sind. Rahmen, die durch einen Unfall starke Verbiegungen aufweisen, müssen ersetzt werden, da keine Gewährleistung für den Zustand der Befestigungen und die Rissbildung in den Schweißnähten vorliegt. Die Fahrgestellnummer muss dann vorne rechts am Rahmenträger neu eingeschlagen werden.

Halterungen für Leitungen und Schläuche

Alles, was schwingt, unterliegt auch Verschleiß oder zumindest Reibung, wenn es irgendwo anliegt. Entsprechend sollten alle starren Leitungen so angebracht werden, dass sie schwingungsfrei aufgenommen werden. Eine gute Lösung sind Schraubschellen, die mit einer Gummilage ausgelegt sind. Sie nehmen die Leitungen nicht nur sicher auf, sondern dämpfen mögliche Schwingungen sehr gut. Anliegende Bremsleitungen können leicht mit einem aufgeschnittenen aufgeschobenen 6-mm-Klarsichtschlauch für die Wischwaschanlage an einer Anlagestelle oder an einer Stelle abgepolstert werden, um mechanischen Verschleiß fernzuhalten.

Durchführungen von Leitungen und Kabeln

Müssen Kabel oder Leitungen durch den Rahmen oder in die Karosserie geführt werden, muss auf die Isolierung und die Abdämpfung sehr genau geachtet werden. Zwar sind alle Stromkreise abgesichert, der Reparaturaufwand am Kabel allerdings ist höher, da die fehlende Isolierung die Korrosionsbildung am Kabel sehr schnell ermöglicht. Dieser Kabelbereich muss dann ersetzt werden. Für die Durchführung oder Vorbeileitung am Rahmen eignen sich Kunststoff- oder Gummischläuche, die längs aufgeschnitten und einfach übergeschoben werden können, hervorragend. Um die Lagerung beim Einführen in die Karosserie fachlich sauber zu lösen, sollten Sie sich beim Fahrzeugelektriker »Kabeldurchführungstüllen« besorgen. Diese gibt es für jedes Bohrloch passend in zig verschiedenen Ausführungen.

Korrosionsschutzmaßnahmen

Der Rahmen mit der einen oder anderen verwinkelten Ecke, die nicht immer im Blickfeld bleibt, unterliegt natürlich auch der Korrosion. Gerade dann, wenn Ihr Unimog gelegentlich oder immer wieder mal im Einsatz ist, sollten Sie diese Schmutzecken gesondert versiegeln. Wie Sie den Rahmen am effektivsten entlacken und ihn auch wieder mit Farbe versehen, werden wir Ihnen zu einem späteren Zeitpunkt vorstellen. Die Versiegelung kann aber recht einfach mit einer Hohlraumversiegelung geschehen. Das Wachs sollten Sie aber erst nach der Montage aller Komponenten auftragen, da es nicht nur an den Karosserieteilen oder am Rahmen gut haftet, sondern auch eine innige Verbindung mit Haut, Haaren und den Arbeitsklamotten eingeht.

Unimogfahrgestell aus der Anfangszeit: So sah ein Montagezwischenschritt aus, wenn er in den Hof gerollt wurde.

Montage am Fahrerhaus

Fahrerhaus hochstellen

- Bauen Sie möglicherweise verbaute Frontanbaugeräte und Haltekonsolen vorne ab.
- Stellen Sie das Fahrzeug sicher ab und sichern Sie es gegen Wegrollen. Lassen Sie den Motor abkühlen.
- Bringen Sie die Lenkung in Mittelstellung und markieren Sie die Einbauposition mit einem Lackstift.
- Stellen Sie den Schalthebel in die Leerlaufstellung.
- Bauen Sie die Motorhaube ab.

Typ 411 und Ähnliche

- Lösen Sie die Handbremse.
- Drücken Sie das Gehäuseunterteil der Handbremsseilumlenkung nach unten aus der Stahlfeder heraus.
- Nehmen Sie das Reserverad aus seiner Halterung heraus.

Weiter für alle Typen

- Demontieren Sie den Ansaugschlauch zwischen Luftfilter und Motor und ziehen Sie den Schlauch zur Motorentlüftung ab.
- Lösen Sie die untere Sicherungsschraube der Lenksäule am Kreuzgelenk und ziehen Sie die Lenksäule etwa 10 cm nach oben. Sichern Sie die Lenksäule gegen Herunterrutschen. Hierzu können Sie ein halb aufgeschnittenes Rohr verwenden.
- Lösen Sie die Verriegelung an der Schalthebelabdeckung.
- Heben Sie die Karosserie vorne so weit an, dass sie etwa 4 cm über dem Halter schwebt. Hier müssen nun an die beiden seitlichen Haltelaschen Montagehalter eingebaut werden, die am Rahmen verschraubt werden und das Fahrerhaus vom seitlichen Wegkippen abhalten.

Montage mit dem Flaschenzug: Die Fahrerhausmontage lässt sich auch sehr gut mit Flaschenzug und etwas Hilfe erledigen.

Blick in den Innenraum: 1 Wasserheizung für den Innenraum, 2 Ausgleichsbehälter für das Kühlwasser.

Hinterer Teil der Fahrerhausaufnahme: 1 Gummilagerung, die Fahrerhaus und Rahmen verbindet.

- Lösen Sie die hinteren Fahrerhausbefestigungen und heben Sie die Karosse mit einem geeigneten Heber vorsichtig hinten an. Achten Sie darauf, dass weder Kühler noch Kühlergrill durch Anbaugerätehalter beschädigt werden können.

- Sichern Sie die Karosserie mit einer Fangstrebe, die an Karosserie und Rahmen verschraubt wird. Zusätzlich sollten Sie die Karosserie noch mit einem Fangseil zum Rahmen absichern.

Die Rückstellung erfolgt sinngemäß in umgekehrter Reihenfolge.

- Achten Sie auf die Lenkeinstellung in Richtung geradeaus und den Sitz des Kreuzgelenkes auf dem Lenkgetriebe.

- Achten Sie auch auf spannungsfreien Einbau der Fahrerhauslagerung.

Fahrerhaus abnehmen

Für die Restauration unabwendbar, aber für viele Reparaturen ist es nicht erforderlich das Fahrerhaus, ob nun als Cabriolet oder Ganzstahlausführung gebaut, abzunehmen. Aufgrund der Variantenvielfalt werden wir Ihnen hier eine Typ-übergreifende Beschreibung vorstellen. Die Arbeit wird gelegentlich falsch eingeschätzt. Oftmals finden sich Karosserien mit wieder verschweißten Trennstellen. Hier wurde die Karosserie nur zur Hälfte abgenommen. Abgesehen davon, dass man hier von einer »unsachgemäßen« Reparatur sprechen muss, wären die erforderliche Korrosionsschutzmaßnahmen und das erhöhte Reparaturrisiko nicht zu rechtfertigen.

- Stellen Sie das Fahrzeug sicher ab und sichern Sie es gegen Wegrollen. Lassen Sie den Motor abkühlen.

- Bauen Sie die Motorhaube ab.

- Klemmen Sie die Batterie ab und lassen Sie das Kühlwasser ablaufen.

Unimog Typ 421 und Ähnliche

- Lassen Sie die Hydraulikflüssigkeit aus dem Ausgleichsbehälter in einen sauberen Behälter zur Wiederverwendung ablaufen.

Halterungen an der abgerundeten Fahrzeugfront: 1 vorderer Haltepunkt des Fahrerhauses, 2 Montagebefestigungslaschen.

Halterungen an der kantigen Fahrzeugfront: 1 vorderer Haltepunkt des Fahrerhauses.

- Stellen Sie das Fahrerhaus zur leichteren Montage, wie schon beschrieben, hoch.

- Soweit verbaut, müssen die hydraulischen Anschlüsse zum Bremskraftverstärker und zur Kupplungsunterstützung abgeklemmt werden.

- Klemmen Sie die beiden Hydraulikschläuche an der Hydraulikpumpe ab.

- Demontieren Sie den Ansaugschlauch zum Luftpresser (meist am Luftfilter).

Weiter für alle Fahrzeuge

- Ziehen Sie die Schläuche zur Innenraumheizung ab.

- Ziehen Sie die Anschlussstecker der Fahrzeugelektrik zum Fahrerhaus ab. Markieren Sie die Einbauposition durch beschriftete Klebebandfähnchen aus Malerkrepp. So lässt sich die Einbauposition später leicht nachvollziehen.

Unimog Cabriolet 411 und Ähnliche

- Öffnen Sie das Verdeck und bauen Sie die Windschutzscheibe ab. Achten Sie auf die Verkabelung der Scheibenwischermotoren, soweit diese am Scheibenrahmen befestigt sind.

- Stellen Sie die Schalthebel nach oben (Rückwärtsfahrt) und drehen Sie die Schaltknöpfe ab.

- Bauen Sie die beiden Türen aus.

- Bauen Sie Fahrer- und Beifahrersitz aus und nehmen Sie die Motorabdeckung im Innenraum heraus.

- Demontieren Sie das Bodenblech unter den Fußpedalen.

- Hängen Sie den Abstellerzug der Einspritzpumpe aus.

- Demontieren Sie die Zugstange der Handbremse am Anschlussstück hinten.

- Klemmen Sie die Handgaseinstellung ab.

- Bauen Sie den Halter für den Kühler aus.

- Demontieren Sie die elektrischen Anschlüsse von Starter, Generator, Öldruckmesser und Temperaturfühler. Markieren Sie die Einbaupositionen durch beschriftete Klebebandfähnchen aus Malerkrepp. So lässt sich die Einbauposition später leicht nachvollziehen.

- Demontieren Sie die Tachometerwelle am Tachometer und die Druckleitungen für das Doppelmanometer in der Armaturentafel.

- Trennen Sie die Druckleitungen für Öldruck an der Trennstelle an der Armaturentafel.

- Klemmen Sie die Anschlussleitungen für die Glühkerzen ab.

- Lösen Sie die Montagehalterung vorne und die Karosseriehalterung hinten.

Weiter für alle Fahrzeuge

- Befestigen Sie die Karosserie an vier Stellen mit geeigneten Hebebändern oder Gurten und heben Sie das Fahrerhaus gerade nach oben vorsichtig an. Kontrollieren Sie, ob Anschlüsse vergessen wurden oder sich verhakt haben.

- Heben Sie die Karosserie nach oben ab. Setzen Sie die Karosserie auf geeignete Arbeitsböcke für die weitere Bearbeitung ab.

Die Montage erfolgt sinngemäß in umgekehrter Reihenfolge.

- Achten Sie beim Aufsetzen der Karosserie, dass keine Kabel oder Leitungen eingeklemmt werden.

- Achten Sie auf die Lenkeinstellung in Richtung geradeaus und den Sitz des Kreuzgelenkes auf dem Lenkgetriebe.

- Achten Sie auch auf spannungsfreien Einbau der Fahrerhauslagerung.

Unimog 404 und Ähnliche
Bei den Unimog 404 und anderen Modellen, die aus dem militärischen Einsatz kommen, gab es einige Ausrüstungsgegenstände, die auch die Arbeit bei der Demontage des Fahrerhauses beeinflussen.

- Achten Sie auf Spannungsversorgungsanschlüsse an der vorderen Stoßstange oder zu Pritsche oder Kofferaufbau hinten. Es kann durchaus eine Zusatzbatterie verbaut sein.
- Bei dem Sechszylinder-Benzinmotor müssen Sie zusätzlich die Hochspannungsverteilung zwischen Zündspule und Zündverteiler abziehen. Grundsätzlich ist es nicht schlecht die Zündverteilerkappe mit dem Verteilerfinger abzuziehen. Die Karosserie kann schon durch leichtes Anstoßen diese Bauteile zerstören.

Montage an Aufbau und Ladefläche

Hilfspritsche demontieren

Die Hilfspritsche ist nicht kippbar und am Rahmen über einen Trägerrahmen verschraubt.

- Stellen Sie das Fahrzeug sicher ab und sichern Sie es gegen Wegrollen.
- Nehmen Sie die Bordwände hinten und an den Seiten ab.
- Demontieren Sie den Trägerrahmen am Rahmen.
- Heben Sie die Pritsche mit einem geeigneten Hebegerät oder ausreichend »Manpower« vom Rahmen ab und legen Sie sie zur weiteren Bearbeitung auf geeignete Böcke ab.

Kipperpritsche demontieren

Die Kipperpritsche liegt auf der so genannten Kipperspinne auf. Diese wiederum ist am Fahrzeugrahmen verschraubt. Für die Demontage sollten diese einzelnen Bauteile gesondert demontiert werden.

- Stellen Sie das Fahrzeug sicher ab und sichern Sie es gegen Wegrollen.
- Nehmen Sie die Bordwände hinten und an den Seiten ab.
- Schrauben Sie Sie die Teleskopzylinderplatte oben am Pritschenrahmen ab.
- Ziehen Sie die Sicherungsbolzen aus der Bolzenaufnahme für die Kipperspinne heraus.
- Heben Sie die Pritsche mit einem geeigneten Hebegerät oder ausreichend »Manpower« vom Rahmen ab und legen Sie sie zur weiteren Bearbeitung auf geeignete Böcke ab.
- Klemmen Sie die hydraulischen Anschlüsse des Kipperzylinders ab. Demontieren Sie die Lagerung und heben Sie den Zylinder ab.
- Lösen Sie die Kipperspinne am Rahmen und heben Sie sie ab.

Tragrahmen der Kipperpritsche: Der Tragrahmen wird auch »Kipperspinne« genannt.

Federn- Stoßdämpfermontage und Umbau

Belastungswerte und Abmessungen Fahrwerksfedern

Die angegebenen Messwerte sollten Sie lediglich als Anhaltspunkt nutzen, um die Verwertbarkeit oder die Zuordnung einer gebrauchten Feder bestimmen zu können. Verbauen Sie achsweise nur die gleichen Federn. Neben einem schief stehenden Fahrzeug kann das Fahrverhalten negativ beeinflusst werden.

Feder vorne Unimog 404

Ø Stahl	21-mm Feder	22,5-mm Feder
Baulänge	282 – 283 mm	282 – 283 mm
270 mm Länge	1500 kg	2000 kg
je 100 kg Belastung	-12 mm	-9 mm

Feder hinten Unimog 404

Ø Stahl	20,5 mm Feder	24 mm Feder
Baulänge	350 - 351 mm	350 - 351 mm
200 mm Länge	1200 kg	2300 kg
je 100 Kg Belastung	-17 mm	-9 mm

Zusatzfeder hinten Unimog 404

Ø Stahl 16 mm	Feder
Baulänge	210 - 213 mm
75 mm Länge	1200 kg
100 Kg Belastung	-8 mm

Feder vorne Unimog (andere)

Ø Stahl	Serie	Verstärkt
Baulänge	320 - 325 mm	320 - 325 mm
je 100 Kg Belastung	-12 mm	-9 mm

Feder hinten Unimog (andere)

Ausführung	Serie	Verstärkt
Baulänge	380 - 385 mm	380 - 385 mm
200 mm Länge	1100 kg	1600 kg
100 Kg Belastung	-18 mm	-13 mm

Zusatzfeder hinten Unimog (andere)

Bauweise	16 mm Feder
Baulänge	250 - 255 mm
je 100 kg Belastung	-12 mm

Federn aus- und einbauen

- Stellen Sie das Fahrzeug sicher ab und sichern Sie es gegen Wegrollen.
- Heben Sie das Fahrzeug mit einem geeigneten Heber oder auf der Hebebühne so weit an, dass die Federn entlastet sind. Die Räder sollten hierbei noch auf dem Boden stehen.
- Lösen Sie den oberen und den unteren Federhalter.
- Nehmen Sie die Feder heraus.

Die Montage erfolgt sinngemäß in umgekehrter Reihenfolge. Beachten Sie die folgenden Arbeitsschritte.

- Reinigen Sie die Feder, den Federhalter und die Auflager an Rahmen und Achse gründlich.
- Prüfen Sie alle Bauteile vor der Montage auf Schäden und Verschleiß.
- Die Zusatzfeder für die Hinterachse muss so verbaut werden, dass sie beim Einfedern genau auf dem Anschlagteller der Achse aufkommt.

Hebelstoßdämpfer

Ausbauen

- Stellen Sie das Fahrzeug sicher ab und sichern Sie es gegen Wegrollen.
- Lösen Sie die Befestigungsmutter der Schubstrebe und nehmen Sie die Schraube heraus.
- Drehen Sie die Befestigungsschrauben am Rahmen (Halteplatte) heraus und nehmen Sie den Hebeldämpfer heraus.

Öl nachfüllen

- Lösen Sie die Befestigungsmutter der Schubstrebe und nehmen Sie die Schraube heraus.
- Drehen Sie die Einfüllschraube heraus.
- Füllen Sie ein geeignetes Stoßdämpferöl nach und bewegen Sie den Hebelarm langsam auf und ab, bis keine Luftbläschen mehr aufsteigen.
- Füllen Sie den Dämpfer bis etwa 1 cm ab der Oberkante auf und verschließen Sie die Einfüllschraube wieder.

Teleskopstoßdämpfer ausbauen

Alle Stoßdämpfer eines Fahrzeuges sind serienmäßig baugleich. Die Stoßdämpfer sind wartungsfrei. Sollten sie undicht oder beschädigt sein, müssen sie ausgetauscht werden.

- Stellen Sie das Fahrzeug sicher ab und sichern Sie es gegen Wegrollen.
- Drehen Sie die Befestigungsmuttern oben und unten los (alte Varianten sind ab Werk gesplintet).
- Nehmen Sie den Stoßdämpfer heraus.

Die Montage erfolgt sinngemäß in umgekehrter Reihenfolge.

Umbau von Hebel- auf Teleskopstoßdämpfer

Der Umbau älterer Baureihen mit Hebeldämpfer ist möglich. Hierfür sind neben den Dämpfern einige Originalteile zu verwenden. Diese beschaffen Sie sich am einfachsten beim Unimogspezialisten. Nach der Einbauanweisung müssen die oberen Halter neu eingeschweißt werden. Hier wird ein Elektroschweißverfahren vorgeschrieben.

Hebelstoßdämpfer: 1 Einfüllschraube, 2 Befestigungsschrauben, 3 Hebelarm, 4 Schubstrebe.

Teleskopstoßdämpfer: 1 Befestigungsschrauben, 2 Teleskopstoßdämpfer.

Ladefläche restaurieren

Die Ladefläche nimmt einen sehr großen Teil des optischen Eindrucks Ihres Unimogs ein. Sie sollte also unbedingt mit in die Restauration einbezogen werden. Die Besonderheit des Unimogs auch als Oldtimer liegt oft nach wie vor im Arbeitseinsatz. Das beansprucht die Ladefläche oft besonders.

Optischer Anspruch und Nutzen

Im Originalzustand bestand die Pritsche aus mit Nut und Feder ausgestattetem Nadelholz, was einfach lackiert wurde. Der Nachteil liegt an der recht geringen Verschleißfestigkeit, wenn tatsächlich gelegentlich geladen und vielleicht sogar abgekippt werden soll. Siebdruckplatten sind ganz sicher nicht zeitgemäß, aber recht anspruchslos hinsichtlich der Pflege und robust im Nehmen bei tatsächlicher Benutzung. Weichhölzer scheiden aufgrund der geringen Oberflächenfestigkeit zumindest für den Pritschenboden aus. Harthölzer sind hier zwar deutlich beständiger, aber auch wesentlich teurer.

Naturholzoptik

Faszinierend edel wirken eine Pritsche und die Ladebordwände, wenn diese liebevoll in recht wertvollem Hartholz neu aufgebaut wurden. Natürlich könnte man schnell Hemmungen aufbauen, diese Pritsche oder auch das Fahrzeug, das den gleichen Restaurationsaufwand vorzeigen kann, in Wald und Flur einzusetzen. Hier scheiden sich die Geister.

Lackiert wie im Originalen

Der Wiederherstellung im Originalzustand erlaubt auch die Nutzung im »normalen« Alltag. Kratzer und Verschleiß gehören da auch mal dazu. Eine Ladebordwand kann dann auch schnell mal nachlackiert werden.

Der Pritschenboden kann sowohl mit Nadelhölzern ausgerüstet werden, aber auch aktuell mit einer Siebdruckplatte ausgeführt werden.

Ausschnitt für die Zugänglichkeit

Der Ausschnitt in der Ladefläche ist serienmäßig vorhanden. Sie ist bei den älteren Modellen rechteckig und bei neueren Modellen mit Kipperpritsche dreieckig ausgeführt worden. Der Ausschnitt kann nach oben herausgenommen werden und ist im Pritschengestell versenkt. Er fällt also auch beim Abkippen nicht heraus. Nicht nur aus Gründen der Originalität sollte dieser Ausschnitt auch beim Neuaufbau einer Pritsche vorhanden bleiben. So bleibt der Zugang zu den Anbaugeräten darunter immer leicht möglich.

Ausschnitt bei den alten Modellen: Im hinteren Mittelteil ist hier ein rechteckiger Ausschnitt eingelassen, der den Zugang zu den Bauelementen unter der Pritsche zulässt.

Ausschnitt bei den neueren Modellen: Im hinteren Mittelteil ist der Ausschnitt, der den Zugang zu den Bauelementen unter der Pritsche zulässt, dreieckig gestaltet.

Aufbau der Holzbordwände

- Nehmen Sie die Ladebordwände heraus und legen Sie sie auf Arbeitsböcke zur weiteren Verarbeitung ab.
- Demontieren Sie die Scharniere und die Verschlüsse.
- Lösen Sie die Verschraubungen der Einfassung und nehmen Sie die Schrauben heraus.
- Lösen Sie die Einfassung und nehmen Sie sie ab.
- Schleifen Sie die Holzbretter so weit, dass alle losen Lackrückstände verschwunden sind.
- Stecken Sie die Nut und Federbretter zusammen und lackieren Sie sie vor. Verwenden Sie am besten einen Holzlack, der mit der Holzatmung eine längere Lebensdauer verspricht.
- Bauen Sie die Ladebordwand vollständig zusammen und lackieren Sie diese dann endgültig und an allen Stellen abschließend.

Restauration der Stahlbordwände

- Nehmen Sie die Ladebordwände heraus und legen Sie sie auf Arbeitsböcke zur weiteren Verarbeitung ab.
- Schleifen Sie den alten Lack an, bis Sie die losen Lackstellen entfernt haben. Roststellen müssen metallisch blank werden. Finden Sie an der Ladebordwand mehrere durchrostete Stellen und/oder der Zustand der Ladebordwand ist eher tragisch, sollten Sie keine Arbeit investieren und sie zum Sandstrahlen geben.
- Beulen Sie die Ladebordwand soweit erforderlich aus und richten Sie sie so weit aus, dass sie gerade aufliegt.
- Grundieren und Lackieren Sie die Ladebordwand in mehreren Schichten und montieren Sie sie wieder.

Naturholzoptik: Nicht original, aber ein sehr reizvoller und edler optischer Eindruck in Hartholz, der nur geölt werden muss.

Wie im Originalen: 3 Bretter und die Pritsche wurden vollständig lackiert. Das zeichnet das Originalteil aus.

Zeitgemäßer Zustand: Der Lack platzt auf der Fläche ab und das Holz ist bereits leicht verwittert. Hier ist eine Restauration zumindest zu Supstanzerhaltung erforderlich.

Kontrolle und Säuberung

Oft rosten Fahrzeuge, die in Eigenleistung vor Rost geschützt wurden, trotzdem. Im Folgenden geben wir Ihnen einige Ratschläge, die Sie beachten sollten, wenn Sie Ihren Wagen wirksam vor Korrosion schützen wollen.

Wasserablauflöcher: Fast alle Hohlräume haben irgendwo an der Unterseite Wasserablauflöcher, die stets offen bleiben müssen. Ein Rostschlammkrater rund um die Ablauföffnung oder loser Rost wird zunächst einmal mit einem Dampfstrahler angegriffen, um die Verstopfung herauszuwässern. Dann werden nacheinander die anderen Ablauflöcher des betreffenden Hohlraumes ausgespritzt. Das fördert keineswegs den Rost, sondern durch das Frischwasser wird Schlamm ausgespült, der über lange Zeit Feuchtigkeit gebunden und dadurch den Rost gefördert hat. Außerdem können mit dem Frischwasser auch noch Salzreste vom Winter herausgeschwemmt werden. Wenn bei diesem Durchspülen schon Rost ausgeschwemmt wird, sollten Sie alsbald Ihre Werkstatt zur Nachuntersuchung aufsuchen.

Rosttränen: An den Unterkanten von Schweißnähten, Bördelkanten und Falzen findet man gelegentlich diese rostfarbenen Wassertropfen. Sie sind ein eindeutiger Hinweis, dass im betreffenden Hohlraum Rost knabbert. Bei Montagearbeiten an Ihrem Fahrzeug, etwa beim Auswechseln eines beschädigten Kotflügels und vor allem beim Ausbau der Wagen-Innenverkleidung, sollten Sie immer das Arbeitsgerät und Arbeitsmaterial für die Unterbodenschutz-Nachbesserung griffbereit zur Hand haben. Sie brauchen keinen speziellen Hohlraumkonservierer in der Spraydose zu kaufen, denn alle versteckten Stellen, die Sie bei Montagearbeiten freilegen, sind ja ohne Weiteres zugänglich, sodass sich dort problemlos normales Unterbodenschutzmaterial verarbeiten lässt. Aber zuerst müssen Sie jeglichen losen Rost entfernen und die Stelle mit einem guten Roststabilisator sanieren.

Entrosten von Karosserieteilen oder beschädigten Bereichen

Rostablagerungen auf Blech machen eine sachgemäße Reparatur unmöglich. Selbst dann, wenn man auf die moderne Klebetechnik geht, muss das Material, an dem gearbeitet oder das verarbeitet werden soll, einwandfrei sein. Es ist Vorarbeit erforderlich, wenn das Material durch Korrosion vorgeschädigt ist. Für die Entrostung gibt es unterschiedliche Herangehensweisen, die alle auch ihre Vor- und Nachteile haben. Wir werden Ihnen nun die wichtigsten Verfahren vorstellen. Nicht nur für die Festigkeit der Konstruktion, sondern auch als weitergehender Korrosionsschutz ist die gründliche Entfernung von Rostablagerungen erforderlich. Mit der Bohrmaschine oder besser noch mit dem Winkelschleifer wird eine aufgespannte Zopfbürste in Teller- oder Topfform angetrieben. Diese Bürstenreinigung mit Flex oder Bohrmaschine mit bis zu 10.000 1/min. malträtiert die Beschichtungen des Un-

Entlackt und nackt: Das Fahrerhaus muss lediglich an den Stellen entlackt werden, wo entweder Schäden wie Rost oder Einrisse erkennbar sind oder der Lackzustand unklar ist.

Oberflächen schützen: Alle Bauteile, an denen die Oberfläche geschützt werden soll, müssen ausgebaut oder abgedeckt werden.

terbodens. Tausende kleine Drähte schlagen ähnlich wie beim Nadelentroster auf die Roststellen ein. Diese Arbeitsweise ist eine der schnellsten. Mit einem Bürstenaufsatz für den Winkelschleifer (achten Sie auf die zugelassene Drehzahl beim Kauf der Bürste) oder für die Bohrmaschine lässt sich die Bodenbeschichtung, egal welcher Art, sehr schnell und auch in der Fläche begrenzt entfernen. Unterschiedliche Bauweisen der Bürstenaufsätze ermöglichen unterschiedliche Arbeitsrichtungen.

Sand- oder Glasperlenstrahlen

Mit Luftdruck werden Granulatteile mit einem Durchmesser von 1 – 3 mm mit sehr hoher Geschwindigkeit gegen die Reparaturstelle geschleudert. Da es Tausende Granulatteile sind, erfolgt eine sehr feingliedrige und gründliche Reinigung. Dieses Verfahren putzt wirklich alles weg: Rost, Lack in jeglicher Schichtstärke, zentimeterdicke Spachtelschichten und was sonst noch auf der Karosserie haftet. Für den Gebrauchsgegenstand Auto wird diese Radikalmethode eher selten anzuwenden sein. Aber für Oldies und diejenigen Fahrzeuge, die es noch werden sollen, ist eine aufwändige Restauration unumgänglich. Die aber beginnt immer dann mit dem Sand- oder Glasperlenstrahlen, wenn schlecht erreichbarer Rost oder eine erhebliche Intensität von Rostbefall feststellbar ist.

Handstrahlgerät um 50 Euro

Das kleine Handstrahlgerät bedarf eigentlich keiner besonderen Schutzausrüstung. Es hinterlässt auch kaum Dreck und Staub. Auch der Materialbedarf hält

Nicht nur Schutz: Wer selber strahlt, wird schnell zähneknirschend feststellen, wie komfortabel die erforderliche Sicherheitsausrüstung auch bei großer Hitze ist.

Nacharbeit erforderlich: Gerissene Schweißnähte können in Anbetracht von Fahrzeugalter und Einsatzzweck kaum verübelt werden. Oft sind sie erst nach der Reinigung erkennbar.

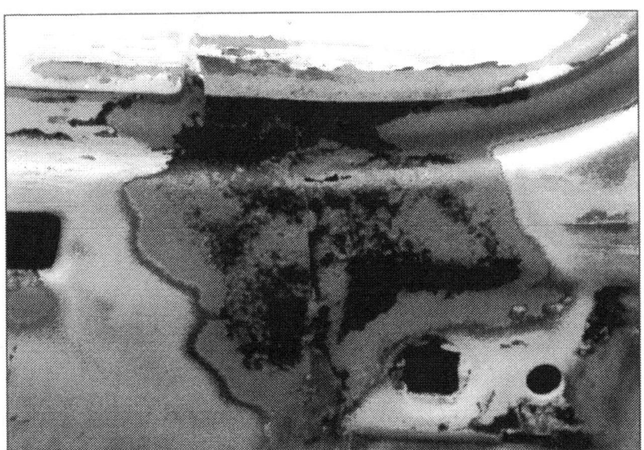

Durchrostungen: Hier bleibt nichts ... außer Blech und Unterbodenschutz. Steinschlagschutz und Unterbodenschutz lassen sich beim Sandstrahlen nur schwer beseitigen.

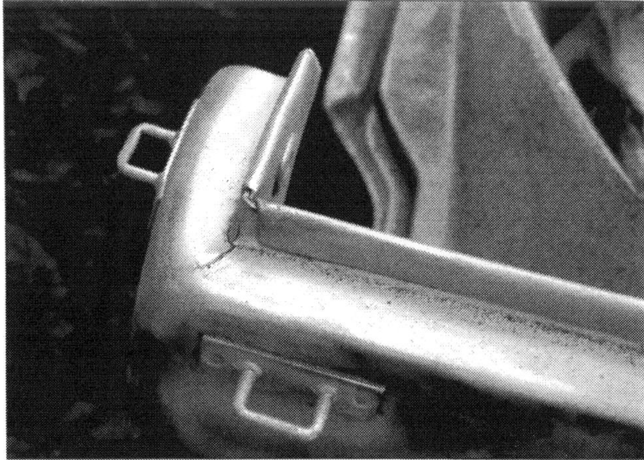

Kleine Risse werden sichtbar: Auch die Rissbildung ist oft durch den Lack verdeckt. Nach dem Sandstrahlen muss die Arbeitsliste dann um diesen einen Punkt erweitert werden.

sich durch den Auffangsack in Grenzen. Es eignet sich gut für kleinere Arbeiten wie beispielsweise die Instandsetzung der Türkanten oder Roststellen an einzelnen Karosserieteilen.

Größere Projekte

Wenn Sie umfangreichere Arbeiten bis hin zum Strahlen des Fahrerhauses planen, sollten Sie nach einem geeigneten Sandstrahl-Betrieb suchen. Die »Gelben Seiten« sind dabei meist hilfreich. Voraussetzung für ordentliche Arbeit und ein ordentliches Ergebnis ist eine Strahlkabine, in die die Kabine komplett hineingerollt werden kann. Für Rahmenteile, Unterboden und Innenraum bringt das Sandstrahlen die besten Ergebnisse. Da die kompromisslose Härte des scharfkantigen Sandstrahlmaterials zum Entrosten von Anbauteilen ein gewaltiger Nachteil ist, sollte man das sanftere Glasperlenstrahlen wählen. Zu schnell sind sonst Hauben oder Seitenteile aus ihrer ursprünglichen Form geraten und nicht mehr zu korrigieren. Fragen Sie den ausgewählten Sandstrahlbetrieb also zuerst, welche Verfahren dort eingesetzt werden können.

Arbeiten mit dem Sandstrahlgerät

Im Folgenden werden wir Ihnen beispielhaft vorstellen, wie Sie die Arbeit auch mit einem »mittleren« Sandstrahlgerät in der heimischen Garage angehen können, ohne diese dann anschließend zum Abriss freigeben zu müssen. Natürlich muss klar sein, dass sich so manches Sandkörnchen nicht nur in Ihrer Garage verirrt, sondern sich auch deutlich hörbar beim Abendessen zwischen den Zähnen wiederfindet.

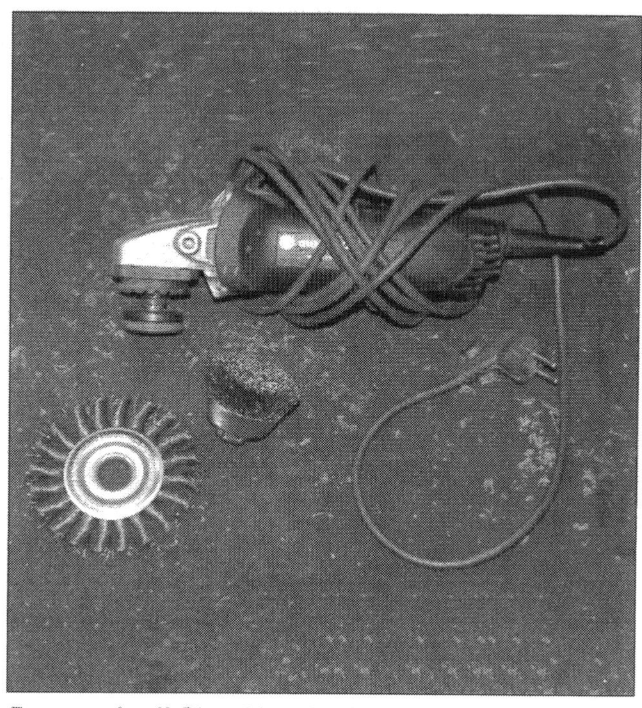

Extrem schnell: Die rabiate Art Beschichtungen wie Steinschlagschutz, Unterbodenschutz sowie Dämmung zu entfernen.

Für kleine Stellen: Mit Auffangsack und Strahlgutbegrenzungskappe entsteht nur wenig Strahlgutverlust und Verschmutzung rund um die Schadstelle. Das Strahlgut im Sack kann recycelt werden.

Für Selbststrahler: Entsprechend zum Einsatz am Unimog müssen ein Sandstrahlgerät mit entsprechendem Sandvorrat und ein Kompressor mit ausreichender Luftleistung zur Verfügung stehen.

Arbeitsschutz und Sicherheit

Umherfliegendes Strahlgut und Dreckpartikel landen sehr schnell im Auge. Tragen Sie deshalb beim Sandstrahlen grundsätzlich eine dichte Schutzbrille und bei der Verwendung der größeren Geräte auch entsprechende Schutzkleidung. Tragen Sie grundsätzlich Leder-Stulpenhandschuhe. Das Strahlgerät kann Ihnen nämlich schnell Verletzungen zufügen. Gleiches gilt natürlich auch für die eventuell vorhandenen Zuschauer bei Ihrer Arbeit. Achten Sie darauf, dass auch sie sich schützen.

Blecharbeiten

Austausch von verschweißten Karosserieteilen

Zu Hause in der Garage kann man die verbeulte oder durchrostete Blechpartie instand setzen. Was dabei die Festigkeit der einzelnen Karosserie-Elemente betrifft, kann man den notwendigen Schnitt nicht nach eigenem Gutdünken setzen, sondern muss sich an den vorgegebenen Schnittbereich des Fahrzeugherstellers halten. Alle Karosserie-Elemente sind statisch berechnet. Ein Verändern der Festigkeit, besonders im Bereich der Fahrgastzelle, kann unter Umständen fatale Folgen haben. Abschnittsreparaturen sollten nach Möglichkeit immer mit überlappenden Schnittkanten ausgeführt werden. Dabei entsteht zum einen weniger Wärmeverzug, weil keine durchgehende Schweißnaht zwingend notwendig ist, zum anderen muss der Zuschnitt weniger exakt sein als bei stumpf geschweißten Blechen.

Schweißen an tragenden Elementen

Bei Rahmen und Anbauteilen sowie den Haltern der Anbaugeräte handelt es sich um tragende Fahrzeugelemente. Es gilt also, noch umsichtiger als bisher zu arbeiten und die Neuteile und Verbindungsbleche TÜV-gerecht einzuschweißen. Das bedeutet konkret, sich vor Beginn der Schweißarbeiten mit den TÜV-Anforderungen und Abnahmekriterien vertraut zu machen. Wir empfehlen in solchen Fällen dringend, durch einen professionellen Instandsetzer oder einen Sachverständigen das Fahrzeug begutachten zu lassen. Denn ein harmlos aussehender Schaden kann ganz schnell einen wirtschaftlichen Totalschaden bedeuten.

Altblechrecycling: 1 entfernte schadhafte Karosseriekante, 2 ausgeschnittenes Blech für die Abschnittsreparatur, 3 Reparaturblech fertig abgekantet und neu gestrahlt.

Wichtig für eine fachgerechte Instandsetzung sind selbstverständlich auch die Vorschriften des jeweiligen Automobilherstellers. Es gibt keine gesetzliche Vorschrift, dass an einem Pkw nur der Fahrzeughersteller oder eine von ihm beauftragte Person Instandsetzungsschweißungen durchführen darf. Nur bauartgenehmigungspflichtige Bauteile nach §22a StVZO, wie beispielsweise Teile der Beleuchtungsanlage, Heizung oder Sicherheitsgurte, unterliegen derzeit solchen Vorschriften. Zwar enthält der §30 StVZO indirekt die Forderung nach einer sachgerechten Instandsetzung: Fahrzeuge müssen so ausgerüstet sein, dass »ihr verkehrsüblicher Betrieb niemanden schädigt oder mehr als unvermeidbar gefährdet, behindert, oder belästigt«, doch gibt es keine gesetzlichen Richtlinien, die die ausführende Personengruppe oder die auszuführende Schweißarbeit definitiv vorschreiben. Das kann im Extremfall ein Freibrief für »Pfuscher« und »Schluderer« sein. Andererseits müssen Sie als Feierabendschweißer auch keine Tauglichkeitsprüfung ablegen, die Ihre Schweißtätigkeit legalisiert. Wir legen Ihnen dennoch ans Herz, Instandsetzungen an tragenden Teilen eines Fahrzeugs erst dann anzugehen, wenn Sie das Schutzgas-Schweißgerät wie das Alphabet beherrschen und sich in einer Werkstatt oder bei einem fachkundigen Bekannten die Arbeit bereits angesehen haben.

Absetzzange für Bleche: Absetzen der Randbereiche für das nahtlose (unsichtbare) Einsetzen von Reparaturblechen.

Auswahl des Schweißverfahrens

GEFAHRENHINWEIS

Noch einmal dick unterstrichen: Ihr Leben und das anderer Verkehrsteilnehmer hängt von der Qualität Ihrer Schweißarbeit ab. Nur eine fachgerechte und mit Umsicht ausgeführte Schweißung erfüllt die an sie gestellten Ansprüche. Orientieren Sie sich deshalb vor Beginn einer Schweißarbeit an der nebenstehenden Tabelle. Werden Anbauteile nicht durch Schweißen seitens des Herstellers befestigt, dürfen diese auch im Rahmen von Reparatur und Restauration nur mit dem vorgesehenen Befestigungsverfahren ausgeführt werden.

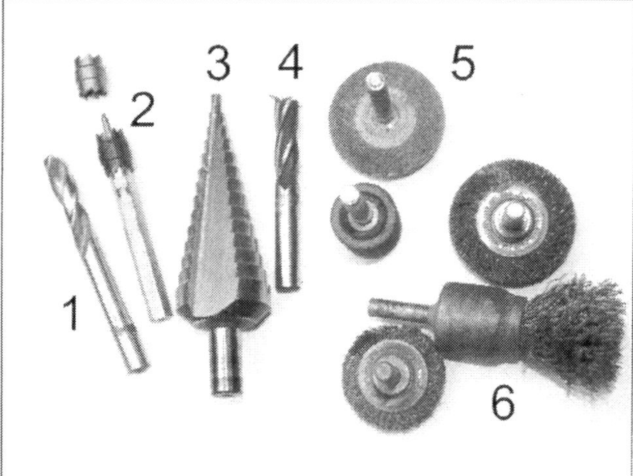

Bohrer und Fräser: 1 Schweißpunktbohrer einfach und 2 mit drehbarer Bohrkrone, 3 Stufenbohrer, 4 Flachfräser, 5 Schleifvorsätze und 6 Bürstenvorsätze.

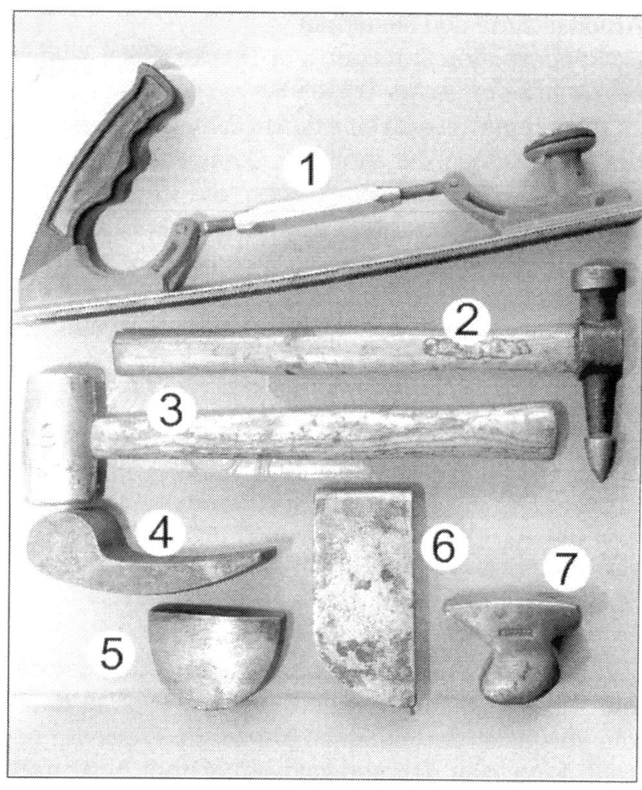

Handgeführte Karosseriewerkzeuge: 1 Karosseriehobel mit Halter, 2 Ausbeul- und Spitzhammer, 3 Glätthammer aus Aluminium zum Flächenrichten, 4 Handfaust Komma-Form, 5 Rundhandfaust, 6 Handfaust in Zehenform, 7 Universalhandfaust.

Reparaturbleche

Diese vorgefertigten Bleche gibt es für die auf den jeweiligen Fahrzeugtyp bezogenen »Hauptverschleißteile«. Dies sind vor allem Schweller, Radläufe, schraubbare Kotflügel, Front- und Heckbleche. Reparaturbleche sind so geformt, dass man sie über das korrodierte Altteil setzen kann. Um eine langfristige Wirkung der Reparatur zu erreichen, muss allerdings dem Thema Korrosionsschutz eine besondere Bedeutung beigemessen werden. Nur blankes und satt mit Schweißfarbe bestrichenes Blech kann dem Rost dauerhaft trotzen. Reparaturbleche können ohne Bedenken nur mit Lochpunkt-Schweißungen verbunden werden, da die große Blechüberlappung genügend Haltekräfte aufbaut. Gängige Reparaturbleche haben die Autozubehör-Händler oft auf Lager, für ausgefallenere Typen oder selten benötigte Blechteile des Unimogs zeigt man Ihnen sicher gerne den aktuellen Lieferkatalog.

Repariertes Teil	Verbindungsart	Reparaturteil	Weitere Bedingungen
Primär tragend: Stark beansprucht z. B. Säulen, Längsträger, Querträger am Aufbau.	Schutzgasschweißen, Widerstandspunkt-schweißen..	Originalteile oder in Materialform und Materialstärke gleichwertige Bleche evtl. Abschnittsbleche.	Nur nach Herstellervorschriften Keine Einflussnahme auf die Charakteristik der Knautschzonen.
Sekundär tragend: Schwach beansprucht, z. B. Radlauf, Einstieg, Heckabschlussblech.	Schutzgasschweißen, Widerstandspunkt-schweißen.	Originalteil, Reparaturblech, selbst gefertigtes Reparaturblech.	Keine vorstehenden Kanten (gefährliche Fahrzeugkonturen), Dichtheit

Ersatzbleche

Natürlich kommt es vor, dass aus den verschiedensten Gründen das benötigte Blech als Ersatzteil nicht lieferbar ist. Als gangbarer Ausweg aus diesem Dilemma bleiben dann häufig die freien Anbieter von Ersatzteilen. Gebrauchtteile bieten allerdings keine garantierte Qualität. Falls es Ihnen aber um möglichst billige Reparatur von Türen, Motorhaube oder Stoßfängern geht, sind sie eine gute Alternative. Wenn sich allerdings auch in deren Angebot nichts Passendes findet, muss das Blechstück eben von Hand selbst hergestellt werden.

Sitzt, passt, wackelt und hat Luft: Erst dann, wenn die Anbauteile genau und spannungsfrei sitzen, können die weiterführenden Arbeiten begonnen werden

Karosserieteile einpassen

Egal, welche Reparatur Sie am Fahrzeug durchführen oder aus welcher Quelle Ihre Ersatzbleche kommen: Die Passgenauigkeit hängt an der Fertigungsgenauigkeit und möglichem Verzug durch die Reparatur oder anderen Einflüssen von außen. Montieren Sie vor dem Abschluss einer Reparaturarbeit und in jedem Fall vor dem Beginn der Lackarbeiten die Anbau- oder Karosserieteile zuerst einmal vor, um die Passgenauigkeit und die Spaltmaße prüfen zu können. Nichts wäre ärgerlicher, als den aufwändigen Lackaufbau wegen schlechter Passung wiederholen zu müssen.

Einpassen ist wichtig: Vor den Feinarbeiten gegen Beulen und Unebenheiten müssen die Karosserieteile eingepasst werden. So sind mögliche Nacharbeiten durch das Einpassen problemlos.

Schweißverfahren

Schutzgasschweißen

In den vergangenen Jahren hat die Entwicklung in der Schweißtechnik gerade für den Heimwerker und den Garagenbetrieb große Fortschritte gemacht und ist mittlerweile zum festen Bestandteil in der Welt des Hobby-Handwerkers geworden. Wer die gebotenen Sicherheitsvorkehrungen einhält und verantwortungsbewusst mit dem Schweißgerät umgeht, ist keiner größeren Gefahr als beim Gebrauch einer Bohrmaschine ausgesetzt. Daher ist das Schutzgasschweißen inzwischen die verbreitetste und dauerhafteste Methode, verbogenes oder durchrostetes Karosserieblech zu reparieren.

Die richtige Ausrüstung

Mit einem Schutzgasgerät ist der Heimwerker der komfortablen Bedienung und des flexiblen Einsatzes wegen am besten bedient. Die Gerätehersteller bieten eine recht große Auswahl für nahezu jeden Einsatz. Wichtig bei der Kaufentscheidung ist die zur Verfügung stehende Spannung. Es besteht die Auswahl zwischen der »normalen« 220-V-Wechselspannung und der 380-V-Drehstromleitung. Sofern ein Drehstrom-Anschluss möglich ist oder bereits existiert, ist es sinnvoll, diesen auch zu nutzen. Das Schweißgerät arbeitet bei höherer Spannung konstanter und leistungsfähiger.

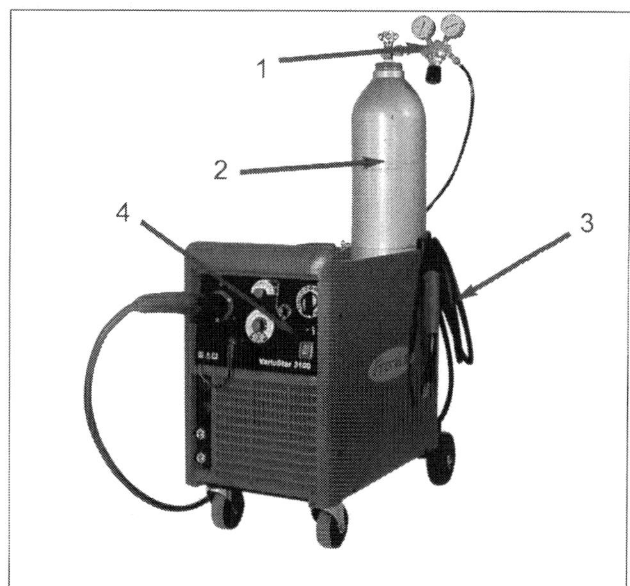

Schutzgasschweißgerät: 1 Druckminderer, 2 Schutzgasflasche, 3 Schlauchpaket, 4 Schalttafel.

Voraussetzungen für erfolgreiche Arbeit

Bevor Sie mit dem Schweißen beginnen, muss erst einmal der Arbeitsplatz eingerichtet werden. Selbst wenn Sie nur über wenig Fläche verfügen, sollte eine Ecke in der Garage oder im Arbeitsraum für eine Werkbank mit Arbeitsplatte und Schraubstock freigemacht werden. Dieser Platz sollte immer zugänglich bleiben, selbst wenn er auch für andere Zwecke gut genutzt werden könnte. Nach dem stets gültigen und jedem vertrauten Gesetz, dass man immer dann etwas braucht, wenn man es gerade nicht zur Hand hat, ist sonst ein ständiges Räumen und Kramen im Arbeitsbereich programmiert. Sehr empfehlenswert ist nach unserer Einschätzung natürlich auch eine gute, sprich helle und schattenarme Lichtquelle. Sie werden es noch sehen oder ja schon längst wissen: Beim Schweißen kommt es auf gutes Augenmaß und eine gute Portion Fingerspitzengefühl an. Apropos Fingerspitzen und Augen: Es geht beim Schweißen im wahrsten Sinne des Wortes heiß her. Lesen Sie deshalb unbedingt den nächsten Abschnitt zu den Vorsichtsmaßnahmen, bevor Sie das Kabel des Schweißgeräts ans Stromnetz bringen.

Wie Sie ebenfalls durch Erfahrung bereits wissen: Gutes Werkzeug ist immer teurer als schlechtes. Verletzungen durch schlechtes Material oder ein Beschädigen von Fahrzeugteilen aufgrund zu großer Maßtoleranz des Werkzeugs kann durch die vordergründige Ersparnis beim Kauf nicht wieder gut gemacht werden.

Geduldig üben und Schutzschild benutzen

Einige Probeschweißungen auf ein paar Stücken Abfallblech sind mehr als empfehlenswert. Beim Training dürfen durchaus ein paar Stunden vergehen. Es ist ungemein wichtig, mit ruhiger Hand und auf die Arbeit konzentriert für den »Ernstfall« zu üben. Alte Bleche bekommt man in Karosseriebetrieben, neue bei den Metallhändlern. Wer es auf Versuche mit angerostetem Blech abgesehen hat, sollte sich auf Schrottplätzen orientieren. Was den Umgang mit dem Schweißgerät erschwert, ist die Sicherheitsausrüstung. Das Schweißschutzschild ist mit einem sehr stark getönten Glas versehen, um beim Schweißen in die Flamme sehen zu können. Ohne den Lichtbogen der Schweißflamme sieht man durchs Glas rein gar nichts von der zu bearbeitenden Stelle. Bei schwer zugänglichen Stellen gehört schon etwas Erfahrung im Umgang mit dem Schutzgasschweißen dazu, um eine ordentliche Schweißnaht oder korrekte Schweißpunkte zu setzen.

Wer allerdings meint, er könne auch ohne das ziemlich unbequeme Schutzschild arbeiten, der muss nicht lange warten, bis ihn der »Sandmann« heimsucht. Der Lichtbogen der Schweißflamme ist so hell, dass die Netzhaut und die Augennerven geschädigt werden. Das macht sich bei geschlossenen Augen in einem sandfeinen Rotflimmern bemerkbar und kann aufgrund der Schmerzen als äußerst unangenehm bezeichnet werden. Daher gilt eben unbedingt, lieber mehr zu üben und dafür das Augenlicht zu behalten, als alles jetzt und sofort können zu wollen.

Geräte und Materialien

Druckminderer

Die am Druckminderer eingestellte Gasmenge ist mit der am Brenner ausströmenden Gasmenge nicht identisch. Die richtige Gasmenge wird durch ein am Brenner aufgesetztes Messrohr, ähnlich dem Synchrontester zur Vergasereinstellung, abgelesen und eingestellt.
Bei normalem Autoblech mit 1,0 mm Dicke sollte der Druck 8 bis 10 Liter pro Minute betragen. Die Einstellung erfolgt mit einem Handrad am Druckminderer.

Schutzgase und Zusätze

Als Schutzgase kommen Inertgas wie Argon, Helium und deren Gemische oder aktives Gas wie Kohlendioxid oder Mischgase in Betracht. Inertgas ist reaktionsträge und beteiligt sich nicht an den chemisch-metallurgischen Vorgängen im Schweißbad. Aktives Gas hingegen wandelt sich im Schweißprozess chemisch um. Schweißargon und Mischgase auf Argonbasis werden gasförmig in Leichtstahlflaschen mit einem Fülldruck von 200 bar geliefert. Kohlendioxid und Mischgase sind in Stahlflaschen mit Füllgewichten von 10, 20 und 30 kg in flüssigem Zustand im Handel erhältlich.
1 kg CO^2 ergibt 540 Liter Schutzgas. Die Kennfarbe für nicht brennbares Gas ist grau.

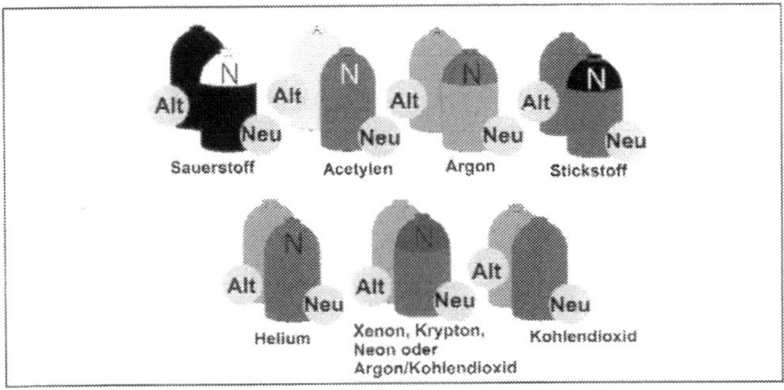

Schutzkappen: Schutzgas ist an der Farbe der Kappe erkennbar.

Schutzausrüstung: Schweißschutzschild und Handschuhe für den Schutz vor UV-Strahlung und abspritzendem, flüssigem Metall.

Schweißdraht

Der Schweißdraht muss ohne Ecken und Knicke durch das Schlauchpaket laufen können. Ist dies nicht der Fall, entsteht im Nu ein Loch in der Schweißnaht. Am Anfang werden Sie ohnehin mit dem einen oder anderen ungewollten Loch im Blech kämpfen. Der Drahtvorschub wird durch zwei Bewegungen in der Drahtrolle beeinflusst. Da ist zum einen die Tendenz des Drahtes, sich zusammenziehen zu wollen, wenn er von der Rolle gewickelt wird (Casting). Schneiden Sie ein Stück Draht von ca. 1 m Länge ab und legen Sie es auf die Arbeitsfläche. Der Draht sollte sich auf einen Durchmesser von 45 bis 50 cm zusammenrollen. Sind es weniger als 30 cm, kommt es zu Störungen im Drahtvorschub. Wechseln Sie also diese Drahtrolle aus. Außerdem kann der Schweißdraht eine Tendenz zu Spiralen entwickeln. Dieser »Helix-Effekt« verursacht unruhiges Gleitverhalten des abrollenden Drahtes, wodurch schnell ein Loch ins Blech brennt. Abhilfe schafft wiederum der Tausch der Schweißdrahtrolle.

Schweißspray

Schutzgasschweißdrähte sind zur besseren Korrosionsbeständigkeit mit Kupfer überzogen. Die Kupferschicht neigt nun aber dazu, sich im Brenner vom Draht zu lösen, was im Bereich des Führungsstückes Ablagerungen verursacht. Die Ablagerungen wiederum blockieren den gleichmäßigen Drahtvorschub, es kommt zu Löchern. Abhilfe schafft die Anwendung von silikonfreiem Schweißspray vor und immer mal wieder zwischen den Schweißungen. Hilft das im Einzelfall nicht mehr, muss die Brennerdüse herunter und gegen eine saubere getauscht werden. Nach Abkühlung sollte die verschmutzte Düse mit Schraubendreher, Dreikantschaber oder Mini-Schleifer gereinigt werden, damit sie beim nächsten Einsatz wieder verwendet werden kann.

Empfohlene Wartungsarbeiten am Schweißgerät
»Schutzgas-Schweißen« ist einfach und recht komfortabel in der Handhabung, besonders mit einem neuen Gerät. Damit das so bleibt, sollten einige Wartungsarbeiten regelmäßig durchgeführt werden. Bevor Sie jedoch mit der Wartung beginnen: Immer den Netzstecker ziehen!

- Das Schweißgerät freut sich über gelegentliche Zuwendung in Form von reinigender Pflege. Vom Schmutz befreien, auch Stromkabel und Massekabel, um guten Stromübergang zu gewährleisten. Kabel und Schlauchpaket dürfen mit Gummipfleger für längere Haltbarkeit behandelt werden, auf keinen Fall aber mit Kontaktspray oder fetthaltigen Pflegemitteln.
- Brennerdüse(n) spätestens nach Gebrauch mit Schweißspray, Schraubendreher oder Dreikantschaber reinigen.
- Vorschubrollen und Brenner auf Verschleiß und korrekten Sitz prüfen.
- Schlauchpaket vor Beginn der Schweißarbeit gerade ausrollen, Ummantelung auf Risse oder sonstige Beschädigungen prüfen.
- Gasanschlüsse auf Dichtheit abhören.
- Drahtführungsspirale reinigen und rechtzeitig Ersatz besorgen.
- Stromquelle (Steckdose) ab und an säubern, um elektrische Überschläge zu vermeiden. Gerät zuvor abschalten, Netzstecker ziehen.

Schweißschutzspray: Zur Düsenpflege und als Schutz vor ungewollten Schweißpunktspritzern an den Werkstücken geeignet.

1
2
3

Blick ins Innere des Schutzgasschweißgerätes: 1 Rollenträger für die Schweißdrahtrolle, 2 Schweißdraht, 3 Fördermotor.

Das Autogen-Schweißen

Das Autogen-Schweißgerät ist vielfältig einsetzbar. Es ist zum Löten, Schweißen, Schneiden oder Erhitzen einsetzbar und vorwiegend für die Werkstatt gedacht. Deshalb wollen wir hier auch gar nicht bis ins letzte Detail gehen, sondern Ihnen vielmehr die Möglichkeiten mit dem Autogen-Schweißgerät darstellen. Zunächst aber erst einmal die Funktionsweise des Autogenschweißens: Die zusammenzufügenden Bleche oder Profile werden mit Hilfe der Brenngasflamme zum Schmelzen gebracht. Die Verbindung kann mit oder ohne Zugabe eines Schweißdrahtes entstehen. Im Gasgemisch der Schweißzone entstehen Temperaturen bis 3200 °C. Als Brenngas wird Acetylen verwendet, da man mit keinem anderen Gas eine so hohe Temperatur erreicht. Die Ausrüstung besteht aus Acetylen, je einer Sauerstoffflasche, je einem Druckminderer und einem Schweißbrenner mit Schlauchanschlüssen. Das Acetylen ist grundsätzlich in einer braunen Flasche und aufgrund der Brennfreudigkeit in einer »Schutzschicht« aus Aceton gelagert. Der Fülldruck der Brenngasflasche beträgt 18 bar. Die weiß/graue Sauerstoffflasche steht in frischem Zustand unter einem Druck von 200 bar, was bei einem Flaschenvolumen von 40 Litern 6000 Liter Entnahmevolumen ergibt. Der Druckminderer setzt den Inhaltsdruck der Gasflaschen auf den notwendigen Arbeitsdruck von 0,5 bar für das Brenngas und 2,5 bar für den Sauerstoff herab. Der Schweißbrenner mischt die beiden Gase im gewünschten Verhältnis: Ist das Mischungsverhältnis 1:1, also neutral, ist der weiß leuchtende Flammenkegel scharf begrenzt und optimal eingestellt für Arbeiten mit Stahl und Kupfer. Das ist der weitaus überwiegende Teil des Einsatzes. Hat die Flamme Sauerstoff-Überschuss, kann Messing geschweißt werden. Sollen hingegen Aluminium oder Alu-Legierungen bearbeitet werden, muss der Schweißbrenner mit Brenngas-Überschuss eingestellt werden. Die Flamme ist dann grünlich und flattert. Das Autogenschweißen ist für den speziellen Einsatz vorgesehen. Wir sagen es Ihnen gleich vorweg: Bevor Sie mit dem Autogenschweißgerät einen Blechschaden ordentlich richten können, werden Sie viele Stunden am Schweißtisch mit Übungsblechen und Karosserieteilen vom Schrottplatz verbringen müssen. Sollten Sie sich aber immer noch von dieser Schweißtechnik angezogen fühlen und es selbst probieren wollen, müssen Sie die unbedingt notwendigen Sicherheitshinweise kennen. Und wir müssen Ihnen auch den Rat geben, die Geduld nicht zu verlieren, denn Ihre Schweißerei wird am Anfang eher einer Schweinerei gleichsehen.

Das Hartlöten

Das Hartlöten fällt etwas aus dem Rahmen der Schweißverbindungen, daher müssen wir uns erst einmal die Frage stellen, was »Löten« bedeutet: Beim Löten entsteht eine stoffschlüssige Verbindung zweier Metalle, die durch Hilfe eines geschmolzenen Zusatzmetalls (Lot) zustande kommt. Die Schmelztemperatur des Lotes liegt dabei grundsätzlich unter der der zu verbindenden Metalle. Wo von den einzelnen Auto-Herstellern das Laserschweißen noch nicht durchgängig angewendet wird, werden manche Ecken einer Karosserie meist hartgelötet, wie es über lange Zeit üblich war. Das betrifft zum Beispiel die Übergänge der Dachhaut zum Dachrahmen an den A-, B- und C-Säulen

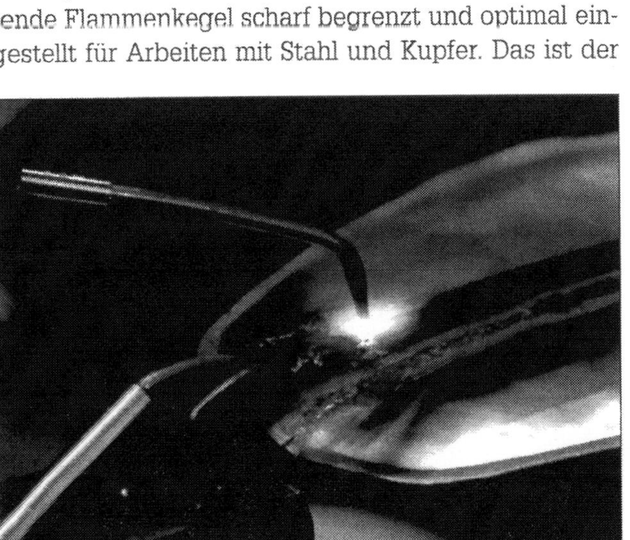

Mit Feuer und Flamme: Autogen-Schweißen.

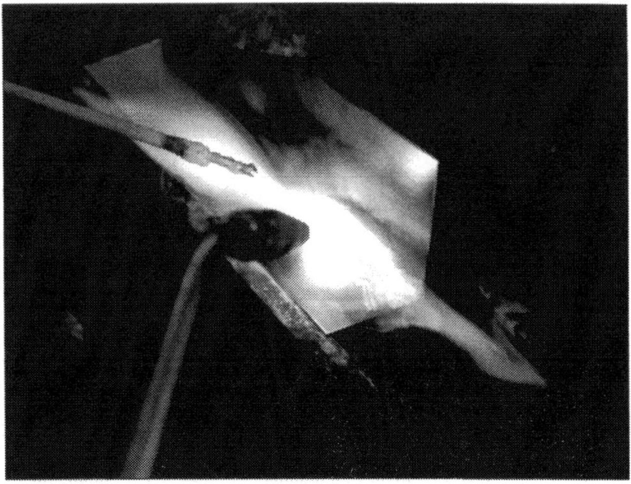

Hartlöten: eine weitere stabile Verbindung.

sowie bei einigen Herstellern die Ecken der Heckabschlussbleche und der Wasserleitbleche. Sollen zwei Stahlbleche durch Hartlöten miteinander verbunden werden, wird der Stahl mit dem Autogenschweißgerät rot glühend erhitzt, was einer Temperatur von 900 °C entspricht. Gleichzeitig wird der Hartlotstab erhitzt, bis er zähflüssig ist. Das Lot fließt in die Fuge und bildet mit dem Stahl an den Randzonen eine Legierung. Dadurch erreicht der Lötbereich eine hohe Festigkeit, der meist sogar höher ist, als die des Hartlotes selbst.

Ausbeulen und Richten

Ausbeulen

Bevor Sie sich mit eigenem oder geliehenem Werkzeug Ihrem Unimog nähern, um die Beulen aus dem betroffenen Karosserieteil zu tilgen, sollten Sie die »Blechnerei« erst ein wenig üben. Denn wenn es Ihnen bislang an Erfahrung damit fehlt, kann aus einer kleinen Beule rasch eine wüste Berg-und-Tal-Landschaft im gequälten Blech werden. Dieses Training sollte tunlichst an Abfällen geschehen, aus zerknautschten Motorhauben oder Türen zum Beispiel, die es in einer Werkstatt kostenlos geben könnte.

Harte und weiche Beulen unterscheiden
Ist Metall oder Stein gegen das Karosserieblech gestoßen, gab es also einen Zusammenprall mit hartem Material, ist in der Regel ein scharfer Blechknick an den Beulenrändern und in der Beulenmitte zu sehen. Das nennt man eine »harte« Beule, die nur mit dem Ausbeulhammer ausgebügelt werden kann und allerhand Arbeit macht. Bei einem Aufprall von weichem Material, beispielsweise durch Gepäckstücke oder durch Auflaufen eines Fußgängers, bildet sich oft nur eine Beule ohne scharfe Knickstellen und -ränder. Es gibt Bereiche, deren dünnes Blech sich bereits mit dem Daumen oder dem Handballen eindrücken lässt. Besehen Sie sich mal die Vorderkanten mancher Motorhauben oder den Bereich der Türen, die mit der Hand festgedrückt werden müssen. Vielleicht entdecken Sie eine Beule ohne scharfe Knickränder: Es ist eine »weiche« Beule. Dazu ist es wissenswert, dass das zwischen 0,7 mm und 1,5 mm dünne Autoblech aufgrund von Sicken, Falzen und Wölbungen genügend Eigenstabilität hat. Auch an Ihrem Unimog werden Sie, wenn es nicht gerade ein Veteran mit »Panzerplatten« ist, kaum eine Fläche finden, auf der ein 20 cm langes Lineal in allen Richtungen glatt aufliegt. Stark geformtes Blech trägt eben wesentlich mehr zur Stabilität der Autokarosserie bei als eine glatte Blechtafel, die sich nach allen Richtungen biegen lässt.

Platz am Blech schaffen

Zum Hohlrichten muss man an die Blechrückseite herankommen und die dort notwendige Bewegungsfreiheit schaffen, eventuell durch Abbau behindernder Teile. Das geht selbst bei einer Beule in der hinteren Karosserie-Seitenwand. In diesem Fall muss man die innere Kunststoff-Verkleidung der Tür demontieren und oft die Sitze herausnehmen. Mit einem kräftigen Vierkantholz wird dann von außen gegengehalten, damit das Blech nicht über die ursprüngliche Form hinausspringt. Von der Innenseite her wird die Beule mit einem gewichtigen Fäustel und einem kräftigen Hartholzklotz als Schlag verteilendes Zwischenstück herausgetrieben. Die ersten Treibschläge werden nicht in der Mitte der großen Beule angesetzt, sondern es wird vom Rand ausgehend spiralförmig zur Mitte hin gearbeitet. Bei einem solchen Bearbeiten einer großen Beule darf der Fäustel den Gegenhalter nicht treffen, sondern er muss seitlich versetzt aufschlagen. Dadurch kann sich das Blech nach und nach in die stabile ursprüngliche Form zurückziehen, statt durch einen zentralen Schlag noch stärker gestaucht oder gedehnt zu werden. Für das Hohlrichten ist allerdings einige Übung vonnöten. Wir sagen es noch einmal: Probieren Sie das Ausbeulen erst einmal an harmlosen Objekten, bevor es ernst wird!

Ausbeulwerkzeuge

Spezialwerkzeug ist für den Heimwerker vor allem dann teuer, wenn es wenig gebraucht wird, sich also nicht amortisiert. So oft werden Sie hoffentlich nicht Beulen aus Ihrem Unimog treiben müssen. Wer aber seinen Werkzeugschrank auch für Freunde und Bekannte unterhält, für den lohnt sich durchaus die Anschaffung des Spezialwerkzeugs, denn brauchbare Behelfswerkzeuge gibt es zum Ausbeulen kaum.

Schlosserhammer
Der Schlosserhammer ist auch als Notbehelf zum Ausbeulen nahezu unbrauchbar. Er ist zu leicht und hat eine schmale und meist auch noch durch harte Arbeit

zerklopfte Bahn (Aufschlagfläche). Gebraucht wird der Schlosserhammer darum bei Blecharbeiten nur in Ausnahmefällen zusammen mit dem passenden Meißel zum Abtrennen angerissener Blechteile. Besser zum Blechtrennen eignet sich in aller Regel ein Winkelschleifer mit aufgesteckter Trennscheibe oder »richtiges« Karosseriewerkzeug, wie z. B. eine Karosseriesäge.

Hartgummihammer

Zum echten Ausbeulwerkzeug zählt der Hartgummihammer mit breiter Schlagfläche (möglichst eine Seite leicht gewölbt, die andere flach und alle Kanten abgerundet). Der Hartgummihammer ermöglicht wuchtige und trotzdem weiche Schläge. Auch beim Hartgummihammer muss auf der anderen Blechseite mit einem geeigneten Gerät gegengehalten werden, sonst biegt sich das Blech nicht unbedingt an der Schlagstelle, sondern dort, wo es am leichtesten nachgibt. Weitere Beulen wären zwangsläufig die Folge.

Ausbeul- und Richthämmer

Der Richthammer ist der am meisten verbreitete Ausbeulhammer. Mit seinen zwei Hammerbahnen ist er nahezu universell einsetzbar: Eine Bahn ist rund und leicht ballig, eignet sich also zum Austreiben von Beulen in einer ebenen Blechfläche. Die zweite Bahn ist quadratisch, eignet sich bestens zum passgenauen Richten von Kanten, Sicken und Blechabsätzen.

Alu-Schlichthammer

Wer sich zum Glätten der Fläche nicht nur auf den Polyesterspachtel verlassen will, braucht unbedingt einen Schlichthammer. Dieser gleicht die durch Bearbeitung mit Richthämmern entstandenen kleinen Blechkrater wieder aus. Die Alubahnen des Schlichthammers sind plan und meist rund. Mit diesem »Finish«-Werkzeug benötigt man bei sauberer Arbeit nur eine dünne Schicht Spachtel oder Messspachtel. Einen Schlichthammer darf man auf keinen Fall zum allgemeinen Hämmern missbrauchen, um etwa einen Nagel einzuschlagen oder einen Bolzen herauszutreiben. Dann vernarben die glatt geschliffenen weichen Bahnen und eine Blechglättung ist nicht mehr möglich.

Plastikhammer

Für feinere Ausbeularbeiten, die nicht viel Schlagwucht erfordern, wird ein Plastikhammer gebraucht. In der Regel sind die Köpfe der Plastikhämmer abschraubbar, sodass sie nach Verbrauch (Deformierung) durch neue ersetzt werden können.

PRAXISTIPP

In der Werkstatt abgeschaut

An drei Beispielen wollen wir Ihnen zeigen, wie wertvoll immer wieder die Erfahrung ist, selbst bei einer scheinbar so überschaubaren Sache wie dem Ausbeulen. Wir nennen Ihnen einen Fehler mit seinen Ursachen und erläutern, mit welchem Kniff dagegen in der Fachwerkstatt vorgegangen wird. Der Griff in die Trickkiste soll ebenso wie die Fehleranalyse helfen, falsches Vorgehen künftig gleich von vornherein auszuschließen.

Mangel: Lackabplatzer oder -risse an der gespachtelten Arbeitsfläche. Weil tiefe Beulen gespachtelt wurden, und Spachtel eine andere Wärmeausdehnung als Karosserieblech hat, reißt der wenig elastische Spachtel bei starken Temperaturschwankungen oder platzt ab.

Abhilfe: Ausbeul-Technik anwenden und nur dünne Spachtelschichten auftragen. Schwemmzinn ist zum Auffüllen von tieferen Beulen besser geeignet als Spachtel, weil die Zinnlegierungen ebenso wie Blech reines Metall sind und dementsprechend nur geringe Oberflächenspannungen auftreten.

Mangel: Das bearbeitete Blech wird nicht glatt, sondern bekommt noch mehr Beulen. Blech streckt sich nämlich bei jedem Glättversuch. Wird im Zentrum mit dem Ausbeulen begonnen, streckt es sich zu viel und »schlägt Wellen«.

Abhilfe: Wenn Blech geglättet werden soll, muss man mit dem Hammer und einem Gegenhalter immer spiralförmig vom Rand zur Beulenmitte arbeiten. Ist das Blech nur gering verformt, muss dabei der Hammer den Gegenhalter direkt treffen. Ist das Blech hingegen stark verformt, muss hohl gerichtet werden.

Mangel: Das Zentrum einer Springbeule kann nicht gefunden werden.

Abhilfe: Mit zwei Fingern wird der Punkt ertastet, der am stärksten federt. Anschließend darf nur diese Zone erhitzt werden. Springbeulen ziehen sich zusammen, wenn man sie nach dem Erhitzen mit kaltem Wasser abschreckt. Der große Temperatursprung verdichtet diese Zone stärker als den unbehandelten Bereich um die Springbeule.

Spitzhammer
Kleine, aber tiefe Beulen bzw. Einschläge zu richten ist das Haupt-Einsatzgebiet des Spitzhammers. Mit seiner spitzen, kegelförmigen Bahn können solche Beulen ohne Gegenhalter ausgebeult werden. Die andere Seite des Hammers hat eine runde Bahn, oftmals ballig ausgeführt.

Spannhammer
Er ist einsetzbar, wenn die frisch geschnittene Blechtafel unterschiedlich lange Diagonalen hat. Die dadurch abstehende Ecke kann durch Strecken der kurzen Diagonale auf die passende Länge gezogen werden.

Fäustel
Brauchbar ist ein schwerer Fäustel mit großer Bahn. Schon in einem einzigen sanften Schlag mit diesem Werkzeug sitzt die notwendige Wucht, die beim Ausbeulen gebraucht wird. Vor allem beim Austreiben einer weichen Beule mit dem Sandsack ist der Fäustel sehr gut zu gebrauchen.

Hartholzklötze
Beim Austreiben einer »harten Beule« mit dem Fäustel braucht man Hartholzklötze zum Gegenhalten auf der anderen Blechseite, sonst wird das schadhafte Blech vom Fäustel oder Gummihammer durch deren Wucht einfach in die andere Richtung verbeult. Die Hartholzklötze sollten möglichst glatte, durchaus »geschweifte« Flächen und möglichst viel Eigengewicht haben, um dem Fäustel Widerstand durch ihre Masse bieten zu können.

Handfäuste
Am besten eignet sich zum Gegenhalten eine Universal-Handfaust aus Stahl mit vielen verschiedenen Krümmungen und Anpassungsmöglichkeiten an die Blechform. Der Karosserieblechner hat eine ganze Reihe verschieden geformter Handfäuste. Für den Heimwerker wäre der Kostenaufwand hierfür in der Regel zu hoch, weshalb für ihn die »Universal-Handfaust« am geeignetsten erscheint.

Ebene Handfaust
Die »platt gemachte« Schwester der Universalfaust. Das Einsatzgebiet dieses Gegenhalters sind enge Zwischenräume, die nur wenig vertikale Bewegungsfreiheit zulassen, so zum Beispiel Türkästen.

Diabolo-Handfaust
Dieser Gegenhalter findet beim Ausbeulen von stark gerundeten Blechpartien Anwendung, da die pilzförmige, polierte Fläche mit wenigen Bewegungen dem Formverlauf des Blechs angepasst werden kann.

Kastenfeile
Ein »punktueller« Gegenhalter, um an ebenen, relativ nachgiebigen und streckempfindlichen Blechzonen springbeulenfrei richten zu können. Der Feilenhieb lässt nur eine kleine Fläche aufliegen. Dadurch wird übermäßiger Blechstreckung entgegengewirkt.

Ausbeul-Hebeleisen
Besonders der Bereich um die B-Säule ist mit Hammer und Gegenhaltern recht schwierig zu bearbeiten, weshalb man dieses Hebeleisen zum Richten einsetzt. Seine Formgebung wurde so gewählt, dass es sich beim Ausbeulen an der Trägerstruktur der Karosserie abstützen kann und dabei gleichzeitig durch Hebelwirkung eine Kraftvervielfachung erzeugt.

Richtlöffel
Während die Ausbeul-Hebeleisen fürs Grobe zuständig sind, müssen die Richtlöffel die Feinarbeiten erledigen. Diese Flacheisen gibt es in den unterschiedlichsten Ausführungen: plan, gewölbt, mit Kreuzhieb und allen denkbaren Biegungen.

Stemmer
Zum Richten von Kanten, Sicken und Absätzen. Vor allem durchgehende, harte Kanten wie die »Gürtellinien« der Karosserie können mit Stemmern kantengenau und auf großer Länge bearbeitet werden.

Lederhandschuhe
Zum Schutz der haltenden Hand sollte ein Lederhandschuh übergezogen werden. Verletzungen an rostigen Blechkanten oder frisch geschnittenen Blechtafeln sind sehr unangenehm.

Ablagehilfen
Dringend notwendig sind ausreichend Tücher und Lappen, damit ein demontiertes und auf dem Werktisch abgelegtes Blechteil nicht zusätzlich zerkratzt wird.

Hammer richtig führen

Zunächst einmal sollten Sie den genau rechtwinkligen Hammeraufschlag üben. Das geschieht an einem beidseitig gut gesäuberten Blech, damit die Hammer-Bahnen nicht vernarbt werden. Die gesamte Hammer-Bahn und nicht nur eine Hammerkante muss satt und glatt auf das Blech auftreffen. Trifft doch nur eine Kante auf, hinterlässt das eine ärgerliche »kurze« Beule im Blech und dehnt es damit nur. Leichter geht das zweifellos mit den abgerundeten Kanten des Hartgummi- und des Plastikhammers. Aber auch die Schläge mit Fäustel und Schlichthammer müssen glatt aufsetzen.

Ansetzen des Gegenhalters

Gleichzeitig müssen Sie dabei das punktgenaue Gegenhalten mit Hartholzbrett und Handfäusten üben. Sie merken es schon an der Zusatzbeule und am Zurückfedern des Hammers, wenn Sie wieder exakt neben die Handfaust getroffen haben sollten. Mit der Zeit bekommt man bei diesem Üben wahre Röntgenaugen, die genau erkennen, an welcher Stelle gerade die Handfaust hinter dem Blech liegt. Wenn Sie eine schöne Übungsbeule haben, liegt natürlich die Versuchung nahe, sogleich kräftig auf die Beulenmitte zu klopfen. Tun Sie es nicht. Lesen Sie besser zuvor den Abschnitt über das Ausbeulen einer »harten« Beule. Denn der Schlosserhammer heißt deswegen so, weil er Werkzeug für den Schlosser ist und keines zur Blechbearbeitung. Richthammer, Gummihammer und die verschiedenen Handfäuste aus Stahl zum Gegenhalten sind die besseren Werkzeuge, um verbeultes Blech wieder glatt zu bügeln. Zur weiteren Blechglättung braucht man einen Schlichthammer, der sehr behutsam gehandhabt werden muss, ansonsten ist das Blech im Nu gedehnt und verformt. Die Ausbeulmethode, bei der sich Hammer und Gegenhalter nicht treffen sollen, nennt man Hohlrichten. Sie dient zum Ausbeulen großer Beulen. Durch Hohlrichten kann das gedehnte Blech so weit zurückgestaucht werden, dass die Gefahr der Springbeulenbildung gebannt ist.

Oberfläche glätten

Die nach geglücktem Hohlrichten übrig gebliebenen »Mini-Beulen« lassen sich am einfachsten mit einem großflächigen Aluhammer breit und vor allem eben schlagen. Der Hammer sollte in die Mitte der Beule und auf den Gegenhalter treffen, um ein gutes Ergebnis zu erzielen. Zum Blechglätten sind die große Fläche des Aluhammers und die plane Seite eines Gegenhalters am ehesten geeignet. Kann ein Gegenhalter nur unter hohem Ausbauaufwand, also fast gar nicht eingesetzt werden, muss die Karosseriefeile zum Glätten herhalten.

Liegt gut in der Hand: Ansetzen des Gegenhalters am Blech.

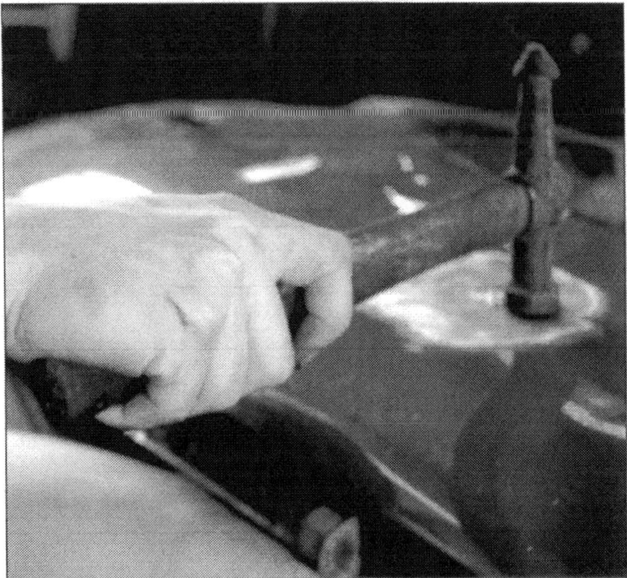

Achten Sie auf eine geradlinige Führung: Schon die richtige Führung erleichtert die Arbeit mit Schlagwerkzeugen erheblich.

Ausbeulen und Richten

Nun haben Sie so schön an einem Schrottstück mit allerhand Werkzeug geübt, aber vielleicht geht es bei der Beule an Ihrem Unimog gänzlich ohne Werkzeug. Schauen Sie sich erst einmal die Stelle daraufhin an, ob sie wohl durch einen »harten« oder einen »weichen« Aufprall entstanden ist. Die Beulentiefe ist weit weniger entscheidend, als es auf den ersten Blick erscheint. Bei einer »weichen« Beule versuchen Sie am besten zuerst einmal, die Beule mit dem Handballen, also ohne Hammer, herauszuschlagen oder herauszudrücken. Es ist möglich, dass solch eine »weiche« Beule fast ohne sichtbare Spuren herausspringt. Bei ihr steht nämlich das Blech unter Spannung, die es gerne wieder abgibt, wenn ohne Gewalt, nur mit dem weichen Handballen, nachgeholfen wird. Reicht die Kraft des Handballenschlages nicht aus, weil das Blech stärker ist oder die Beule durch starke Blechwölbung zu stark unter Spannung steht, ist Ausbeulwerkzeug noch immer nicht notwendig, sofern die Beule wirklich keine scharfen Knickränder hat. Auch Ausbeulwerkzeug hat nur eine seitlich begrenzte Schlagwirkung, und man würde die große Beule in lauter kleinen »Gegen-Beulen« wieder nach außen treiben, wodurch das Blech natürlich stark verformt wird. Der Trick ist deshalb, einen stärkeren Schlag, als ihn der Handballen zuwege bringt, gleichmäßig über die ganze Innenseite der Beule zu verteilen, sodass sie zwar mit Wucht, aber weich nach außen getrieben wird.

Arbeitsschritte

- Füllen Sie in zwei ineinander gesteckte Plastiktüten möglichst feinen Sand, und zwar so viel, dass er mit den zusammengedrehten Tüten einen kräftigen Sandballen vom Durchmesser der Beule bildet.
- Legen Sie zusammen mit einem Helfer diesen »Sandsack« von innen gegen die Beule. Eventuell muss dazu das eingebeulte Teil, falls demontierbar, abgenommen werden. Klopfen Sie nun mit der Breitseite eines schweren Fäustels mit viel Gefühl auf den Sandsack. Der kräftige Hammerschlag wird abgefangen und seine Energie verteilt.
- Damit der Hammer nicht im Sandsack verschwindet, kann man ein Brettchen dazwischen legen. Bei richtigem Schlag wird die Beule fast spurenlos herausspringen. Zumindest werden die kleinen Ausbeulwellen im Blech vermieden, die das Ausspachteln danach unnötig erschweren.

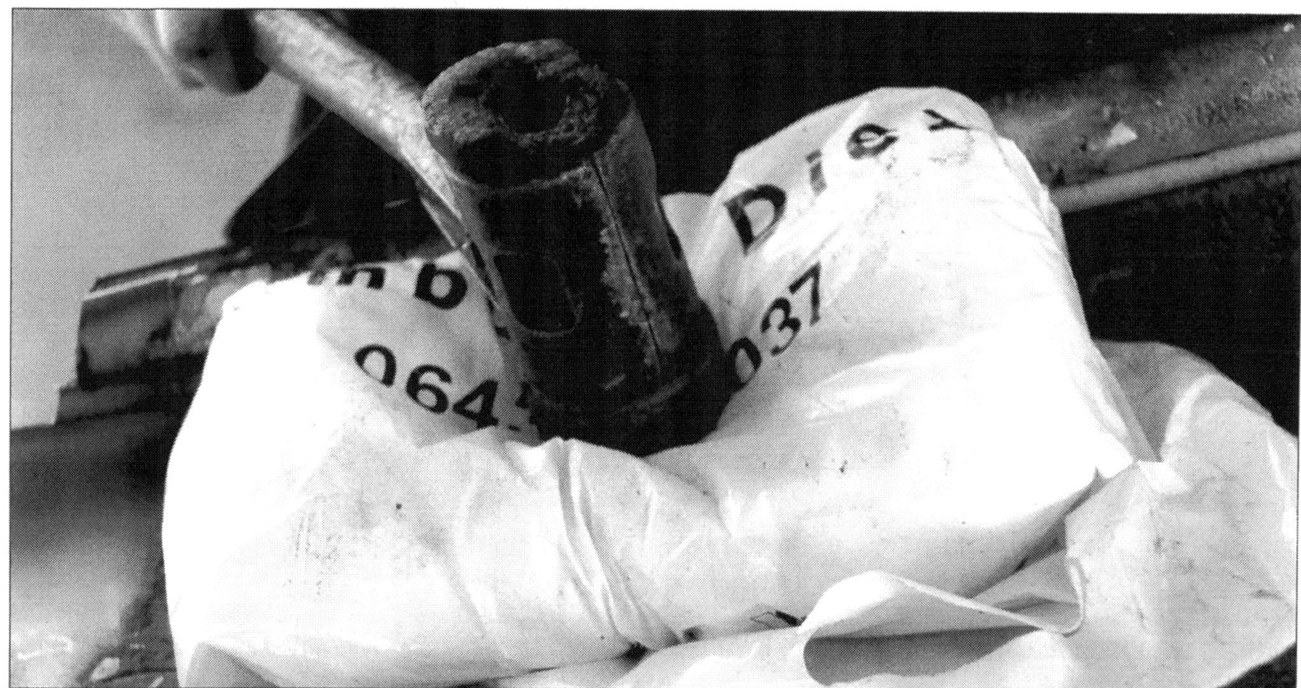

Achten Sie auf eine geradlinige Führung: Schon die richtige Führung erleichtert die Arbeit mit Schlagwerkzeugen erheblich.

Beulen erhitzen

Bekommt das Blech einen Schlag ab, springt das Material vorzugsweise um jenen Abstand nach innen, um den es vorher nach außen gewölbt war. Wenn die Krafteinwirkung höher war als die »Spannkraft« des Blechs, gilt das nicht mehr. Das dünne Stahlblech reckt sich aufgrund der Molekularstruktur kurzfristig fast wie ein Gummibärchen. Es wird zwar nicht mehr Blech, aber die Karosseriezone wird dünner und länger. Das ist etwa so, als wenn man Kuchenteig ausrollt. Auf diese Weise entsteht eine »Springbeule«. Diese Beulenart ist ziemlich lästig. Sie kann durch die beschriebene sehr hohe Krafteinwirkung oder durch zu leichtsinniges Herumklopfen auf der Mitte der anfänglich nur unter Karosseriespannung stehenden Beule entstanden sein. Die ursprüngliche Form will sie nicht mehr annehmen und bildet schnell eine ständig unter verstärkter Spannung stehende Spring- oder Blubberbeule. Schon unter leichtem Druck springt sie in die entgegengesetzte Richtung. Auch mit Spachtel lässt sich solch eine Springbeule nicht ausfüllen, denn die starke Blechspannung lässt über kurz oder lang die ganze Spachtelschicht zerbröseln. Hier hilft nur noch punktgenaues Erhitzen des Blechs mit dem Autogen-Schweißbrenner.

⚠ Wichtige Regeln im Umgang mit Gas und Sauerstoff

GEFAHRENHINWEIS

- Gewinde der Sauerstoffflaschen niemals ölen oder fetten, es besteht Explosionsgefahr!
- Acetylenflaschen nie liegend oder sehr schräg stehend benutzen. Da Aceton mit herausgerissen werden kann, besteht Explosionsgefahr.
- Nicht mehr als 1000 Liter Acetylen in der Stunde entnehmen.
- Beim Anschließen des Druckminderers an eine volle Flasche vor dem Öffnen des Flaschenventils Einstellschraube (am Druckminderer) zurückdrehen. Erst danach wieder langsam öffnen.
- Schutzbrille und schwer entflammbare Kleidung tragen.
- Rauchen beim Schweißen hat fatale Folgen!
- Für den Einsatz am Autoblech kommt nur das »nach-links-Schweißen« infrage. Beim »nach-rechts-Schweißen« bleiben vom Blech nur Löcher übrig.

Arbeitsschritte

- Die Fläche der Springbeule wird abgetastet, bis man das Zentrum gefunden hat.
- Dieser Punkt wird mit dem Autogen-Schweißbrenner dunkelrot-glühend erhitzt. Die Bearbeitung von Springbeulen nach dieser »Heiß-Kalt«-Technik kann aber nur an Blechpartien ohne Sicken und Kanten erfolgen. Die Maximalwerte für die Beseitigung von Beulen mit dieser Technik liegen bei 2 mm Tiefe und 10 mm Durchmesser. Eine weitere Voraussetzung ist es, dass die Beule von einem »weichen« Einschlag herrührt, also keine scharfen Ränder hat.
- Indem man die Schläge des Aluhammers mit dem direkt hinter dem Blech sitzenden Gegenhalter abfängt, wird das überschüssige Material in Richtung des Springbeulenzentrums getrieben.
- Die Schläge sollten spiralförmig vom Rand zur Mitte gesetzt werden.
- Beschaffen Sie sich einen Zughammer und Zugringe oder -stifte. Der Zug- oder Ziehhammer ist ein Werkzeug auf der Basis des Gleithammers.
- Schleifen Sie das beschädigte Blechstück blank. Schweißen Sie dann die Zugstifte an. Wenn es nur ein kleiner Knick ist, reichen ein, zwei Ringe oder Stifte (Bolzen) zum Herausziehen. Haben Sie dem Holm oder Schweller jedoch großflächig zugesetzt, müssen spiralförmig vom Rand zur Mitte Stifte angeschweißt werden.
- Der Zughammer wird entsprechend den Vorsätzen entweder an den Ringen oder den Stiften eingehängt. Danach zieht man ruckartig an dem auf der Stange laufenden Gewicht. Durch diese Krafteinwirkung kehrt das verbeulte Blech langsam wieder in seine Ausgangslage zurück.

Verzinnen und schleifen

Arbeitsschritte

- Die Schadensstelle großflächig metallisch blank schleifen, um einen breiten Übergangsbereich zum unbeschädigten Blech zu erhalten. Dabei sind ca. 50 mm rund um die Arbeitsfläche die Regel. Wird der Übergang kleiner gewählt, entstehen schnell Kanten oder Absätze im Schwemmzinn.

- Auf das blank geschliffene Blech tragen Sie nun die Verzinnungspaste auf.

- Erwärmen Sie die Schadensstelle von außen nach innen, das Flussmittel verfärbt sich mit zunehmender Temperatur kaffeebraun. Zum Erwärmen verwendet man eine Lötlampe oder das Autogen-Schweißgerät mit einer 2 - 4-mm-Brennerdüse. Die Flamme muss bläulich leuchten, denn man arbeitet mit Acetylenüberschuss.

- Wenn das Flussmittel auf der Verzinnungspaste schwimmt, kann es mit dem Leinenlappen abgewischt werden.

- Auf der jetzt silbrig glänzenden Fläche kann das Schwemmzinn vom Zinnstab herunter verteilt werden. Zinnstab und Blech müssen gleichmäßig auf Temperatur gebracht werden.

- Ist die Stabspitze teigig, kann man sie auf dem Blech abtupfen. Sie müssen so viele Tupfer verteilen, bis die Schadenstelle »aufgefüllt« ist.

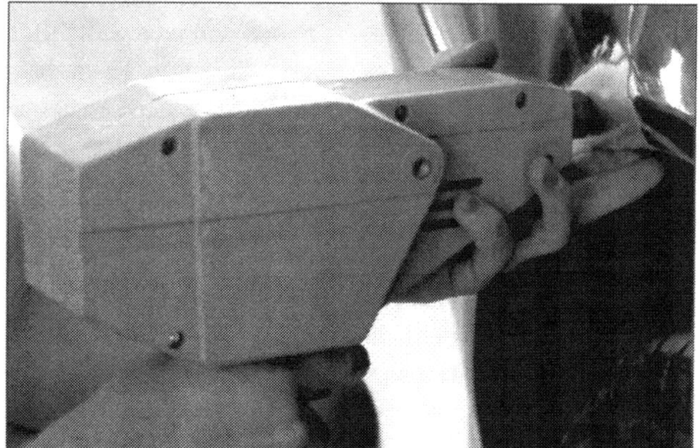

Pindotzer: Im Punktschweißverfahren werden im Bereich einer Beule Stifte aufgeschweißt, um das Blech herausziehen zu können.

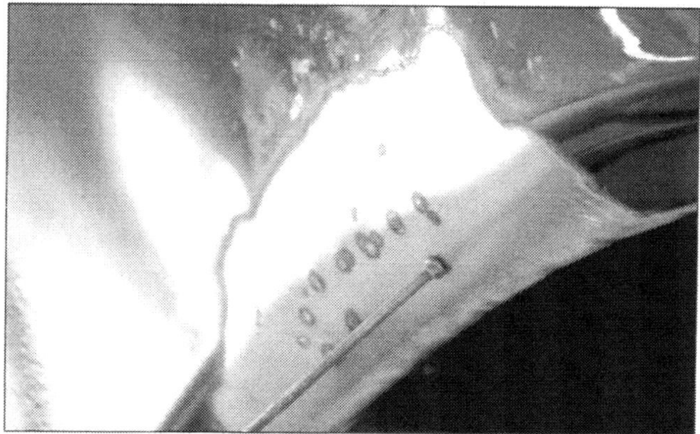

Stift: Der aufgeschweißte Stift ermöglicht ohne große Schäden an der Oberfläche gezielt eine Beule von außen herauszuziehen.

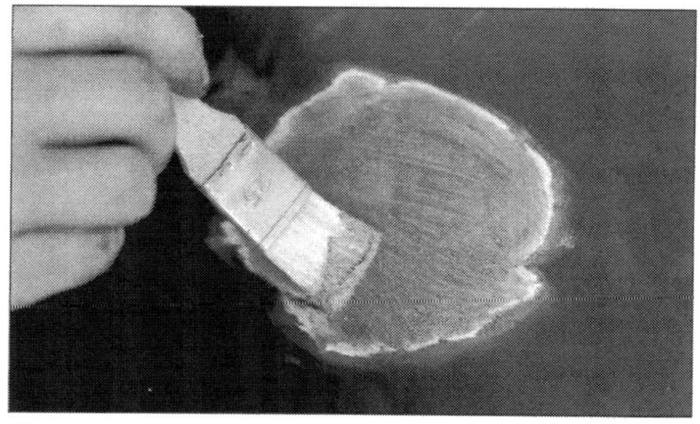

Zinnpaste auftragen: Auf das blank geschliffene Blech im Bereich der Reparaturstelle oder Beule wird nun vor der Erwärmung Zinnpaste aufgetragen.

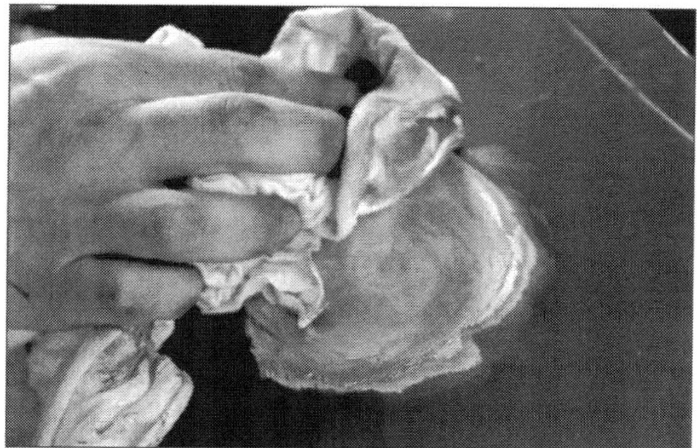

Zinnpaste abreiben: Heiß abwischen! Das Blech ist dann verzinnt.

- Mit den Löthölzern können Sie die aufgetragenen Tupfer glätten. Achten Sie darauf, dass die Schadensstelle auf Temperatur bleibt. Geben Sie zu viel Feuer, fließt das Lot weg; ist die Verarbeitungstemperatur zu niedrig, lässt sich das Zinn nicht glatt streichen.
- Ist die gewünschte Form modelliert, muss das Zinn erst abkühlen, um weiter bearbeitet zu werden. Achtung! Die Schadensstelle darf zur schnellerer Kühlung nicht abgeschreckt werden, sonst verändert sich die molekulare Zusammensetzung der Metalle nachteilig.
- Hat das Zinn Zimmertemperatur erreicht, kann es mit der Karosseriefeile (Fräserfeile) bearbeitet werden (Bild unten). An den Übergängen dürfen keine Kanten oder Absätze mehr fühlbar sein.
- Vorsicht: Feilen Sie an den Rändern keine Unebenheiten in das weiche Material!
- Die Oberfläche mit Wasser reinigen, Flussmittel- und Fettreste beseitigen und die abgehobelten Zinnreste separat entsorgen, da sie stark bleihaltig sind und somit umweltbelastend.

Die Weiterbehandlung erfolgt für die Lackiervorbereitung wie bei den anderen Karosseriearbeiten auch.

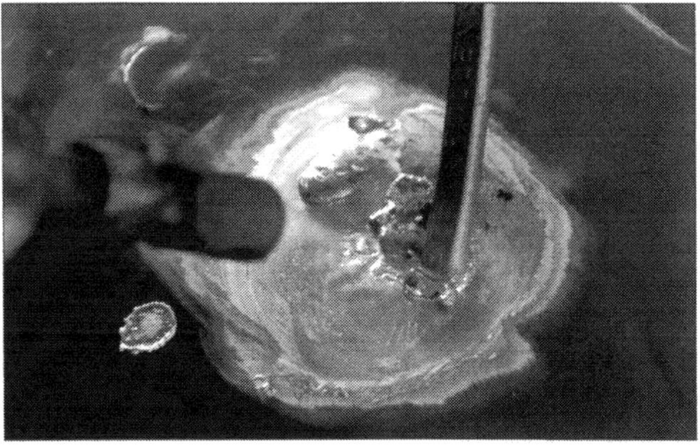

Zinn auftragen: Gleichmäßiges Antupfen ist für eine gute und gleichmäßige Verteilung erforderlich.

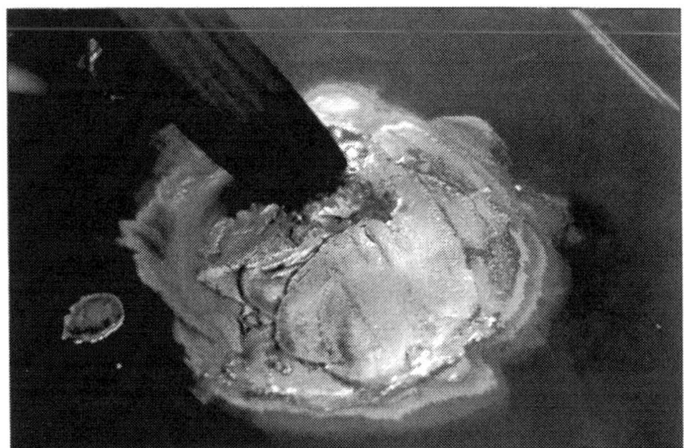

Fläche begründen: Verteilen oder besser verstreichen der Zinnmasse.

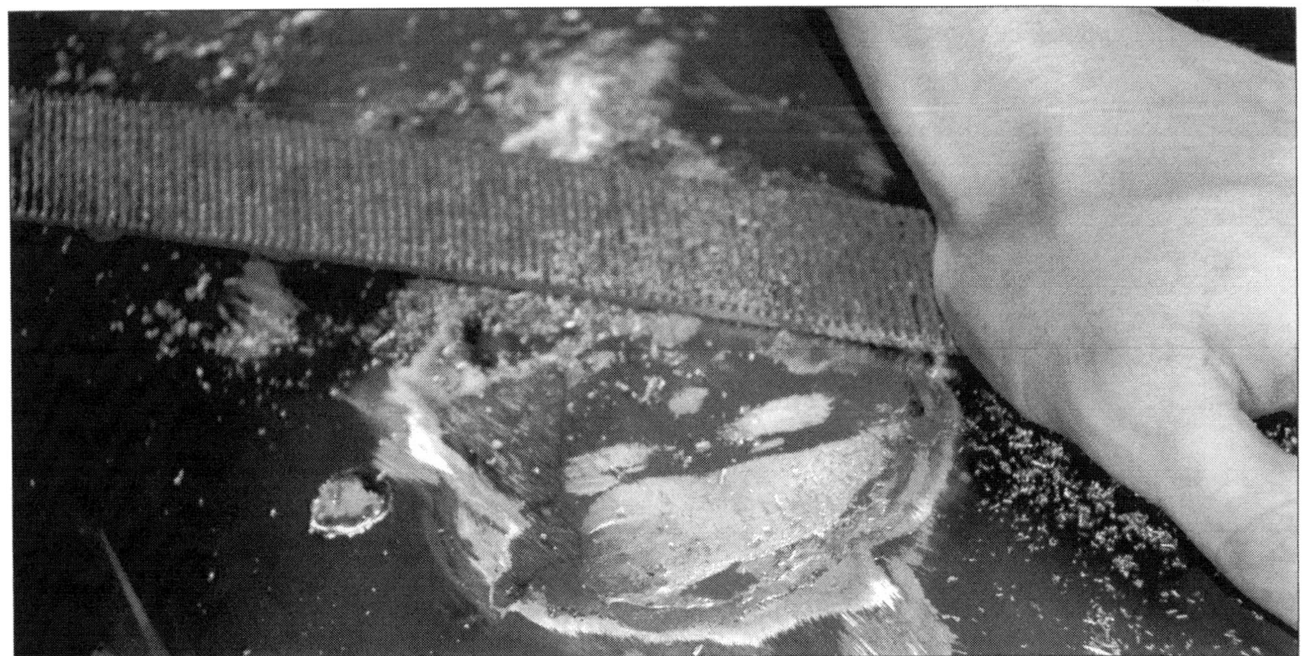

Arbeit mit der Karosseriefeile: Vorarbeit für eine möglichst ebene Fläche oder eine Form nah am Originalteil.

Oberfläche bearbeiten

Egal ob Kratzer oder ein reparierter Verkleidungsriss: Die Oberfläche muss nun wieder in einen schönen optischen Zustand versetzt werden. Die wichtigste Voraussetzung für eine gute Oberflächenqualität ist die entsprechende Vorarbeit. Lack kann nur schützen und glänzen, sagt der Karosseriebauer, und hinsichtlich der optischen Aspekte hat er sicherlich recht. Eine schlechte Vorarbeit ist auch nicht mehr durch eine gute Lackierung wettzumachen.

Spachteln

Man unterscheidet hier zwischen dem Spachteln mit einem Spachtel und dem so genannten Spritzspachteln, das mit einer Lackierpistole durchgeführt wird. Betrachten wir uns zuerst einmal das manuelle Auftragen mit dem Flächenspachtel. Als Werkzeug sollte man hier ein so genanntes Japanspachtelset verwenden. Zum einem lässt er sich nachher sehr gut reinigen, zum anderen haben die Stahlklingen dieser Spachtel eine sehr genaue Kante, was wiederum den Auftrag erleichtert und die Oberfläche der aufgetragenen Spachtelmasse entsprechend verbessert. Mit dem Kunststoffspachtel lassen sich kleine Kratzer und Beschädigungen problemlos ausfüllen. Die Spachtelmasse bietet außerordentliche Flexibilität, sehr gutes Ziehverhalten, porenfreie Oberfläche, kurze Trocknungszeiten und gute Schleifeigenschaften. Ideale Ergänzung für den weiteren Aufbau ist der 2K-Kunststoffgrundfüller. Er sorgt für die perfekte Basis für eine effiziente und wirtschaftliche Nass-in-Nass-Lackierung. Außerdem lässt sich 2K-Kunststoffgrundfüller auch als Schleiffüller oder als Grundierung unter elastifizierten 2K-Füllern einsetzen. Anschließend kann er mit allen Decklacksystemen überarbeitet werden. Wie auch der Lack, benötigt die Spachtelmasse eine angeraute Oberfläche, um sich möglichst gut mit dem reparierten Bauteil »verzahnen« zu können. Generell gilt für das Spachteln: so wenig wie möglich und so viel wie nötig!

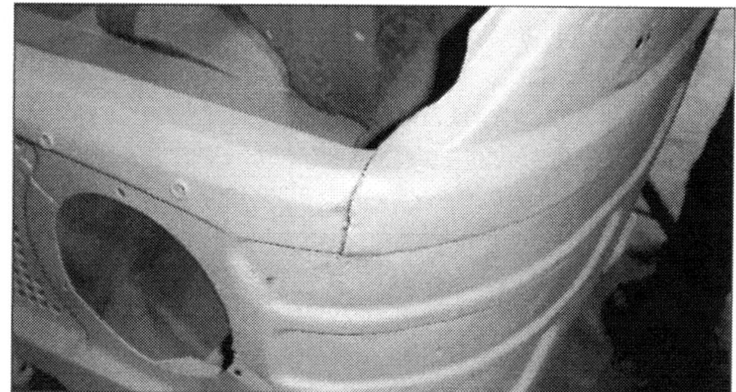

Konservierung: Wenn sich die Reparatur über einen längeren Zeitraum hinzieht, sollten Sie die blanken Blechflächen mit einer Grundierung lackieren.

Unterschiedliche Lackschichten am Blech: 1 Karosserieblech mit Schadstellen, 2 Schadstellen blank geschliffen, 3 Karosserie und Spachtelarbeiten, 4 Grundierung, 5 Fillerschicht, 6 Lackschicht.

Arbeitsschritte

- Zuerst wird wieder die Oberfläche angeraut und anschließend mit Verdünnung entfettet.

- Am besten mischt man die erforderliche Menge Spachtelmasse auf einem glatten Brett an. Je mehr Härter in die Spachtelmasse eingebracht wird, umso schneller bindet die Masse ab. Je schneller sie abbindet, umso spröder wird sie. Also lieber möglichst genau an das auf den Dosen angegebene Mischungsverhältnis halten und den abgespachtelten Bereich gründlich abtrocknen lassen. Aufgrund der Lösungsmittel sollte auch das Spachteln wie die meisten Lackarbeiten in gut durchlüfteten Räumen oder notfalls im Freien durchgeführt werden.

- Man verwendet Spachtelmassen in unterschiedlicher Körnung. Die gröbere Spachtelmasse wird zur Formgebung verwendet. Im Handel wird sie als »Füll- und Ziehspachtelmasse« bezeichnet. In der Regel ist sie weiß und lässt sich sehr gut schleifen. Der Nachteil liegt darin, dass durch die chemischen Vorgänge beim Aushärten recht großen Poren entstehen, die wiederum verschlossen werden müssen. Für die Feinarbeit wird deshalb ein Feinspachtel verwendet. Im Laden kann man ihn unter der Bezeichnung »Feinspachtelmasse« erwerben. Für die meisten Arbeiten an den Kunststoffverkleidungen reicht es aus, den Feinspachtel zu verwenden.

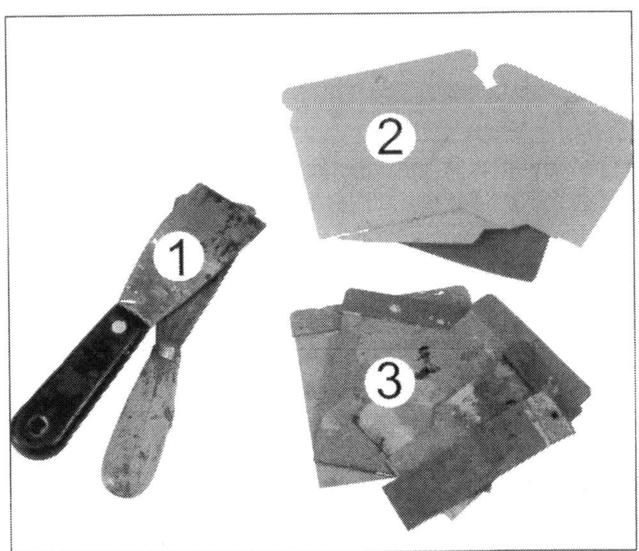

Auswahl an Spachteln: 1 Griffspachtel für die Materialentnahme aus der Spachteldose, 2 Kunststoffspachtelset für den flexiblen Einsatz oder zum Zurechtschneiden, 3 Japanspachtelset für gerade und präzise Spachtelarbeiten.

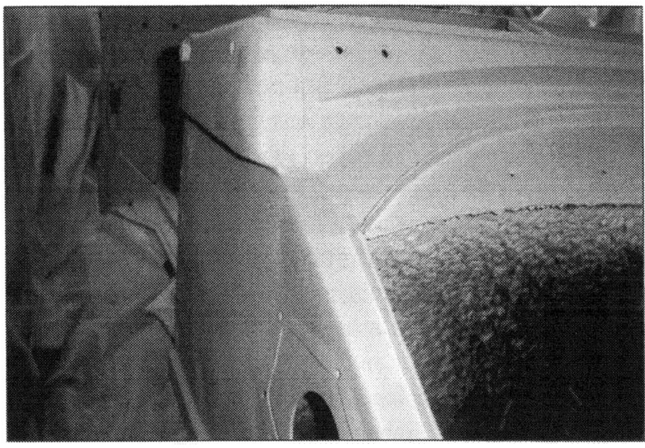

Grundierung: Die Grundierung muss vor den Spachtelarbeiten mit Schleifpapier etwas angeraut werden.

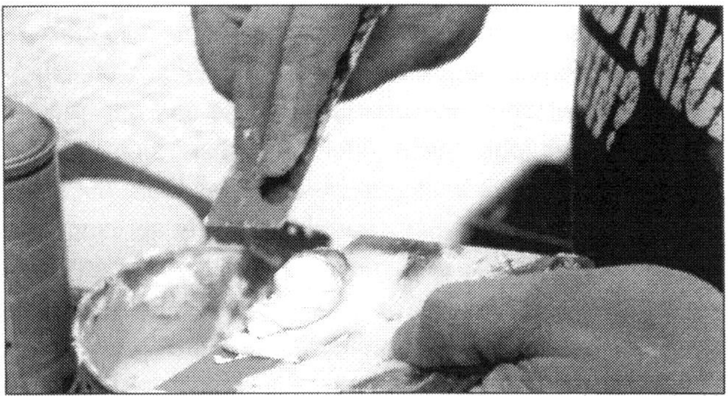

Mischen mit und auf zwei Spachteln: Die Durchmischung von Spachtelmasse und Härter gelingt beim Abstreichen und Durchmischen von Spachtel zu Spachtel recht gut.

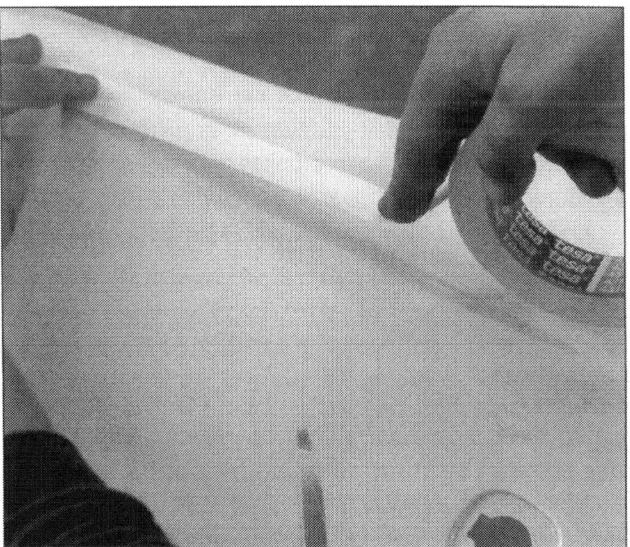

Abdeckkante: Mit etwas Klebeband lässt sich sehr schnell eine gerade Kante wiederherstellen. Das Klebeband muss nur vor dem Abtrocknen der Spachtelmasse wieder abgezogen werden

- Der Auftrag muss nun so erfolgen, dass die Form des reparierten Bauteils wieder hergestellt wird. Gerade dann, wenn die Spachtelmasse in einem Bereich etwas dicker aufgetragen werden muss, empfiehlt es sich den Spachtel etwas »hohl« zu drücken, um im mittleren Bereich die Auftragsstärke zu erhöhen. Nach Möglichkeit nie zu viel auftragen. Es ist generell besser, die Fehlstellen in mehreren Arbeitsgängen zu füllen, als im Nachhinein zeitaufwändig die überschüssige Masse abzuschleifen und formen zu müssen. Karosseriesicken lassen sich bereits beim Auftragen der Spachtelmasse sehr gut vorformen. Der Grobschliff sollte durchaus mit einem 80er-Schleifpapier erfolgen. Sobald man sich jedoch der Wunschform annähert, sollten mit 120er- oder 150er-Papier tiefere Rillen vermieden werden.

- Zum Abschluss müssen die gespachtelten Teile mit sehr feinem Papier abgeschliffen werden, sodass die Übergänge zwischen der reparierten Stelle und der originalen Oberfläche nicht mehr spürbar sind. Dieser Feinschliff sollte am besten »nass«, das heißt mit Wasser geschliffen werden. Hierbei muss sehr sorgsam darauf geachtet werden, dass die Spachtelstellen nicht durchgeschliffen werden. Zwischen den einzelnen Schleifvorgängen muss die Fläche immer wieder mit einem feucht-nassen Lappen abgewischt werden. Anhand der Spiegelung der Wasserbenetzung kann man schon jetzt die Oberfläche des späteren Lackbildes erkennen. Sogar kleinste Unebenheiten und Poren können beim genauen Hinsehen erkannt und frühzeitig ausgebessert werden.

- Soll lediglich ein Teilbereich der Karosserie lacktechnisch nachbehandelt werden, ist es günstig, auch nur diesen Bereich in die Vorarbeiten mit einzubeziehen. Die Bereiche, die nicht bearbeitet werden sollen, werden sorgsam mit Zeitungspapier und Kreppklebeband abgedeckt.

Spritzspachteln

Das so genannte Spritzspachteln oder Fillern gehört genau genommen auch zum Spachteln. Jedoch wird das Material nicht mit dem Spachtel, sondern mit der Lackierpistole aufgetragen. Da nur sehr dünne Schichten aufgetragen werden, ist die Porenbildung auch entsprechend klein und die Oberfläche sehr feingliedrig glatt. Natürlich gibt es auch den Filler in Spraydosenform. In der Regel eignet sich dieser Filler aber nur für eine weitere Verarbeitung von Sprühdosenlacken. Ein deutlicher Nachteil liegt darin, dass die Spraydosenlacke nicht benzinfest sind, sondern sich meist an- oder auflösen, wenn sie unter den Einfluss von Kraftstoff kommen. Wer also nicht die Möglichkeit hat mit Zweikomponenten-Lacken (2K-Lacke) zu arbeiten, sollte aufgrund des widerstandsfähigeren Lackes die Lackierarbeiten der Lackiererei überlassen.

Exzenterschleifer: Der Exzenterschleifer erlaubt aufgrund der zusätzlichen Rotation des Schwingtellers sehr ebene Flächen herzustellen. Er muss aber mit viel Gefühl geführt werden.

Schattenschleifen: Durch das Aufsprühen von schwarzer Farbe und dem anschließenden Abschleifen mit einem geraden hartem Schleifklotz lassen sich Unebenheiten gut erkennen.

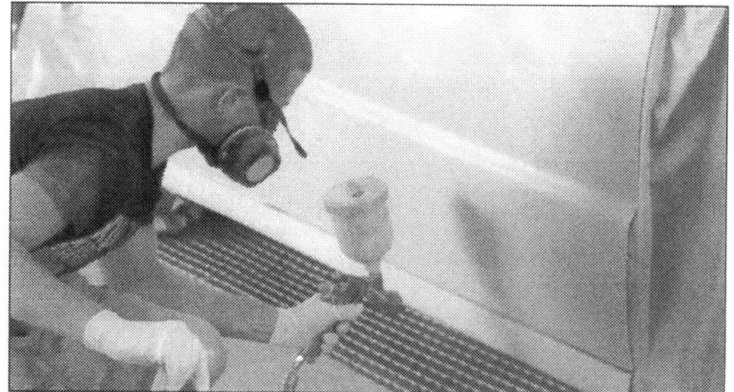

Spritzspachteln: Eine oder mehrere dünne Schichten weise wenige Poren auf und erlauben einen sehr feinen Schliff.

Lackiervorbereitung

Alten Lackaufbau prüfen

Falls beim Trockenschliff zum Freilegen der Schadensfläche das Schleifpapier zuschmiert, also Schleifstaub zusammenklebt und sich zwischen der Körnung absetzt, besteht der Verdacht, dass der abgeschliffene Lackaufbau nicht mehr von der Erstlackierung stammt, sondern dass es ein nachträglich aufgesprühter oder gestrichener lufttrocknender Lack ist. Deshalb ist vor der Weiterarbeit der alte Lackaufbau sorgfältig danach zu prüfen, ob eventuell eine zweite Lackschicht unter dem obersten Lack sichtbar wird oder ob an einer Spachtelschicht eine Nachlackierung erkennbar ist.

Feinschliff

Um eine perfekte Lackierung zu erzielen, ist aber Feinschliff der Grundierung doch notwendig. Beim Nassschliff mit 400er- (P 800) oder 500er-Papier (P 1000) zeigen sich hin und wieder feine Wellen, die auf dem matten Haftgrund nicht erkennbar waren. Bei Kunstharzlack reicht ein Feinschliff mit 360er-Papier (P 500) aus, ohne dass später nach der Lackierung Schleifrillen beim Blick gegen das Licht erkennbar wären. Hat man es mit Nitro-Kombi-Lacken zu tun, muss der Haftgrund vor dem Lackieren mit 400er-Papier (P 800) nass geschliffen werden. Ansonsten wird die Lackfläche bei ungeschliffenem Haftgrund matt oder man sieht feine Schleifspuren bei entsprechenden Lichtverhältnissen sehr deutlich. Bei Acryllacken reicht nass schleifen mit 400er-Papier (P 800) vor dem Sprühen von Decklack leider nicht aus. Erst mit dem superfeinen 500er-Schleifpapier (P 1000) sind durch den hauchdünn aufgetragenen Lack Schleifspuren nicht mehr erkennbar. Nur auf einer solcherart anpolierten Fläche zeigen die Acrylverbindungen den vollen Glanz. Hier ist die Lackvorbereitung also sehr sorgfältig auszuführen, denn Fehler werden beim Lackaufbau kaum verziehen.

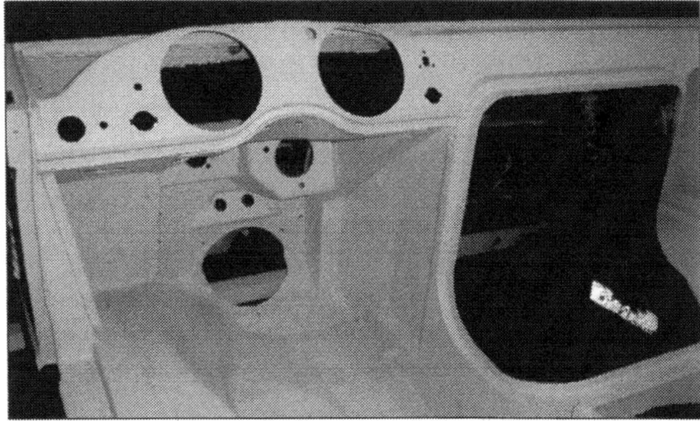

Innenbereiche: Grundsätzliche müssen alle Bereiche angeschliffen werden. Für die später sichtbaren Lackbereiche muss das besonders gründlich erfolgen.

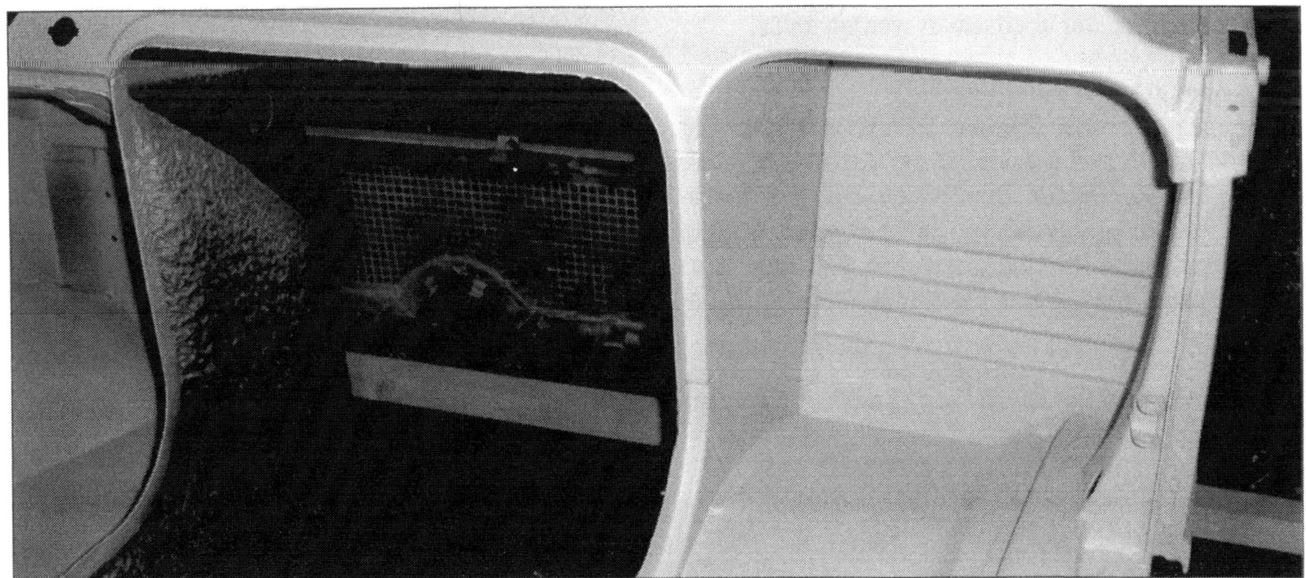

Dämmbereiche: Bereiche, an denen wie hier Dämmmaterial aufgetragen wurde, sollten Sie beim Grundieren auslassen. Die Lackstärke sorgt lediglich für schnelle Rissbildung.

Fingerspitzengefühl entwickeln

Spätestens bei diesem Feinschliff wird der Heimwerker feststellen, dass seine Fingerspitzen ein unverzichtbares Werkzeug darstellen. Fingerspitzen fühlen manchmal besser, als die Augen sehen können. Auch feine Riefen, Vertiefungen oder Spachtelschichtränder, die in der matten Spacheloberfläche vom Auge nur mit Mühe zu erkennen sind, spürt man unter den nassen Fingerspitzen ohne Weiteres. Darum sollte zuletzt die ganze Fläche, die lackiert werden soll, mit 400er-Papier (oder P 600) äußerst sorgfältig geschliffen werden, bis auch alle Spachtelschichtränder nur noch ganz unscharf in die Altlackierung übergehen. Dabei wird zwischendurch das Schleifpapier immer wieder sorgfältig abgespült, damit kein festgeklemmtes Sandkorn gröbere Schleifrillen in die Fläche zieht. Die geschliffene Fläche sollte ständig mit den Fingern nachgefühlt oder betastet werden. Zuletzt wird die ganze Fläche sorgsam mit frischem Wasser abgewaschen und gründlich durchgetrocknet.

Altlackierung vorschleifen

Bei dieser Gelegenheit bietet es sich an, auch die gesamte restliche Fläche der Altlackierung bis zu den nächsten Kanten und Sicken zu schleifen. Dazu nimmt man bei Nassschliff das schon feinere Schleifpapier mit Körnung 320 (P 400). Die Altlackierung wird dabei nicht weggeschliffen, sondern die gesamte Fläche nur mattiert. Zuletzt wird der Schleifstaub mit viel Wasser und einem sauberen Tuch abgewaschen und getrocknet. Dieser Arbeitsgang gilt auch für verfleckten und angeätzten Lack, der überlackiert werden muss.

Spritzspachtel oder Filler schleifen

Spritzspachteln oder besser Dickschichtfillern hat einen klaren Vorteil gegenüber der Arbeit mit feiner Spachtelmasse. Gerade im Bereich der Abschlussschicht ist ein gleichmäßiger und nahtloser Auftrag von Vorteil. Auch die Übergänge von den Reparaturstellen zu den anliegenden Flächen sind einfacher anzugleichen.

- Pistole mit einer Düsengröße von 2,5 mm bis 3,5 mm verwenden.
- Die Verarbeitungstemperatur sollte grundsätzlich über 20 °C liegen.
- Rühren Sie den Haftgrund gut in der Vorratsdüse um.

Fillerflächen: Alle Spachtel- und Reparaturflächen müssen abgedeckt werden, um auch später unsichtbar zu sein.

Zwei Bereiche: Die unterschiedliche Färbung lässt den Arbeitsfortschritt gut erkennen. Auch beim Schleifen sollte sich die Schichtfarbe in einer Fläche nicht ändern.

Noch Reparaturen fällig: Hier fallen noch Spachtelarbeiten an. Anschließend muss nochmals eine geschlossene Schicht Filler aufgetragen werden, um die Reparaturstellen abzudecken.

- Fügen Sie in einem Mischbecher die erforderliche Menge Verdünnung und soweit erforderlich Härter hinzu. Die richtige Mischung ist in der Regel auf der Verpackungsdose aufgeführt.

- Füllen Sie den angemischten Haftgrund über ein Farbsieb in den Pistolenbecher ein.

- Kontrollieren Sie das Spritzbild, indem Sie kurz auf das Abdeckpapier spritzen.

- Sprühen Sie den Dickschichtfiller satt über alle gespachtelten und blanken Stellen. Dabei die einzelnen Gänge in gut bemessenem Zeitabstand sprühen, damit keine Lauftränen entstehen.

- Die abgeschliffene Altlackierung, die ebenfalls lackiert werden soll, wird nur dann mit Filler übersprüht, wenn dort ein Übergang erkennbar oder erfühlbar ist. Andernfalls ist Füller dort nicht notwendig.

- Obwohl die Oberfläche sehr schnell abtrocknet, soll man die Fillerschicht vor der Weiterarbeit ausreichend durchtrocknen lassen, damit alle Lösungsmittelanteile entweichen können.

- Schleifen Sie die dickschichtgefillerten Stellen mit Schleifpapier der Korngröße P 320. Ein weiterer Vorteil neben dem gleichmäßigen Auftrag liegt in den guten Bearbeitungseigenschaften.

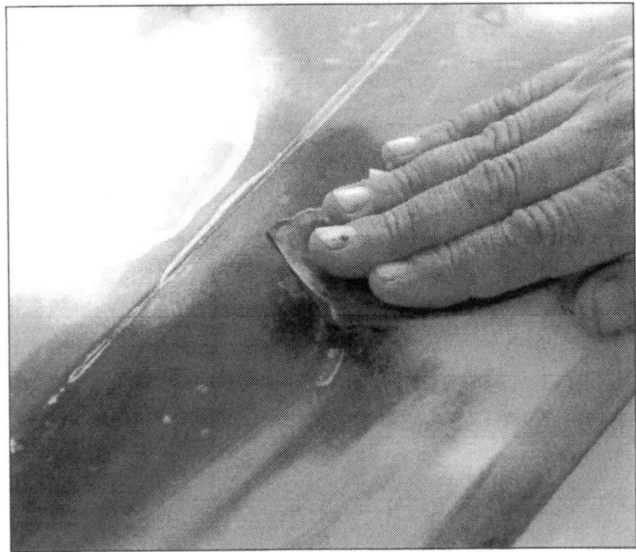

Nur Anrauen erforderlich: Bereiche wie hier der Fußraum oder andere Übergänge müssen lediglich mit einem Schleifvlies angeraut werden.

- Achten Sie darauf, dass Sie die Fillerschicht nicht durchschleifen. Plötzlich zeigen sich kleine Riefen und Unebenheiten, die Sie beim Schleifen des Spachtels gar nicht bemerkt hatten. Da haben Sie also leider vorher doch noch nicht so sorgfältig geschliffen, wie dies nötig gewesen wäre. Sie müssen nun noch einmal zurück zum Anfang der hier geschilderten Arbeitsgänge.

- Anschließend wird nochmals Haftgrund/Grundierung gesprüht, auf den dann wiederum nach dem Anschleifen der weitere Lackaufbau mit Basislack und Klarlack oder dem Decklack erfolgen kann.

Feinschliff: Mit Wasser zur Materialabfuhr und einer Fingerhaltung immer schräg zur Schleifstelle wird die Oberfläche eben.

Nahtabdichtung

Immer dann, wenn zwei Karosserieteile nebeneinander fest verbaut worden sind, müssen die Übergänge zwischen den Blechen abgedichtet werden. Auch hier gibt es sehr unterschiedliche Systeme. Einige Dichtmassen verkleben die Karosserieteile zusätzlich. Hier müssen Sie auf die Herstellerangaben achten, um die Reparatur entsprechend den Vorschriften des Herstellers Ihres Fahrzeuges durchführen zu können. Wir gehen nun mal die Abdichtung von Sichtnahtstellen an, da hier mit einigen kleinen Tricks ein schönes Ergebnis erzielt werden kann.

Werkzeuge

Kartuschenpistole

Diese Bauweise der Pistole kennt eigentlich jeder Handwerker. Sie ist grundsätzlich auch für die Arbeiten an der Fahrzeugkarosserie brauchbar. Für die bequemere Art gibt es aber auch die druckluftbetriebene Variante. Der Vorteil liegt in der gleichmäßigeren Materialausgabe. Wenn allerdings Metallkartuschen verarbeitet werden sollen, müssen die Enden etwas eingedellt werden, damit der Kolben der Kartusche bewegt wird. Ohne Dellen unten am Rand kann es sein, dass die Kartusche zerquetscht wird.

Nahtabdichtungspistole

Bei vielen Fahrzeugen finden sich heute automatisch gezogene Dichtmassennähte. Die gespritzten Nähte können mit diesem Pistolentyp originalgetreu in Dicke und Struktur imitiert werden – etwas Übung natürlich vorausgesetzt. Das Dichtmaterial muss aber als »spritzbar« eingestuft sein, um verarbeitet werden zu können.

Material

Wir unterscheiden Mehrfunktionsdichtmasse, Klebedichtmasse, Universaldichtmasse. Welche Dichtmasse von welchem Hersteller für Ihr Vorhaben geeignet ist, müssen Sie anhand der Produktbeschreibung mit Ihrem Händler klären. Wenn Sie die Dichtnähte überlackieren wollen, müssen Sie unbedingt auf die Lackierfähigkeit der Dichtmasse achten.

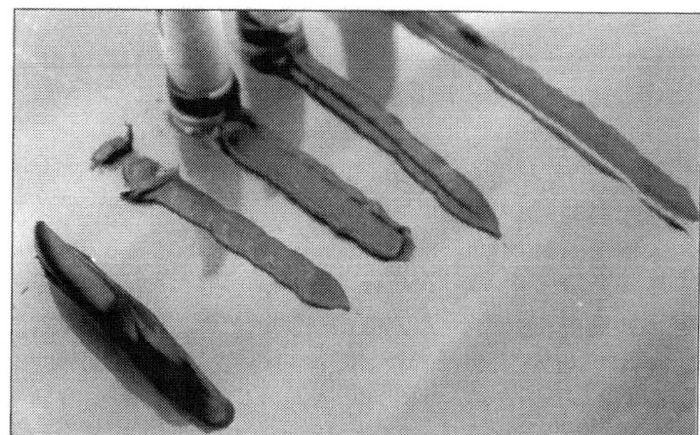

Form der Spitze: unterschiedliche Abdichtungs- oder Auftrageformen.

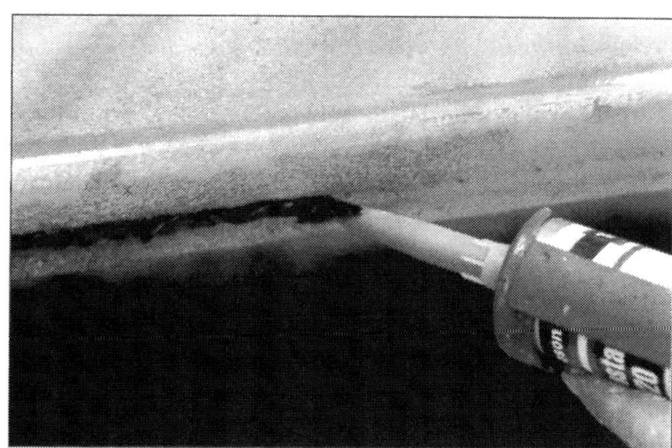

Nicht sichtbare Stellen: Hier kann die Dichtnaht auch mit einem feuchten Finger oder einem Pinsel abgezogen werden.

Mitten im Gesicht: Die Dichtnähte im Frontbereich sollten, soweit sie vor der Lackierung ausgeführt werden, sehr ordentlich und sauber aussehen.

Nicht sichtbare Nahtabdichtung im Steinschlagbereich

Am besten deckt man die anliegenden Bereiche ab, wenn diese nicht in den Steinschlagschutz oder die spritzbare Nahtabdichtung mit einbezogen werden sollen. Das wird dann besonders notwendig, wenn ein Übergang zu lackierten Flächen ausgearbeitet werden muss.

- Entfetten Sie den Bereich, der bearbeitet wird, gründlich.
- Decken Sie wenn notwendig die Bereiche ab, die nicht bearbeitet werden sollen.
- Schleifen Sie lose Stellen mit einem Winkelschleifer und einem Drahtbürstenaufsatz auf.
- Versiegeln Sie die Stellen mit einem Lackspray. Roststellen müssen natürlich etwas aufwändiger behandelt werden.
- Spritzen Sie die Dichtmasse gleichmäßig in einem Zug auf. Vermeiden Sie es, mehrfach über eine Stelle zu gehen. Oftmals werden dann einige Stellen »frei geblasen«, das kann leicht zumindest das Spritzbild technisch versauen.
- Lassen Sie die Nahtabdichtung etwa 30 bis 45 Minuten abtrocknen. Das gilt übrigens auch, wenn Sie die Dichtmasse mit dem Pinsel auftragen!
- Kontrollieren Sie, ob Sie alle Bereiche abgedeckt haben.
- Lassen Sie die bearbeiteten Stellen nochmals etwa 30 bis 35 Minuten ablüften.
- Ziehen Sie die Abdeckmaterialien vorsichtig ab.

Entfernen Sie mögliche Spritzer auf dem Lack oder anderen Flächen, auf denen sie nicht geplant entstanden sind. Je nach Außentemperatur ist die Nahtabdichtung erst nach einigen Stunden wirklich trocken. Achten Sie darauf, dass die Abdichtmasse überlackierbar sein muss.

Nicht sichtbare Nahtabdichtung im Innenraum

Auch hier deckt man am besten die anliegenden Bereiche ab, wenn diese nicht in den Steinschlagschutz oder die spritzbare Nahtabdichtung mit einbezogen werden sollen. Das wird dann besonders notwendig, wenn ein Übergang zu lackierten Flächen ausgearbeitet werden muss. Auch oder gerade dann, wenn Verkleidungsteile oder Polster im Einzugsbereich der Sprühpistole liegen, muss sehr genau abgedeckt werden.

- Entfetten Sie den Bereich, der bearbeitet wird, gründlich.
- Decken Sie wenn notwendig die Bereiche ab, die nicht bearbeitet werden sollen.
- Schleifen Sie lose Stellen mit einem Winkelschleifer und einem Drahtbürstenaufsatz auf.
- Versiegeln Sie die Stellen mit einem Lackspray. Roststellen müssen natürlich etwas aufwändiger behandelt werden.
- Spritzen Sie die Dichtmasse gleichmäßig in einem Zug auf. Vermeiden Sie, mehrfach über eine Stelle zu gehen. Oftmals werden dann einige Stellen »frei geblasen«, das kann leicht zumindest das Spritzbild technisch versauen. Es entstehen schnell unschöne und ungleichmäßige Strukturen.
- Lassen Sie die Nahtabdichtung etwa 30 bis 45 Minuten abtrocknen. Das gilt übrigens auch, wenn Sie die Dichtmasse mit dem Pinsel auftragen!
- Kontrollieren Sie, ob Sie alle Bereiche abgedeckt haben.
- Lassen Sie die bearbeiteten Stellen nochmals etwa 30 bis 35 Minuten ablüften.
- Ziehen Sie die Abdeckmaterialien vorsichtig ab.

Entfernen Sie mögliche Spritzer auf Lack oder anderen Flächen, auf denen sie nicht geplant entstanden sind. Je nach Außentemperatur ist die Nahtabdichtung erst nach einigen Stunden wirklich trocken. Achten Sie darauf, dass die Abdichtmasse überlackierbar sein muss. Öffnen Sie wenn möglich die Türen des Fahrzeuges, damit das Dichtmaterial besser ablüften kann.

Sichtbare Nahtstellen

Hier unterscheiden wir Strukturnähte und die so genannten Glattnähte. Erstere werden genauso wie die schon beschriebene Nahtabdichtung im Innenraum gehandhabt. Spannender sind die Karosserienähte, die sichtbar, glatt und gerade verlaufen. Auch hier gibt es zwei Überlegungen. Die erste wird eigentlich von den meisten Lackierern bevorzugt. Die Dichtnaht wird nach dem Fillern und vor der Lackierung durchgeführt. Der Vorteil liegt darin, dass die Dichtnaht leicht nachbehandelt werden kann. Mit etwas Verdünnung oder Silikonentferner lässt sich die Naht nach dem Aufziehen einfach mit dem Lappen oder mit einem Finger glatt ziehen. Sichtbare Nähte, die nicht lackiert werden, bedeuten in der Regel ein gewisses Risiko hinsichtlich der Sauberkeit. Diese stellen wir Ihnen anschließend vor.

- Kleben Sie rechts und links neben der geplanten Dichtnaht einen Klebestreifen auf.
- Schneiden Sie die Kartuschenspitze schräg an. Der Austritt sollte etwas breiter sein als die Naht.
- Tragen Sie die Dichtmasse mit leichtem Andruck auf die Kartuschenspitze gleichmäßig auf.
- Wischen Sie die Naht mit einem mit Silikonentferner angefeuchteten Lappen möglichst in einem Zug ab.
- Ziehen Sie das Klebeband ab und wischen Sie die Anlagekanten mit Silikonentferner nach. Achten Sie darauf, dass keine Rückstände auf der Lackfläche neben der Dichtmasse verbleiben. Vermeiden Sie am Anfang und am Ende der Naht Überstände oder so genannte Nasen. Hier könnten undichte Stellen entstehen.

Nähte abziehen

Dieser Arbeitsschritt zeigt Ihnen, wie Sie die sichtbaren Karosserienähte auch im Nachhinein in ordentlicher Optik ziehen können. Es sind sogar durchaus eigene Formgebungen der Oberflächen möglich, wie gewölbte oder abgesetzte Nähte. Dieses Arbeitsverfahren ermöglicht Ihnen gerade bei älteren Aufbauten, eine Reparatur der oft rostgeschädigten Karosseriesicken durchzuführen, ohne gleich die anliegenden Karosserieteile lackieren zu müssen. Ein weiteres Argument für die nachträgliche Verfüllung der Karosserieabdichtung liegt im Lackaufbau begründet. Die Nahtstellen gerade bei Ganzstahlkabinen reißen eigentlich immer irgendwann ein. Wird die Dichtmasse auf den Filler aufgetragen, hat der Lack, da er ja dann als Erstes reißt, keine Schutzfunktion für das Blech an dieser Stelle. Wird der Lack aber nicht über die Karosseriemasse verbracht, bleibt die Schutzfunktion erhalten. Zudem kann die Dichtnaht bei Bedarf erneuert werden.

- Demontieren Sie anliegende Verkleidungsteile oder Radlaufabdeckungen.
- Mischen Sie in einer Sprühflasche Wasser mit etwa 10 bis 20% Spülmittel.
- Legen Sie sich einen Lappen zum Auffangen der überschüssigen Dichtmasse zurecht.
- Decken Sie die Karosseriebereiche neben der Karosserienaht mit einem Kunststoffgewebeband oder Panzerband gut ab.
- Schneiden Sie mit einem scharfen Teppichmesser die alten Karosserienähte heraus. Arbeiten Sie hier eher vorsichtig, um den darunter liegenden Lack oder Rostschutz nicht zu beschädigen.
- Kratzen Sie mit einem Kunststoffspachtel die Dichtmassenreste heraus.
- Sollte sich bereits Rost gebildet haben, so entfernen Sie diesen gründlich und behandeln Sie ihn mit einem Rostumwandler wie Fertan oder ähnlichen Produkten.
- Decken Sie die bearbeiteten Stellen mit Grundierung und anschließend mit Autolack aus dem Lackstift ab.
- Stellen um die Karosserienaht gründlich.
- Lassen Sie eventuelle Reparaturstellen gründlich ablüften.
- Decken Sie nun die Nahtstelle in einem Abstand von etwa einem Zentimeter rechts und links als Schutz für die Lackflächen mit Abdeckband oder Malerkreppband ab.
- Kleben Sie nun exakt an der Kante der Karosserienaht jeweils rechts und links einen Streifen Isolierband an die Kante. Achten Sie darauf, dass er gerade verläuft und gleichmäßig in der Breite ausfällt.

- Kleben Sie am Anfang und am Ende der Naht auch etwas Isolierband auf, um einen Abschluss sauber realisieren zu können.

- Tragen Sie nun die Dichtmasse einigermaßen gleichmäßig auf. Achten Sie darauf, dass am Anfang und am Ende der Naht ausreichend Material zur Verfügung steht.

- Sprühen Sie nun den Bereich der Naht, Ihre Hände und die Rakel mit dem Spüli/Wassergemisch gründlich ein.

- Ziehen Sie die Naht mit leichtem Druck mit der Rakel ab. Abfallendes Material fangen Sie mit dem Lappen ab. Keine Angst, das klebt aufgrund des Spüli-Gemisches nicht.

- Ziehen Sie zuerst die Isolierbandstreifen und das Abdeckband ab, bevor die Dichtmasse abgebunden hat.

- Reinigen Sie die Rakel und die Lackflächen von möglichen Dichtmassenrückständen mit dem Lappen.

- Lassen Sie die Dichtnaht einige Stunden abtrocknen.

- Reinigen Sie die Lackflächen von Wasserrückständen. Sollten Polierarbeiten anliegen, müssen Sie darauf achten, die Karosserienähte vorerst mal auszulassen. Später können die Nähte wie Scheibengummis mit Kunststoffpfleger behandelt werden. Weiße Karosserienähte zeigen bereits nach wenigen Wochen deutlich Verschmutzungsspuren. Die Farbe schwarz ist hier schon deutlich unempfindlicher.

PRAXISTIPP

Nahtformgebung

Wenn Sie eine besondere Form der Karosserienaht bevorzugen, sollten Sie die Rakel entsprechend zurechtschnitzen, Sie können nun leicht den Querschnitt beeinflussen. Sie müssen allerdings beim Abziehen eine sehr ruhige Hand beweisen oder eine Hilfsleiste mit »Panzertape« aufkleben.

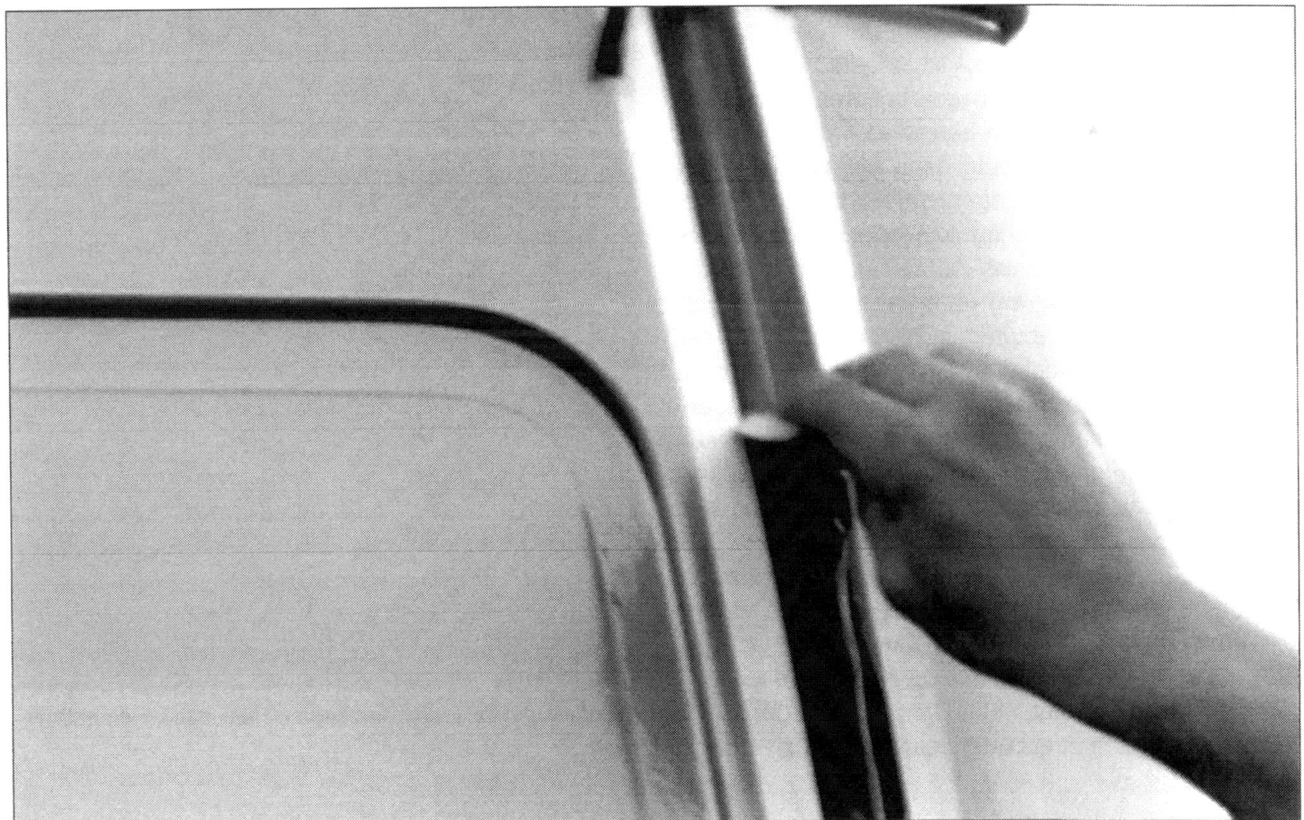

Abziehen: Nach dem Einsprühen muss nur noch gleichmäßig abgezogen werden, um die Naht gleichmäßig hinzubekommen.

Lackierung

Die Lackprofis haben durch ihre Berufserfahrung die Abläufe für Lackierung, Vorbereitung und eventuelle Montage- und Reparaturarbeiten festgelegt. Wenn Sie das Finish Ihrer Vorarbeiten in die Lackiererei geben, müssen Sie sich über Ihre eigenen Vorstellungen und auch über das Ergebnis der Reparatur im Klaren sein. Natürlich wird der Profi in der Regel noch Stellen erkennen, die nachgearbeitet werden sollen. Sie sollten sich in jedem Fall mit ihm ausgiebig unterhalten, inwieweit Sie diese Reparaturen oder Nacharbeiten übernehmen können oder wollen. Auch die Preise für die Lackierung sollten Sie offen mit dem Lackierer absprechen. So kommt es später nicht zu Überraschungen oder Streitigkeiten.

PRAXISTIPP

Farbton nach Rezept

Die meisten Autolackierereien mischen die Farbe aus vielen verschiedenen Komponenten. So können alle erdenklichen Farbtöne erreicht werden. Gut ausgerüstete Lackierfachbetriebe können auch Lack in Spraydosen verfüllen lassen. So lassen sich auch Farbtöne reparieren, die nicht im Handel zu erwerben sind.

Lacke mischen lassen

Angesichts von 3000 und mehr unterschiedlichen Autolack-Farbtönen besitzen gut ausgestattete Farbgeschäfte und qualifizierte Lackierwerkstätten statt eines umfangreichen Farbtonlagers eine Farbton-Mischmaschine von einem Lackhersteller. Damit kann der Lackierer nach genau ausgearbeiteten Mischtabellen den verlangten Farbton herstellen. Diese lufttrocknenden Kunstharzlacke sind dann vollwertige Autolacke, wiewohl die Farbtongenauigkeit von der Gewissenhaftigkeit des Farbenhändlers (oder Lackierers) abhängt. Er muss seine Basis-Farbdosen täglich mindestens 10 Minuten lang aufrühren und genau die verschiedenen Farbtöne abwiegen. Wegen der oft nur geringgewichtigen Abtönbeimischung muss, wenn man solche angemischten Lacke verwenden will, mindestens ein halbes, sehr oft ein ganzes Kilo abgenommen werden. Zu empfehlen ist, zugleich die auf dem Etikett aufgedruckte vorgeschriebene Spritzverdünnung des gleichen Herstellers zu kaufen. Auch wenn es sich stets um Kunstharzlack handelt, so sind die Rezepturen der zahlreichen Lackhersteller doch so unterschiedlich, dass nur die spezielle Lackverdünnung aus dem gleichen Hause beste Mischverhältnisse sichert. Eine preiswertere allgemeine Kunstharzverdünnung, die das Fachgeschäft anbietet, kann brauchbar sein.

Genauer geht's kaum: Lackanmischen nach Computerrezept.

Arbeitsplatz, Arbeitszeit und Arbeitsweise

Für eine hausgemachte Ganzlackierung muss der Arbeitsplatz völlig staubfrei und möglichst gedeckt sowie absolut zugfrei sein. Bei den erwünschten Temperaturen werden vor allem im Freien stets allerlei Insekten durch die Luft schwirren. Es müsste am besten eine größere Halle (Werkstatthalle) sein, in der an »unserem« Wochenende die Arbeit ruht. Dann wird vor allem auch kein Staub aufgewirbelt. Der richtige Platz kann bei einer Teillackierung am kompletten Unimog eine Lackierbox in der Mietwerkstatt sein. Natürlich tut es auch eine ausreichend große Garage. Diese sollte vor allem aber ausreichend gut belüftet sein, denn keineswegs sollten Sie am Lackdunst ersticken!

GEFAHRENHINWEIS

⚠ Explosionsgefahr beachten

Nach den gesetzlichen Sicherheitsbestimmungen muss ein Raum, in dem mit elektrisch angetriebenem Kompressor farbgespritzt wird, mindestens 30 Kubikmeter Rauminhalt und mindestens 10 Quadratmeter Bodenfläche haben.
Je Kubikmeter Rauminhalt dürfen pro Stunde nicht mehr als 20 Gramm Lack gespritzt werden, sonst besteht Explosionsgefahr!

Schwierigkeiten bei der Arbeit im Freien

Auf einem kleinen Hof im Freien sind die erforderlichen Bedingungen für einwandfreies Lackieren kaum zu erfüllen. Dennoch wird in Ermangelung von Räumlichkeiten die Arbeit oft auch im Freien stattfinden. Dann allerdings sind Sie ganz erheblich vom Wetter abhängig. Verschaffen Sie sich ein Bild davon, bevor Sie mit Abkleben oder Sprühdosenschütteln beginnen: Wie steht es um den Wind, ist etwa Regen angesagt, herrscht feuchter Nebel, ist eine zu starke Sonneneinstrahlung zu erwarten? Versuchen Sie nun aber nicht, der zu heißen Sonne durch Lackieren unter Bäumen zu entgehen. Von oben rieselt ununterbrochen feiner Staub herunter. Eventuell herabfallender Vogelkot, Baumfrüchte oder Blätter schaffen dem schattigen Platz unter Bäumen nur Nachteile.

Abbaubare Teile entfernen

Vergessen Sie bei einer geplanten Ganzlackierung keinesfalls den zusätzlichen Arbeitsgang Teileabbau. Sie müssen alle Zier- und Anbauteile, Markenzeichen, Scheinwerfer und Stoßstangen abbauen. Falls man glaubt, sich diese Arbeit sparen zu können, hat man stattdessen mühsames Abkleben der Teile zu leisten, und trotzdem vermeidet man die Farblackflecken auf den Teilen dadurch fast niemals völlig. Vor allem aber kommt es dann in absehbarer Zeit nahezu immer zu Durchrostungen unter den Rändern dieser Anbauteile. Abbauen ist daher die beste Lösung.

Staub, Dichtgummis und Abdeckungen

Mindestens die Fahrzeugseite, auf der ein Teil lackiert werden soll, muss mit feuchtem Leder abgewischt werden, damit der dort inzwischen vom Schleifen abgesetzte Staub gebunden und beseitigt wird. Besser, aber natürlich auch teurer, sind professionelle Staubbindetücher, die es trocken (antistatisch) und feucht (klebrig in Honig getränkt) gibt. Gummiumrandungen um Fenster, Dichtleisten oder Türdichtungsgummis, die abgeklebt werden sollen, reibt man mit einem verdünnergetränkten Läppchen (Nitro-Verdünnung) sorgfältig ab. Das Abklebeband haftet sonst dort nicht zuverlässig. Noch besser ist es, die Dichtgummis zum Lackieren zu entfernen. Zeitungsbogen und Decken, die zum Abkleben und Abdecken des Fahrzeugs benutzt werden sollen, müssen staubfrei sein. Decken im Freien, weitab vom Fahrzeug, tüchtig ausschütteln, staubsaugen oder ausklopfen. Papierbogen auf beiden Seiten am besten noch zusätzlich mit einem leicht angefeuchteten Lappen überwischen, um möglichst viel Staub zu beseitigen. Denken Sie daran, dass Sie kein Teil an der Gegenseite des Fahrzeugs unbedeckt lassen dürfen, denn der Lacknebel »vagabundiert« selbst bei Windstille unwahrscheinlich weit. Wenn Sie vorne lackiert haben, können Sie von unbedeckten hinteren Bauteilen mit Sicherheit die gesprühte Farbe mit Verdünner im Wattebausch abreiben.

Abkleben und entfetten

Jetzt wird die zu lackierende Fläche an ihren Begrenzungen, also den Konstruktionskanten, den Sicken, Falzen oder Zierleistenuntergründen usw., mit schwach gekrepptem Klebeband (Tesa, Scotch 3M) abgeklebt. Darüber klebt man die Zeitungsbogen. Den Luxus doppelter Klebestreifen an der Lackfläche leistet sich der Fachlackierer meist nicht. Aber wir haben festgestellt, dass es bei mangelnder Routine mit den etwas unhandlichen Zeitungsbogen zu schwierig ist, eine wirklich saubere und gerade Flächenkante zu kleben. Deshalb: Zuerst Begrenzungsklebeband sehr sorgfältig kleben und darüber dachziegelartig den Zeitungsbogen mit dem Klebeband. Weiter außen werden mit wenigen Klebestreifenstückchen weitere Papierbogen angeklebt, ebenfalls dachziegelartig unter die zuerst geklebten, damit der Farbnebel nicht unter die nächste Papierabdeckung auf das Fahrzeug, sondern abweisend darüber geblasen wird. Auch Zierteile, die nicht demontiert werden mussten (oder sollten), wie z. B. Stoßstangen oder eine Auspuffblende müssen mit Papier eingewickelt und mit Klebestreifen gesichert werden. Den Rest des Fahrzeugs kann man mit Decken abschirmen. Nicht nur die eigentliche Schadensstelle, sondern die ganze Fläche bis zur nächsten Kante oder Sicke, die schließlich überlackiert werden soll, muss nach dem Abschleifen oder Abbeizen äußerst sorgfältig entfettet werden. Das betrifft nicht etwa nur Motorenöl und Abschmierfett, sondern ebenso alle Lackpflegemittelrückstände wie Wachs oder Silikon sowie jeden Fingerabdruck (Handschweiß ist selbst in dieser unscheinbaren Form für den Lackaufbau gefährlich) und Absonderungen von Bäumen in der Blütezeit. Zum Entfetten eignet sich in erster Linie Silikonentferner, wie er von Pflegemittelherstellern und den Autolack-Produzenten im Fachhandel vertrieben wird. Gut geeignet ist auch Waschbenzin, aber kein Kraftstoff mit seinen Lack beeinflussenden Zusätzen. Verwendbar sind ferner Nitro- oder Kunstharzverdünnung, allerdings nicht immer erfolgreich. Aceton kann einerseits gesunde Lack- oder Spachtelschichten angreifen und verdunstet andererseits so schnell, dass die von ihm gelösten Fettrückstände sofort wieder antrocknen. Man sollte es nicht zum Entfetten verwenden.

Störfaktoren Kälte und Feuchtigkeit

Bei Frost ist das Lackieren gänzlich ausgeschlossen. Herrscht Kälte, dann hat es keinen Sinn, das Fahrzeug zum Lackieren in eine nur wenige Stunden verfügbare erwärmte Halle oder Garage zu bringen. Das Metall beschlägt dort sofort wie kalte Brillengläser beim Betreten feuchtwarmer Zimmer. Der Feuchtigkeitsniederschlag ist oft nicht sichtbar und wird dann unbekümmert überlackiert. Dadurch bilden sich unter dem Lack, auch bei zuerst gut aussehender Oberfläche, kleine Bläschen, die im Laufe der Zeit weitere Feuchtigkeit durch die Lackporen ziehen, den Lack abheben und in der Regel auch stark unterrosten, sodass die Arbeit nach einigen Wochen oder Monaten wiederholt werden muss. In einer wirklich brauchbaren und geheizten Garage können Sie Ihr Fahrzeug im Winter nur dann ordentlich lackieren, wenn der Wagen mindestens über Nacht der Innenraumtemperatur angepasst werden konnte. Seien Sie auch vorsichtig bei umschlagender Witterung. Dass man nicht im Regen oder Nebel sein Auto draußen lackiert, braucht sicher nicht erklärt zu werden. Einer frischen Lackierung wird aber auch ein erst nach Stunden einsetzender Nebel oder Regen gefährlich. Der Trocknungsprozess des Lackes ist ja noch nicht abgeschlossen, und die empfindliche Lackoberfläche wird durch die in anderer Weise abtrocknenden Wasser- oder Nebeltröpfchen fleckig oder einfach matt. Für den nur langsam trocknenden Kunstharzlack ist aufkommender Abendnebel ganz besonders schädlich. Die Verträglichkeit muss gegeben sein. Auch einigermaßen verträgliche Lackarten lassen sich nicht miteinander »nass in nass« verarbeiten. Wenn Sie also eine Reparaturstelle mit Lack eines bestimmten Herstellers begonnen haben und nach Leerung der Dose mit einem anderen Produkt weitermachen, bekommen Sie keinen Hochglanz, sondern vor allem in den Übergangszonen eine haftgrundartige Mattierung. Der Verlauf ist dann durch die unterschiedliche chemische Zusammensetzung der Lacke gestört. Dieses Verträglichkeitsproblem war in den letzten Jahren schon gut durch die Annäherung der verschiedenen Produkte aneinander gelöst worden. Es entsteht jetzt wieder auf neue Art, weil die groß angelegte Umstellung auf wasserverdünnbare Lacke schrittweise und unterschiedlich betrieben erfolgt. Aber generell sind die zu versprühenden Lacke auch mit Wasserbasislacken der Autohersteller oder mit den mit Pulverlacken beschichteten Reparaturflächen in Grenzen kompatibel.

- Kunstharzlack, zumindest lufttrocknender, verträgt sich mit allen Untergründen, einerlei, ob man ihn über Kunstharz-, Nitro-Kombinations- oder Acrylharzlack bzw. Kunstharz- oder Nitrospachtel spritzt. Es kann allerdings zu Beeinträchtigungen des Verlaufs und damit des Hochglanzes kommen.
- Nitro-Kombinations-Lack verträgt sich nur sicher mit einem Nitro-Untergrund, mit anderen Lackarten (Kunstharz und Acrylharz) nur dann, wenn sie mit hohen Temperaturen (160 bis 180 °C) vom Werk eingebrannt wurden. Bei ofengetrockneten Nachlackierungen (60 bis 80 °C) und bei luftgetrockneten Lackierungen mit Kunstharz und Acrylharz bzw. Kunstharzspachtel muss man mit Zerstörungen rechnen. Kunstharz wird in der Regel »hochgezogen«, von seinem Untergrund gelöst und in Run-

zeln abgekräuselt. Acrylharzlack als Untergrund kann durch Lösungsspannung reißen, sodass man unter der Nitro-Lackschicht gegen das Licht grobe Schleifspuren zu sehen meint.

- Acrylharzlack verträgt sich nur sicher mit einem Acrylharzuntergrund, zumeist aber auch mit einem Nitro-Kombinations-Untergrund und natürlich ebenfalls mit der besonders widerstandsfähigen Einbrennlackierung auf Alkyd-, Acryl- oder Kunstharzbasis. Dagegen löst er lufttrocknenden, ohne Beheizung getrockneten Kunstharzlack und Kunstharzspachtel besonders heftig an und zieht ihn in Runzeln hoch.

Der Unverträglichkeit vorbeugen

Um allen Ärger mit eventuellen Unverträglichkeiten möglichst zu vermeiden, muss man einige Grundsätze und Regeln kennen und beherzigen. Es ist nicht einerlei, welche von den unverträglichen Lackarten oder Lackaufbaumaterialien oben oder unten sind. Die Frage muss immer lauten: Aus welchem Material ist der Untergrund und was passiert mit ihm, wenn ich dieses oder jenes Material darüber arbeite? Das gilt nicht nur für das Spritzen, sondern auch für das Spachteln oder Streichen. So geht zwar Kunstharz auf Acrylharz, aber nicht umgekehrt.

- Bei Zweikomponenten-Polyesterspachtel als Füllspachtel für stärkere Unebenheiten gibt es nach unseren Erfahrungen keine Probleme bei lufttrocknenden Lacken.
- Von Nitro-Kombi- und Acrylharzlack kann der Kunstharzspachtel, der an sich so gut zu verarbeiten ist, »hochgezogen« oder »gebrochen« werden. Dagegen ist Nitro-Kombinations-Spachtel als Messerspachtel für alle Decklacke problemlos.
- Haftgrund aller Sprühdosen-Marken bringt als Lackuntergrund in der Regel keine Probleme, da er bei allen Lacksprühdosen-Herstellern entweder auf Nitro-Kombi- oder Acrylharzbasis hergestellt wird, also mit allen Decklacken und Spachteln überdeckt werden kann. Wird Haftgrund über eine Reparaturfläche gesprüht, auf der neben blankem Metall Teile einer luftgetrockneten früheren Kunstharzlackierung sitzen, kräuselt er oft die Anschliffränder dieser Kunstharzschicht hoch.
- Dieses sehr schwierige Problem ist meist nur durch radikale Beseitigung des alten Kunstharzlackes zu lösen. Oft hilft statt des üblichen Haftgrundes aber der spezielle Rostschutzgrund auf Kunstharzbasis.
- Bei der serienmäßigen Einbrennlackierung (160 bis 180 °C) besteht etwa nach einem Jahr kein Grund zur Sorge, dass irgendein lufttrocknender Lack den Untergrundlack hochziehen könnte. Bei Einbrenn-Nachlackierungen (60 bis 80 °C) besteht diese Sicherheit jedoch nicht. Es kann gut gehen oder auch nicht. Wenn es nach einer gewissen Zeit den von der Lackierwerkstatt verwendeten Kunstharz-Reparaturlack hochzieht, ist der Ärger groß. Zur Vorbeugung sollte man die Altlackierung unbedingt an einer unscheinbaren Stelle anschleifen, denn Anschliffkanten sind besonders kräuselempfindlich. Eine satte Probelackierung auf einer kleinen Fläche bringt nach einigen Stunden das gewünschte Ergebnis. Mit einer Lupe bewaffnet, begutachtet man den Lack auf Risse, Runzeln oder Kratzer.
- Unsichere Altlackierung sollte man mit der Schleifmaschine herunterputzen oder ablaugen. Firmenaufschriften und dergleichen sind entweder mit Kunstharz aufgepinselt oder als selbstklebende Kunststofffolie ausgeführt. Ist der serienmäßige Einbrennlack darunter noch gut, wird die Beschriftung mit Aceton abgewaschen. Das erübrigt im günstigsten Fall sogar das Überlackieren.

Eimer, Schwamm und Fettlöser

Wassereimer aus Kunststoff sind nötig, damit es keine Kratzer beim Hantieren am Unimog gibt. Man braucht Eimer zum Waschen des Karosserieteils und für den Wassernachschub beim Nassschliff. Der Schwamm wird zum Waschen der Arbeitsfläche und zum Wasserzugeben oder Wegwischen des Schleifschlamms beim Nassschliff benötigt. Staubbindetücher sind unumgänglich. Alles Pusten hilft nicht gegen die letzten Staubfusseln auf der Lackierfläche. Handwischen ist wegen der unvermeidbaren Hautfeuchtigkeit riskant. Deshalb muss ein richtiges (feuchtes) Staubbindetuch her. Seine klebrige Oberfläche erfasst auch das feinste Staubkörnchen. Trocknungshilfe sind Heißlufthaartrockner, Heizlüfter oder Heizstrahler. Letzterer ist auch sehr praktisch zur Grundierung- und Lacktrocknung. Waschbenzin sowie Nitro- oder Kunstharzverdünnung brauchen Sie je nach Art von Spachtel, Grundierung und Sprühlack zum Entfetten der Arbeitsfläche. Von der Verwendung von Kraftstoff ist abzuraten. Er enthält Zusätze, die sich nachteilig auf den späteren Lackaufbau auswirken. Sie können Kraterbildung, Bläschen, Ablösungen oder Trübungen bewirken. Aceton ist ein ganz besonders aktives Lösemittel zum sorgfältigen Waschen der Spachtelwerkzeuge zwischen jedem Arbeitsgang und zum Abwaschen einer fehlerhaften Lackierung. Waschpinsel und flache Schale schließlich sind nötig zum Waschen der Spachtelwerkzeuge und zum Abbeizen.

Zeitungen, Folien und Abklebebänder
Wir haben es schon mehrfach gesagt: Die Umgebung der zu lackierenden Fläche muss sorgsam abgedeckt werden. Das Material dazu ist einfach zu beschaffen. Alte Zeitungen genügen zum Abdecken der nächsten Umgebung durchaus. Für die großen Flächen eignen sich Renovierungsplanen aus dem Baumarkt hervorragend. Sehr sorgfältig ist die Wahl der richtigen Abklebebänder zu treffen. Es genügt nicht, im nächsten Discountladen oder Papiergeschäft irgendeine Rolle Band einzukaufen. Vor allem, wenn Sie Ihren Unimog zweifarbig lackieren wollen, kann es an der Grenzkante zur anderen Farbe beim Abziehen des Klebebandes eine böse Überraschung geben, weil die Farbe unter das Kreppband gekrochen ist. Sie brauchen stattdessen ein nur leicht gekrepptes, flaches, einigermaßen wasser- und wärmefestes Abklebeband für die Lackierungskante. Trotz der nur schwachen Kreppung, die man braucht, um das Band auch in Kurven und Bögen in gleichmäßiger Biegung aufkleben zu können, muss die Kante beim Aufkleben noch einmal mit flacher Messerklinge oder mit dem Fingernagel sorgfältig angedrückt werden. Dabei sollte es quer zum Abklebeband und nicht längs der Klebebandkante mit mäßigem Druck angedrückt werden. Anderenfalls verzieht sich die Kante, und es gibt eine Lackkante mit Knick. Das Abklebeband muss flach sein, sonst wird die Lackkante zu dick, und die Lackierung sieht dort aus wie eine aufgeklebte Folie. Recht gut eignen sich aber auch gerade die billigen (weil dünnen) Isolierbänder im 10er-Pack aus dem Baumarkt. »Abdeckbänder für den gewerblichen Bedarf«, findet man oft nur in Malerfachgeschäften. Beim Auto-Ausstatter und in den Abteilungen für Bastelmaterial in Kaufhäusern werden zumeist die 25-m-Rollen Lackkanten-Abdeckbänder auch für universellen Haushaltsgebrauch angeboten. Mit diesen Abklebebändern lassen sich ebenfalls saubere und flache Lackkanten spritzen. Zum Ankleben der Papierbögen rund um die Arbeitsfläche als Schutz gegen Lacksprühnebel sind die teuren Profi-Klebebänder zu schade. Deshalb sollten Sie sich für diesen Zweck billigere und etwa 25 oder 30 mm breite Papierklebebänder kaufen. Schauen Sie in diesem Fall zuerst auf den Preis.

Die Trockenstufen des Lackes

Frischer Lack muss für eine Mindestzeit »offen« bleiben, bevor er staubtrocken zu werden beginnt, damit die nachfolgenden Lacktropfen mit den ersten einwandfrei verlaufen können. Er muss andererseits aber auch so bald abzutrocknen beginnen, dass er nicht von der Fläche abfließt und seinen Glanz verliert.

Folgende Stadien sind zu unterscheiden:
Ablüften:
Abgelüftet ist der Lack sehr schnell. In diesem Stadium, also noch, bevor der Lack staubtrocken ist, sollen bereits alle Abklebebänder abgezogen werden, die die frische Lackfläche direkt eingrenzen. In diesem Zustand ist der Lack nämlich noch so weich, dass die Lackränder mit dem Abklebband nicht aufreißen, sondern sozusagen in sich verschmelzen. Wartet man länger, gibt es eine harte, meist gratige Kante. Damit das Abklebeband beim Abziehen keine weichen Farbfäden ziehen kann, wird es weder flach nach oben, noch in starkem Knick gegen den restlichen Klebestreifen, sondern etwa im rechten Winkel gegen die frische Lackfläche hin abgezogen. Dadurch wird der Lackrand etwas eingebügelt.
Staubtrocken:
Staubtrocken ist der frische Lack, wenn er keine umherfliegenden Staubfusseln mehr bindet. Dann kann z. B. das Abdeckpapier wieder unbesorgt abgenommen werden.

Trockenzeiten und Temperatur
Höhere oder niedrigere Temperaturen beeinflussen den Trocknungsvorgang außerordentlich: Bei 25 °C sind NC-Lacke in knapp 10 Minuten und Kunstharzlacke in rund 20 Minuten staubtrocken. Bei 16 °C ergaben unsere Versuche erheblich längere Trocknungszeiten, z. B. 70 statt 55 Minuten für grifffesten Acrylharzlack. Bei 12 °C schließlich kleben Kunstharzlacke noch tagelang, während Nitro-Kombi- und Acrylharz-Lacke zwar einwandfrei aber sehr langsam durchtrockneten. Zum Kunstharzlack muss erwähnt werden, dass er Tageslicht, nicht notwendigerweise Sonnenschein, zum einwandfreien Durchhärten braucht. Man nennt dies oxidative Trocknung, durch UV-Strahlen angeregt. Deshalb können Kunstharzlacke in einer dunklen Garage oder gegen Abend lackierte Flächen nicht über Nacht durchtrocknen. Arbeitsplatz-Temperaturen unter 20 °C legen eine Trocknungsunterstützung durch einen Heizstrahler nahe. Benutzen Sie aber keinen Heizlüfter, er bläst zu viel Staub in den Lack.

So wird der Lack aufgetragen

Nur selten wird man als Heimwerker eine fachgerechte Kompressor-Ausrüstung mit völlig öl- und feuchtigkeitsfreier Druckluft von 4 bis 6 bar besitzen. Dazu gehören dann noch eine Lacksprühpistole mit verstellbarem Sprühdüsenkopf für Fächer- und Rundstrahl bei 0,8 mm Düsenöffnung und die notwendigen Gerätschaften zum Mischen und Nachprüfen der Lackflüssigkeit. Wenn man allerdings auf diese Gerätschaften zurückgreifen kann, ist bei entsprechendem Geschick mit einer professionellen Ganzlackierung zu rechnen.

- Es ist unmöglich, mit einem einzigen Kreuzgang die Farbe deckend aufzusprühen. Wenn man es trotzdem probiert, gibt es unvermeidbar Lauftränen. Deshalb lackiert der Fachlackierer auch erst mal einen »halben Kreuzgang«. Damit ist nicht etwa ein Lackieren der halben Fläche gemeint, sondern ein Lackieren mit sehr schneller Armbewegung, bei der nur ein dünner Farbhauch über die ganze Fläche gelegt wird. Kein Farbtröpfchen berührt das nächste, sodass sie nicht miteinander verlaufen können, sondern jedes für sich ablüftet. Bei dieser ersten Stufe des Abtrocknens sind die abgelüfteten Lacktröpfchen schon klebrig fest und bilden für die Lacktropfen des nächsten und dann vollen Kreuzganges eine Art Haltegitter. Dabei wird der abgelüftete Lack wieder angelöst und verläuft besonders gut mit dem frischen Lack zu einer glatten Fläche, hält aber den frischen Lack fest, sodass es keine Tränen gibt. Darum gilt: Mit »halbem Kreuzgang« nur einen gleichmäßig dünnen Farbhauch über die ganze Fläche legen.

- Aufgesprühten Lacknebel ablüften lassen. Die meisten Lacke sind schon nach ganz kurzer Zeit, je nach Temperatur innert 10 bis 40 Sekunden, so weit abgelüftet, dass die nächste Lackschicht aufgesprüht werden kann. Bei dieser Lackschicht, die noch nicht deckend sein wird, sollen die Farbtropfen gut miteinander verlaufen.

Fahrerhaus montagefertig: Alle Vorbereitung und viel Feinarbeit mit Anpassen und Ausbeulen zeigen sich nun (leider) nicht mehr im makellosen Blechkleid.

- Decklackschicht wiederholen aber etwas länger ablüften lassen. Weitere Decklackschicht in »Kreuzgang« oder »Schneckenrolle« jetzt »satt« sprühen, dass möglichst der Untergrund nicht mehr durchschimmert. Die Oberfläche soll zu einwandfreiem Hochglanz verlaufen, es dürfen aber auch keine Lauftränen entstehen.

- Wenn nun das Ergebnis noch nicht wirklich zufrieden stellt, ist, ist es falsch weiteren Farbnebel aufzusprühen. Denn im Zentrum der angesprühten Stelle gibt es Lauftränen und rund herum haben die wenigen »frei schwebenden« Tröpfchen keinen Verlauf mehr und bilden einen »blinden Hof«.

- Die letzte Farbschicht mindestens mit doppelter Zeit ablüften lassen und nochmals die gesamte Fläche dünn übersprühen, dass die Farbe zu Hochglanz verläuft.

- Wenn auf größeren Flächen mit Kunstharzlack gearbeitet wurde, unterstützt ein Heizstrahler vorteilhaft die anschließende Trocknung. Heizstrahler nicht zu nahe aufstellen, damit die Lackfläche gleichmäßig erwärmt wird.

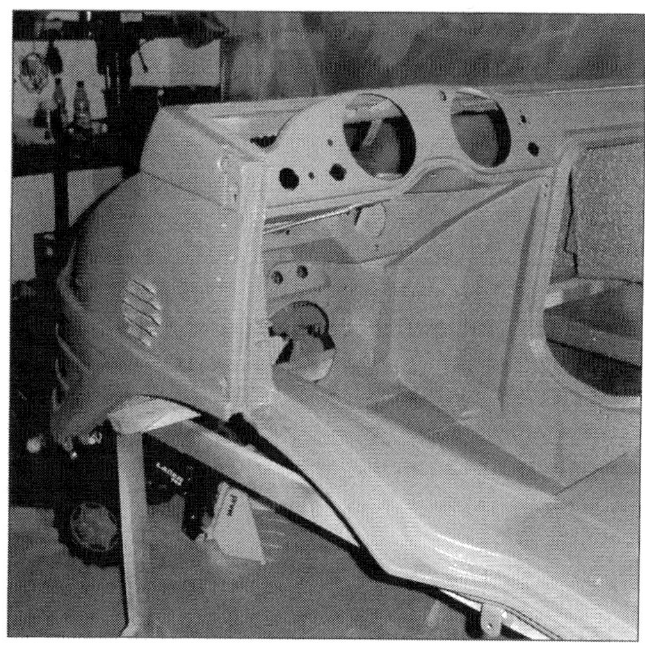

Innen und außen hui: Achten Sie darauf, auch die Kanten richtig zu lackieren, die man vermeintlich später nicht mehr sehen kann. Das bleibt dann auch so, wenn Sie gut gearbeitet haben.

Detailarbeit: Vieles der Kleinarbeit wird erst in vielen Jahrzehnten bei einer erneuten Überholung zum Vorschein kommen. 1 Schirmblech und Bremstrommel vor der Überarbeitung, 2 Schirmblech und Bremstrommel nach der Überarbeitung.

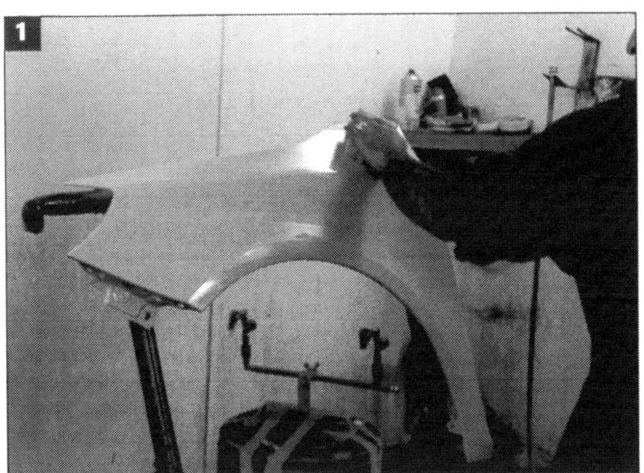

Schritt 1: Entfetten und Silikon entfernen verhindert Kraterbildung im Lack.

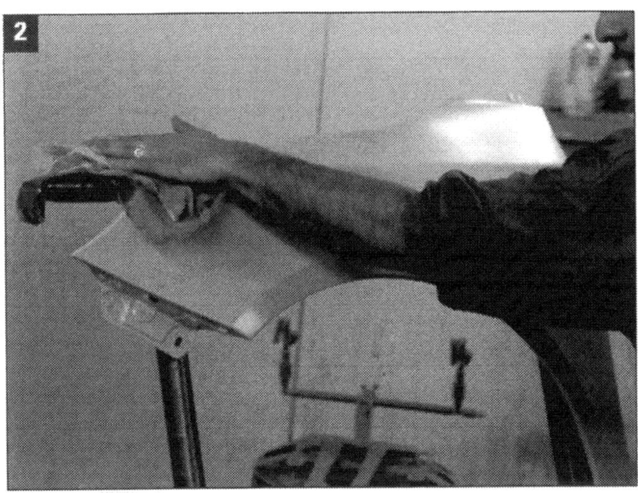

Schritt 2: Gründliches Abwischen ist erforderlich.

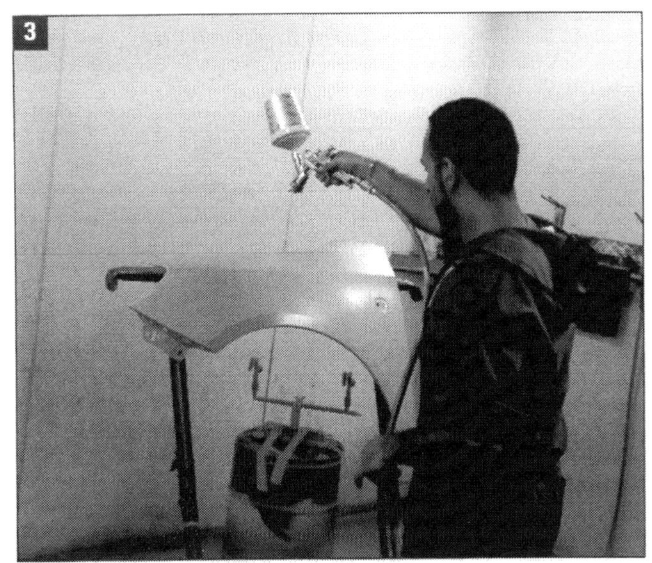

Schritt 3: Erste Schicht Basislack auftragen.

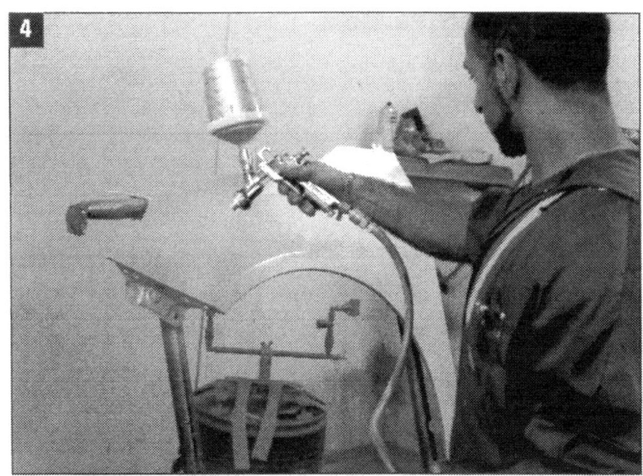

Schritt 4: Zweite Schicht Basislack auftragen.

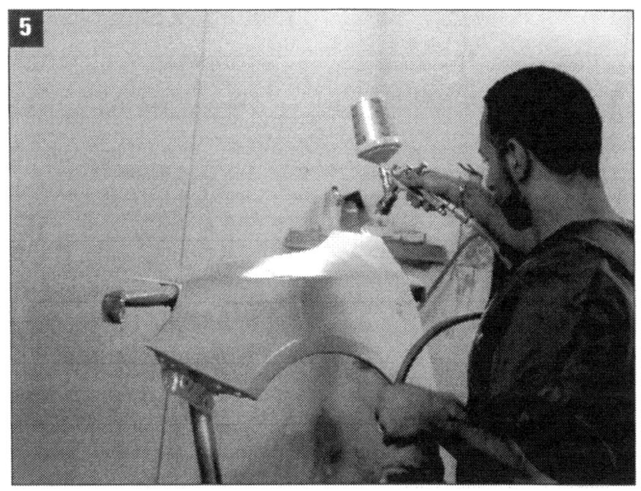

Schritt 5: In der dritten Schicht auf Wolkenbildung achten.

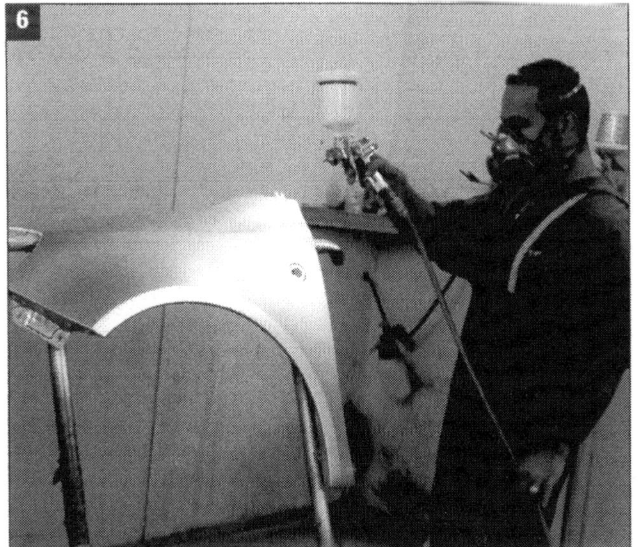

Schritt 6: Klarlack auftragen ... und trocknen lassen.

Material und Farben

Spachtelmassen

Bezeichnung	Aufgabenbereich	Verarbeitung
Füll- und Ziehspachtel	Vorspachtel, um größere Schichtdicken zu ermöglichen.	Anmischen auf dem Spachtelbrett, Auftrag mit einem Kunststoffspachtel oder einem Japanspachtel, Körnung des Schleifpapiers 80 bis 180.
Feinspachtel	Feinmodulation und Porenverschluss der vorgespachtelten Stellen.	Anmischen auf dem Spachtelbrett, Auftrag mit einem Japanspachtel, Körnung des Schleifpapiers 120 bis 240.
Spritzspachtel oder Dickschichtfüller	Porenverschluss und Abdecken der bearbeiteten Fläche. Er ermöglicht, das reparierte Bauteil in einer Oberfläche zu bearbeiten.	Anrühren in einer Mischdose, die Zusammensetzung wird vom Hersteller angegeben. Der Auftrag erfolgt mit einer Spritzpistole. Die Düse sollte zwischen 2,5 bis 3,5 mm Durchmesser haben.

Schleifpapier

Schleifmethode und Untergrund	Maschinell trocken	Manuell trocken	Manuell nass	Zu beachten
Füllspachtel	P 80 / P 120	P 120 / P 150	P 120 / P 150	Wird kein Feinspachtel verwendet, Schleifmaterial, wie beim Feinspachtel verwenden.
Feinspachtel	P 180	P 180	P 240	Schleifpapier setzt sich beim Trockenschliff schnell zu.
NC-Spachtel	P 240	P 240	P 240 / P 320	Nicht durchschleifen!
Haftgrund	P 360 / P 400	P 400	P 400 / P 600	Nicht durchschleifen!
Altlack	P 600 / P 800	Nein	P 800 /P 1000	Übergänge verschwinden durch das Anschleifen der Übergangsbereiche.

Unimogfarben

Farbe	Typen oder Baujahre	Bezeichnungen (Kurzbezeichnungen - Farbcode)
Grün	70200, 2010, 401, 402, 411 (bis 4/66)	Unimog-Grün (DB 6286)
	411c, 403, 413, 406, 416, 421	Meergrün (DB6277)
Blau	1950 und 1960	Mittelblau (DB 5328 Lkw-Blau) später (DB 5361) Enzianblau (RAL 5010)
Grau	Nicht nachzuvollziehen	Moosgrau (19/7003), Grüngrau (DB 7187), Lkw-Grau (DB 7187)
Rot	Felgenfarbe	Kaminrot (RAL 3002) oder Beerenrot (DB 3605)
	Chassisfarbe 1958 - 1960	Ochsenblutrot (DB 3575 Chassisrot)
Schwarz	Chassisfarbe	Tiefschwarz (RAL 9005)

Technische Daten

Für Wartung und Pflege sind bestimmte Werte, Angaben und Informationen erforderlich. Natürlich werden wir Ihnen nur die Daten zur Verfügung stellen können, die bis zum Redaktionsschluss dieses Buches bekannt waren. Entsprechend sollten Sie sich über Ihr Fahrzeug während der Arbeit Notizen machen und eventuelle Veränderungen an der Grundausrüstung oder durch Umbauten im Tuningbereich neben diesen Daten festhalten. Das wird Ihnen die Arbeit zu einem späteren Zeitpunkt wesentlich erleichtern können.

Beschaffung von Daten und Werten

Diese Datensammlung kann aufgrund der schon serienmäßigen Ausstattungs- und Motorenvarianten nur einen Auszug aus der realen, heute existierenden Variantenvielfalt darstellen. Bei Weitem nicht alle Motoren entsprechen dem Serienlieferzustand. Im Laufe vieler Jahre fand auch so mancher Motor Einzug in ein Unimogfahrgestell, der weder dafür vorgesehen war, noch zum Bauzeitraum des Fahrzeuges überhaupt schon hergestellt wurde. Dazu kommt, dass die technische Literatur in vielen Fällen unterschiedliche Werte ausweist oder sogar überhaupt nicht mehr zu beschaffen ist. Wenn Sie also an die Restauration Ihres Unimogs gehen, schreiben Sie alle Motornummern und Typenschilder ab, die Sie entdecken und noch entziffern können. Befragen Sie Ihren Unimogspezialisten, ob der nun im Verein tätig ist oder gleichzeitig Ihr Mercedes-Händler ist, speziell nach Daten und Werten, die auf Ihr Fahrzeug passen. Wenn diese dann mit den auf den nächsten Seiten angegebenen übereinstimmen, sind Sie auf der sicheren Seite.

Auf dem Motortypenschild ist die genaue Motorbezeichnung aufgeführt. Hiermit können Sie die genauen Daten und Werte nachvollziehen.

Technische Daten Motoren

Motortyp	M180	M130	OM 312	OM 352
Zündfolge	1-5-3-6-2-4	1-5-3-6-2-4	1-5-3-6-2-4	1-5-3-6-2-4
Bauart	Otto-Motor	Otto-Motor	Diesel-Motor	Diesel-Motor
Zylinderanzahl	6-Zylinder Reihe	6-Zylinder Reihe	6-Zylinder Reihe	6-Zylinder Reihe
Bohrung	80 mm	86,5 mm	90 mm	97 mm
Hub	72,8 mm	78,8 mm	120 mm	128 mm
Hub	2195 cm³	2748 cm³	4578 cm³	5672 cm³
Leistung	82 PS	110 PS	100 PS	100 – 130 PS

Motortyp	OM 314	OM 636	OM 621	OM 615 OM 616
Zündfolge	1-3-4-2	1-3-4-2	1-3-4-2	1-3-4-2
Bauart	Diesel-Motor	Diesel-Motor	Diesel-Motor	Diesel-Motor
Zylinderanzahl	4-Zylinder Reihe	4-Zylinder Reihe	4-Zylinder Reihe	4-Zylinder Reihe
Bohrung	97 mm	75 mm	87 mm	91 mm
Hub	128 mm	100 mm	83,6 mm	92,4 mm
Hubraum	3682 cm³	1988 cm³	1988 cm³	2404 cm³
Leistung	80 – 85 PS	25 – 34 PS	45 PS	52 – 60 PS

Anzugsdrehmomente

Schrauben am Motor

Das Anzugsdrehmoment beschreibt, wie fest eine Schraube angezogen werden soll. Dieser Wert bezieht sich auf das Reibmoment der Schraube beim Anziehen. Wird eine Schraube eingefettet oder geölt, läuft sie entsprechend leichter, dann kann das angegebene Anzugsdrehmoment nicht mehr erreicht werden. Die Anzugsdrehmomente werden in Nm angegeben. Diese Angabe beschreibt, wie viel Kraft in Newton auf einen Hebel von einem Meter aufgebracht werden darf. Werden die angegeben Drehmomente überschritten, können das Gewinde oder die Schraube beschädigt werden.

Normschrauben	
Gewinde	**Anzugsdrehmoment**
M4	0,5 Nm
M5	3 Nm
M6	10 Nm
M8	20 Nm
M10	45 Nm
M12	60 Nm
M14	100 Nm

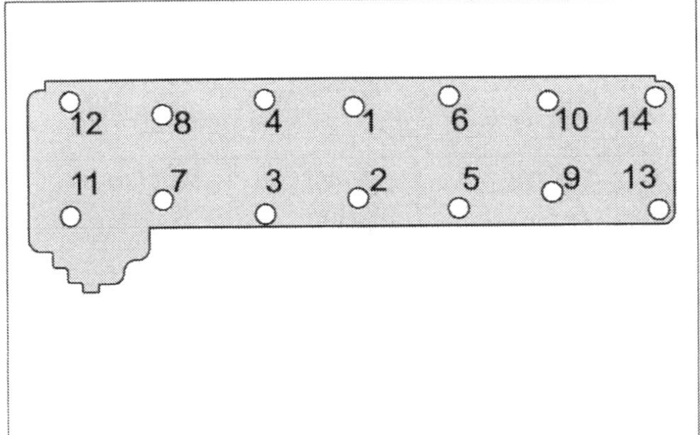

M130 und M180: 1-14 Kopfschrauben. Die Zahlen stellen die Anzugsfolge (Nr. 1-14) für die Zylinderkopfschrauben vor. Zum Lösen muss die umgekehrte Reihenfolge beachtet werden (Nr. 14-1).

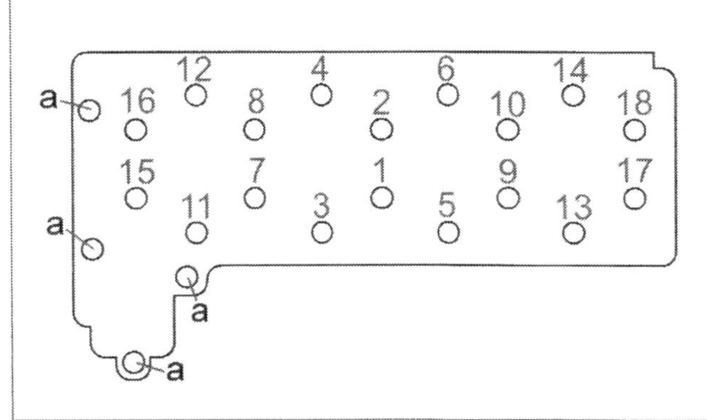

OM621 und OM615: a Schrauben M8 handfest anziehen, 1-18 Kopfschrauben. Die Zahlen stellen die Anzugsfolge (Nr. 1-18) für die Zylinderkopfschrauben vor. Zum Lösen muss die umgekehrte Reihenfolge beachtet werden (Nr. 18-1).

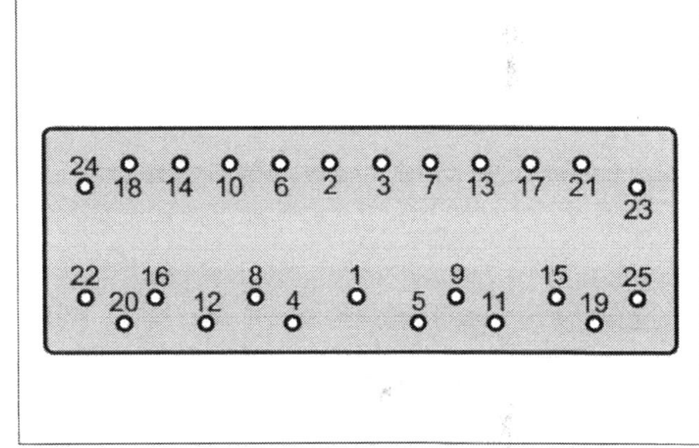

OM352: 1-25 Kopfschrauben. Die Zahlen stellen die Anzugsfolge (Nr. 1-25) für die Zylinderkopfschrauben vor. Zum Lösen muss die umgekehrte Reihenfolge beachtet werden (Nr. 25 1).

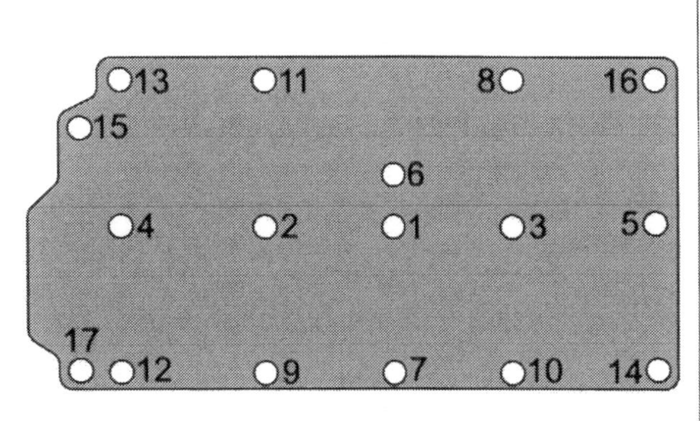

OM636: 1-17 Kopfschrauben. Die Zahlen stellen die Anzugsfolge (Nr. 1-17) für die Zylinderkopfschrauben vor. Zum Lösen muss die umgekehrte Reihenfolge beachtet werden (Nr. 17-1).

Anzugsdrehmoment Zylinderkopfschrauben
Beachten Sie die Anzugsreihenfolge der Zylinderkopfschrauben, die für den jeweiligen Motor im Bild vorgestellt wird.

Motoren nach Motortyp

	Stufe 1	Stufe 2	Stufe 3	Kontrolle
OM621	30 Nm	60 Nm	90 Nm	90 Nm
OM615	40 Nm	60 Nm	90 Nm	90 Nm
OM616 (*)	60 Nm (40 Nm)	90 Nm (70 Nm)	100 Nm (2x 90°)	keine
OM636	40 Nm	60 Nm	80 Nm	80 Nm
OM352	60 Nm	90 Nm	110 Nm	110 Nm
OM314	60 Nm	90 Nm	110 Nm	110 Nm
M180	Motor warm		90 Nm	keine
	Motor kalt		80 Nm	keine
M130	Motor warm		110 Nm	keine
	Motor kalt		100 Nm	keine

* Zylinderkopfschraube mit Innenzwölfkantverzahnung

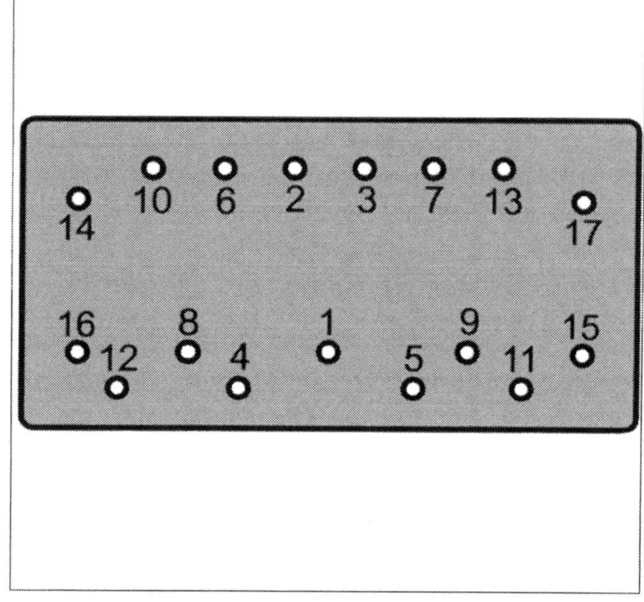

OM314: 1-17 Kopfschrauben. Die Zahlen stellen die Anzugsfolge (Nr. 1-17) für die Zylinderkopfschrauben vor. Zum Lösen muss die umgekehrte Reihenfolge beachtet werden (Nr. 17-1).

Anzugsdrehmomente rund um den Diesel-Motor

Verschraubung	OM 615	OM 621	OM 636	OM 314	OM 352
Druckventilträger Einspritzpumpe	45 – 50 Nm	45 – 50 Nm	45 – 50 Nm	—	—
Düse im Düsenhalter	70 – 80 Nm	70 – 80 Nm	70 – 80 Nm	80 Nm	80 Nm
Düsenhalter im Zylinderkopf	70 – 80 Nm	70 – 80 Nm	70 – 80 Nm	60 – 70 Nm	60 – 70 Nm
Düsenhalter Mutter Durchgangsstück	70 – 80 Nm	70 – 80 Nm	70 – 80 Nm	—	—
Einspritzleitung Überwurfmutter	25 Nm	25 Nm	25 Nm	25 Nm	25 Nm
Gewindebolzen Schwinghebellagerung	38 Nm**	38 Nm**	38 Nm**	—	—
Glühkerzen	50 Nm	50 Nm	50 Nm	—	—
Kurbelwellenlager Stufe 1	90 Nm*	90 Nm*	80 Nm*	50 – 60 Nm	50 – 60 Nm
Kurbelwellenlager Stufe 2	—	—	—	90° – 110°	90° – 110°
Motorbefestigung vorne	60 Nm	60 Nm	—	—	—
Ölablassschraube	50 Nm	50 Nm	50 Nm	80 Nm	80 Nm
Ölfiltergehäuse am Motorblock	40 – 45 Nm	40 – 45 Nm	—	60 Nm	60 Nm
Ölfiltertopf	40 – 45 Nm	40 – 45 Nm	—	40 Nm	40 Nm
Ölüberdruckventil an der Ölpumpe	40 Nm	40 – 45 Nm	—	15 – 25 Nm	15 – 25 Nm
Ölwanne am Kurbelgehäuse	10 Nm	10 Nm	10 Nm	10 Nm	10 Nm
Pleuellagerschrauben Stufe 1	55 Nm	35 – 41 Nm	37,5 Nm	90 – 100 Nm	90 – 100 Nm
Pleuellagerschrauben Stufe 2	—	—	—	90°–110°	90°–110°
Riemenscheibe Kurbelwelle	210 – 220 Nm	210 Nm	180 Nm	490 Nm	490 Nm
Schwungscheibe Kurbelwelle Stufe 1	30 – 40 Nm	30 – 40 Nm	30 – 40 Nm	29 – 30 Nm	29 – 30 Nm
Schwungscheibe Kurbelwelle Stufe 2	60° – 70°	60° – 70°	60° – 70°	90°–110°	90°–110°
Spritzversteller Befestigung EP	70 Nm	70 Nm	—	—	—

→

Ventildeckel	10 Nm	25 Nm	—	25 Nm	25 Nm
Ventilspieleinstellschraube				40 Nm	40 Nm
Vorkammer Druckschraube	15 – 18 Nm	15 – 18 Nm	15 Nm	—	—
Kipphebelachse am Bock	—	—	—	6 Nm	6 Nm
Kipphebelbock am Kopf	35 – 40 Nm	35 – 40 Nm	35 – 40 Nm	100 Nm	100 Nm
Leckölleitungen an der Einspritzdüse	—	—	—	20 Nm	20 Nm

Anmerkungen:
* Die Pleuel- und Hauptlagerverschraubungen werden ohne Sicherungsmittel mit dem angegebenen Drehmoment angezogen. Das Gewinde muss vor der Montage gut eingeölt werden.

** Beim Anziehen der Schwinghebellager dürfen die Schwinghebel nicht durch die Nockenwelle betätigt werden.

Anzugsdrehmomente rund um den Otto-Motor

Verschraubung	M180	M130
Gewindebolzen Schwinghebellagerung	80 Nm	80 Nm
Glühkerzen	—	—
Kettenspanner am Zylinderkopf	25 Nm	25 Nm
Kurbelwellenlager	80 Nm	80 Nm
Motorbefestigung vorne	—	—
Nockenwellen-Lager Stufe 1	25 Nm	25 Nm
Ölablassschraube	50 Nm	50 Nm
Ölfiltergehäuse am Motorblock	40 Nm	40 Nm
Ölfiltertopf	—	—
Ölüberdruckventil an der Ölpumpe	40 Nm	40 Nm
Ölwanne am Kurbelgehäuse	13 Nm	13 Nm
Pleuellagerschrauben Stufe 1	40 – 50 Nm	40 – 50 Nm
Pleuellagerschrauben Stufe 2	90° + 10°	90° + 10°
Riemenscheibe Kurbelwelle	210 – 220 Nm	210 – 220 Nm
Schwungscheibe Kurbelwelle Stufe 1	30 + 10 Nm	30 + 10 Nm
Schwungscheibe Kurbelwelle Stufe 2	90° + 10°	90° + 10°
Spritzversteller Befestigung EP	—	—
Ventildeckel	10 Nm	10 Nm
Ventilspieleinstellschraube	20 – 40 Nm	20 – 40 Nm
Vorkammer Druckschraube	—	—
Zündkerzen	30 – 40 Nm	30 – 40 Nm
Zwischenflansch am Kurbelgehäuse	50 Nm	50 Nm
Zwischenrad Steuerkette	70 Nm	70 Nm

Anmerkungen:
* Die Pleuel- und Hauptlagerverschraubungen werden ohne Sicherungsmittel mit dem angegebenen Drehmoment angezogen. Das Gewinde muss vor der Montage gut eingeölt werden.

** Beim Anziehen der Schwinghebellager dürfen die Schwinghebel nicht durch die Nockenwelle betätigt werden.

Anzugsdrehmomente an Achsen, Federn und Stoßdämpfern

Die Anzugsdrehmomente unterscheiden sich von Fahrzeug zu Fahrzeug nur geringfügig. Aber in der technischen Literatur finden sich oft für das gleiche Fahrzeug mehrere Angaben zu einem Anzugsdrehmoment. Gerade bei den älteren Varianten wurden oft die Verschraubungen noch schwächer ausgelegt. Recht gut kann man die Kausalität der Drehmomentangabe mit der Tabelle für die Normschrauben vergleichen. Im Zweifelsfall erfragen Sie das Drehmoment Ihres Fahrzeuges genau bei Ihrem Mercedes-Händler oder bei einem technikversierten Schrauber eines Unimogclubs.

Verschraubung	Anzugsmoment
Schraubenfedern Befestigung	140 Nm
Querlenker Schrauben	170 – 200 Nm
Querlenker Gegenmutter	160 – 180 Nm
Stoßdämpferbefestigungsschraube	120 – 140 Nm
Achsantrieb Einstellung	120 Nm
Vorgelegerohr Schutzrohr-Flansch	90 – 100 Nm
Achsantriebsgehäuse	90 – 135 Nm
Radvorgelege Spannschraube	220 Nm
Radnabe Verschraubungen	250 – 300 Nm
Achsstreben M14	200 – 240 Nm
Achsstreben M16	240 – 260 Nm
Lenkspurhebel am Achsschenkel	220 – 260 Nm
Schubstrebe am Stützlager	75 – 80 Nm
Tellerrad am Differenzialgehäuse	70 – 80 Nm
Kegelradwelle Nutmutter	140 – 160 Nm
Achsbrücke Verbindungsgehäuse	240 Nm
Radverschlussschrauben	750 – 1000 Nm

Anzugsdrehmomente für Räder und Lenkung

Verschraubung	Anzugsmoment
Radbolzen	290 Nm
Lenkung am Lenkungsbock M12	95 Nm
Lenkungsbock am Rahmen (neuere)	550 – 600 Nm
Lenkungsbock am Rahmen (ältere)	400 Nm
Lenkstockhebel (neuere)	350 – 400 Nm
Lenkstockhebel (ältere)	250 – 30 Nm
Lenkrad an der Lenkspindel	70 – 80 Nm
Kreuzgelenk Passschraube M8	25 Nm
Lenkungsbock Klemmschraube	70 Nm

Anzugsdrehmomente am Getriebe

Verschraubung	Anzugsmoment
Getriebe am Tragrohr	200 Nm
Lagernarbe an der Hauptwelle	140 – 160 Nm
Schraube kleines Lager Hauptwelle	47 – 50 Nm

Motorverschleißdaten

Zylinder Dieselmotoren

Bemerkung	OM312	OM352	OM314	OM636	OM615 / 621	OM616
Laufspiel Neuzustand	0,07 mm	0,06 mm	0,06 mm	0,06 mm	0,07 mm	0,018 mm - 0,038 mm
Laufspiel Verschleißgrenze	0,12 mm	0,10 mm	0,10 mm	0,08 mm	0,10 mm	0,12 mm
Ovalität Neuzustand	0,013 mm	0,013 mm	0,013 mm	0,015 mm	0,013 mm	0,013 mm
Ovalität Verschleißgrenze	0,05 mm	0,05 mm	0,05 mm	0,015 mm	0,05 mm	0,05 mm
Zylinderbohrung Grundmaß	90,00 mm - 90,02 mm	97,00 mm - 97,02 mm	97,00 mm - 97,02 mm	75,00 mm - 75,019 mm	87,00 mm - 87,02 mm	91,99 mm - 92,018 mm
Kolbendurchmesser Grundmaß	89,98 mm - 90,00 mm	96,98 mm - 97,00 mm	96,98 mm - 97,00 mm	74,92 mm - 74,94 mm	86,95 mm - 86,93 mm	91,99 mm - 92,018 mm
Zylinderbohrung 1. Übermaß	90,50 mm - 90,52 mm	97,50 mm - 97,52 mm	97,50 mm - 97,52 mm	75,50 mm - 75,52 mm	87,50 mm - 87,522 mm	92,22 mm - 92,24 mm
Kolbendurchmesser 1. Übermaß	90,48 mm - 90,50 mm	97,48 mm - 97,50 mm	97,48 mm - 97,50 mm	75,42 mm - 75,44 mm	87,43 mm - 87,45 mm	92,25 mm - 92,27 mm
Zylinderbohrung 2. Übermaß	90,00 mm - 90,02 mm	98,00 mm - 98,02 mm	98,00 mm - 98,02 mm	76,00 mm - 76,02 mm	88,00 mm - 88,02 mm	—
Kolbendurchmesser 2.Übermaß	90,98 mm - 90,00 mm	97,98 mm - 98,00 mm	97,98 mm - 98,00 mm	75,92 mm - 75,94 mm	87,93 mm - 87,95 mm	—
Höhenspiel Kolbenringe (Nut 1)	0,04 mm - 0,072 mm	0,04 mm - 0,072 mm	0,04 mm - 0,072 mm	0,06 mm- 0,087 mm	0,04 mm - 0,072 mm	0,10 mm - 0,20 mm
Höhenspiel Kolbenringe (Nut 2)	0,04 mm - 0,072 mm	0,04 mm - 0,072 mm	0,04 mm - 0,072 mm	0,06 mm- 0,087 mm	0,04 mm - 0,072 mm	0,07 mm - 0,15 mm
Höhenspiel Kolbenringe (Nut 3)	0,04 mm - 0,072 mm	0,04 mm - 0,072 mm	0,04 mm - 0,072 mm	0,045 mm- 0,072 mm	0,04 mm - 0,072 mm	0,03 mm - 0,10 mm
Höhenspiel Ölabstreifring (Nut 4)	keine Angabe	keine Angabe	keine Angabe	0,035 mm - 0,062 mm	0,04 mm - 0,072 mm	keine Angabe
Höhenspiel Ölabstreifring (Nut 5)	keine Angabe	keine Angabe	keine Angabe	0,035 mm - 0,062 mm	—	—
Stoßspiel Kolbenringe (Nut 1)	0,3 - 0,45 mm	0,3 - 0,45 mm	0,3 - 0,45 mm	0,30 mm - 0,45 mm	0,30 - 0,45 mm	0,20 mm - 1,50 mm
Stoßspiel Kolbenringe (Nut 2)	0,3 - 0,45 mm	0,3 - 0,45 mm	0,3 - 0,45 mm	0,30 mm - 0,45 mm	0,30 - 0,45 mm	0,20 mm - 1,00 mm
Stoßspiel Kolbenringe (Nut 3)	0,3 - 0,45 mm	0,3 - 0,45 mm	0,3 - 0,45 mm	0,3 - 0,45 mm	0,3 - 0,45 mm	0,2 - 1,00 mm
Stoßspiel Ölabstreifring (Nut 4)	0,25 - 0,4 mm	0,25 - 0,4 mm	0,25 - 0,4 mm	0,30 mm - 0,45 mm	0,25 - 0,40 mm	keine Angabe
Stoßspiel Ölabstreifring (Nut 5)	—	—	—	0,30 mm - 0,45 mm	—	—

Zylinder Benzinmotoren

Bemerkung	M180	M130
Laufspiel Verschleißgrenze	0,03 mm - 0,04 mm	0,02 mm - 0,03 mm
Ovalität Neuzustand	0,013 mm	0,013 mm
Ovalität Verschleißgrenze	0,05 mm	0,05 mm
Zylinderbohrung Gruppe 0	80,00 mm - 80,02 mm	86,50 mm - 86,52 mm
Kolbendurchmesser Gruppe 0	79,98 mm - 79,96 mm	86,48 mm - 86,50 mm
Zylinderbohrung Gruppe 1	80,50 mm - 80,52 mm	87,00 mm - 87,02 mm
Kolbendurchmesser Gruppe 1	80,48 mm - 80,46 mm	86,98 mm - 87,00 mm
Zylinderbohrung Gruppe 2	81,00 mm - 81,02 mm	87,50 mm - 87,52 mm
Kolbendurchmesser Gruppe 2	80,98 mm - 80,96 mm	87,48 mm - 87,50 mm
Höhenspiel Kolbenringe (Nut 1) (Nüral)	0,04 - 0,06 mm (0,03 - 0,06 mm)	0,04 - 0,06 mm
Höhenspiel Kolbenringe (Nut 2)	0,04 - 0,06 mm (0,03 - 0,06 mm)	0,04 - 0,06 mm
Höhenspiel Kolbenringe (Nut 3)	0,035 - 0,06 mm (0,03 - 0,06 mm)	0,04 - 0,06 mm
Höhenspiel Ölabstreifring (Nut 4)	0,035 - 0,06 mm (0,03 - 0,06 mm)	0,04 - 0,06 mm
Stoßspiel Kolbenringe (Nut 1)	0,55 mm - 0,70 mm	0,55 mm - 0,70 mm
Stoßspiel Kolbenringe (Nut 2)	0,45 mm - 0,60 mm	0,45 mm - 0,60 mm
Stoßspiel Kolbenringe (Nut 3)	0,30 mm - 0,45 mm	0,30 mm - 0,45 mm
Stoßspiel Ölabstreifring (Nut 4)	0,30 mm - 0,40 mm	0,30 mm - 0,45 mm

Zylinderkopf Dieselmotoren

Bemerkung	OM615	OM616	OM621	OM636
Zylinderkopf Bauhöhe	84,8 - 85,0 mm	84,8 - 85,0 mm	84,8 - 85,0 mm	84,8 - 85,0 mm
Zylinderkopf Mindesthöhe	84,0 mm	84,0 mm	84,0 mm	84,0 mm
Unebenheit der Trennfläche längs	0,10 mm	0,08 mm	0,10 mm	0,10 mm
Unebenheit der Trennfläche quer	0,00 mm	0,00 mm	0,00 mm	0,00 mm
Rautiefe	keine Angabe	0,006 mm- 0,0014 mm	keine Angabe	keine Angabe
Parallelität der Dichtflächen	0,1 mm	0,1 mm	0,1 mm	0,1 mm
Abpressdruck unter Wasser	70 °C, 3 bar	2 bar	70 °C, 2 bar	70 °C, 2 bar
Ventilsitzbreite Einlassventil	1,3 - 1,6 mm	1,3 - 1,6 mm	1,25 - 2,0 mm	1,25 - 2,0 mm
Ventilsitzbreite Auslassventil	2,5 - 2,9 mm	2,5 - 2,9 mm	1,25 - 2,0 mm	1,25 - 2,0 mm
Ventilsitzwinkel	119°30 - 120°	30°	89°30 - 90°	89°30 - 90°
Korrekturwinkel oben	keine Angabe	60°	keine Angabe	keine Angabe
Korrekturwinkel unten	keine Angabe	nach Gusskontur	keine Angabe	keine Angabe
Zulässiger Schlag Ventilsitz	0,05 mm	0,03 mm	0,05 mm	0,05 mm
Laufspiel im Ventilsitz EV	0,06 mm - 0,097 mm	0,23 mm +/- 0,2 mm	0,06 mm - 0,097 mm	0,06 mm- 0,097 mm
Laufspiel im Ventilsitz AV	0,08 mm 0,113 mm	0,58 mm +/- 0,2 mm	0,08 mm 0,113 mm	0,08 mm 0,113 mm
Versatz Ventilteller/Kopfdichtfläche	-0,5 mm bis -2mm	-1,5 mm	-0,5 mm bis -1,2 mm	-0,5 mm bis -1,2 mm
Überstandsmaß Vorkammern schräg	keine Angabe	5,5 - 5,9 mm	keine Angabe	keine Angabe
Überstandsmaß Vorkammern rund	keine Angabe	7,6 - 8,2 mm	keine Angabe	keine Angabe

Kurbelgehäuse Dieselmotoren

Bemerkung	OM615	OM616	OM621	OM636
Zylinderkurbelgehäusehöhe im Neuzustand	242,8 mm – 242,9 mm	242,8 +0,1 mm	238,4 mm – 238,5 mm	keine Angabe
Zylinderkurbelgehäusehöhe Mindesthöhe	242,5 mm	242,5 mm	238,1 mm	keine Angabe
Unebenheit Trennfläche längs	0,08 mm	0,08 mm	0,08 mm	keine Angabe
Unebenheit Trennfläche quer	0,05 mm	0,05 mm	0,05 mm	keine Angabe
Abweichung der Parallelität Trennfläche oben und unten	0,1 mm	0,1 mm	0,1 mm	keine Angabe
Rauhigkeit der Trennfläche	0,020 mm	0,012 - 0,02 mm	keine Angabe	keine Angabe
Kolbenüberstandsmaß	0,7 - 1,2 mm	-0,5 - 0,9 mm	0,7 - 1,2 mm	keine Angabe
Zwischenradflansch Höhenschlag	keine Angabe	0,10 mm	keine Angabe	keine Angabe
Zwischenradflansch Seitenschlag	keine Angabe	0,05 mm	keine Angabe	keine Angabe

Zylinderkopf Benzinmotoren

Bemerkung	M180	M130
Zylinderkopf Bauhöhe	84,80 mm - 85,00 mm	84,80 mm - 85,00 mm
Zylinderkopf Mindesthöhe	84,00 mm	84,00 mm
Materialabnahme Zylinderkopfdichtungsfläche	0,50 mm	keine Angabe
Materialabnahme Ventildeckeldichtungsfläche	0,30 mm	keine Angabe
Unebenheit der Trennfläche längs	0,10 mm	0,10 mm
Unebenheit der Trennfläche quer	0,00 mm	0,00 mm
Rautiefe	keine Angabe	0,006 mm - 0,014 mm
Parallelität der Dichtflächen	0,01 mm	0,10 mm
Abpressdruck unter Wasser bei 70°C	2,0 bar	2,0 bar
Ventilsitzbreite Einlassventil	1,25 mm	1,3 mm - 2,0 mm
Ventilsitzbreite Auslassventil	1,25 mm	1,5 mm - 2,0 mm
Ventilsitzwinkel	89°30 - 90°	45°
Zulässiger Schlag Ventilsitz	0,05 mm	0,05 mm
Laufspiel im Ventilsitz EV	0,03 mm	0,03 mm
Laufspiel im Ventilsitz AV	0,03 mm	0,03 mm
Versatz Ventilteller/Kopfdichtfläche	0,1 mm	keine Angabe

Kurbelgehäuse Benzinmotoren

Bemerkung	M180	M130
Zylinderkurbelgehäusehöhe im Neuzustand	213,10 mm - 213,2 mm	213,10 mm - 213,2 mm
Zylinderkurbelgehäusehöhe Mindesthöhe	212,80 mm	212,80 mm
Unebenheit Trennfläche längs	0,05 mm	0,10 mm
Unebenheit Trennfläche quer	0,00 mm	0,05 mm
Zulässige Rautiefe	keine Angabe	0,002 mm - 0,004 mm
Abweichung der Parallelität Trennfläche oben und unten	0,10 mm	0,10 mm
Kolbenüberstandsmaß	Maximal 0,35 mm	0,20mm - 0,70 mm

Winkel am Ventil und Ventilsitz

PRAXISTIPP

Es wurden durchaus unterschiedliche Ventilsitzwinkel am Unimog verwendet. Achten Sie bei der Nachbearbeitung genau auf die angegebenen Winkel und prüfen Sie diese auch beim Mercedes-Benz-Partner in Ihrer Nähe nochmals ab, bevor Sie den Ventilsitz neu bearbeiten. Der Sitzwinkel muss auch zum Sitzwinkel des jeweiligen Ventils passen. Kontrollieren Sie auch hier die Winkel nach Herstellerangaben am Ventil.

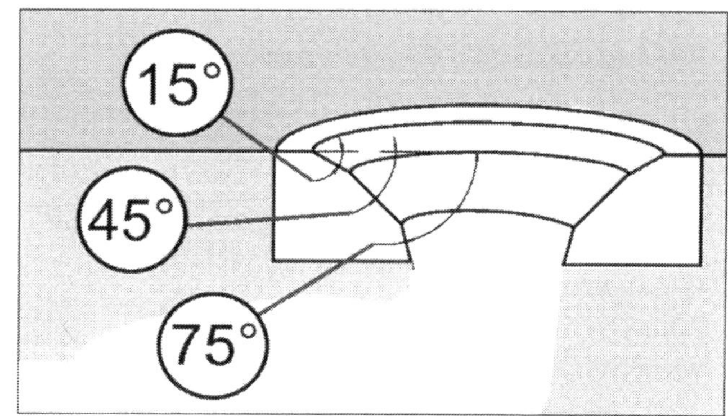

Gemischaufbereitung

Für die Gemischaufbereitungsanlage werden auch gelegentlich Vergleichsdaten benötigt. Wenn Ihnen Daten aus den Fahrzeugunterlagen vorliegen, die von denen in dieser Tabelle abweichen, sollten Sie die Angaben in jedem Fall nachvollziehen. Relevant sind hier allerdings lediglich Hauptgrößen wie der Einspritzdruck, der Förderbeginn für die Dieselmotoren und die Zündeinstellungen für die Benziner. Daten zur Einspritzanlage erhalten Sie aktuell und zu den lieferbaren Teilen bei Ihrem Händler.

Einspritzanlage Dieselmotor

Bemerkung	OM312	OM314	OM352	OM615	OM616	OM621	OM636
Zünd-/Einspritzfolge	1-5-3-6-2-4	1-3-4-2	1-5-3-6-2-4	1-3-4-2	1-3-4-2	1-3-4-2	1-3-4-2
Leerlaufdrehzahl	700 1/min	700 1/min	700 1/min	700 1/min	700 1/min	700 1/min	700 1/min
Einspritzpumpe	PES 6A 90D 410	PES 4A 90D 410 RS2094Z	PES 6A 90D 410 RS2094Z	PES 4M 55 C120	PES 4M 55 C120	PES 4M 50 C320	PES 4A 50 C410
Abspritzdruck Einspritzdüsen (neu)	130 – 140 bar	210 bar	210 bar	115 – 120 bar	115 – 120 bar	115 – 120 bar	115 – 120 bar
Abspritzdruck Einspritzdüsen (min)	105 bar	180 bar	180 bar	100 bar	100 bar	100 bar	100 bar
Förderbeginn	22° - 24°	16° v. OT	18° v. OT	24° v. OT	24° v. OT	26° v. OT	30°- 32° v. OT
Verdichtungsdruck	17-21 bar	20-24 bar	20-24 bar	22-24 bar	17-21 bar	17-21 bar	17-21 bar

Zündung Benzinmotor

Bemerkung	M180	M130
Zünd-/Einspritzfolge	1-5-3-6-2-4	1-5-3-6-2-4
Leerlaufdrehzahl	800 1/min - 850 1/min	800 1/min - 850 1/min
Zündzeitpunkt Leerlauf	2° v. OT	2° v. OT
Zündzeitpunktverstellung o. Unterdruck	28°- 34° bei 4500 1/min	28°- 34° bei 4500 1/min
Zündzeitpunktverstellung m. Unterdruck	48°- 44° bei 4500 1/min	48°- 44° bei 4500 1/min
Schließwinkel	35° - 41°	35° - 41°
Zündkerzen fernentstört 12,7 mm (alte Ventilsteuerung) bis Verdichtungszahl von 8,7	Champion L87Y (alle Verdichtungsverhältnisse)	Champion L87Y (alle Verdichtungsverhältnisse
Zündkerzen fernentstört 19 mm (neue Ventilsteuerung) bis Verdichtungszahl von 7,0	Champion N9Y (Normal) Champion N14Y (Kurzstrecke)	Champion N9Y (Normal) Champion N14Y (Kurzstrecke)
Zündkerzen fernentstört 19 mm (neue Ventilsteuerung) bis Verdichtungszahl von 8,7	Champion N7Y (Normal) Champion N8 (Kurzstrecke)	Champion N7Y (Normal) Champion N8 (Kurzstrecke)

Gemischaufbereitung Benzinmotor

Bemerkung	M180	M130
Vergaser ohne Unterdruckanschluss	Pallas Zenith DB11	Pallas Zenith DB11
Vergaser mit Unterdruckanschluss	Pallas Zenith DB21	Pallas Zenith DB21
Hauptdüse	HD 140 (2x)	HD 140 (4x)
Luftkorrekturdüse	LK 210 (2x)	LK 210 (4x)
Mischrohr	MO 4N (2x)	MO 4N (4x)
Leerlaufdüse Kraftstoff	LD 55 (2x)	LD 55 (4x)
Leerlaufdüse Luft	KN 140 (2x)	KN 140 (4x)
Düse Beschleunigerpumpe	KN 55 (2x)	KN 55 (4x)
Düsenrohr lang	KN 3 (2x)	KN 3 (4x)
Starterkraftstoffdüse	KN 100	KN 100 (2x)
Starterluftbohrung	5	5
Schwimmernadelventil	KN 200	KN 200 (2x)
Überdruckventil	KN 100	KN 100 (2x)
Kraftstoffstand	17,3 mm - 18,3 mm	17,3 mm - 18,3 mm
Förderleistung Beschleunigerpumpe	1,5 cm³ - 0,7 cm³	1,5 cm³ - 0,7 cm³
Position Pumpengestänge	Bohrung außen	Bohrung Mitte

Wartungsdaten

Motor Diesel

Bemerkung	OM312	OM314	OM352	OM615	OM616	OM621	OM636
Ventilspiel EV kalt	0,20 mm	0,20 mm	0,20 mm	0,10 mm	0,10 mm	0,10 mm	0,20 mm
Ventilspiel EV warm	—	—	—	—	0,15 mm	—	—
Ventilspiel AV kalt	0,25 mm	0,25 mm	0,25 mm	0,45 mm	0,30 mm	0,40 mm	0,25 mm
Ventilspiel AV warm	—	—	—	—	0,35mm	—	—
Leerlaufdrehzahl	700 1/min	700 1/min	700 1/min	700 1/min	700 1/min	700 1/min	700 1/min
Kompressionsdruck	17-21 bar	20-24 bar	20-24 bar	22-24 bar	17-21 bar	17-21 bar	17-21 bar
Kompressionsdruck Verschleiß	18 bar	18 bar	18 bar	17 bar	17 bar	18 bar	17 bar
Öldruck normal	2-5 bar	2-5 bar	2-5 bar	2-5 bar	2-5 bar	2-5 bar	2-8 bar
Öldruck im Leerlauf	Min. 0,6 bar	Min. 0,6 bar	Min. 0,6 bar	Min. 0,6 bar	Min. 0,6 bar	Min. 0,6 bar	Min. 0,6 bar
Förderdruck Kraftstoffpumpe (700 1/min)	0,8 bar - 1,50 bar						
Ansaug-Unterdruck Kraftstoffpumpe (700 1/min)	0,2 bar - 0,4 bar						

Motor Benzin

Bemerkung	M180	M130
Ventilspiel EV kalt	0,10 mm	0,10 mm
Ventilspiel EV warm	0,20 mm	0,20mm
Ventilspiel AV kalt	0,15 mm	0,15 mm
Ventilspiel AV warm	0,25 mm	0,25 mm
Leerlaufdrehzahl	800 1/min - 850 1/min	800 1/min - 850 1/min
Kompressionsdruck	8,6 bar - 9,6 bar	8,5 bar - 9,5 bar
Öldruck normal	2 bar bis 5 bar	2 bar bis 5 bar
Öldruck im Leerlauf	0,6 bar	0,6 bar
Förderdruck Kraftstoffpumpe (Startdrehzahl)	0,12 bar - 0,16 bar	0,12 bar - 0,16 bar
Förderdruck Kraftstoffpumpe (Leerlaufdrehzahl)	0,15 bar - 0,20 bar	0,15 bar - 0,20 bar
Ansaug-Unterdruck Kraftstoffpumpe (Startdrehzahl)	0,3 bar - 0,4 bar	0,3 bar - 0,4 bar

Luftpresser und Hydraulik

Füllmengen/Druck

	Qualitätsklasse	Kompressor mit Tauchschmierung	Kompressor mit Druckumlaufschmierung
Ölfüllmenge (Tauchschmierung)	Siehe Motoröl	0,145 l	—
Betriebsdruck	—	7,5 bar	8,0 bar
Höchstdruck	—	10,0 bar	10,0 bar

Füllmengen und Qualitäten

Füllmengen Motor

	Benziner	Diesel
Ölfüllmenge (Max)	6,0 l siehe »Ölwechsel«	7,0 l siehe »Ölwechsel«
Ölfüllmenge (Min)	5,0 l siehe »Ölwechsel«	4,5 l siehe »Ölwechsel«
Ölmenge im Filter	0,8 l siehe »Ölwechsel«	0,8 l siehe »Ölwechsel«
Kühlmittel ohne Heizung	10,6 l Glycol -35 °C	17,0 l Glycol -35 °C
Kühlmittel mit Heizung	12,5 l Glycol -35 °C	15,0 l Glycol -35 °C
Ölbadluftfilter	1,0 l SAE 10W40	1,0 l SAE 10W40

Füllmengen Lenkung/Bremse/Kupplung

	Benziner	Diesel
Bremsflüssigkeit (DOT 4)	0,8 l - 1,1 l	0,8 l - 1,1 l
Bremsenfrostschutz (Druckluftanlage)	0,2 l (Äthylalkohol)	0,2 l (Äthylalkohol)
Kupplungsbetätigung (DOT 4)	ca. 0,2 l - 0,3 l	ca. 0,2 l - 0,3 l
Servolenkung (heiße Zonen)	5 W 20/30 (10W)	5 W 20/30 (10W)
Hydraulische Anlage (heiße Zonen)	5 W 20/30 (10W) 13 l (15 l Füllung)	5 W 20/30 (10W) 13 l (15 l Füllung)
Mechanische Lenkung	Getriebeöl SAE 80 0,6 l	Getriebeöl SAE 80 0,6 l

Füllmengen Getriebe und Antriebe

	Benziner	Diesel
Hauptgetriebe (heiße Zonen)	6,0 l SAE80 (85W90)	6,0 l SAE80 (85W90)
- mit Vorschaltgetriebe (heiße Zonen)	7,0 l SAE80 (85W90)	7,0 l SAE80 (85W90)
- mit Kriechgang (heiße Zonen)	7,0 l SAE80 (85W90)	7,0 l SAE80 (85W90)
Zapfwellenlager	0,15 l SAE80	0,15 l SAE80
Zapfwellengetriebe	1,5 l SAE80	1,5 l SAE80
Seilwinde Bautyp A	0,75 l SAE80	0,75 l SAE80
Seilwinde Bautyp C	1,25 l SAE80	1,25 l SAE80
Seilwinde Typ 4000 H (hinten)	2,0 l SAE10W	2,0 l SAE10W

Schmierstellen

	Benziner	Diesel
Alle Schmiernippel	Säurefreies Mehrzweckfett	Säurefreies Mehrzweckfett

Ölklassifizierungen

Öle werden nach einer festgelegten Kennzahl einsortiert. Die Viskosität gibt Auskunft über die Zähflüssigkeit des Öles. Je größer die Kennzahl, umso zähflüssiger wird das Öl. Mehrbereichsöle weisen die Zähflüssigkeit bei 100 °C und die Viskosität bei -18 °C mit einem »W« gekennzeichnet aus. Das Öl deckt also mehrere Bereiche ab. Die Kennzahlen verbergen Eigenschaften der Fließfähigkeit, die im Labor nachgewiesen werden und die Öle dann in bestimmte Klassen einsortieren.

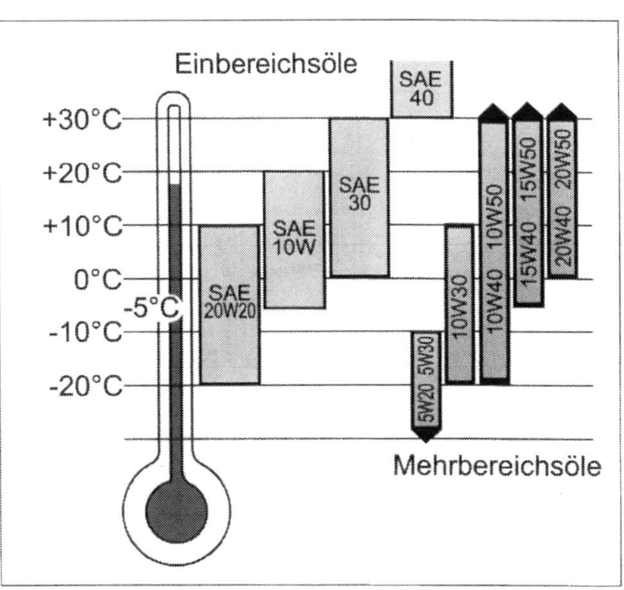

UNIMOG U 84 / 406 mit Klappverdeck-Fahrerhaus **Maßskizzen**

Baumuster 406.120 (ungefähre Maße in mm)

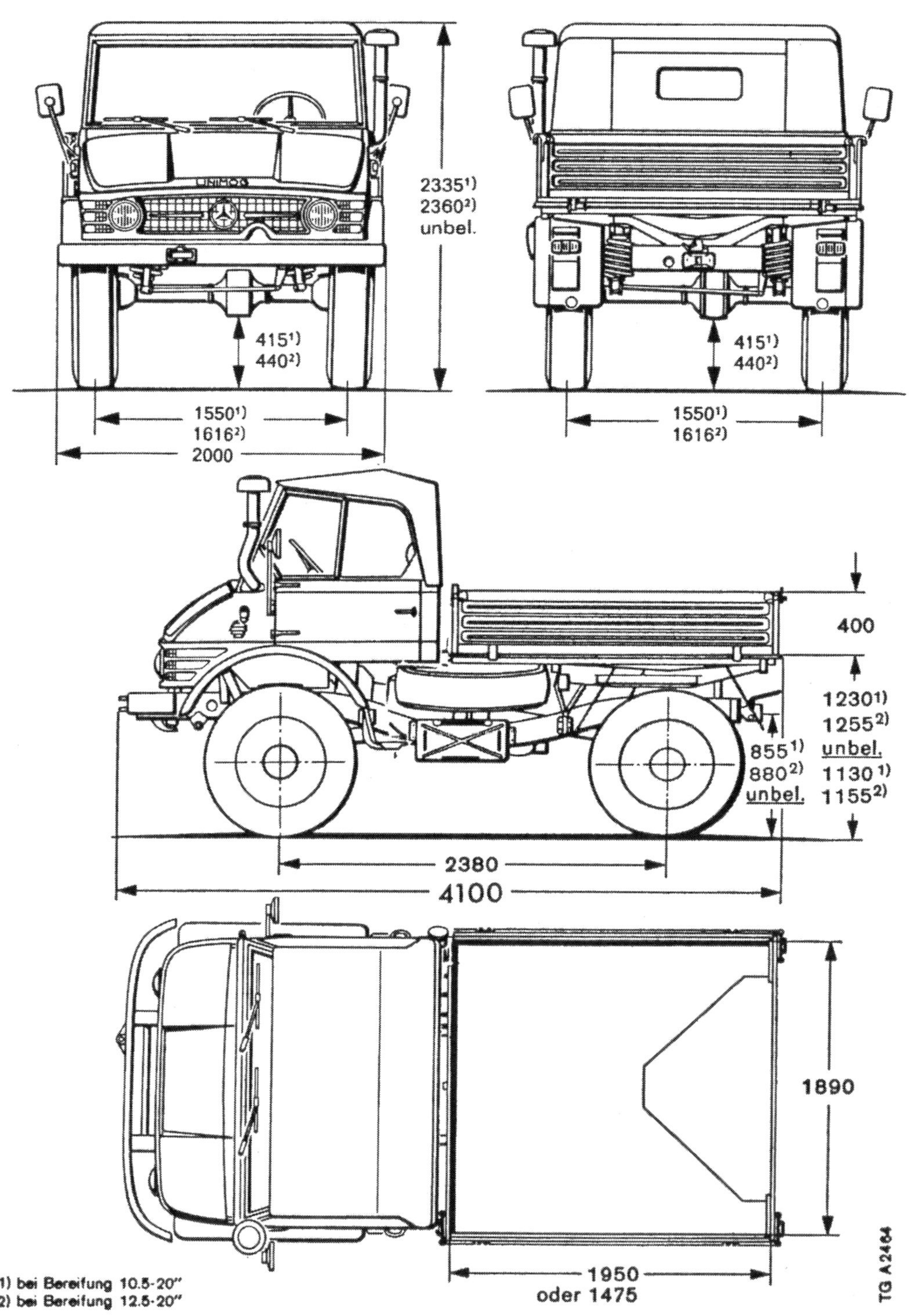

1) bei Bereifung 10.5-20"
2) bei Bereifung 12.5-20"

Produktion Unimog 406 (1963-1989)

	1963	1964	1965	1966	1967	1968	1969	1970	1971	Gesamt
406.120	419	948	896	878	363	800	1.001	1.092	999	
406.121	382	1.096	1.019	1.013	499	872	1.318	1.952	1.738	
406.130			3	5	2					**10**
406.131			29							**29**
406.133			30	126	214	153				**523**
406.141							2			**2**
Gesamt	**801**	**2.044**	**1.977**	**2.022**	**1.078**	**1.825**	**2.321**	**3.044**	**2.737**	
	1972	**1973**	**1974**	**1975**	**1976**	**1977**	**1978**	**1979**	**1980**	**Gesamt**
406.120	621	839	800	782	435	314	366	331	164	
406.121	1.302	1.733	1.455	1.512	1.201	922	1.047	1.003	763	
406.142		11	3	5						**19**
406.143		4	7	3	2					**16**
406.145			154	92	52	4	0	0	14	
406.320	40	56	184	72	0	64	8			**424**
Gesamt	**1.963**	**2.643**	**2.603**	**2.466**	**1.690**	**1.304**	**1.421**	**1.334**	**941**	
	1981	**1982**	**1983**	**1984**	**1985**	**1986**	**1987**	**1988**	**1989**	**Gesamt**
406.120	126	133	104	111	64	86	75	5	1	**12.753**
406.121	479	370	360	206	256	207	158	76	1	**22.940**
406.145	3	2	7	14	6	5				**353**
Gesamt	608	505	471	331	326	298	233	81	2	**37.069**

UNIMOG U 84 / 406 mit Ganzstahl-Fahrerhaus **Maßskizzen**

Baumuster 406.121 (ungefähre Maße in mm)

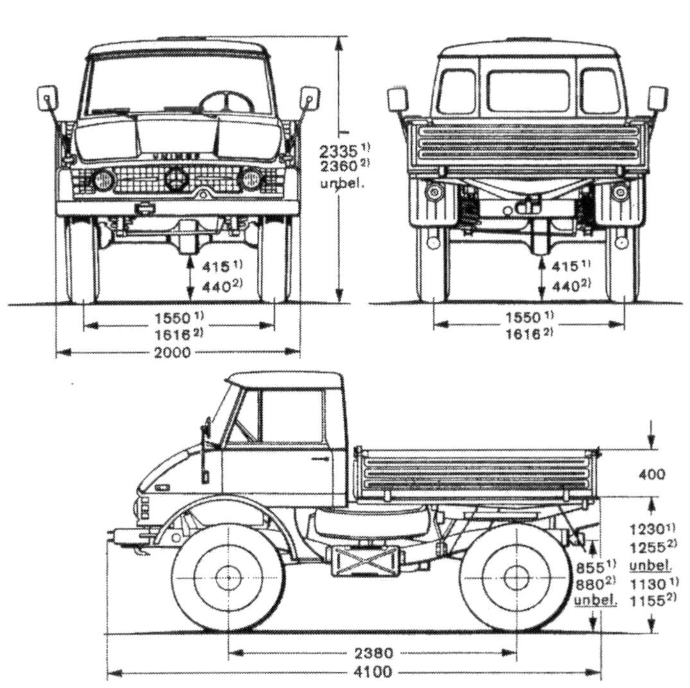

Schaltpläne

Im Laufe der Jahre hat sich nicht nur der Unimog weiterentwickelt, sondern auch die Anforderungen an die elektrische Anlage mussten wegen der gestiegenen Anforderungen an die Fahrzeuge durch Käufer und den Gesetzgeber weiter ausgebaut werden. Hinzu kommen natürlich auch technische Weiterentwicklungen durch Zulieferer und Hersteller. Hieraus ergibt sich eine Vielzahl an Möglichkeiten, die wir in diesem Buch nicht mit allen Schaltplänen abdecken können. Wir möchten Ihnen aber einen Schaltplan in die Hand geben, der es Ihnen ermöglicht, unabhängig vom Fahrzeugtyp, ausrüstungsbezogen eine Fehlersuche anzugehen

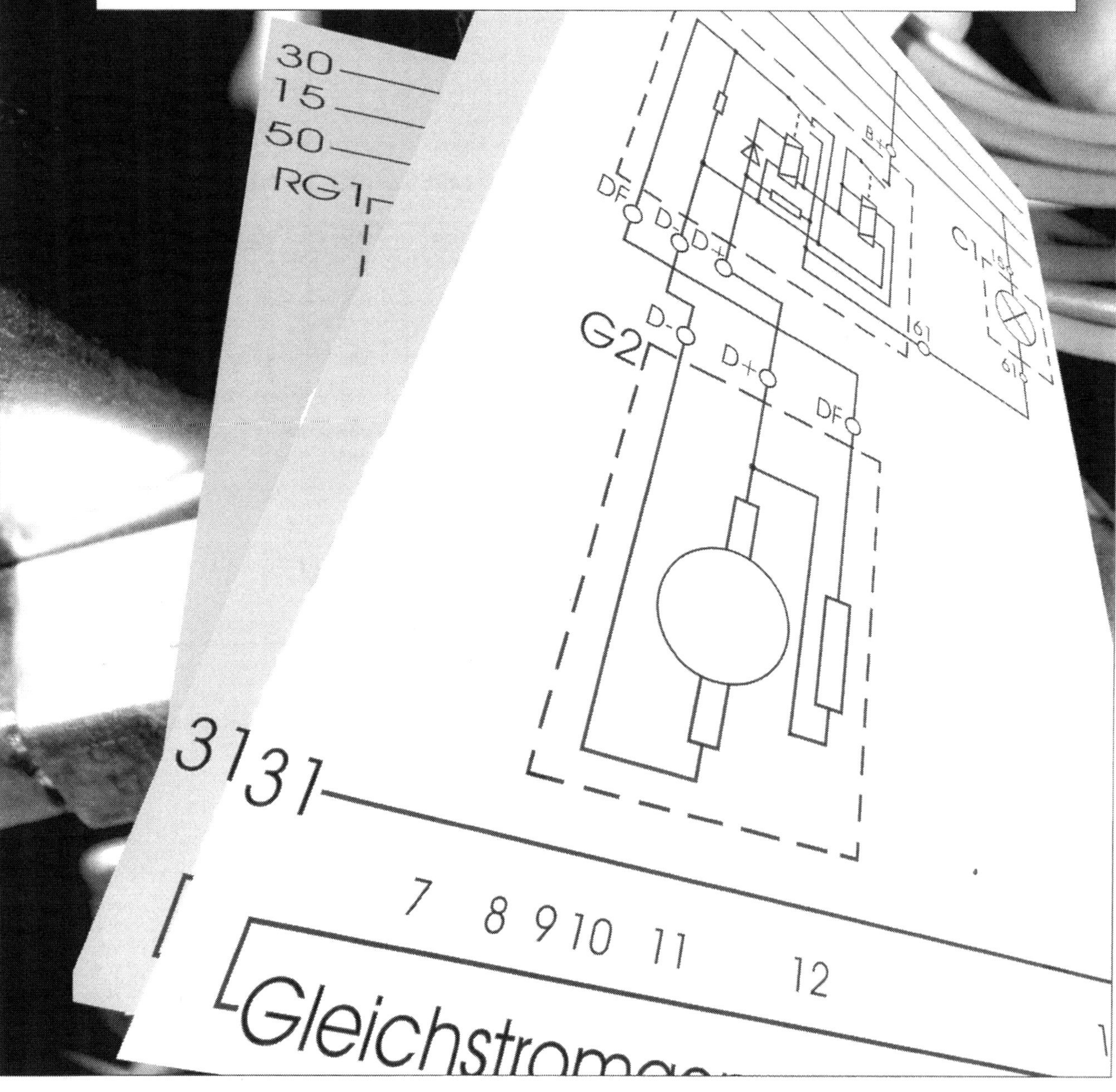

Wir haben Ihnen hier Schaltpläne in »aufgelöster Darstellung« zusammengestellt, die Ihnen helfen sollen, die wichtigsten Bauteile und ihre Anschlüsse am Fahrzeug im Rahmen der Fehlersuche untersuchen zu können. Schaltpläne in »aufgelöster Darstellung« erfassen die Funktion der elektrischen Anlage. Die Bauteile werden so dargestellt, wie sie angeschlossen sind. Die originalen Schaltpläne wurden noch, wie zur damaligen Zeit üblich, in »zusammenhängender Darstellung« ausgeführt. Die Bauteile wurden in etwa in der Position gezeichnet, in der sie am Fahrzeug auch verbaut wurden. Die Leitungsführung wurde dann dazwischen gezeichnet und ergab eine unübersichtliche Landkarte. Für die Fehlersuche ist aber die Position der Bauteile nicht relevant. Für die folgenden Schaltpläne gilt: Alle Plusanschlüsse sind oben dargestellt, der Masseanschluss immer unten. Schalter wie der Hupentaster, die Masse-geschaltet sind, werden entsprechend auch unter dem Verbraucher dargestellt. So können Sie schon auf den ersten Blick erkennen, ob das Bauteil plus- oder minus-geschaltet ist. Im Kapitel »elektrische Anlage« finden Sie eine Anleitung zur Fehlersuche mit dem Multimeter, die Ihnen helfen soll, die Fehlersuche mit wenigen Schritten professionell durchführen zu können. Die Schaltpläne für dieses Buch sind, wie schon eingangs erwähnt, nicht Fahrzeug-bezogen aufgestellt, sondern greifen die typischen Verschaltungen auf, wie sie bei allen Fahrzeugen zu finden sind, gleich ob sie mit 12-V-Anlage oder 24-V-Anlage ausgerüstet sind.

Schaltpläne lesen

Kürzel und Bezeichnungen und sogar Punkte geben Ihnen versteckte Hinweise zur elektrischen Anlage an Ihrem Unimog. Die wichtigsten haben wir Ihnen im Bild unten zusammengestellt.

Klemmenbezeichnungen (Nr. 1 im Bild unten)
Die gängigsten Klemmenbezeichnungen, die Sie an Ihrem Unimog beziehungsweise an Schaltern, Bauteilen oder im Schaltplan finden, werden wir im Anschluss auf den nächsten Seiten aufgreifen und aufschlüsseln.
Die Klemmenbezeichnungen verbergen ganze Funktionsbeschreibungen, die sich an mehreren Stellen im Fahrzeug wiederfinden lassen und so den Funktionszusammenhang der elektrischen Anlage besser verstehen helfen.

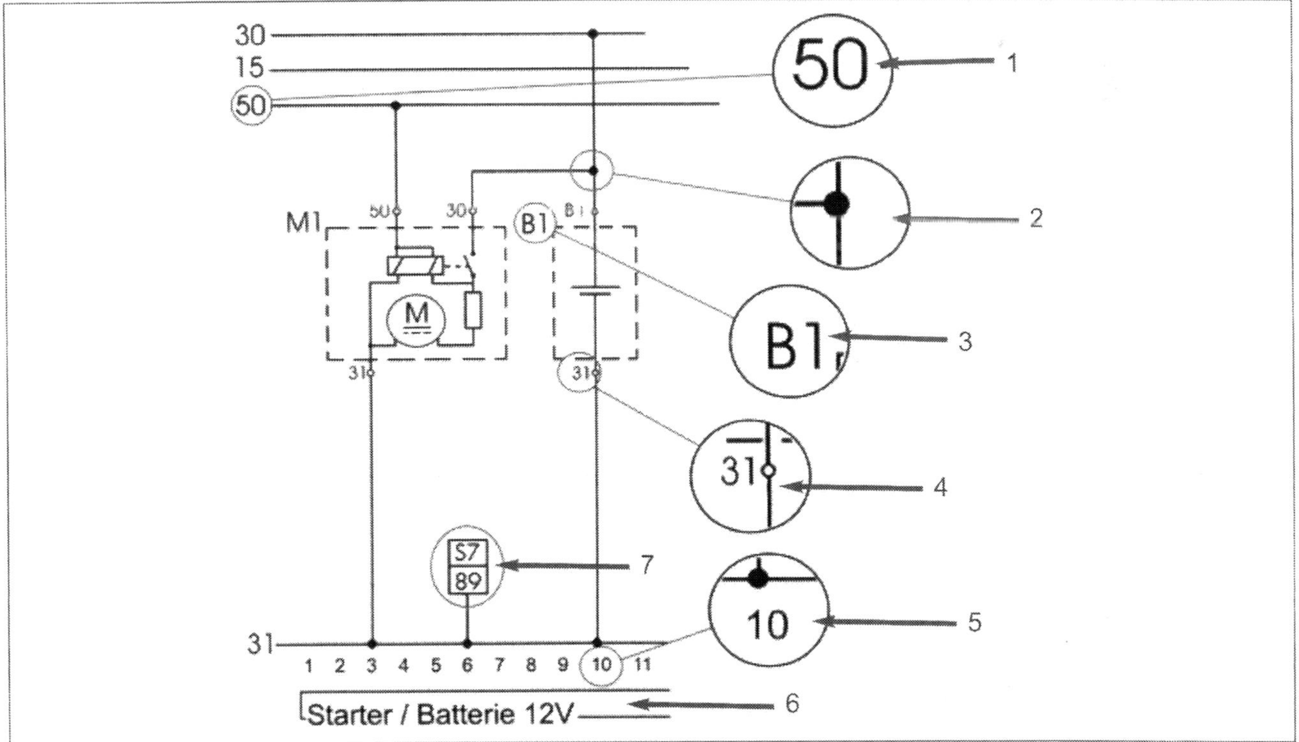

Informationen im Schaltplan: 1 Klemmenbezeichnungen nach DIN, 2 fester Anschlusspunkt, 3 Bauteilbezeichnung, 4 lösbarer Anschlusspunkt mit DIN-Normbezeichnung, 5 Strompfadnummer, 6 kurze Baugruppenbezeichnung, 7 Pfadverweis.

Leitungsverbindungen (Nr. 2 im Bild 237)
Nicht lösbare Verbindungen werden mit einem vollen Punkt dargestellt. Lösbare hingegen werden mit einem Kreis gekennzeichnet. Lösbare Verbindungen sind in der Regel Steckkontakte, aber auch Schraubverbindungen. Diese aber können auch wie die nicht lösbaren Verbindungen dargestellt werden, wenn sie wie in unserem Beispiel durch den Batteriepolanschluss mit einem weiteren Kabel zusammengehalten werden. Nicht lösbare Verbindungen sind eigentlich Verbindungen, die verlötet, vercrimpt oder vernietet worden sind und tatsächlich nicht geöffnet werden können.

Bauteilbezeichnungen (Nr. 3 im Bild 237)
Die Bauteile werden aus Platzgründen auch mit einem Kürzel versehen. Oft lässt sich schon am Kurzzeichen die Funktion erkennen. In unserem Fall wird der Starter (Anlasser) mit »M1« gekennzeichnet, was ihn schon als Elektromotor ausweist.

Klemmenbezeichnungen an Bauteilen (neben den Bauteil Anschlüssen Seite 237 unten)
Wenn Klemmenbezeichnungen an den Bauteilen selbst oder im Schaltplan angegeben sind, können Sie die Funktion schon anhand der Klemmenbezeichnung aufschlüsseln. Im Schaltplan werden die Klemmenbezeichnungen angegeben, wenn Funktionen oder Anschlüsse für eine gesonderte Prüfung klargestellt werden müssen oder aber der Anschluss für eine nicht normgerechte Funktion herhalten muss. Das ist beispielsweise der Fall, wenn ein Relais anstatt »Plus« »Masse« schalten soll, um beispielsweise eine Drehrichtungsänderung bei einem Gleichstrommotor zu erreichen.

Strompfade (Nr. 5 im Bild 237)
Die Strompfade dienen zur Orientierung im Schaltplan. So lassen sich beispielsweise Pfadverweise oder Bauteile im Schaltplan leichter finden. Wir haben Ihnen eine Tabelle mit den Bauteilen im Schaltplan in alphabetischer Reihenfolge aufgestellt, die Ihnen mit den Pfadverweisen das Auffinden der Bauteile erleichtert.

Baugruppenbezeichnungen (Nr. 6 im Bild 237)
Die Baugruppenbezeichnungen unter den Strompfadnummern erlauben Ihnen eine Baugruppe ohne Inhaltsverzeichnis aufzufinden und »schnell mal« nachzusehen, wie etwas wo angeschlossen ist.

Pfadverweis (Nr. 7 im Bild 237)
Das kleine Kästchen ist wie ein elektrisches Bauteil angeschlossen und zeigt mit Verweisen, wo das Kabel weitergehen soll. In diesem Fall sollte der Anschluss am Bauteil S7 im Schaltplanpfad 89 zu finden sein. Ein Pfad bezeichnet immer einen Streifen im Schaltplan von oben nach unten. Pfadverweise werden nur aus zwei Gründen eingesetzt. Zum einen kann es sein, dass eine im Schaltplan dargestellte Baugruppe eine Funktion ergibt, die in einer anderen Baugruppe gleichfalls zum Tragen kommt. Damit diese Baugruppen getrennt dargestellt werden können, werden die Anschlüsse »verwiesen«. Ein weiterer Grund ist wie schon oft einfach Platzmangel. Auch können mit den Pfadverweisen in Baugruppen mit hoher Funktionsdichte Leitungskreuzungen vermieden werden.

Baugruppen in der Übersicht

Wenn Sie eine bestimmte Baugruppe im elektrischen System suchen, kann Ihnen diese Tabelle einen Hinweis über den Strompfad im Schaltplan zu dieser Baugruppe geben.

Baugruppe	Beschreibung	Strompfad
Anhängekupplung	Anschluss der 7- und 13-poligen Varianten	Ab Pfad 192
Anzeige und Leuchten	Warnleuchten und Anzeigeinstrumente	Ab Pfad 118
Generator	Die häufigsten Bauformen der Generatoren	Ab Pfad 22
Lichtanlage	Konventionelle Lichtanlage StVZO	Ab Pfad 90
Spannungsversorgung	Anschluss der Batterie im Schaltplan	Ab Pfad 1
Starter	Beide Startervarianten im Plan	Ab Pfad 1
Vorglühanlage	Drei Varianten im Schaltplan	Ab Pfad 62
Warn- und Blinkanlage	Für die alte und neue Bauform der Lichtanlage	Ab Pfad 143
Zündanlage	Zündanlage mit Unterbrecherkontakt und für die Umbauer als Transistorzündungsvariante	Ab Pfad 214

Klemmenbezeichnungen

Klemmenbezeichnungen nach Norm

In Schaltplänen und technischen Beschreibungen sowie auf den Aufdrucken der einzelnen Relais und Bauteile finden sich Zahlenkombinationen. Diese Kürzel stehen für ganz bestimmte elektrische Funktionen und sind in der deutschen Industrie Norm 72552 aufgeführt und werden auszugsweise an dieser Stelle nach ihrem Aufgabengebiet sortiert vorgestellt. Hier finden sich nicht nur die gebräuchlichsten Klemmenbezeichnungen, sondern durchaus die eine oder andere, die nur selten auftaucht und entsprechend Probleme beim Aufschlüsseln verursacht.

Akustische Warnanlage

Klemmenbezeichnung	Bedeutung
71	Eingang Tonfolge-Schaltgerät (z. B.: Martinshorn ...).
71A	Ausgang zu Horn 1 und Horn 2 Hochton.
71B	Ausgang zu Horn 1 und Horn 2 Tiefton.
72	Alarmschalter Rundumleuchte (Blaulicht).

Batterie

Klemmenbezeichnung	Bedeutung
15	Geschaltetes Batterie-Plus (über Zündschloss).
30	Dauer-Plus von der Batterie.
30a	Eingang der 2. Batterie am Batterieumschaltrelais 12 V/24 V
31	Masseanschluss oder Anschluss an Batterie-Minus.
31a	Minus-Rückleitung der 2. Batterie am Batterieumschaltrelais 12 V/24 V.
31b	Geschalteter Masseanschluss.
31c	Minus-Rückleitung der 1. Batterie am Batterieumschaltrelais 12 V/24 V.

Beleuchtungsanlage

Klemmenbezeichnung	Bedeutung
54	Bremslicht bei Leuchtenkombinationen und Anhängevorrichtungen.
55	Nebelscheinwerfer.
56	Fahrlicht Scheinwerfer vorne.
56a	Fahrlicht aufgeblendet (Fernlicht).
56b	Fahrlicht abgeblendet (Abblendlicht).
56d	Signallicht (Lichthupe) Ausgang für 56a-Funktion.
57a	Parklicht.
57L	Parklicht links.
57R	Parklicht rechts.
58	Begrenzungsleuchten, Kennzeichenleuchten, Schlussleuchten, Tachobeleuchtung.
58b	Schlusslichtumschaltung bei Einachsschleppern.
58c	Anhängersteckverbindung einadrig verlegt mit Absicherung im Anhänger.
58d	Regelbare Instrumentenbeleuchtung.
58L	Begrenzungsleuchten links.
58R	Begrenzungsleuchten rechts.
54g	Zusätzliche Anlagen (Nebelschlussleuchten).

Fahrtrichtungsanzeige

Klemmenbezeichnung	Bedeutung
49	Eingang Blinkgeber (meist Klemme 15).
49a	Ausgang Blinkgeber (meist zum Blinkerschalter).
49b	Ausgang 2. Blinkkreis (Sonderrelais).
49c	Ausgang 3. Blinkkreis (Sonderrelais).
C	Anzeigelampe.
C2	Anzeigelampe 2.
C3	Anzeigelampe 3.
L	Blinkleuchten für Fahrtrichtung links.
R	Blinkleuchten für Fahrtrichtung rechts.

Generator Regler

Klemmenbezeichnung	Bedeutung
61	Generatorkontrollleuchte.
B+	Batterie-Plus (Klemme 30).
B-	Batterie-Minus (Klemme 31).
D+	Dynamo-Plus.
D-	Dynamo-Minus.
DF	Dynamo Feld.
DF1	Dynamo Feld 1.
DF2	Dynamo Feld 2.
U	Drehstrom Klemmen am Generator.
V	Drehstrom Klemmen am Generator.
W	Drehstrom Klemmen am Generator.

Glühstartschalter

Klemmenbezeichnung	Bedeutung
15	Eingang Glühschalter (nach Zündschloss).
17	Starten.
19	Vorglühen.
50	Startersteuerung.

Relais

Klemmenbezeichnung	Bedeutung
30	Dauerplus Eingang Relaisschalter.
84	Eingang, Antrieb und Relaiskontakt (Stromrelais).
84a	Ausgang Antrieb (Wicklungsende) (Stromrelais).
84b	Ausgang Relaiskontakt (Stromrelais).

→

Klemmenbezeichnung	Bedeutung
85	Ausgang Antrieb (Wicklungsende, minus) (Schaltrelais).
86	Eingang, Antrieb (Wicklungsanfang) (Schaltrelais).
86a	Eingang 1. Wicklung (Schaltrelais).
86b	Eingang 2. Wicklung (Schaltrelais).
87	Ausgang Schließer und Wechsler (Schließerseite).
87	Eingang Öffner und Wechsler (meist Klemme 30).
87a	Ausgang Öffner und Wechsler (Öffnerseite).
87b, 87c	Ausgang Öffner und Wechsler (Öffnerseite) bei mehreren Ausgängen.
87z, 87y	Eingang Öffner und Wechsler (meist Klemme 30) bei mehreren Eingängen.
88	Eingang Schließer (meist Klemme 30).
88a	Ausgang Schließer und Wechsler (Schließerseite).
88b; 88c	Ausgang Schließer und Wechsler (Schließerseite) bei mehreren Ausgängen.
88z, 88y	Eingang Schließer (meist Klemme 30) bei mehreren Eingängen.

Schalter

Klemmenbezeichnung	Bedeutung
81	Eingang Öffner und Wechsel.
81a	1. Ausgang Öffner und Wechsel.
81b	2. Ausgang Öffner und Wechsel.
82	Eingang Schließer.
82a	1. Ausgang Schließer.
82b	2. Ausgang Schließer.
82z	1. Eingang Schließer.
82y	2. Eingang Schließer.
83	Eingang Mehrstellenschalter.
83a	Ausgang Stellung 1.
83b	Ausgang Stellung 2.

Starter und Startersteuerung

Klemmenbezeichnung	Bedeutung
45	Ausgang getrenntes Startrelais, Eingang Starter (Hauptstrom).
45a	Ausgang Starter 1.
45b	Ausgang Starter 2 am Startrelais für Einrückstrom (2-Starter-Betrieb).
48	Startwiederholrelais Starter.
50	Startersteuerung direkt (Ausrücken).
50a	Startersteuerung am Batterieumschaltrelais.
50b	Startersteuerung, Startdoppelrelais (2-Starter-Betrieb).
50e	Startsperrrelais Eingang.
50f	Startsperrrelais Ausgang.
50g	Startwiederholrelais Eingang.
50h	Startwiederholrelais Ausgang.

Wischermotor

Klemmenbezeichnung	Bedeutung
53	Plus Kohlenbürste 1. Stufe.
53a	Plus Endabstellung.
53b	Plus Kohlenbürste 2. Stufe.
53c	Scheibenwaschpumpe.
53e	Bremswicklung Wischermotor.
53i	Plus Kohlenbürste 3. Stufe.

Zündanlage

Klemmenbezeichnung	Bedeutung
1	Zündspule, Zündverteiler Niederspannung (Primär).
1a, 1b	Zündspule, Zündverteiler. Niederspannung bei Zündspulen mit 2 Stromkreisen.
2	Kurzschließklemmer Magnetzünder.
4	Zündspule, Zündverteiler Hochspannung (sekundär).
4a, 4b	Zündspule, Zündverteiler Hochspannung bei Zündspulen mit 2 Stromkreisen.
15	Geschaltetes Plus nach der Batterie (Zündung).
15a	Ausgang zum Vorwiderstand Starter und Zündspule (Startanhebung).

Zusätzliche Anlagen

Klemmenbezeichnung	Bedeutung
52	Signal vom Anhänger allgemein (Rückmeldung Ladeklappe usw.).
54g	Ventil für Dauerbremse im Anhänger (elektromagnetisch).
75	Radio, Zigarettenanzünder.

30 15 50 RG1 C1 M1 B1 M2 B2 B3 G1 31

1 2 3 4 5 6 7 8 9 10 11 12 13 14 15 16 17 18 19 20 21 22 23 24 25 26 27 28 29 30 31

Starter / Batterie 12V | Starter / Batterie 24V | Gleichstromgenerator

Schaltplan 1-31: B1-B3 Batterie 12 V, M1 Startermotor 12 V, M2 Startermotor 24 V, RG1 Externer Regler Gleichstromgenerator, C1 Ladekontrollleuchte, G1 Gleichstromgenerator. Es besteht kein Unterschied für die Anschlussbezeichnungen eines 12-V- und 24-V-Generators.

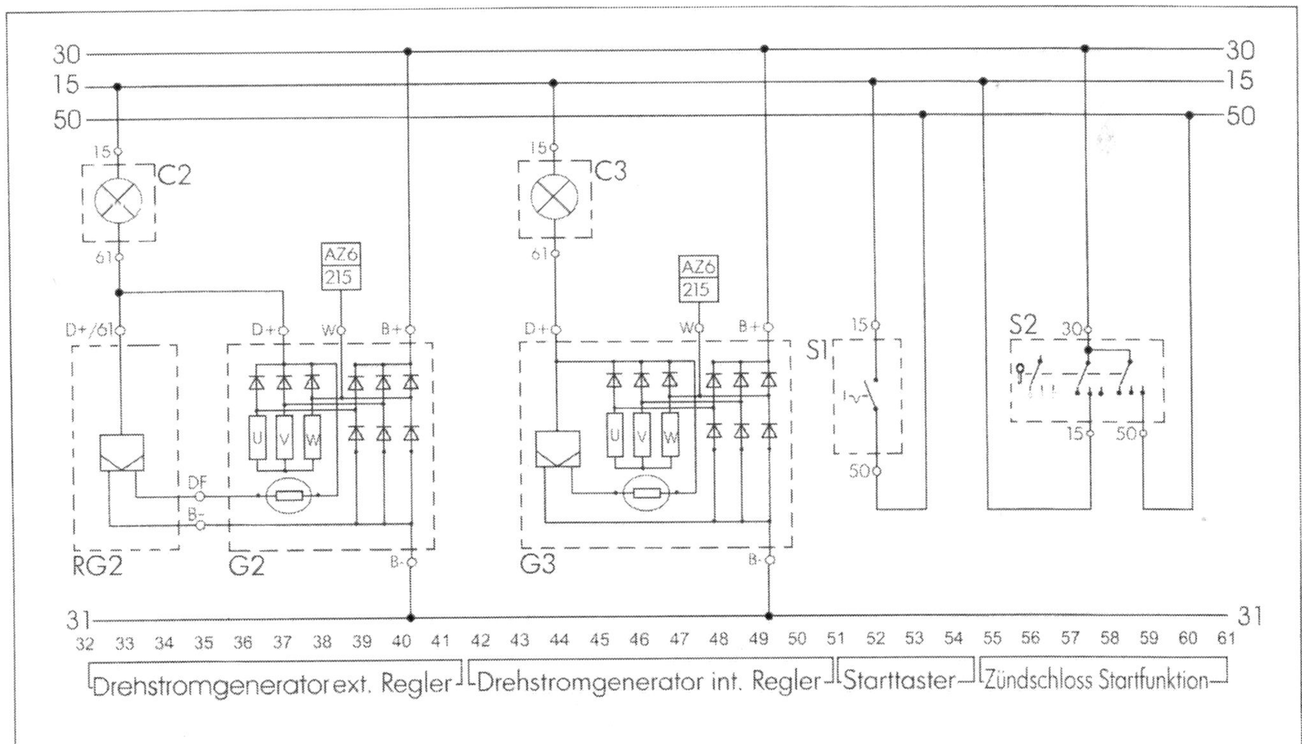

Schaltplan 32-61: C2 und C3 Kontrollleuchte, RG2 externer Regler Drehstromgenerator, G2 Generator mit externem Regler, G3 moderner Drehstromgenerator, S1 Starttaster (Benziner), S2 Zündschloss mit Startfunktion (Benziner). Es besteht kein Unterschied für die Anschlussbezeichnungen eines 12-V- und 24-V-Generators.

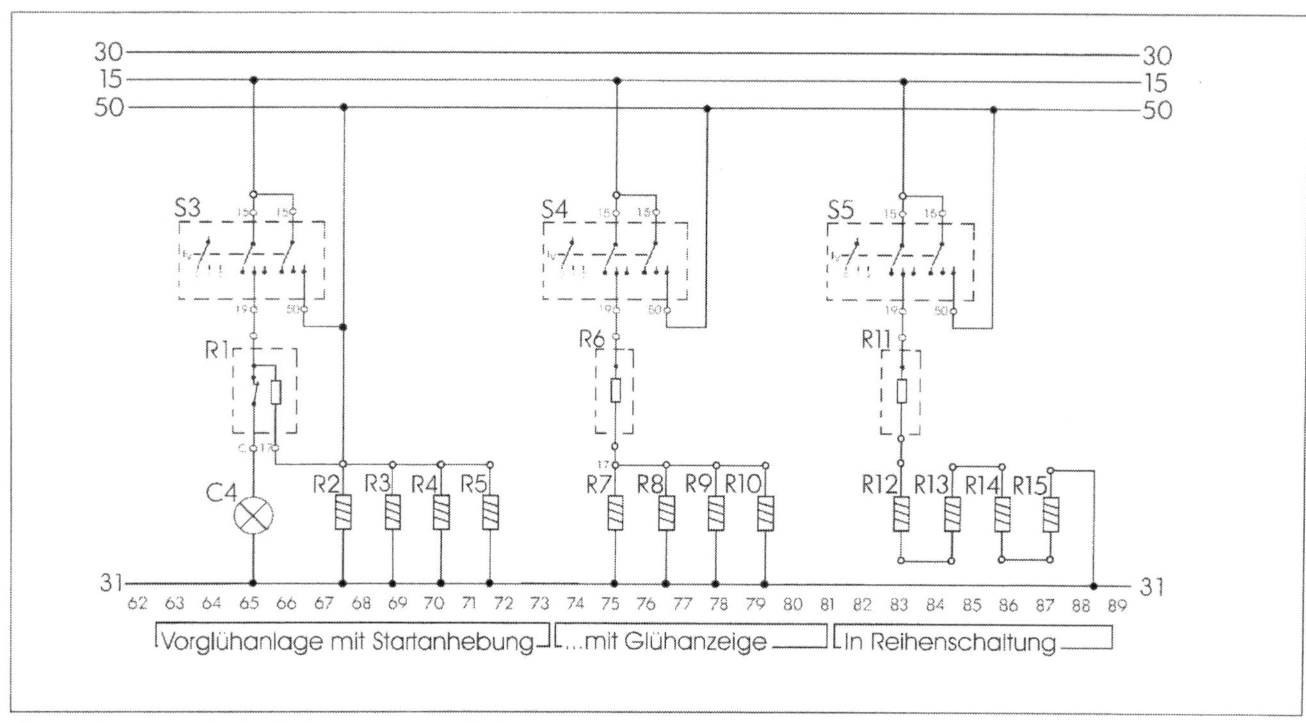

Schaltplan 62-89: S3-S5 Glühstartschalter, R1 Vorwiderstand mit Kontrollleuchtenabschaltung, C4 Glühkontrollleuchte, R6 und R11 Vorwiderstand oder Salzstreuer, R2-5 und R7-10 Glühkerzen Parallelschaltung, R12 - R15 Glühkerzen Reihenschaltung.

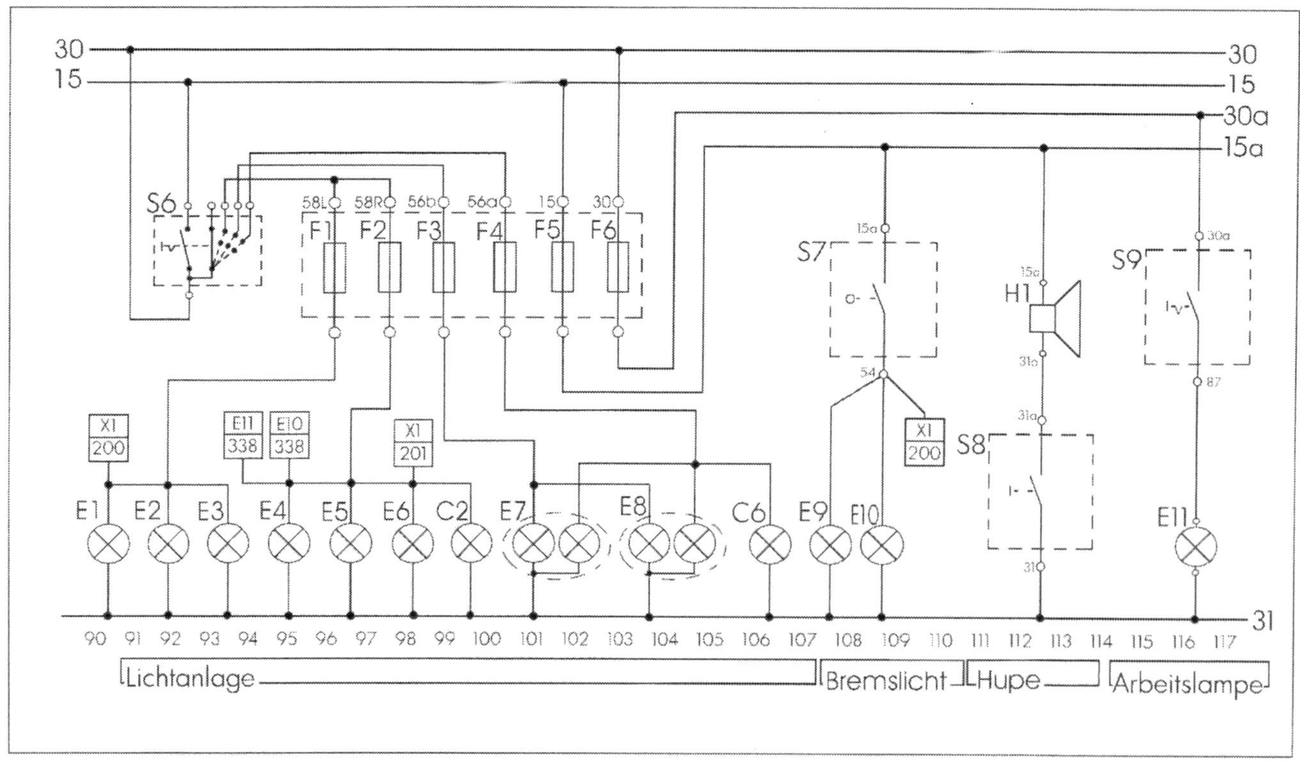

Schaltplan 90-117: S6 Zündschlossschalter, F1 - F6 Sicherungen, S7 Bremslichtschalter, H1 Hupe, S8 Schalter für Arbeitsleuchte, S9 Hupentaster, E1- E3 Standlichtlampen links, E4 - E6 Standlichtlampen rechts, C2 Lichtkontrollleuchte, E7 - E8 Scheinwerfer vorne, C3 Fernlichtkontrollleuchte, E9 und E10 Bremslicht hinten, E11 Arbeitsscheinwerfer.

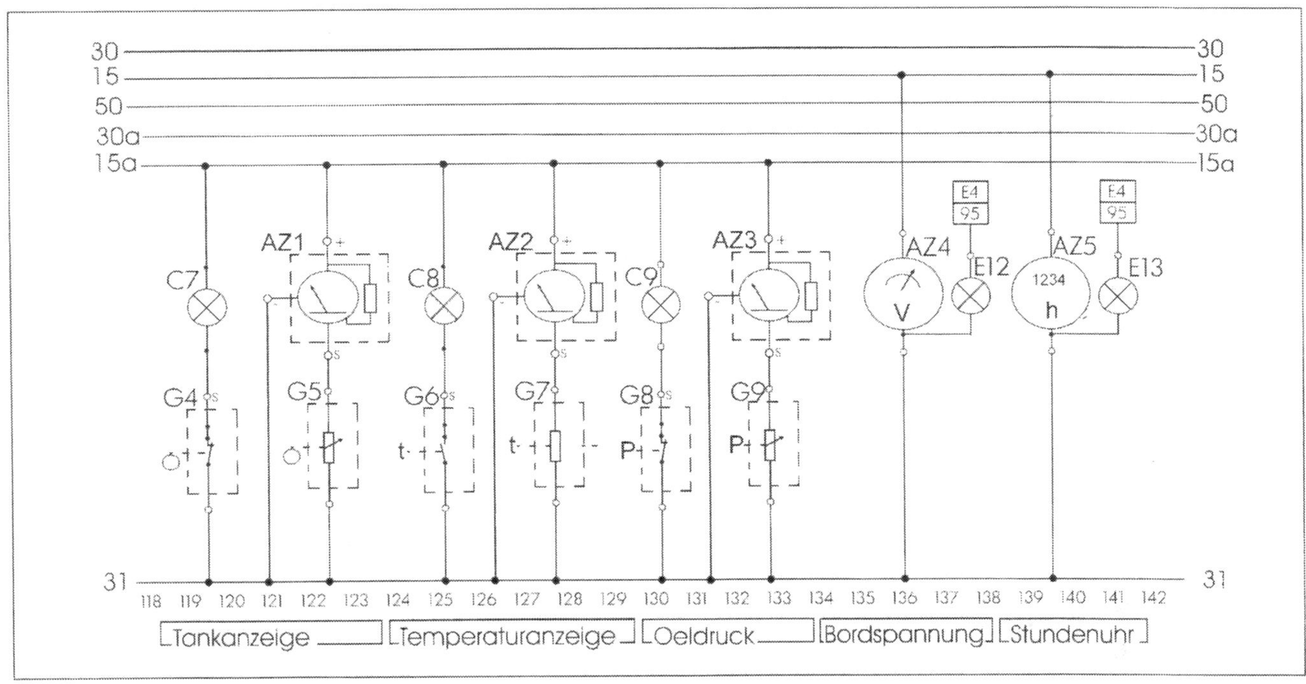

Schaltplan 118 - 142: C4 Reserveleuchte, G1 Schwimmerschalter, G2 Tankgeber, AZ1 Tankanzeige, G3 Temperaturschalter, C5 Warnleuchte Wassertemperatur, AZ2 Temperaturanzeige, G4 Wassertemperatursensor, G5 Öldruckschalter, C6 Öldruckkontrollleuchte, G6 Öldrucksensor, AZ3 Öldruckanzeige, AZ4 Voltmeter, E10 Beleuchtung Voltmeter, AZ5 Betriebsstundenzähler, E11 Beleuchtung Voltmeter.

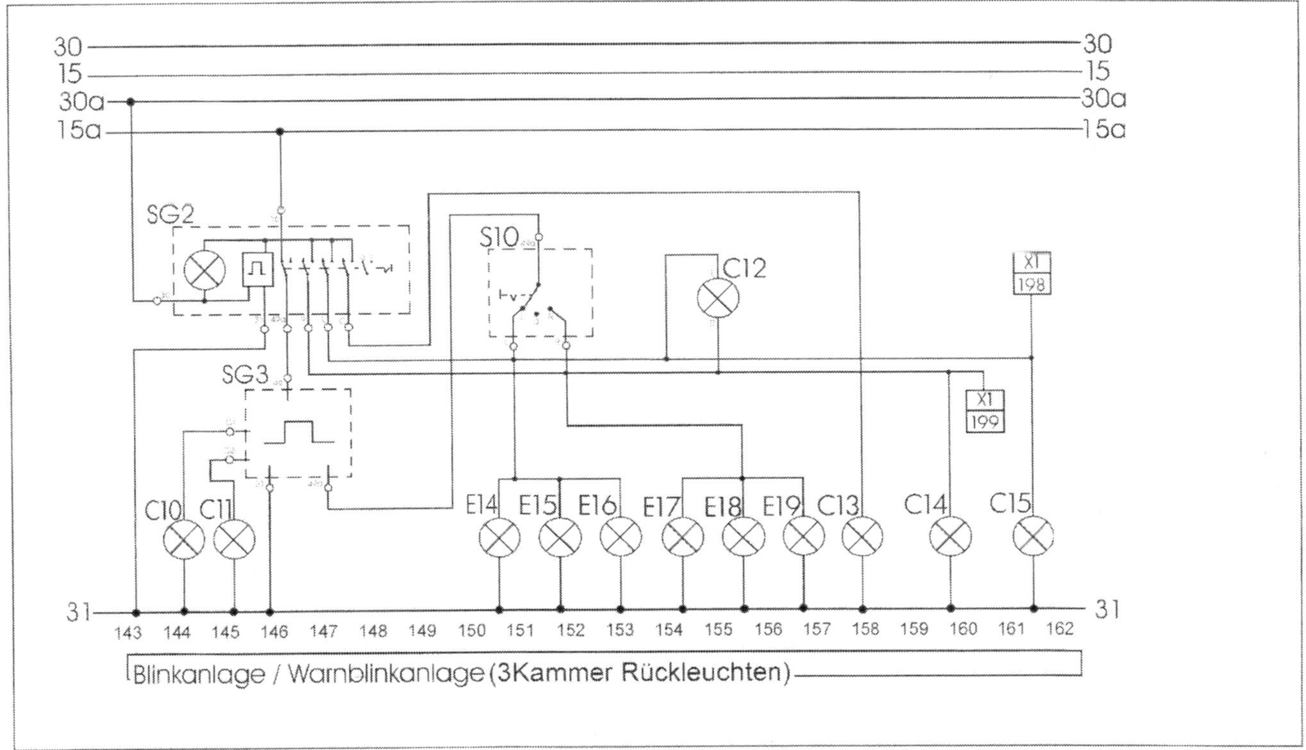

Schaltplan 143 - 162: SG2 Warnblinkschalter, SG3 Blinkrelais, C10 Kontrollleuchte (1. Anhänger), C11 Kontrollleuchte (2. Anhänger), S10 Blinkerschalter, E14-E16 Blinkleuchten links, C12 Blinkerkontrollleuchte für links und rechts, E17-E19 Blinkleuchten rechts, C13 Kontrollleuchte Warnblinker, C14 Kontrollleuchte Blinker rechts, C15 Kontrollleuchte Blinker links.

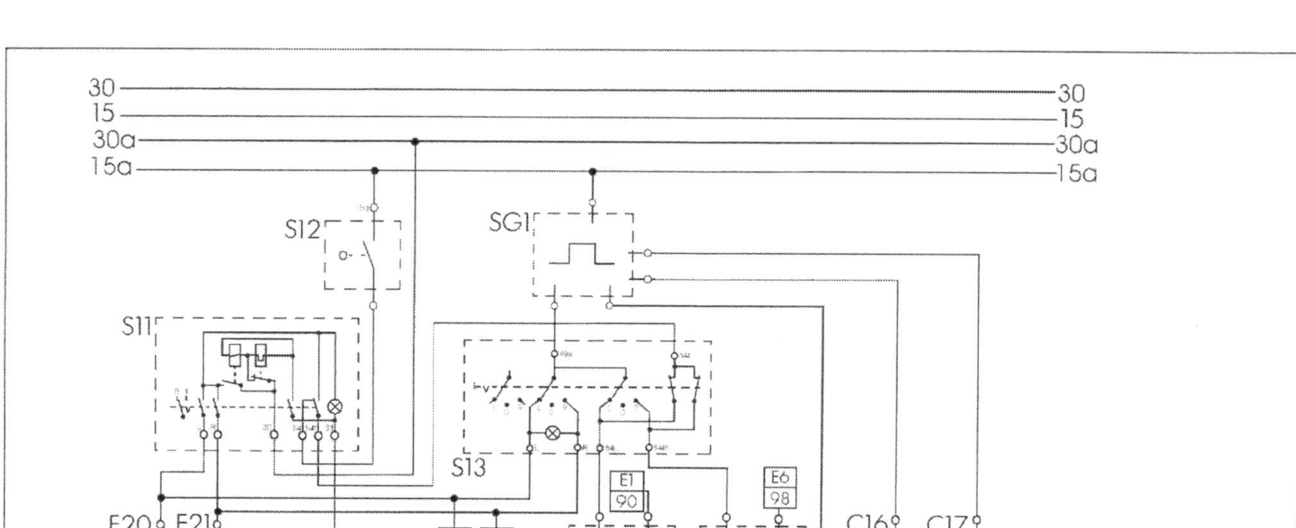

Schaltplan 163 - 191: S11 Warnblinkschalter, E20 Blinkleuchte vorne links, E21 Blinkleuchte vorne rechts, S12 Bremslichtschalter, SG1 Blinkrelais, S13 Blinkerschalter, E22 Rückleuchte links, E23 Rückleuchte rechts, C16 Kontrollleuchte (1. Anhänger), C17 Kontrollleuchte (2. Anhänger).

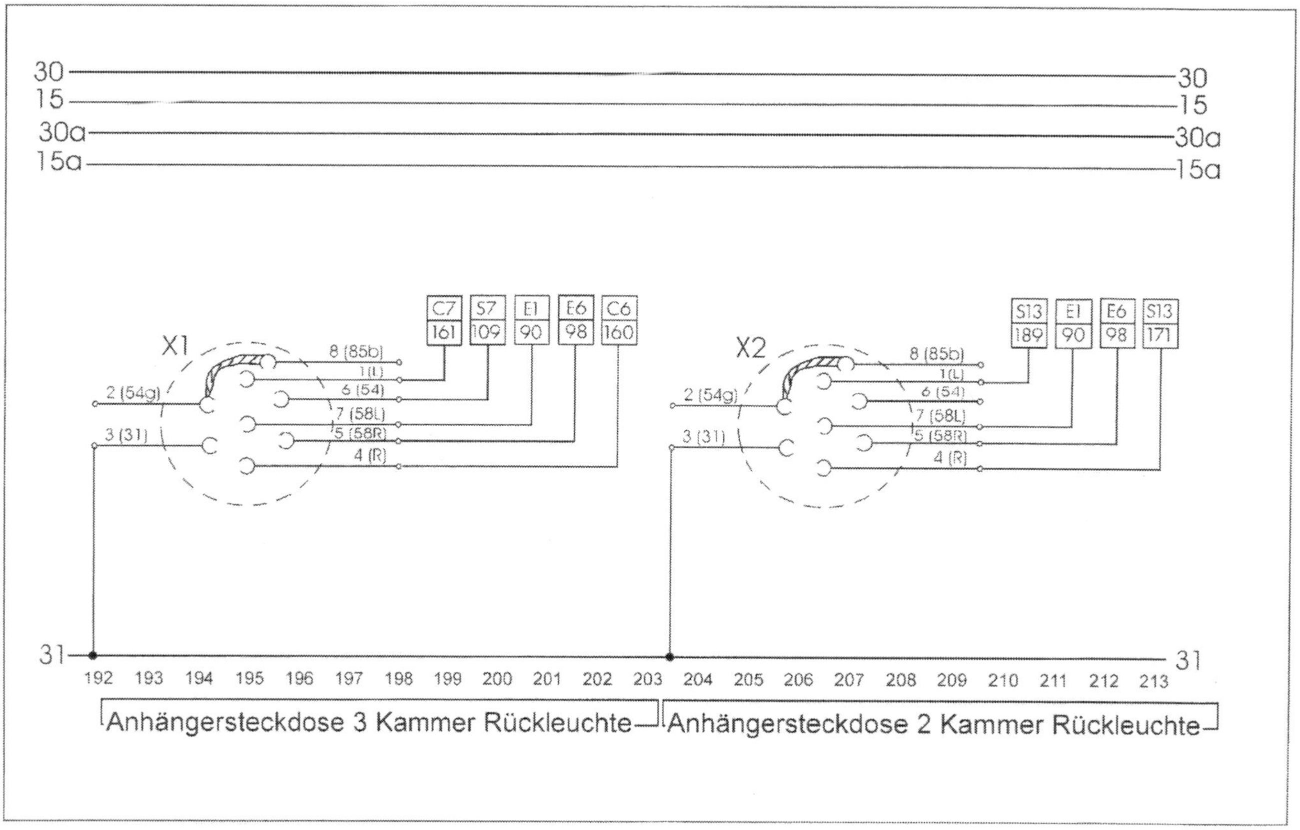

30
15
30a
15a
C7 161 | S7 109 | E1 90 | E6 98 | C6 160
X1
8 (85b)
1 (L)
6 (54)
7 (58L)
5 (58R)
4 (R)
2 (54g)
3 (31)
S13 189 | E1 90 | E6 98 | S13 171
X2
8 (85b)
1 (L)
6 (54)
7 (58L)
5 (58R)
4 (R)
2 (54g)
3 (31)
31
192 193 194 195 196 197 198 199 200 201 202 203 204 205 206 207 208 209 210 211 212 213
Anhängersteckdose 3 Kammer Rückleuchte
Anhängersteckdose 2 Kammer Rückleuchte

Schaltplan 192 - 213: X1 Steckdose 7-polig konventionelles Lichtsystem, X2 Steckdose 7-polig Lichtsystem alte Bauweise.

30
15
50
30a
15a
AZ6
ZS1
V2
Z1
Z2
Z6
V1
Z3
Z5
Z4
S14
C18
G2
38
ZK1
ZK2
ZK3
ZK4
ZK5
ZK6
31
214 215 216 217 218 219 220 221 222 223 224 225 226 227 228 229 230 231 232 233 234 235 236
Batterie Zündanlage Verteiler (mit Unterbrecherkontakt BZU)
Zündspule

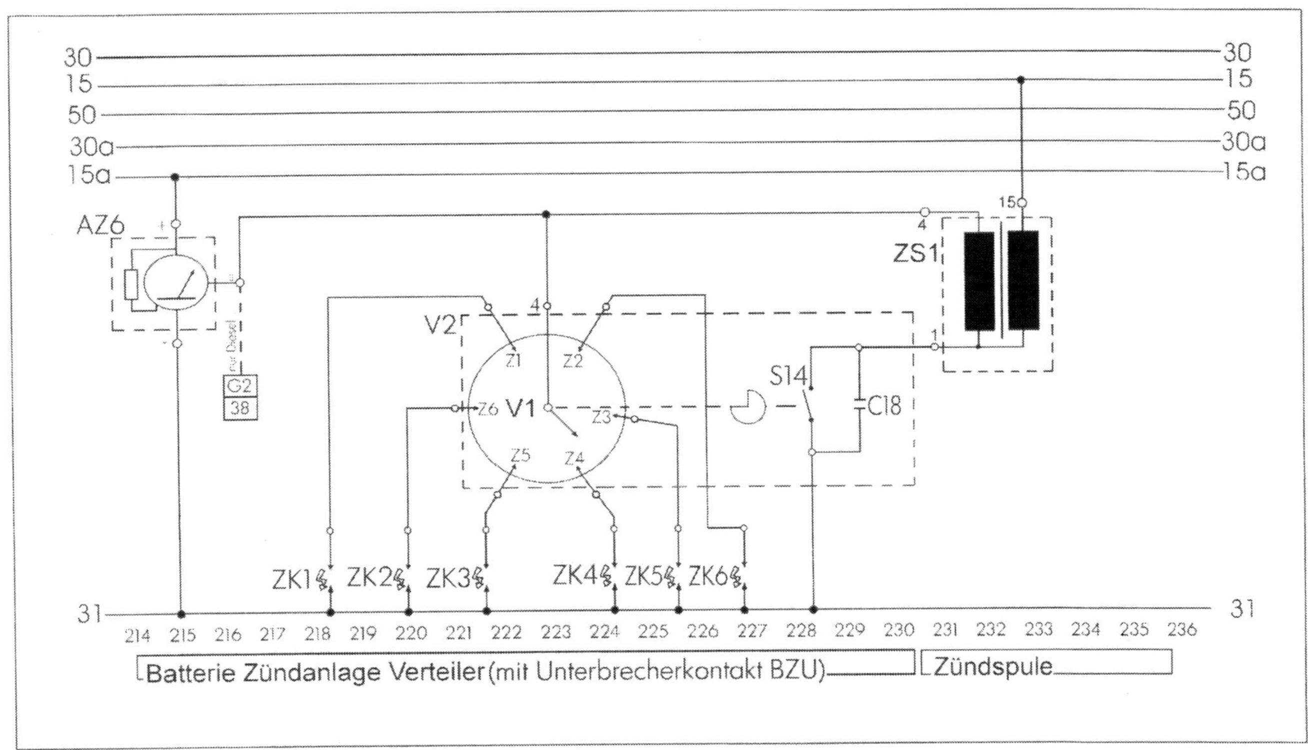

Schaltplan 214 - 236: AZ6 Drehzahlmesser, V2 Zündverteiler mit Zündunterbrecher und Kondensator, S14 Zündunterbrecher, C18 Kondensator, V1 Verteilerfinger, ZK1- ZK6 Zündkerzen Zylinder 1-6, ZS1 Zündspule.

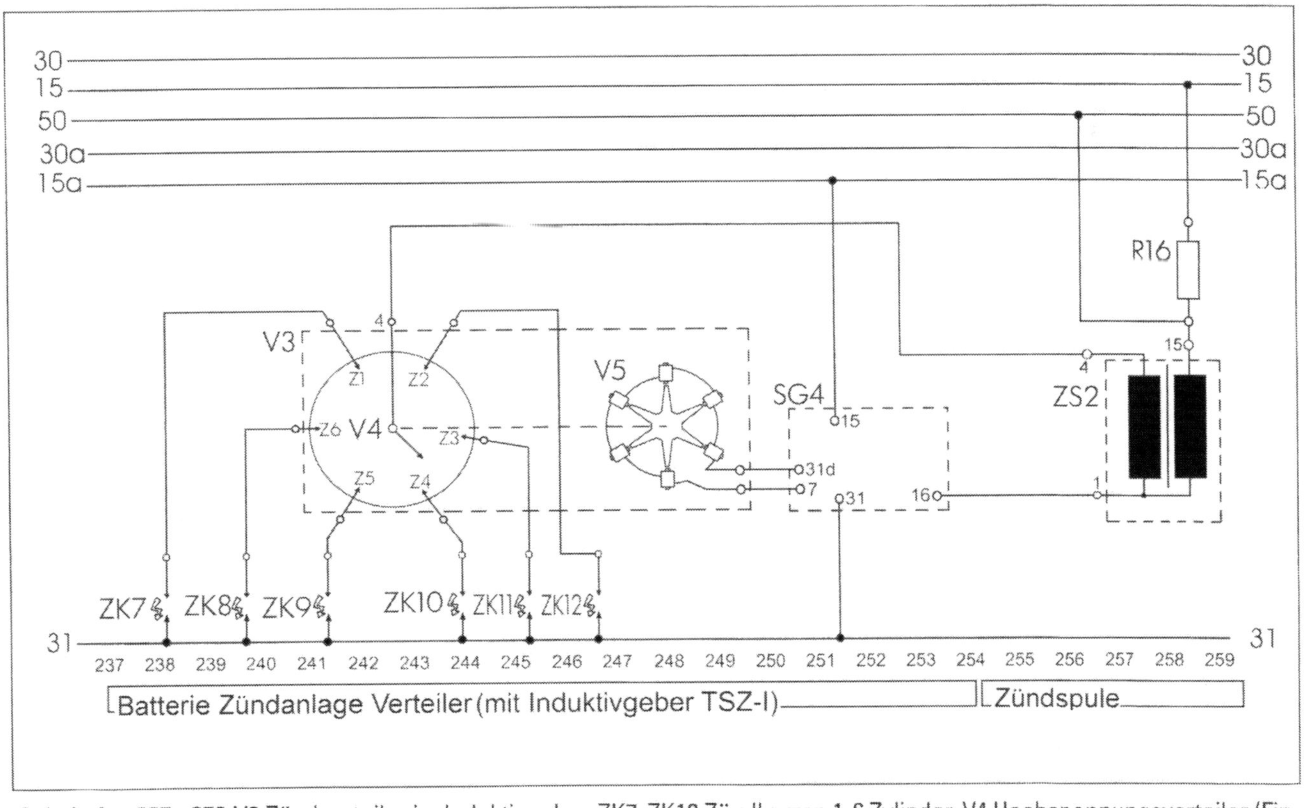

30
15
50
30a
15a
R16
V3
Z1
Z2
Z6
V4
Z3
Z5
Z4
V5
SG4
15
31d
7
31
16
ZS2
ZK7
ZK8
ZK9
ZK10
ZK11
ZK12
31
237 238 239 240 241 242 243 244 245 246 247 248 249 250 251 252 253 254 255 256 257 258 259
Batterie Zündanlage Verteiler (mit Induktivgeber TSZ-I)
Zündspule

Schaltplan 237 - 259: V3 Zündverteiler im Induktivgeber, ZK7-ZK12 Zündkerzen 1-6 Zylinder, V4 Hochspannungsverteiler (Finger), V5 Induktivgeber im Verteiler, SG 4 Zündsteuergerät, ZS2 Hochleistungszündspule, R16 Vorwiderstand Zündspule.

Bezeichnung	Kürzel	Pfadnummer
Absicherung Klemme 15	F5	102
Absicherung Klemme 30	F6	103
Anhängersteckdose (1-Kreissystem)	X1	193
Anhängersteckdose (2-Kreissystem)	X2	206
Arbeitslampe	E11	116
Batterie 12 V	B1	9
Batterie 12 V (24-V-Anlage)	B2	19
Batterie 12 V (24-V-Anlage)	B3	19
Begrenzungsleuchte links	E3	93
Begrenzungsleuchte rechts	E6	98
Beleuchtung Betriebsstundenuhr	E13	141
Beleuchtung Voltmeter	E12	138
Betriebsstundenuhr	AZ5	140
Blinkerschalter (1-Kreissystem)	S10	150
Blinkerschalter (2-Kreissystem)	S13	170
Blinkgeber (2-Kreissystem)	SG1	172
Blinkleuchte hinten links (1-Kreissystem)	E15	152
Blinkleuchte hinten rechts (1-Kreissystem)	E18	155
Blinkleuchte vorne links	E20	163
Blinkleuchte vorne links (1-Kreissystem)	E14	151
Blinkleuchte vorne rechts	E21	164
Blinkleuchte vorne rechts (1-Kreissystem)	E17	154
Blinkrelais (1-Kreissystem)	SG3	146
Bremslicht hinten links (1-Kreissystem)	E9	107
Bremslicht hinten rechts (1-Kreissystem)	E10	109
Bremslichtschalter	S12	167
Bremslichtschalter (1-Kreissystem)	S7	108
Drehstromgenerator	G2	36
Drehstromgenerator mit Regler	G3	43
Drehzahlmesser	AZ6	215
Gleichstromgenerator	G1	28
Glühkerze Zylinder 1	R2	67
Glühkerze Zylinder 1	R7	75
Glühkerze Zylinder 1 (Reihe)	R12	83
Glühkerze Zylinder 2	R3	69
Glühkerze Zylinder 2	R8	76
Glühkerze Zylinder 2 (Reihe)	R13	84
Glühkerze Zylinder 3	R4	70
Glühkerze Zylinder 3	R9	78
Glühkerze Zylinder 3 (Reihe)	R14	86
Glühkerze Zylinder 4	R5	71
Glühkerze Zylinder 4	R10	79
Glühkerze Zylinder 4 (Reihe)	R15	87
Glühkontrollleuchte	C4	65
Glühstartschalter (mit Kontrollschaltung)	S3	63
Glühstartschalter Reihenschaltung	S5	82
Glühstartschalter Vorwiderstand	S4	74

→

Bezeichnung	Kürzel	Pfadnummer
Hupe H1	112	
Hupentaster im Lenkrad	S8	111
Impulsgeber	V5	247
Kontrollleuchte 1. Anhänger (1-Kreissystem)	C10	144
Kontrollleuchte 1. Anhänger (2-Kreissystem)	C16	179
Kontrollleuchte 2. Anhänger (1-Kreissystem)	C11	145
Kontrollleuchte 2. Anhänger (2-Kreissystem)	C17	190
Kontrollleuchte Blinker (1-Kreissystem)	C12	155
Kontrollleuchte Blinker links (optional)	C15	161
Kontrollleuchte Blinker rechts (optional)	C14	160
Kontrollleuchte Fernlicht	C6	106
Kontrollleuchte Licht/Tachobeleuchtung	C5	99
Kontrollleuchte Reserve	C7	119
Kontrollleuchte Warnblinker (optional)	C13	158
Ladekontrollleuchte Drehstromgenerator	C3	44
Ladekontrollleuchte Drehstromgenerator	C2	33
Ladekontrollleuchte Gleichstromgenerator	C1	29
Öldruckanzeige	AZ3	132
Öldruckkontrollleuchte	C9	130
Öldruckschalter	G8	130
Öldrucksensor	G9	133
Regler Drehstromgenerator extern	RG2	32
Regler extern Gleichstromgenerator	RG1	22
Rückleuchte hinten links	E22	173
Rückleuchte hinten rechts	E23	175
Schalter Arbeitslampe	S9	115
Scheinwerfer vorne links	E7	101
Scheinwerfer vorne rechts	E8	104
Sicherung Abblendlicht	F3	99
Sicherung Aufblendlicht	F4	100
Sicherung Stand- und Begrenzungsleuchten links	F1	96
Sicherung Stand- und Begrenzungsleuchten rechts	F2	97
Standlicht hinten links	E2	92
Standlicht hinten rechts	E5	96
Standlicht vorne links	E1	90
Standlicht vorne rechts	E4	95
Start Taster (Anlasserschalter)	S1	52
Startermotor 12 V	M1	3
Startermotor 24 V	M2	14
Tankanzeige	AZ1	121
Tankgeber	G5	122
Tankgeber Reserve	G4	120
Temperaturwarnleuchte	C8	125
Verteilerkappe (BZA)	V1	223
Verteilerkappe (TSZ-I)	V4	242
Voltmeter Bordnetz	AZ4	136
Vorwiderstand (bei Leistungszündspule)	R16	259

→

Bezeichnung	Kürzel	Pfadnummer
Vorwiderstand Glühanlage (Salzstreuer)	R6	75
Vorwiderstand Glühanlage (Salzstreuer)	R11	83
Vorwiderstand mit Kontrollschaltung	R1	64
Warnblinkschalter (1-Kreissystem)	SG2	144
Warnblinkschalter (Bosch 2-Kreissystem)	S11	163
Wassertemperaturanzeige	AZ2	127
Wassertemperaturgeber	G7	128
Wassertemperaturschalter	G6	125
Zündkerze 1. Zylinder (BZA)	ZK1	218
Zündkerze 1. Zylinder (TSZ-I)	ZK7	238
Zündkerze 2. Zylinder (BZA)	ZK2	220
Zündkerze 2. Zylinder (TSZ-I)	ZK8	239
Zündkerze 3. Zylinder (BZA)	ZK3	221
Zündkerze 3. Zylinder (TSZ-I)	ZK9	241
Zündkerze 4. Zylinder (BZA)	ZK4	224
Zündkerze 4. Zylinder (TSZ-I)	ZK10	243
Zündkerze 5. Zylinder (BZA)	ZK5	225
Zündkerze 5. Zylinder (TSZ-I)	ZK11	245
Zündkerze 6. Zylinder (BZA)	ZK6	227
Zündkerze 6. Zylinder (TSZ-I)	ZK12	246
Zündkondensator	C18	230
Zündlichtschalter konventionell	S6	91
Zündschloss mit Anlasserschalter	S2	57
Zündspule	ZS2	257
Zündspule (BZA)	ZS1	232
Zündsteuergerät	SG4	251
Zündunterbrecher	S14	228
Zündverteiler (BZA)	V2	222
Zündverteiler (TSZ-I)	V3	240
Zusatzblinkleuchte links (1-Kreissystem)	E16	153
Zusatzblinkleuchte rechts (1-Kreissystem)	E19	156

System-Übersicht im Schaltplan

Die Schaltpläne lassen sich zur Fehlersuche wie auch zum Nachrüsten oder Umbauen von Bauteilen der elektrischen Anlage verwenden. Wenn Sie beispielsweise einen anderen und aktuelleren Generator nachrüsten wollen, können Sie den Anschlussplan des alten Generators mit dem Schaltplan für den neuen Generatortyp vergleichen und so die Anschlüsse leicht umbauen. Zur besseren Übersicht finden Sie hier eine Bauteilübersicht. Die ausgewiesen Bauteile sind ein Bestandteile des gesuchten Systems und zeigen Ihnen die Systemposition im Schaltplan.

Start- und Glühanlage

Bezeichnung	Kürzel	Pfadnummer
Starter	M1	3
Glühanlage mit Anzeigeleuchte	S3	65
Glühanlage mit Vorwiderstand	S4	75
Glühanlage in Reihenschaltung	S5	82

Spannungsversorgung

Bezeichnung	Kürzel	Pfadnummer
Generator Gleichstrom	G1	27
Generator Wechselstrom	G3	32
Batterie 12-V-Anlage	B1	10
Batterie 24-V-Anlage	B2	20
Sicherungen	F1-6	95
Voltmeter	AZ4	136

Licht- und Blinkanlage

Bezeichnung	Kürzel	Pfadnummer
Lichtanlage	S6	92
Blinkanlage (mit Warnblinker) mit Brems-, Fahr- und Blinklicht	SG2	144
Blinkanlage (mit Warnblinker) mit kombinierter Brems-/Blinkleuchte	S11	163
Anzeigen Armaturentafel	C7	119

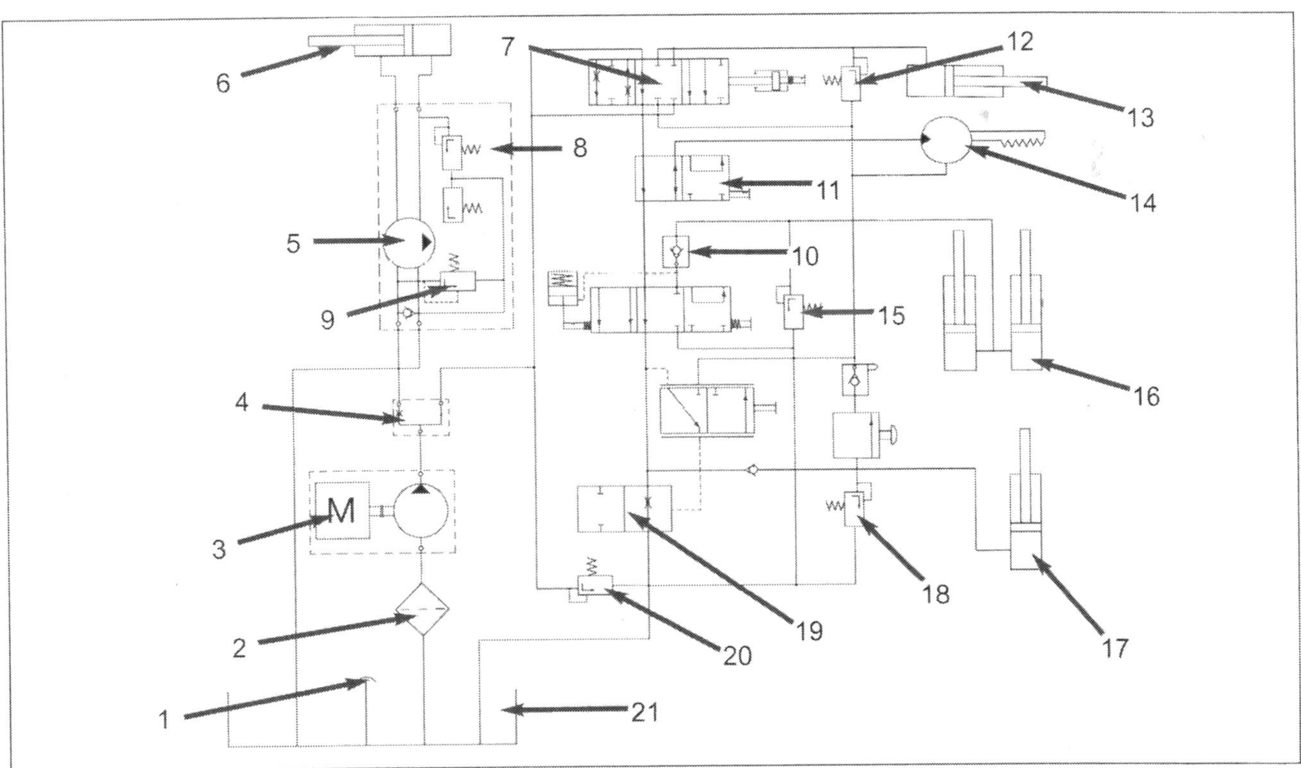

Hydraulischer Anschlussplan: 1 Tankentlüftung, 2 Filter, 3 Pumpe mit Motor, 4 Volumenstromteilerventil, 5 Servopumpe, 6 Lenkzylinder und Lenkhilfsbetätigung, 7 Wegeventil, 8 Servosteuerung, 9 Servosteuerung in der Lenkung, 10 Rückschlagventil, 11 Wegeventil, 12 Druckregelventil, 13 Hubzylinder, 14 Hydraulikmotor (Mähwerk oder Ähnliches) 15 Druckregelventil, 16 Heckhydraulik, 17 Fronthydraulik, 18 Druckregelventil, 19 Schaltventil, 20 Druckregelventil, 21 Tank.

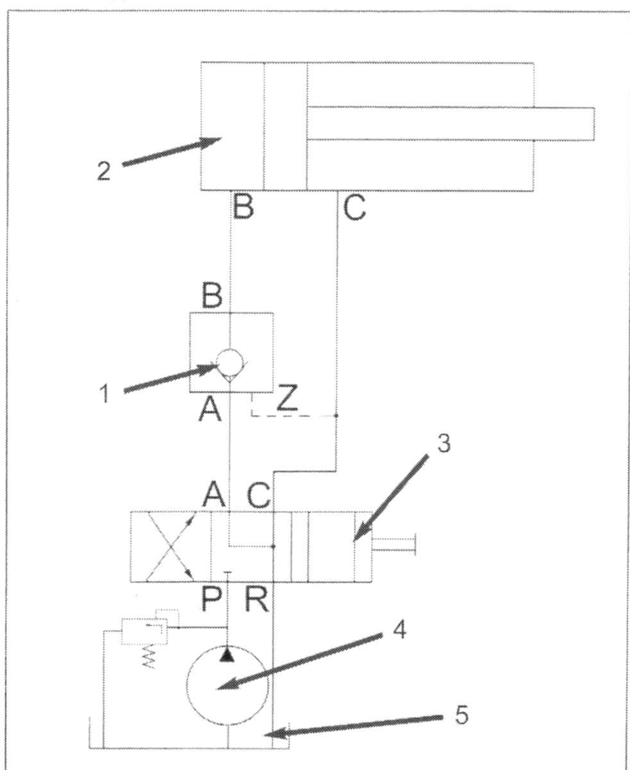

Anschluss eines Zweiwegezylinders: 1 Rückschlagventil, 2 doppelt wirkender Hydraulikzylinder, 3 4/3 Wegeventil, 4 Pumpe mit Druckventil, 5 Tank.

Handbücher, Reparaturanleitungen und technische Daten

Für Mercedes hat sich die Nachproduktion nicht mehr gerechnet. Gerade die alten Modelle der Unimog werden überwiegend nicht beim Mercedes-Service gewartet oder repariert. Zudem sind die Werkstattsysteme nun schon seit einigen Jahren digitalisiert. Längst ist die Teileversorgung zumindest zu einem Teil durch freie Händler und Sammler organisiert. Daten und Messwerte zu ergattern ist aber gerade für die Restauration wirklich schwierig und recht aufwändig geworden. Die Literatur ist aber trotzdem nicht verloren. Ein kleiner Verlag in Gaggenau hat durch Mercedes die Rechte erhalten die Handbücher neu aufzulegen. Somit sind die alten Unterlagen nach wie vor druckfrisch erhältlich. Natürlich erscheinen die Kosten für einen Band auf den ersten Blick recht hoch. Betrachtet man die Preise für die Beschaffung einzelner Bände der Originalhandbücher oder auch nur der damals am weitesten verbreiteten Handbücher von »Krafthand« (so heißt eigentlich der Verlag und nicht die Buchreihe!), wird einem schnell klar, wie hoch der Marktwert dieser Literatur noch steigen kann. Behandeln Sie die Literatur rund um Ihren Unimog pfleglich! Der Wert wird im Laufe der Jahre sicherlich noch steigen.

Daten, Werte und Teilebücher: Handbücher und Datensammlungen werden noch immer nachproduziert. Lassen Sie sich vom Preis nicht abschrecken! Aufgrund der recht kleinen Stückzahl und des riesigen Umfangs fallen natürlich auch in der Buchproduktion Kosten an, die sich im Kaufpreis niederschlagen. Ein kleiner Auszug vom Buch und Bild Verlag von Helma Wessel.

Schaltzeichen Hydraulik

Mit einer kleinen Auswahl an Schaltzeichen möchten wir Ihnen das Lesen der Hydraulikpläne erleichtern:

Zeichen	Funktion
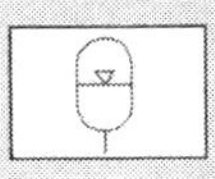	Speicher mit Gasspannvorrichtung.
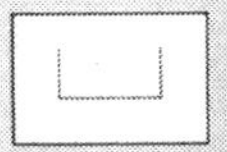	(Flüssigkeits-)Behälter Verbindung mit Atmosphäre.
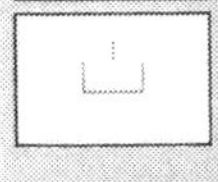	(Flüssigkeits-)Behälter Verbindung mit Atmosphäre; Rohrverbindung über dem Flüssigkeitsspiegel.
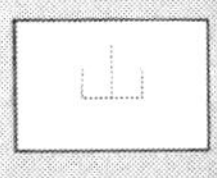	(Flüssigkeits-)Behälter Verbindung mit Atmosphäre; Rohrverbindung unter dem Flüssigkeitsspiegel.
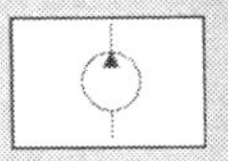	Hydraulikpumpe.
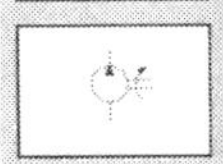	Hydraulikpumpe mit fester Drehrichtung (rechts oder links).
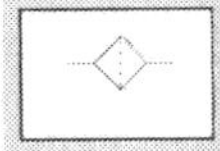	Filter
	Filter mit Verschmutzungsanzeige.
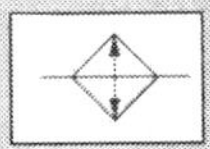	Kühler ohne Angabe der Fließrichtung des Kühlmittels.
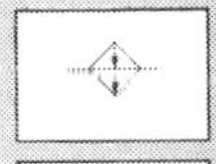	Temperaturregler Zu- oder Abführung von Wärme.
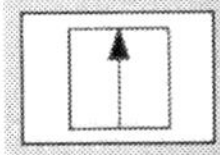	Ein Durchflussweg.
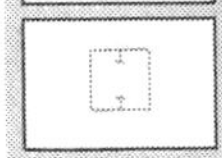	Zwei gesperrte Anschlüsse.
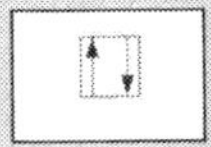	Zwei Durchflusswege.
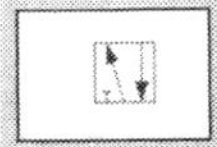	Zwei Durchflusswege und ein gesperrter Anschluss.
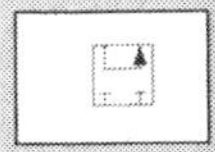	Ein Durchflussweg in Nebenschlussschaltung.
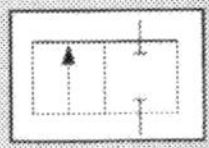	2/2-Wegeventil.
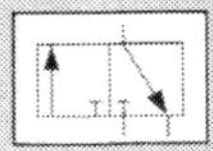	3/2-Wegeventil.
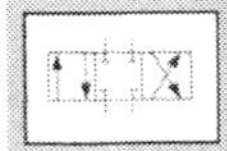	4/3-Wegeventil mit Sperr-Mittelstellung.
	4/3-Wegeventil mit Sperr-Mittelstellung; in Sperrstellung pumpt die Pumpe in den Tank.
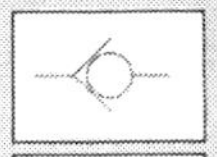	Rückschlagventil.
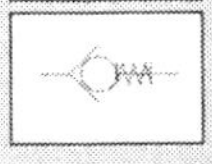	Rückschlagventil, federbelastet.
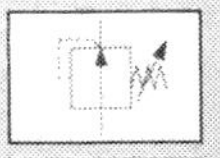	Druckregelventil, einstellbar.
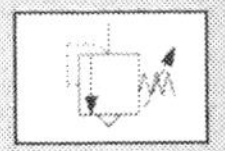	Druckregelventil einstellbar; mit Abflussöffnung.
	Drosselventil Querschnitt konstant.
	Drosselrückschlagventil.
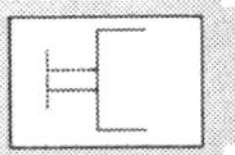	Muskelkraftbetätigung (allgemein).
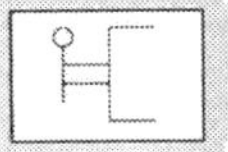	Hebel
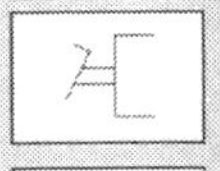	Pedal
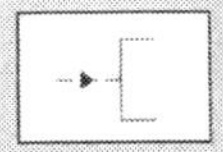	Druckbetätigung direkt; durch Flüssigkeit.
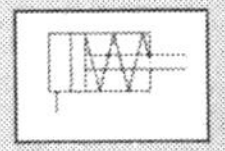	Zylinder einfach wirkend mit Rückhub-Feder.
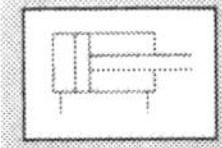	Zylinder doppelt wirkend.
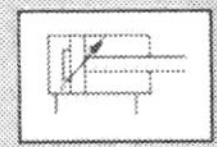	Zylinder mit kolbenseitiger einstellbarer Dämpfung.
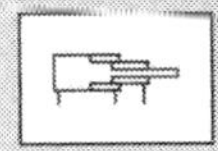	Teleskopzylinder, doppelt wirkend.
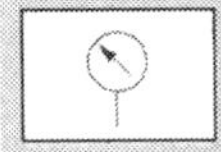	Manometer, Druckmessgerät.
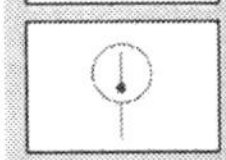	Temperaturmesser (Thermometer).
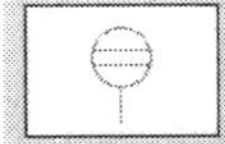	Flüssigkeitsniveaumesser.

Zeitfracht Medien GmbH
Ferdinand-Jühlke-Straße 7
99095 Erfurt, Deutschland
produktsicherheit@kolibri360.de

Druck:
CPI Druckdienstleistungen GmbH
im Auftrag der
Zeitfracht Medien GmbH
Ein Unternehmen der Zeitfracht - Gruppe
Ferdinand-Jühlke-Str. 7
99095 Erfurt